U0224162

陶瓷工业节能减排技术丛书

陶瓷窑炉节能减排技术与应用

李　萍　曾令可　王　慧　刘艳春　张建军　编著

中国建材工业出版社

图书在版编目（CIP）数据

陶瓷窑炉节能减排技术与应用 / 李萍等编著. —北京：中国建材工业出版社，2018.2

（陶瓷工业节能减排技术丛书）

ISBN 978-7-5160-2142-2

Ⅰ. ①陶⋯ Ⅱ. ①李⋯ Ⅲ. ①陶瓷－工业窑炉－节能减排 Ⅳ. ①TQ174②X781.5

中国版本图书馆 CIP 数据核字（2018）第 002162 号

内 容 简 介

　　本书结合陶瓷行业节能减排现状，针对目前国内外陶瓷行业中应用最多的、比较先进且典型的隧道窑、辊道窑及梭式窑，从窑炉的结构、工艺特点、余热利用技术、燃烧器的优化及燃烧技术、控制技术及系统的优化等方面进行了总结。本书同时结合计算机技术与仿真技术、人工神经网络技术、模糊控制技术等在陶瓷窑炉中的应用，大大丰富且促进了陶瓷窑炉节能减排理论的研究，为陶瓷窑炉结构的优化、操作条件的优化、陶瓷窑炉节能技术的提高以及节能减排技术的推广提供了必要的理论和应用基础。

　　本书可供无机非金属材料工程、硅酸盐工程以及特种陶瓷工程领域中，从事窑炉热工节能理论研究、节能工程研究、节能设计、生产的工程技术人员、操作工人及高等院校师生阅读或参考借鉴。

陶瓷窑炉节能减排技术与应用

李　萍　曾令可　王　慧　刘艳春　张建军　编著

出版发行：**中国建材工业出版社**

地　　址：北京市海淀区三里河路 1 号

邮　　编：100044

经　　销：全国各地新华书店

印　　刷：北京雁林吉兆印刷有限公司

开　　本：787mm×1092mm　1/16

印　　张：20

字　　数：490 千字

版　　次：2018 年 2 月第 1 版

印　　次：2018 年 2 月第 1 次

定　　价：98.00 元

本社网址：www.jccbs.com　本社微信公众号：zgjcgycbs

本书如出现印装质量问题，由我社市场营销部负责调换。联系电话：(010) 88386906

前　言

我国的陶瓷产量突飞猛进，建筑卫生陶瓷、日用陶瓷、工艺美术陶瓷的产量均稳居世界第一，成为全世界陶瓷生产的强国。

陶瓷窑炉是陶瓷生产的关键设备之一。在引进、消化、创新精神的指导下，我国的窑炉科研工作者及有关工程技术人员对引进的窑炉进行了大量研究及创新工作，从窑炉的结构、耐火材料、控制系统到相关的配套设备等，从单窑、单线到配套整线，从进口到整线出口，创造了今天陶瓷行业的辉煌。国内陶瓷窑炉制造商已有一百多家，具备独立设计、研发和制造能力的窑炉公司，如科达机电、中窑、摩德娜、中鹏、华信达、德力泰、中亚、艾米、兴中信、科发、中洲等活跃在国内外市场。在美国、泰国、印度、越南、印尼、马来西亚、孟加拉、巴基斯坦、伊朗、土耳其、埃及、墨西哥、哥伦比亚等国家和地区，都可以看到我国出口的陶瓷窑炉应用于生产。目前已几乎覆盖了亚洲所有国家，非洲国家也不少，还有美洲的墨西哥、巴西及欧洲的土耳其和法国等，有的已成为萨克米的强有力对手之一，真可谓"中国陶瓷窑炉遍天下"。

窑炉是陶瓷企业最关键的热工设备，也是耗能最大的设备，占陶瓷生产总能耗的60%～70%，陶瓷产业的节能减排、低碳绿色制造必将先从窑炉的节能降耗着手。

世界各国的陶瓷窑炉厂家和国内知名的窑炉热工理论研究者一起，为了探索陶瓷窑炉节能的奥秘，在窑炉热工理论研究、窑炉结构优化及其在陶瓷窑炉中的应用等方面展开了广泛而深入的研究，取得了令世界瞩目的成果。特别是在窑炉节能降耗方面更是取得辉煌成果，使各种陶瓷产品的烧成单耗大大降低，从而也大大降低了陶瓷生产中碳的排放。

本书是著者针对目前国内外陶瓷行业中应用最多的、比较先进且典型的隧道窑、辊道窑及梭式窑，从窑炉的结构和工艺特点、余热利用技术、燃烧器的优化及燃烧技术、控制技术及系统的优化等方面对陶瓷窑炉节能的理论基础及生产中行之有效的实用技术做了系统而科学的总结，包括研究的方法、实验数据的测试、数学模型的建立、数据的处理方法及在陶瓷窑炉工业中的实际应用等。

目前智能化控制已经进入窑炉的各个操作环节，能将整条窑炉生产线形象实时地呈现在画面上，能方便、及时监视窑炉运行的基本情况。使用自动监控技术，是目前国外普遍采用的有效节能方法，它主要用于窑炉的自动控制系统，使窑炉的调节控制更加精准，对节能降耗、稳定工艺操作和提高烧成质量、提高产值量和窑炉效率有着重要的意义。

本书结合计算机技术及仿真技术、人工神经网络技术、模糊控制技术等在陶瓷窑炉节能减排技术中的应用，大大丰富且促进了陶瓷窑炉热工理论的研究，为陶瓷窑炉结构的优化、操作条件的优化以及陶瓷窑炉节能技术的提高提供了必要的理论和应用基础，大大地促进了陶瓷工业的可持续发展。

参与本书编写工作的还有刘平安、程小苏、漆小玲、童晓濂、高富强、龚辉、侯来广、任雪谭、张永伟、汪小憨、王鹏、邓伟强、陈凯、谭映山、张桂华等。

为了使本书系统更完整，书中引用了同行的许多文献资料、实验数据及研究成果，也引用了一些国内外学者的著作和论文中的观点、论述和结论。在此谨对他们的帮助致以深深的谢意。

感谢广东省科技计划项目"超大截面智能化陶瓷燃气隧道窑综合节能环保技术与工程示范（2015B020238001）"的资助，感谢广东省科技厅应用型科技研发专项资金项目"节能环保型陶瓷框架窑具材料及结构的研究和产业化（2016B020243004）"及"高效节能材料的复合设计及性能的调控（2016B090932002）"的资助。

感谢佛山市启迪节能科技有限公司、科宝艺窑炉技术服务公司李汝湘、蒙娜丽莎集团股份有限公司陈峰、广东中窑窑业股份有限公司柳丹、广东摩德娜科技股份有限公司、佛山金刚企业集团冯斌、广东热金宝新材料科技有限公司陈皇忠、固特耐科技有限公司、佛山兴中信工业窑炉设备有限公司胡松林、唐山梦牌瓷业有限公司白继喜、黄冈市华窑中亚窑炉有限责任公司徐胜昔、佛山市南海艾米陶瓷机械工程有限公司陈峭、广东中鹏热能科技有限公司万鹏、珠海市白兔陶瓷有限公司、广东科达洁能股份有限公司、景德镇陶瓷大学陆琳、广州思能燃烧技术有限公司、广州睿瞰能源技术有限公司、广东新明珠陶瓷集团有限公司、广东四通集团股份有限公司、潮州市索力德机电设备有限公司郭俊平、佛山市圣鹏窑炉技术服务有限公司黄剑刚等，给本书编写提供的帮助和支持。

本书在编写时，虽然在取材上力图尽善尽美，在内容上也力求尽量满足各层次人员及工程上的实际需要，但由于作者水平所限，书中还有不足之处，诚挚地希望读者批评指正。

作　者

2018 年 1 月

目　录

第1章　陶瓷窑炉概述

1.1　辊道窑

辊道窑是以转动的辊子作为坯体运载工具的隧道窑。与隧道窑不同，它的装载制品的工具不是窑车，而是由许多根规则排列、间隔较密、横穿窑炉截面的耐火辊子组成的"辊道"，陶瓷产品放置在辊道上，随着辊子的转动，陶瓷可以从窑头传送到窑尾，在窑内完成烧成工艺过程，故而称为辊道窑。辊道窑也称为辊底窑，主要用于瓷砖、日用瓷、艺术瓷等陶瓷的生产，是一种连续烧成的窑。

辊道窑的主要优点有：

(1) 截面小，窑内温度均匀，产品质量好。

(2) 适合快速烧成，产量大，能耗低。

(3) 机械化、自动化程度高。

1.1.1　辊道窑的工作系统与结构特性

1.1.1.1　辊道窑的窑体结构

目前先进的辊道窑都是标准化、系列化设计制造。辊道窑的窑体分节（每节长 2～2.2m）按模数设计，预制组装，窑体的预制组装件采用金属框架结构，框架使用金属方管兼作风管，结构紧凑，窑体外部采用钢板包装，坚固美观，内衬大量使用轻质隔热耐火砖与陶瓷纤维，不仅减少了窑体的重量，而且减少了窑体的散热损失；辊道窑的窑顶结构多采用平顶或拱顶结构，拱顶结构简单造价低，悬挂式平顶吊装结构施工复杂造价高，但平顶吊装结构可以减少窑体的承重，增加窑炉的使用寿命，也特别适合装配运输，易于组装，而且可以减少窑内气体分层，使窑内温度分布较均匀，因此平顶吊装结构是辊道窑窑顶结构的发展方向之一；一些辊道窑不仅窑顶采用吊装结构，而且辊子上部的窑墙也采用吊装方式，这给辊子传动部门的设计、安装、调试都带来了方便。

近年，辊道窑窑体不断朝着大型化的方向发展，表现之一是辊道窑窑长的增加，窑长增加使烧成的产量增加，使烧成制度沿窑长方向的变化较平缓，易于控制调节，同时也削弱了外界环境气候等因素变化对窑炉烧成的影响，有利于提高产品的质量，但窑长的增加则明显地增加一次性投资，且沿窑长方向气流阻力增加，导致机械传动电力消耗增加。表现之二是窑宽的增加，从节能的角度来看这意味着窑炉单位体积的表面积减小，也就是单位产量的窑炉外表面散热减少；从投资的角度来看则表明单位产量窑炉的一次性投资减小。当然窑宽增加同时提高了对燃烧系统、辊棒、传动系统等方面的要求，特别是对辊棒的要求，目前国内佛山陶研所研制的金刚辊棒较好地解决了这一问题。表现之三是多层辊道窑的增加，主要是双层辊道窑，多层辊道窑节省厂房面积、产量大、可降低单位制品热耗，但多层辊道窑操作结构复杂，部分结构材料性能要求高，各层之间的相互牵扯影响干扰较多。

1.1.1.2 排烟系统与预热带调节

一般来讲，辊道窑多采用窑头集中排烟或半集中排烟。典型的集中排烟是窑头处辊道上、下方侧墙开设两对排烟口，这种集中排烟的方法使烟气能够被充分利用来加热制品，不过这种集中排烟方法如果没有与预热带的其他调节方法（如：挡火墙、闸板、调温风管等）配合使用的话，极易造成窑头温度过高（300℃以上或更高），要求入窑坯体充分干燥，或使预热带温度曲线调节困难，所以许多辊道窑与集中排烟配合使用有若干条调温风管（类似于预热带设置的搅拌气幕，但主要作用不在于搅拌，对气流喷射速度没有特别要求，一般风管较粗，使用中有利用冷却带余热的热空气，也有直接利用环境空气的）。半集中排烟方法是在辊道窑窑头前面几节窑体的辊道上下侧墙设有多对排烟口（一般为四对），或是在预热带的窑顶再另设数个排烟口。一般来讲，这种半集中排烟方法对烟气的热利用率比较低，而对于预热带的调节作用也不大，一般仍需与预热带的其他调节方法如闸板、挡火墙和调温风管配合使用，因此怎样设置闸板、挡火墙或调温风管是预热带设计及研究的重要课题。目前使用中的辊道窑一般在接近第一对烧嘴处开始设置挡火墙，然后在整个预热带再设置1～2道挡火墙；一般在预热带的中部设有数组调温风管，这些调温风管上均装有可调节开度的阀门。一般来讲，这些闸板、挡火墙和调温风管不仅可以强化预热带内烟气与产品间的换热，而且也可以增加预热带温度曲线的可调性，当然也加重了排烟的负担。

1.1.1.3 多点供热与烧嘴布置

目前使用中的辊道窑，大都是使用中、低压烧嘴，这主要是因为辊道窑的窑宽相对宽体隧道窑和大型梭式窑的窑宽较窄，没有必要过分追求烧嘴的高速。烧嘴的布置主要遵循多点供热正调节的原则，使传统的烧成带与预热带的界限越来越模糊，但目前布置的烧嘴在实际使用中均有相当一部分烧嘴没有启用，因此烧嘴的合理布置对于节省投资、便于调节是个重要课题。目前使用中的辊道窑烧嘴布置主要有两种方式：一种是在辊道上下均匀等距布置烧嘴（俗称：面枪与底枪），间距约为1m，两侧烧嘴相互交错，横向交错搅动窑内气流，使制品得到均匀温度烧成；另一种方式是辊道上疏下密布置，面枪与底枪呈"品"字形结构，两侧仍是相互交错。这两种烧嘴布置方式一般都是4～8支烧嘴为一控制组，且为减小预热带的温差，在接近低温方向多布置1～2组底枪。

辊道窑目前与烧嘴配合使用的燃烧室主要有两种：一种是薄壁套筒式燃烧室（材质为重结晶碳化硅等），一种是由大件磷酸盐质免烧砖制成的烧嘴砖构成，显然前者对于完全燃烧和避免产品污染等都是有益的，但价格较贵。辊道窑燃烧使用的助燃空气，有些使用冷却带缓冷段的热风，有些直接使用车间空气。

1.1.1.4 冷却系统与余热利用

冷却系统主要由急冷、缓冷和低温区三部分组成，一般的冷却系统由直接窑顶或侧墙鼓风急冷，抽走热风进行缓冷，低温区使用轴流风机冷却。随着窑宽的增加，一些辊道窑为了更有效地均匀急冷，已放弃了简单的侧墙鼓风急冷方法，而是在急冷段沿窑宽方向在辊道上下布急冷风管，这些风管上开有许多小孔，鼓入的急冷风与制品表面垂直，使制品腹背受到均匀有效的急冷。缓冷部分除了采用简单从窑内抽走热风的方法外，尚有不少辊道窑采用间壁冷却，辊道窑缓冷段间壁冷却大多使用金属管作间壁，金属管有沿窑内壁布设，也有沿窑宽方向布设。沿窑宽方向布设金属管的间壁冷却均匀稳定易调节，便于余热的再利用；有些辊道窑将低温区与缓冷区之间敞开一段，便于观察并加快冷却，也增加了对车间环境的影响。一般引进辊道窑不太注意冷却带的余热利用，许多热气体被直接排空，国产辊道窑比较注意余热的再利用，可以用于预热带调温、燃烧带助燃，或抽往干燥系统用于干燥坯体。

1.1.1.5　传动系统

辊道窑的传动系统主要有链传动、链轮摩擦传动、螺旋齿轮传动等。螺旋齿轮传动平稳精确，但对齿轮的精度要求也高。

1.1.1.6　控制系统

控制系统包括温度自动控制、压力自动控制、风机及传动部分、设备连锁等几个方面，采用计算机和仪表双重独立自动控制，仪表为 PID 功能的智能仪表，实行 PLC 连锁和管理，对全窑烧成情况进行有效监控。在全窑动力设备控制系统上，均设有变频调节装置，降低了电能的消耗。以年产 1000 万件日用瓷液化气辊道窑为例，装机容量为 90.5kW，通过变频装置调节后，在窑炉正常运转的情况下，实际使用功率为 49.7kW。

1.1.2　辊道窑的传热特点

辊道窑传热原理与隧道窑有相似之处，主要有对流传热、辐射传热和综合传热三种方式。在窑的不同区段和不同范围只有一种或两种方式起主导作用。

在以液体燃料和气体燃料为热源的辊道窑中，火焰及烟气流将以对流、辐射和综合方式向制品传热。从传热理论可知，辐射传热与绝对温度的四次方成正比，所以，火焰温度提高，其辐射传热加强，故在高温阶段（一般在火焰区）以辐射传热为主；而在烟气流通道区以对流传热为主，如果辐射与对流传热所占分量相当，则应按综合传热考虑，如隔焰窑喷嘴一般都是对称或交叉布置在隔焰板下面、喷嘴之间，火焰气流在喷嘴高速助燃风气流作用下处于湍流状态（湍流是对流传热的一种方式，流速越快，传热越迅速）。如果在窑内增强气体循环，则增加了对流传热的分量，因此在高温阶段，对流传热也是仅次于辐射传热的一种传热方式。

1.1.2.1　预热带的传热特点及结构设计

预热带结构主要是排烟系统，通过控制与制品对流的烟气流量的流速，达到合理的升温阶段，而预热带的主要传热方式是对流传热。为提高预热段增加对流传热的热效率，在窑内结构设计中，应根据各温度阶段的传热不同特点，在结构上作几何形状的分段设计，一般来讲，600℃以前，对流传热起主导作用。

对流传热的基本公式为式（1-1）：

$$Q_{对} = \alpha_0(t - t_m)F \tag{1-1}$$

式中　$Q_{对}$——烟气对流传给制品表面的热，W；

α_0——对流传热系数，W/(m² · ℃)；

t——制品表面温度，℃；

t_m——烟气温度，℃；

F——制品的加热表面积，m²。

从式（1-1）可看出，增强对流传热的途径主要有三个。

（1）扩大传热面积

在制品入窑时，通过对辊道速度的调整，使制品周边略有一定的间隙，保持制品能被热气体包围，尽量使所有表面成为受热面。

（2）提高气体温度

在烧成带用最合理的空气过剩系数，最好将燃烧用的助燃空气利用窑尾余热进行加热后送入喷嘴助烧。还要防止预热带窑内负压带漏入过多冷空气，在入窑口利用窑尾余热空气作热空气气幕，阻挡窑外冷空气流入窑内，以免降低气体温度。制品表面温度是根据烧成曲线温度制定的，只要产品工艺配方确定，就很难大幅度变更（少许降低烧成温度，适当延长烧成时间是可以的，但只限于烧成最高温度），如提高了气体温度则增大了气体与制品之间的温度差，就可以增强产品加热阶段的对流传热。在冷却带则相反，增加鼓入冷风量，增大制品与鼓入的冷空气之间的温差，加快制品对流散热速度，降低制品温度。

（3）提高对流传热系数

对流传热系数会随着窑内表面形状结构和制品几何形状不同而变化，下面简化公式可满足热工计算要求，计算式为式（1-2）：

$$\alpha_0 = \frac{K'W_0^{0.8}}{d^{0.2}} \tag{1-2}$$

式中　α_0——对流传热系数，$W/(m^2 \cdot ℃)$；

$\quad W_0$——烟气流速，m/s；

$\quad d$——烟气通道的当量直径，m；

$\quad K'$——因流体种类及温度不同而不同的系数。

从式（1-2）可以看出对流传热系数受流速的影响极大，对流换热与烟气流速的0.8次方成正比，流速增加1倍，对流传热系数提高到0.74倍，换热量是原来的1.74倍，对于烧内外墙地砖产品的辊道窑，在600℃之前窑的内截面尺寸要尽可能小或在每间隔距离2～3m之间加阻挡气流幕墙，辊道下面幕墙（亦称挡火墙或挡火板）可做成固定式，距辊道底面空间高度不少于100mm，辊道上面幕墙应做成可调闸板式，可根据空气密度和抽烟气量调节闸板上下位置，在不影响烧成气氛情况下尽量提高烟气在幕墙处的流速，并在两幕墙之间的空间单元形成热气流湍流状态，从而加强空气对流，增加传热。

此外，要尽量降低坯体入窑水分，因快速加热要求坯体充分干燥，特别是坯体水分均匀，一般可将窑尾余热和排出的烟气送入干燥坯体，坯体一般烘干温度可达到200℃左右，烘干时间为20～30min，坯体入窑水分可控制在3%～5%，这样，水分越少，热交换受水分扩散速度的影响就越小。对烧内外墙地砖产品的辊道窑，在600～800℃之间，对流传热与辐射传热并存，因此，通道断面不宜太大，否则，烟气流速低，对流传热不利；断面亦不可太小，不然，气体辐射层厚度减小，气体辐射能力低。实践证明，该区间断面积约是烧成带断面积的70%为宜，在不影响窑体保温性能情况下，尽量加大

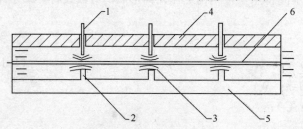

图 1-1　预热带优化结构

1—可调式挡板；2—下部幕墙；3—气流；4—顶部窑壁；
5—底部窑壁；6—辊道

断面宽度，减小断面高度，使烟气在与制品逆向运动中的气流速度加快，增加传热效果。预热带优化结构如图 1-1 所示。

1.1.2.2 烧成带的传热特点及结构设计

烧成带是全窑高温区间，以辐射传热为主，占总传热的 80% 以上，在隔焰和半隔焰窑的烧成带中，辐射传热兼有气体辐射和固体辐射。从传热学可知，气体辐射与固体辐射有很大不同，不同气体的辐射能力也相差很大，由单一元素的二原子气体组成的空气，既无吸收辐射的能力，也无自身辐射的能力，可以看作是透明介质，所以冷却气体与制品间几乎不存在辐射传热。只有分子结构较复杂的三原子以上气体和不同元素的二原子气体才有辐射能力，如燃烧产物中含有 CO_2、SO_2、H_2O、C_mH_n 等，但一般计算中，只需考虑实际烟气中含量较多的三原子气体：CO_2 和 H_2O。固体辐射具有连续的波谱，而气体的辐射波谱则是不连续的，即具有选择性，而且不同气体的波谱亦不相同，这样混合气体如烟气的辐射能力就与其成分有关。气体辐射不同于固体辐射，固体辐射只限于表面很薄一层，与其体积厚度无关，而气体辐射是分子辐射且在整个体积内进行。当分压力一定（密度一定）时与气体层厚度有关；气体层厚度增大，可提高辐射能力，从而加速烧成。为增加窑内气体层有效厚度，应将烧成带设计得宽、高一些，以易于快速烧成。若气流中含有固体或液体微粒，辐射能力将比纯净气体有很大提高，此时的火焰有明亮的轮廓，故称辉焰。明焰辊道窑的烧成和隔焰辊道窑火焰区（隔焰板下面）都属于辉焰辐射。它的辐射能力主要与悬浮粒子的黑度、粒子的浓度大小、火焰的厚度（有效平均射线长度）有关。高碳氢化合物燃料燃烧时，火焰中往往悬浮着因热解而形成的微粉炭，重油、柴油火焰中常含有雾状油滴，都会大大提高气体的辐射能力。

热辐射理论证明，固体表面辐射能力与表面绝对温度的四次方成正比，而气体辐射能力与气体绝对温度的四次方成正比。但为了进行换热计算方便起见，亦认为它是与绝对温度的四次方成正比的，于是理论上将气体辐射传热看成与固体表面辐射传热公式相同的形式。这种计算法引起的误差在气体黑度中加以校正，气体辐射传给制品的热量公式为式 (1-3)：

$$Q = 5.67\varepsilon_m \cdot \varepsilon\left[\left(\frac{T}{100}\right)^4 - \left(\frac{T_P}{100}\right)^4\right]F \tag{1-3}$$

式中　Q——气体辐射给制品表面的热量；

　　　ε_m——窑内制品的表面黑度；

　　　ε——气体的黑度；

　　　T——气体的绝对温度，K；

　　　T_p——制品表面的绝对温度，K；

　　　F——制品的受热面积，m^2。

制品通道中，气体向制品的辐射传热与气体的黑度成正比。气体黑度与气体层有效厚度有关，而气体层有效厚度仅与通道当量直径有关，即式 (1-4)：

$$L = 0.85 \times \frac{4V}{F} \approx 0.85d \tag{1-4}$$

式中　L——气体层有效厚度，m；

　　　V——气体空间体积，m^3；

　　　F——包围气体空间的表面积，m^2；

　　　d——通道的当量直径，m。

由式 (1-4) 可以看出，气体层有效厚度接近于通道当量直径。由式 (1-3)、式 (1-4)

可以看出，气体的黑度随着窑内空间高度增大而增大，大通道的黑度大，则气体在同样温度下向制品的辐射传热较大。依此类推，对以辐射传热为主的烧成带（火焰区），保证在热容积强度范围内，最大可能地增加窑内空间体积通道，以增强传热。针对隔焰、半隔焰辊道窑其火焰通道必须增设挡火墙，保证温度均匀。但对隔焰窑而言，两喷嘴之间的空间位置由于气流作用，对流传热作用大，因此，烧成带同时又是一个综合传热区。

烧成带结构的设计要根据烧成带气体辐射特性和窑炉容积热强度计算，才可解决好喷嘴火焰区与非火焰区温度不均及温度波动问题。目前大多数隔焰、半隔焰辊道窑选用低压比例调节烧嘴在烧成带底部交叉布置。该类型烧嘴的特点是利用旋转气流的离心作用使油料雾化燃烧，火焰长度一般在 $0.8\sim1.2\text{m}$ 之间，辐射传热较集中，同时产生的热气流是在助烧空气流作用下对流循环，对制品具有对流传热的效应。

如以天然气为燃料的隔焰辊道窑火焰通道容积热强度一般为 $250\times10^3\sim500\times10^3$ kcal/$(\text{m}^3\cdot\text{h})$，当烧成温度 1150℃时，取值为 250×10^3 kcal/$(\text{m}^3\cdot\text{h})$ 即可。

$$V = \frac{B \cdot Q_{低}}{q} = \frac{15 \times 8500}{250 \times 10^3} = 0.51 \tag{1-5}$$

式中　V——火焰通道容积，m^3；

　　　B——每小时燃料消耗量，m^3；

　　　q——热强度，kcal/$(\text{m}^3\cdot\text{h})$；

　　　$Q_{低}$——燃料低热值，kcal/m^3。

对隔焰辊道窑，根据热强度公式计算的火焰通道容积将喷嘴火焰区用挡火墙分开，将烧成带隔焰板底部火焰通道分隔成单元空间，烧嘴部位空间单元为燃烧室，非喷嘴部位空间单元为气体混合室。在气体混合室，火焰气流以综合传热为主，在燃烧室火焰以辐射方式将热量传给制品，这样有效地防止因火焰不稳而产生的温度波动现象，增加了火焰气流的湍流与对流的循环，使温度辐射更为均匀，窑断面温差缩小。

图 1-2 是隔焰辊道窑烧成带火焰区内部结构及热气流示意图。

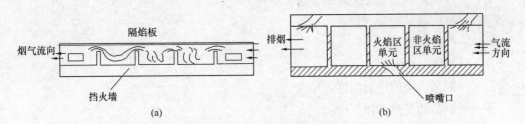

图 1-2　隔焰辊道窑烧成带火焰区内部结构及热气流示意图
(a) 热气流；(b) 内部结构

1.1.2.3　冷却带的传热特点及结构设计

冷却带和预热带传热原理基本相似，以对流传热方式增加区间入窑的冷风量，增加制品与空气的温差，制品携带的热气流与冷空气的对流交换，通过抽余热风可将热空气排出窑外，达到降温目的，正好利用其对流传热原理按产品烧成曲线冷却制品温度。

窑炉结构特点是急冷带设置 4~8 对急冷风管，送冷风入窑均匀冷却制品（风量、压力可调），在窑炉出口 3~10m 区间设置快冷装置，当产品从烧成温度通过急冷风降温至 700℃

左右，缓冷至 400～500℃后快速冷却出窑，出窑制品一般可控制在 60～100℃之间（主要视烧成周期和产量）。在高温区—急冷区—缓冷区—快冷区的各个区间要设置断面可调的空气挡板，有效地控制各区间气流相互干扰，方便区间温度冷却曲线的调整。

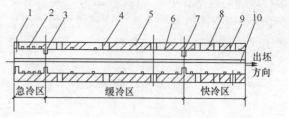

图 1-3　冷却带结构

1—可调拦火板；2—急冷风管；3—急冷拦风墙；4—抽余热风管；5—窑体；6—缓冷风管；7—区间拦风墙；8—快冷风管；9—快冷抽风管；10—辊道

冷却带断面尺寸与预热带断面尺寸相比，断面积比例相差不多，但考虑冷却带是烧制成品的出窑区间，为防止掉砖堵窑意外事故，辊底高度尺寸一般大于或等于制品长度，断面宽度要大于预热带断面宽度，这样，既有利于对流散热，又考虑到制品输送和事故处理的方便，进一步提高窑炉工作的可靠性。冷却带结构如图 1-3 所示。

1.1.3　烧成制度

烧成是陶瓷工业生产过程的关键工序。不管以何种原料来调配配方，也不管前道工序多么复杂、多么完善，没有烧成过程，或烧成过程不合理，就不可能得到满足要求的产品。要使制品烧成合乎质量要求，除了要有先进的烧成设备（辊道窑）外，还要有良好的操作控制，这样才会相得益彰。

1.1.3.1　烧成制度确定的原则

合理的烧成制度是实现烧成过程优质、高产、低消耗的关键。烧成制度包括温度制度、气氛制度和压力制度。

温度制度无疑是烧成制度中最重要的。合理的温度制度包括：① 各阶段合理的升（降）温速率；② 适宜的最高烧成温度和保温时间；③ 窑内断面温度均匀性好(上下、水平温差小)。

最高烧成温度主要取决于产品配方，可由同类产品工厂实际中收集数据或根据开发性实验得到的数据来确定。例如一次烧成瓷质砖：白坯为 1200～1250℃，红坯为 1140～1180℃；一次烧成彩釉砖：白坯为 1160～1200℃，红坯为 1100～1160℃；二次烧成釉面砖：素烧为 1100～1140℃，釉烧为 1020～1030℃（透明釉）或 1030～1060℃（乳白釉）。

辊道窑多用于焙烧建筑瓷砖，产品厚度一般较薄，且单层焙烧，窑内温度容易保证均匀，因此可快速升温与冷却，属快烧窑。但由于制品的导热热阻，制品表面与中心总会有温差，也就会在制品内部产生热应力，一旦超出一定界限就会使制品产生变形或开裂。我国学者宋嵩对辊道窑面砖快烧过程进行了工艺实验与计算机模拟研究，得到了面砖在烧成过程中的最大允许温差（表1-1）。

表1- 1　面砖在烧成过程中的最大允许温差

生坯（升温）	温度范围（℃）	0～500	500～700	700～1100
	允许温差（℃）	>90	>90	>90
熟坯（降温）	温度范围（℃）	1100～650	650～300	300～0
	允许温差（℃）	>90	17	27

根据生产实际与计算机模拟，除急冷后段（800～700℃）降温速率要小于 80℃/min 和缓冷段降温速率要小于 30℃/min 外，其他阶段升降温速率达到 100℃/min 都不会超过表 1-1 中的最大允许温差。因此，只要传热能力增加，辊道窑生产建筑瓷砖，缩短烧成时间仍有潜力。但是除了考虑烧成过程热应力的影响外，还要考虑各阶段所进行的物理-化学变化所必需的时间。下面对各阶段所需时间进行分析。

第一阶段：辊道窑焙烧建筑砖类产品，只要坯体入窑水分控制在 1％以下，快速升温，坯体不裂。如入窑水分＜0.5％，窑温度达 150～200℃，坯体不裂，坯体中残余水分也能在几分钟内排除。

第二阶段：对于辊道窑来说，升温阶段的石英晶型转化并不是一个危险阶段，因为辊道窑温度均匀，石英晶型转化迅速，更重要的是升温阶段制品仍呈细颗粒状，孔隙率较大，体积变化有伸缩余地，故一般不会出现晶型转化而引起的开裂。需要注意的是此阶段一系列氧化、分解反应需要足够的时间，且有大量 CO_2、H_2O 等气态物质逸出，并应尽量在釉料熔融前顺利排出，以免产生黑心、气泡、针孔等缺陷。由于氧化反应速度一般随温度升高而加快，故在 800～950℃时降低升温速率，保证较长时间是可取的。

第三阶段：该阶段发生烧结物理-化学变化，需要一定时间（国内一般大于 10min）。特别要注意的是为了达到制品内外烧结程度一致，制品釉面平整、光滑，在最高烧成温度下需一定的保温时间。保温时间长短取决于制品尺寸、坯釉配方等，一般为 3～6min。

第四阶段为制品冷却阶段，冷却前段（即急冷区）由于产品还处于塑性阶段，只要冷却均匀，冷却速率可以达到 100℃/min，而不致引起制品开裂，但要注意在急冷后期（800～700℃）降温速率要减缓。在冷却中段（即缓冷区），由于产品内的液相刚刚凝固，还比较脆弱，再加上 573℃左右又有石英的晶型转化，故冷却速率不可超过 30℃/min，在石英晶型转化温度范围还应更慢。500℃以后，随着制品强度的增加可以快速冷却（故称快冷区）。

确定合理的温度制度除了理论分析（包括计算机模拟）外，由于产品种类、配方千变万化，更多地还要以实验数据为依据，并最终在生产实际中加以调整确定。

由于建筑陶瓷大多在氧化气氛下烧成，故气氛制度在辊道窑中较易得到保证。辊道窑属于中空窑，窑内气体流动阻力小，据实测每米窑长压降约为 1Pa，故辊道窑容易实现在预热带微小负压及烧成带微小正压时工作，压力制度不难得到保证。

1.1.3.2 烧成制度控制的一般方法

陶瓷制品的烧成过程，要求在特定的烧成制度下进行。确定了合理的烧成制度后，维持烧成制度的稳定，是辊道窑正常生产的前提。然而在生产实际条件下，影响烧成制度稳定的因素很多。窑炉操作人员的任务是，当扰动因素出现或已影响烧成制度发生变化时，能够及时地采取措施，使烧成制度迅速恢复正常并稳定。这一工作也可借助自动化装置来实现。

1. 温度的监测

辊道窑的温度监测主要是依靠沿窑长装在窑顶或窑侧的热电偶所反映的温度数据。由传热学的原理得知，在预热带热电偶测得的温度高于制品温度，但要小于烟气的温度；烧成带与预热带相似，但是温差较小，且热电偶测得的温度较为接近制品的温度；而冷却带与烧成带相反，热电偶测得的温度小于制品的温度而大于烟气的温度。

（1）预热带温度的监测

要控制好该带的温度主要要控制 3 个关键温度点，即窑头温度、预热带中部温度（约

500℃处）及预热带末端温度（约 900℃处）。窑头温度过高，易使坯体炸裂。预热带末端温度点的位置反映了坯体的预热效果，并间接反映了坯体在预热带停留的时间，预热带中部温度则是预热带温度的最关键点，若位置太靠前则窑头升温过急易造成坯体在蒸发期开裂的缺陷；若位置太靠后说明窑头温度偏低，使得在预热带后部不得不快速升温，一方面可能在 573℃晶型转化处产生坯体炸裂；另一方面使氧化阶段时间减少，容易产生黑心、针孔、气泡等缺陷。

（2）烧成带温度的监测

烧成带温度的监测主要是确定烧成带的最高温度和高温区间长度，即制品在高温下停留的时间，烧成带的最高温度是成瓷的最高温度点，它影响到产品的生烧与过烧，高温区的长度影响到保温时间的长短，从而也影响到产品的质量。

（3）冷却带温度的监测

冷却带温度的监测主要是急冷后的温度（约 800℃处）、冷却带中部温度（约 500℃处）及出窑前的温度。急冷后的温度是判断急冷好坏的依据；冷却带中部温度点附近是制品发生石英晶型转化的温度，这是制品产生风裂的危险区，其前后温度变化应平缓；出窑前温度是判断快冷效果的依据，如果出窑温度过高，出窑后仍可能发生惊裂，同时也不利于车间环境及后道工序操作。

2. 温度制度的控制

（1）预热带温度的调控

辊道窑预热带温度制度一般可通过调节排烟总闸、排烟支闸、安装在预热带的烧嘴等开度来调整。但调节排烟总闸对窑内压力制度影响较大，只有当整个预热带温度偏低（或偏高）时，才适当将排烟总闸开度开大（或关小），利用烟囱排烟的辊道窑，有时天气、季节发生变化时也需要适当调整排烟总闸开度，例如夏季或气压低时也应将排烟总闸开度略微增加。调节排烟支闸，主要是调整各段烟气流量的分配，使之满足各点的温度要求，例如当窑头温度过高时，可将窑头前端排烟支闸关小些，而将末端排烟支闸开大些。但辊道窑排烟系统一般属集中排烟，调节排烟支闸只能对调整预热带前段温度起作用。调整预热带后段温度，还要采取其他辅助调节手段。对明焰辊道窑，可以调节安装在预热带的烧嘴及调温风管，调节窑顶的闸板；对隔焰辊道窑，可以调节靠近预热带的烧嘴或燃烧室的燃烧情况，还可以调节窑顶各排湿孔的开度。入窑温度一般控制在 150～300℃，太高或太低均不好，排烟支闸板的开度从窑头至窑尾由小至大，窑头排烟支闸板不宜开得太大，因为这样会造成冷风大量吸入，辊下闸板的开度较辊上大，加大辊下抽力可克服几何压头造成辊上辊下温度的偏差。此外，还可以调节搅拌风来控制预热带的温度。

（2）烧成带温度的调控

烧成带温度制度主要是控制燃料与助燃空气的供应量及燃料与空气的混合程度，对气烧或油烧辊道窑，就是要控制燃料供应总管的压力、雾化风的压力、助燃风压以及烧嘴的阀门开度。此外，控制两侧烧嘴喷出的火焰长度一致，且恰好在窑的中央部位交接，以避免产生水平温差。如果火焰较长造成中间温度过高，此时宜开大助燃风；反之当火焰过短，则窑炉中央温度低，此时可减少助燃风量。另外，挡火嘴和挡火砖也是调节局部火位温度的有效方法。对煤烧辊道窑，就是要控制煤层厚度、加煤时间间隔及每次加煤量的多少。因此，正确的加煤、清灰、撬炉等操作是烧好煤烧辊道窑的关键。

（3）冷却带温度的调控

冷却带温度制度主要是控制急冷风、窑尾风的风压与进风量以及抽热风量。急冷区要注意后段急冷风管的阀门开度比前段略小，以避免产品发生风裂。缓冷区要注意调节好各抽热风口的阀门开度，使晶型转化阶段降温平缓。一般抽热风支阀由窑尾至窑头开度由大至小，以保证降温速度缓慢；窑尾冷风管的开度也是由窑尾至窑头由大至小，保证制品出窑温度不至太高。

3. 压力的监测

辊道窑内的压力一般不高，窑压的测量由微压计分别安装在预热带、烧成带、冷却带三个关键点以供操作参考。

4. 压力制度的控制

压力的大小本身对制品的烧成影响不是很大，它只是对窑内的温度、气氛有很大的影响。辊道窑属于中空窑，气体在窑内流动阻力损失较小，窑内压降也小，压力制度较易控制。但控制好压力制度仍是实现合理的温度制度与气氛制度的保证，压力制度也关系到产品质量，因此操作中的压力控制还是很重要的。压力制度的控制如同隧道窑一样，主要是通过调整排烟总闸开度来稳定预热带和烧成带之间的零压面，使预热带处于微负压下操作，以利于水气和坯体氧化分解产生的反应气体的排除；而烧成带控制在接近零压的微正压下操作，以防止辊动中辊棒两端头漏入冷空气，并阻止烧成中坯体继续排气而产生针孔，经验表明，辊下零压位和辊上零压位推后有利于操作。另外，保持以烧成带与冷却带交界面划分的两段进出风量基本平衡，也是维持窑内压力制度稳定的重要手段。由于辊道窑大多数为氧化气氛烧成，可让少量急冷段热风进入烧成带，既可用热风作二次空气以保证燃料完全燃烧与窑内充分的氧化气氛，并可提高热利用率，还可杜绝烟气倒流污染制品，当然必须保证不降低烧成带高温区的温度。控制手段主要是排烟闸的开度、喷嘴开度大小、急冷风管闸板的开度、抽热风闸板开度及分配情况等。

5. 气氛的监测

窑内气氛的测量比较困难。目前，窑炉上还没有有效的直接监测仪器，对于气氛的分析可用奥氏气体分析仪或烟气分析仪测量烟气的成分。

6. 气氛制度的控制

建陶工业辊道窑一般为全氧化气氛烧成，气氛制度还是比较好控制的。对明焰辊道窑，主要是调节好空气与燃料比，供给过量空气，保证燃烧完全，使窑道中不出现冒烟。有些气烧辊道窑，当煤气热值波动时可能会出现瞬间还原气氛，要及时加以调节。煤烧辊道窑为隔焰辊道窑，火焰不进入工作通道，本不应出现还原气氛，但要注意隔焰板用旧破损后，加煤时往往会向窑道窜烟而破坏窑内的氧化气氛。

1.1.3.3 压力制度对窑炉的影响

1. 压力制度对窑炉能耗的影响

窑内压力主要是由所供入的空气和燃烧产生的烟气以及吸入的空气总量与排烟及抽热所抽走的气体总量之间的差值所决定的。窑炉的各区压力大小不仅影响产品的质量，也影响到烧成的燃耗，主要表现在以下方面。

（1）抽烟排出口温度

抽烟排出口的烟气因其含水、含硫等因素，很少直接利用。在没有换热器情况下，烟气直接排到外界空气中，带走的热量相当大，一般抽烟风机处测得温度在 200℃以上，热损失严重。负压越大，带走热量越多，燃耗也就越大。因此，从节能角度考虑，烟囱口温度越低越好，即预热带负压越小越好。

（2）高火保温区温度

高火保温区与急冷区交界的温度要求应该只比最高温度稍低。如果烧成区为负压，则急冷风大量侵入，使高火保温区温度急剧下降，这样必然要加大燃气量以升高该段温度。因此，烧成区应控制微正压，特别是高火保温区。

2. 压力制度对窑炉损耗和使用寿命的影响

窑炉正压越大，特别是烧成区，高温气体逸出的能力越强，会通过看火孔、多孔砖逸出，以致烧坏窑炉支撑钢架、窑炉侧板；从窑顶马弗板处逸出，烧坏吊顶砖外端及吊顶钩；同时高温气体冲击窑墙内壁，造成莫来石粉化程度加剧，保温棉毡温度过高硬化度加剧，保温性能降低。

对于传动，因正压过大，导致多孔砖处散热，传动件容易受热，造成传动润滑油、脂流失或干化，使润滑效果降低，传动主动件、被动件均容易损坏。

窑炉正压过大，容易使辊棒高温抗折强度、热震稳定性下降而断裂，尤其是长期高温情况下，在急冷处、最高温度处更为明显。正压过大，辊棒接触金属的棒头容易断或裂。所以，从辊棒等的损耗和窑炉使用寿命来看，窑内压力保持微负压是比较好的。

1.1.3.4　操作注意事项

（1）避免为了提高烧成温度而改变空气过剩系数。许多企业为了追求单窑产量的最大化，要求操作工不断地加快烧成速度，缩短烧成周期。操作工为达到此目的势必要提高烧成温度，最常用的手段就是加大燃料供应量，加大供气压力等。而燃料供应量增加后，往往没有及时调节助燃空气的供应量，造成烧成气氛由氧化气氛变为还原气氛。虽然也意识到要增加喷枪的助燃气压，但却忽视了助燃风机总闸的调节，总的助燃空气量不变，就很难保证烧成气氛的稳定。

（2）避免为了解决预热带出现的缺陷而改变预热带的气氛。有些操作工为了降低预热带后段的温度而减小排烟闸的开度，影响了窑炉的压力平衡和气体流速，使预热带的氧化气氛减弱；有的操作工为了提高预热带后段的温度，提高排烟总闸的抽力，如控制不好容易造成前炉燃烧状态不良，使气氛出现波动。

（3）避免为了解决冷却带出现的缺陷而加大或减小冷风量，影响到全窑压力制度的变化，使气氛发生波动。比如加大冷风，容易使零压面向预热带移动，反之零压面又会向冷却带方向移动，这些都会使气氛发生改变。为了稳定压力，必须相应调节抽热闸的开度，以平衡全窑的气体进出量，稳定零压面。

（4）避免由于风闸、风管的堵塞或损坏而造成风闸的假性开度和风管的漏风现象。一些企业的窑炉管理者为了保持窑炉压力的稳定通常将某些关键部位的闸板固定不动，时间长容易发生堵塞或霉烂，使风闸出现假性开度现象。如果操作工疏于检查，没能及时发现，就会影响窑炉的压力制度，使烧成气氛发生变化。

（5）避免窑道空间发生变化，影响气体流动，波及窑炉气氛。很多连续性窑炉都设置有窑道闸板和挡火墙，有时为了调节温度，需要对闸板的开度进行调节，这种调节往往会使烧成气氛发生波动；另一种情况是在烧成过程中由于辊道窑的辊棒或制品的断裂使制品跌落在窑道中，没有及时清理，减小了窑道内气体流通的面积，使气体流动受阻，影响烧成气氛。

1.2 隧道窑

隧道窑是现代化的连续式烧成的热工设备，广泛应用于日用瓷、艺术瓷、卫生陶瓷、耐火材料等产品的焙烧生产。隧道窑是一条长的直线形或环形隧道，其两侧及顶部有固定的墙壁及拱顶，底部铺设的轨道上运行着窑车。烧成设备设在隧道窑的中部两侧，构成了固定的高温带——烧成带；燃烧产生的高温烟气在隧道窑的前端排烟机的作用下，沿着隧道窑向窑头方向流动，同时逐步地预热送入窑内的制品，这一带构成了隧道窑的预热带；在隧道窑的窑尾鼓入冷风，冷却隧道窑内后一段已烧成的制品，鼓入的冷风流经制品而被加热后，再抽出送入干燥器作为干燥生坯的热源，这一段构成了隧道窑的冷却带。

隧道窑与梭式窑相比的主要优点有：

（1）生产连续化，周期短，产量大，质量高。

（2）利用逆流原理工作，热利用率高，燃料经济，因为热量的保持和余热的利用都适当，所以燃料较节省，较倒焰窑可以节省燃料50%～60%。

（3）烧成时间减短，比较普通大窑由装窑到出窑需要3～5d，而隧道窑约有20h就可以完成。现在最短仅需12h可烧成卫生洁具。

（4）节省劳力。不但烧成时操作简便，而且装窑和出窑的操作都在窑外进行，也很便利，改善了操作人员的劳动条件，减轻了劳动强度。

（5）提高质量。预热带、烧成带、冷却带三部分的温度，常常保持一定的范围，容易掌握其烧成规律，因此质量较好，破损率少。

（6）窑和窑具耐久性好。因为窑内不受急冷急热的影响，所以窑体使用寿命长，一般3～7年仅需修理一次。

1.2.1 分类

隧道窑种类较多，难以全面兼顾，见表1-2。

表1-2 隧道窑主要种类

分类方法	种 类
烧成温度	低温隧道窑（1000～1350℃）
	中温隧道窑（1350～1550℃）
	高温隧道窑（1550～1750℃）
	超高温隧道窑（1750～1950℃）
烧成品种	耐火材料隧道窑
	陶瓷隧道窑
	红砖隧道窑
热源	火焰式（以煤、气、油等为燃料加热）
	电热式（以电热元件加热）
加热方式	明焰式（火焰或电热元件直接加热物料）
	隔焰式（火焰或电热元件先加热隔焰板，隔焰板再通过辐射将热量传给物料）
	半隔焰式（明焰与隔焰组合）

续表

分类方法	种　类
物料输送设备	窑车式、辊底式、推板式、输送带式、步进梁式、气垫垫式
隧道数	单通道、多通道
尺寸	大型、中型、小型

1.2.2　主要结构

隧道窑主要由窑体（墙、顶、底）、加热或燃烧设备、排烟通风设置、窑内输送设备、辅助设备、控制仪表等组成。

窑体是由窑墙、窑顶、窑车车衬围成的窑道。窑道是物料与气体进行热交换并发生物理化学反应的空间，物料（或坯体）在窑道中烧成。窑墙、窑顶、窑车车衬由多层耐火、保温等材料构成，需满足耐高温、绝热、强度等工艺设计条件。

燃烧设备包括燃烧室（或烧嘴）、燃料供应装置、助燃风机及管路等。燃料可用气体、液体、固体燃料。燃料在燃烧室（或烧嘴）中全部或部分燃烧后进入窑道。在以煤气等为燃料的隧道窑中，大部分窑炉采用多烧嘴燃烧系统，几十对烧嘴布置于预热段与烧成段两侧。

排烟通风设置由排烟、气幕、冷却设置等组成，使窑内气体沿需要的方向流动，作用是排烟、抽热风、供给空气，从而使窑内有合理的温度、气氛、压强。排烟设置由烟气向窑外排出所经过的排烟口、支烟道、主烟道、排烟机及烟囱组成。排烟口布置有集中和分散两种，前者设 1～2 对排烟口，而后者是沿预热段两侧布置多对排烟口（或设专门的排烟段），使烟气分散排出，以便部分地调节窑内温度分布。气幕是在隧道窑横截面上，自窑顶及窑墙向窑内喷射多股气流，形成一道帘幕。根据位置、作用的不同，一般有窑头封闭气幕（窑头是负压时，阻止窑外冷空气进入窑内；窑头为正压时，阻止窑内烟气外溢）、预热带搅拌气幕（搅动窑内烟气，使烟气产生局部循环）、气氛气幕（烧还原焰时，使还原气氛向氧化气氛过渡）、急冷段急冷气幕（阻挡烟气向后流动，并对物料快速冷却）。冷却设置由急冷段急冷气幕、冷却段冷却风、窑尾封闭气幕、急冷段热风抽出、冷却段热风抽出等设置组成，作用是将物料冷却到出窑坯体所要求的温度。

1.2.3　工作系统及工艺流程

隧道窑一般工作系统及工艺流程如图 1-4 所示。沿窑长，依次分为预热段（分为窑头段、排烟段、预热段）、烧成段（分为低温段、高温段）、冷却段（分为急冷段、缓冷段、窑尾冷却段、窑尾段），预热段与烧成段又合称为加热段。制品（或物料）由窑头进入窑内，经过加热段被高温烟气加热到工艺所要求的温度（一般 1100～1300℃），完成一系列物理化学反应后进入冷却段，被冷却介质（一般为空气）冷却到一定温度，由窑尾离开窑室。燃料在燃烧设备中全部或部分燃烧生成高温烟气，由烧成段及预热段进入窑内，逆流加热物料，经烧成段、预热段，由排烟段的排烟孔排出。

窑内温度、气氛、压强沿窑长的变化曲线为烧成制度。从烧成段末端到窑头，高温烟气中几乎没有一氧化碳组分，空气系数大于完全燃烧理论值，称氧化焰烧成；烧成段某一区段需要高温烟气中有一定浓度的一氧化碳组分，空气系数小于完全燃烧理论值，称还原焰烧成

（烧成段分为氧化段、还原段）。烧成段窑内气体压强大于环境大气压，为正压操作；烧成段窑内气体压强小于环境大气压，为负压操作。

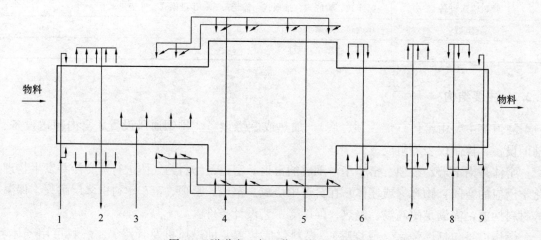

图 1-4　隧道窑一般工作系统及工艺流程
1—窑头封闭气幕风；2—排烟气；3—搅拌气幕风；4—燃料；5—助燃空气；6—急冷气幕风；
7—抽出热风；8—窑尾冷却风；9—窑尾封闭气幕风

1.2.4　工作原理

工作原理涉及气体力学、燃料燃烧学、传热学等学科领域。

窑内气体的流动，遵守伯努利方程，是几何压头、静压头、动压头、阻力损失压头共同作用的结果。通风设置、温度场、物料阻力等共同影响窑内流场分布。在机械通风的现代隧道窑中，窑内气体的流速一般在 0.3～1.5m 范围。

在通风设置的作用下，气体总体上沿窑长方向流动，但分为加热段和冷却段两大区域，使物料（或坯体）在一个窑道内的不同区段完成加热与冷却两个过程。加热段中，烟气从排烟口排出；窑内正压时，有少部分烟气从窑头及不严密处溢出；窑内负压时，有少量环境空气从窑头及不严密处漏入窑内。冷却段中，热风由抽出口排走；窑内正压时有少部分热风从窑尾及不严密处溢出；窑内负压时，有少量环境空气从窑尾及不严密处漏入窑内。工艺上要求，冷却段与烧成段之间应没有气体流动，因冷空气前流，可使烧成段末端的温度、气氛不易维持，而高温烟气后流，将带来产品缺陷。生产中，为易于控制一般允许极少量冷却段的冷风流入烧成段。进风口、出风口、烧嘴使气体产生扰动，形成气体的局部循环，使温度分布均匀。

温度场使热气体向上流动，冷气体向下流动，气体产生自然对流。流体流动时的阻力损失，包括摩擦阻力损失和局部阻力损失，与物料的装载方式、窑体结构、气体流速等有关。阻力损失越大，通风系统所需提供的动力越大。

隧道窑内的传热涉及对流、辐射、导热三种方式，传热模式如图 1-5、图 1-6 所示。

1.2.5　操作控制

使窑内烧成制度（温度、气氛、压力）满足工艺要求的操作控制。

（1）加热段布置烧嘴部分的温度控制方法：①空气系数不变，增加或减少燃料消耗量；

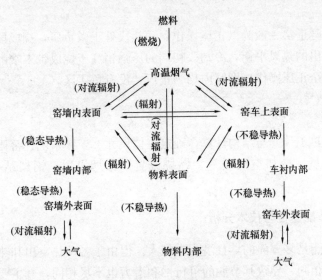

图 1-5　隧道窑加热段传热模式

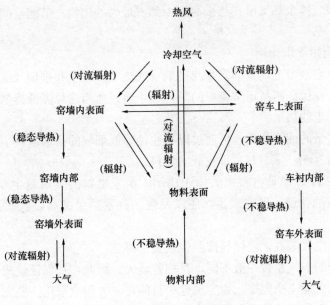

图 1-6　隧道窑冷却段传热模式

②调节空气系数趋近于理论值；③燃料与空气预热。

（2）加热段布置排烟孔部分的温度控制方法：调节排烟总压强与支烟道阀门开度，可部分调节窑内温度分布。

（3）冷却段温度控制方法：调节急冷段急冷气幕、窑尾冷却段冷却风、急冷段抽出热风、窑尾冷却段抽出热风、窑尾封闭气幕等的风量、风温及风量分布。

（4）烧成段、预热段气氛控制方法：调节燃烧空气系数、气氛气幕风量。

（5）压强控制方法：压强制度是为了保证窑内温度制度与气氛制度的实现。通过调节排烟、气幕、抽热风等设置的压强、风量，可控制窑内压强分布，使窑内气体沿要求的方向流动，合理组织窑内气流。

（6）烧煤气的隧道窑一般为微正压操作：预热段处于微负压，烧成段处于微正压，冷却段进入的冷风与抽出的热风平衡，冷却段初端的压强稍高于烧成带末端的压强。但实际生产中有许多窑也采用全正压操作，即窑内均为正压，没有负压区。

1.2.6　设计计算

设计计算包括热工计算与结构计算，确定主体尺寸、工作系统、窑体与窑车的结构及砌筑材料、燃料消耗量、冷却空气用量、燃烧设置、排烟设置、钢架结构、管道尺寸及布置等。

1.2.7　隧道窑的节能途径与技术分析

对隧道窑的节能是多方面的，且潜力也较大。但由于各项热支出和热收入的来源和影响其大小的因素各不相同，导致其节能的可行性和潜力也不尽相同，其主要节能途径与技术也不尽相同。

1.2.7.1　隧道窑气体余热与节能

隧道窑的两项气体余热支出在热平衡表中都占最大的比例，节能空间较大，实现节能的可行性也较大。

1. 降低气体余热支出比例

由于烟气或热空气带走热量的多少与排烟（或热空气）量和排烟（或热空气）温度的高低成正比，因此，在保证制品正常烧成的条件下，通过适当途径降低排烟（或热空气）量和温度，便可降低带走的热量。

根据有关烟气量的计算公式，可通过以下途径降低烟气的排烟量：

（1）使用含碳（C）、氢（H）量较低的燃料

烟气中 CO_2 和 H_2O 总量占很大的体积比例，由于燃料的发热量主要取决于燃料中 C、H 元素等发热元素的含量，目前来说，还没发现一种发热量又高，且 C、H 元素含量低的燃料。

（2）合理控制空气系数，使燃料按照烧成要求燃烧

隧道窑在各带的空气系数一般不同，且相差较大。因此，在保证烧成气氛能满足的情况下，应该使燃料尽可能完全燃烧。为实现这一目的，一方面应采用一些先进的燃烧技术与设备，如重油乳化燃烧技术、脉冲燃烧技术和高速调温烧嘴等；另一方面，隧道窑应同辊道窑一样采用微机控制系统，自动控制燃烧过剩空气系数，使窑内燃烧始终处于最佳状态，减少燃料的不完全燃烧，降低窑内温差，缩短烧成时间。

（3）减少助燃空气中的非反应气体

空气中含有约 79% 体积的非反应气体（主要是氮气），不但不利于燃料的完全充分燃烧，还要吸收部分燃料与氧气反应放出的热量，降低了烟气温度，增大了烟气生成量。目前，采用富氧燃烧技术能有效克服这种不足，实现有效节能。随着这种燃烧技术的日益运用成熟，部分陶瓷窑炉已开始采用这种技术，并取得了较好的节能效果。因此，采用这种燃烧技术，应该作为隧道窑节能的一个发展方向。

排烟温度的高低主要与烟气对坯体的传热速度等因素有关。以前隧道窑使用的燃料大部

分是非清洁固体燃料，因此，大多数产品都采用隔焰烧成或明焰装烧，传热速率与热利用率都较低，而现在采用明焰裸烧技术，不仅可以大大提高传热速率，而且还可有效降低排烟温度，节能降耗的效果非常显著。

2. 充分回收利用气体余热

利用这两项余热的载能体是气体这一特性，回收利用余热是隧道窑节能降耗的一种重要途径。目前回收的热量主要用于以下几个方面：

(1) 供给干燥坯体

对于抽热风带出的显热，由于它的载能体为不会污染坯体的空气，可直接供给干燥砖坯用；而对于烟气带走的显热，由于烟气中含有少部分污染坯体的气体，故一般通过烟气余热回收装置热交换后，再将换热后的热空气送入干燥器内干燥坯体。通过烟气余热回收装置回收的热量，其节能效果和产生的经济效益也是较可观的。例如，某厂隧道窑使用热管烟气余热回收装置，烟气回收率达 30％，节能效果较好。

(2) 预热助燃空气

预热助燃空气可以增大助燃空气带入的显热量，可以有效地节约燃料。这种节能不仅在于它的显热取代一部分燃料的化学热，而且还可以减少烟气量，从而减少了排烟带走的热量。预热温度越高，节省燃料越多。通过理论计算，助燃空气预热到 400℃比预热到 150℃可节省能耗 17％，预热到 600℃可节能 28％。

(3) 干燥坯体粉料

主要是将抽出的热风供给喷雾干燥器，干燥坯体粉料。

(4) 用作预热带气幕风

对隧道窑来说，利用抽出的热风作为预热带的气幕风，一方面增加了气幕带入的显热；另一方面可减少窑内温差，有利于提高产品的产量和质量，从而降低单位产品的能耗，节约生产成本。

1.2.7.2　隧道窑窑体和窑具蓄散热与节能

就目前来说，通过降低隧道窑的窑体和窑具的蓄散热来达到节能目的的途径与其他类型的陶瓷窑炉一样，主要有两方面：

1. 合理选用耐火材料

对隧道窑窑体来说，要减少其散热量，必须合理地选用低蓄热、体积密度小、强度高和隔热性能好的耐火材料作为窑具、炉衬和窑车的砌筑材料。实验表明：轻质砖作车衬时，产品热耗是传统重质耐火砖的 91％；轻质砖和硅酸铝耐火纤维作车衬时，产品热耗是传统重质耐火砖的 79.5％～85.8％；采用全硅酸铝耐火纤维作车衬（承重部位采用强度高的材料），产品热耗最低，是重质砖的 59.1％～66.3％。此外，其他条件不变，当窑具与产品质量比减小到 1/3 时，窑具单位吸热也降低到原来的 1/3。

目前，涂层技术应用范围很广，其中红外辐射涂层和多功能涂层在窑炉中的应用值得关注。如热辐射涂料（HRC），在高温阶段涂在窑壁耐火材料上，材料的辐射率从 0.7 升至 0.96，可节能 138304kJ/(m² · h)。在低温阶段涂上 HRC 后，窑壁辐射率从 0.7 升至 0.97，可节能 19006kJ/(m² · h)。

2. 改进窑体结构

窑体散热量除了与砌筑的耐火材料有密切联系外，还与窑体的散热面积有关，即与窑体的主要尺寸相关。现代隧道窑为了烧成均匀，尽可能降低窑内高，往往单层码放，窑内高随意变动的可能性不大。因此，为了减少散热量、节能降耗，应从窑长和窑内宽两方面来考虑，其主要措施有：

（1）适当增大窑内宽，减小窑内高宽比

一般来说，如果窑内高宽比在0.3～0.5之间，可大幅度减小上下温差，加快进车速度，从而提高产品的质量、产量及有效热利用率。虽然窑内宽的增加使窑体总散热面积也增大，但由于产品产量得到大幅度提高，故总的来说，单位产品的热耗还是有所降低的。

（2）适当缩短窑长

虽然窑体增长时产品产量有所增加，但也会使窑内阻力、冷空气漏入量、窑内上下温差等增大，结果非但不能降低单位产品热耗，反而降低了产品的质量和增加了建窑费用。因此，适当缩短窑长的节能效果比较显著。

（3）窑顶采用合理的砌筑方式

国内隧道窑窑顶大多数采用拱顶砌筑，窑顶与窑底温差大，虽然一般采取倒焰式气体流动加热制品，可适当减小断面上下温差，但上下温差对制品的烧成质量依然有一定的影响。近年来，国外隧道窑窑顶砌筑同辊道窑一样，采用平顶砌筑，使烧成带窑顶温度和窑底温差大幅降低，取得良好的节能效果。

（4）通过采用低温快烧技术降低产品带出的显热

要降低预热带及烧成带制品带走的显热，目前主要采用的烧成技术是低温快烧技术。卫生陶瓷和日用陶瓷的烧成周期虽比建筑瓷砖的还长很多，但采用低温快烧技术后，卫生陶瓷的烧成周期已由20～72h缩短到7～14h，而日用陶瓷的周期也由24～40h变为1～3h，烧成温度也从1250～1350℃降到现在的1170～1200℃。通过热平衡计算知道，若烧成温度降低100℃，单位产品热耗可降低10%以上，且烧成时间缩短10%，产量增加10%，热耗降低4%。可见隧道窑采用低温快烧技术后的节能效果比较显著。

因此，要进一步利用低温快烧技术对隧道窑产生更好的节能效果，就必须研究采用新原料，改进现有生产工艺技术，优化窑炉结构。

1.3 梭式窑

梭式窑结构与隧道窑的烧成带相似，由窑室和窑车两大部分组成，坯体在窑外码放在窑车棚架上，推进窑室内进行烧制，经烧成和冷却后，将窑车和制品拉出窑室外卸车。窑车的运动如同织布的梭子或桌子上的抽屉一样移动，故此而得名，有时也称之为车式窑或车底窑。

梭式窑与辊道窑和隧道窑相比主要优点如下：

（1）产品生产适应性强。在生产中灵活性大，可随被烧制品的工艺要求变更烧成制度。同一座窑可烧制不同规格甚至不同材质的制品。

（2）市场适应性强。窑炉按每个窑次间歇生产，可根据市场的订单情况来组织生产，容易适应市场多样化的需求。

（3）窑内温度分布比较均匀。

（4）生产安排灵活。可在周末和节假日停窑休息。

（5）窑炉基建投资低，占地少，见效快。

梭式窑与辊道窑和隧道窑相比主要缺点如下：

（1）随着窑内制品的加热与冷却，窑内的温度随之而变化，需要不断调节燃料与空气的比例以实现窑内烧成制度，烧成制度不易控制。

（2）烧窑时窑体积蓄热量，冷窑时窑体积蓄的热量又散发于空气中，造成能量损失。另外，烟气离窑温度较高，排烟热损失较大，所以梭式窑的热效率较低。

1.3.1　梭式窑结构特点

梭式窑结构形式近似于台车式加热炉、热处理炉，在陶瓷和耐火材料行业称之为梭式窑。顾名思义，窑车的运动轨迹就像一个"梭子"一样从窑内拉出、推进，也有称作抽屉窑，也是取窑车推进拉出之意。由于梭式窑是间歇式烧成设备，每个烧成周期都经过加热和冷却过程，因此，窑体和窑车的蓄热、散热量大小直接影响窑炉的热效率。梭式窑多采用轻质耐火材料，以最大限度地减少蓄热和散热损失；同时配置调温高速烧嘴，以避免火焰温度与待烧制品之间温差过大而造成的制品缺陷，并通过高速气流在窑内的扰动和卷吸作用，增加对流换热效率；基本采用平顶结构，使窑顶与窑墙相互独立，既能自由伸缩为窑体轻型化提供条件，又充分利用了窑内空间；采用下排烟的形式，为均匀窑内温度和简化车间地面设施提供了有利条件。

上述特点是梭式窑节能、温差小和烧成周期短的关键所在，也是梭式窑有别于加热炉、热处理炉的重要方面。目前，国内常用的梭式窑烧成室容积，小的只有零点几立方米，大的可以达到近 $200m^3$，没有一个固定的系列，完全根据用户需要确定。

1.3.2　梭式窑的结构

梭式窑的组成，包括窑炉钢结构、窑体耐火材料、窑门启闭系统、窑车、进出车系统、窑炉基础（含内外轨道基础）和烟道、燃烧系统、排烟系统、控制系统等，其基本结构形式如图 1-7 所示。

梭式窑窑体的耐火材料结构通常由以下几部分构成：车台面以上和以下窑墙砌体、窑门、窑顶砌体以及窑车台面砌体。通常车台面以下窑墙由重质耐火砖砌筑，其余三部分均由

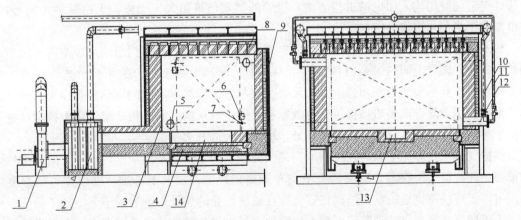

图 1-7　梭式窑结构示意图

1—排烟风机；2—换热器；3—窑墙；4—窑车；5—烧嘴砖孔；6—看火孔；7—热电偶孔；8—吊挂平顶；
9—窑门；10—助燃空气管；11—煤气管；12—高速调温烧嘴；13—排烟孔；14—烟道

抗热震性好、导热和膨胀系数小的轻质耐火材料砌筑。根据使用温度的不同，采用不同的高强度轻质砖加隔热纤维材料或采用多晶莫来石等复合耐火纤维模块构成窑的烧成空间。窑墙、窑顶耐火材料是通过特殊的结构形式固定在窑体钢结构上的。因此，窑体钢结构必须有足够的强度和刚度作为支撑。通常，钢结构根据窑炉高度不同，由不同规格的型钢（多用工字钢或方钢管）作为立柱，不同厚度的钢板（$\delta = 4\sim6mm$）作为墙板，根据窑炉宽度选定不同规格的型钢作为横梁，同时梭式窑大都设有操作平台。

以电瓷行业梭式窑为例，其窑墙耐火材料一般是由轻质莫来石砖（300～348mm）＋硅酸铝耐火纤维（80～100mm）或轻质莫来石砖（230mm）＋轻质高铝砖（114mm）＋硅酸铝耐火纤维（80～100mm）这样两种轻质砖加隔热层结构组成；极少数的电瓷梭式窑也采用了全纤维耐火材料的窑墙、窑顶结构。目前耐火纤维的产品在经过反复加热冷却以及受高速气流冲刷后，存在着收缩大、易老化和极易发生纤维粉化剥落现象。而对于电瓷、陶瓷产品烧成的梭式窑，出现了这种情况就会造成产品外观和性能上的缺陷，这完全不同于金属加热或热处理炉的加热对象。一旦出现纤维粉化剥落的情况，就很难根除。因此，在对产品外观要求比较严格的陶瓷、电瓷梭式窑窑体耐火材料的选择时，要十分谨慎。

轻质砖加耐火纤维的窑墙是以"浮锚"结构的形式，将耐火砖与窑墙钢板间进行连接作为窑墙的稳固措施。梭式窑的窑墙、窑顶和窑门，用轻质莫来石砖砌筑时，常采用气硬性耐火泥浆来砌筑。这种泥浆要求有良好的砌筑性能，既能保证合适的施工时间（一般要求在90～120s），又要求在施工一段时间之后能开始硬化，产生良好的常温（或低温）粘结强度（要求可以达到0.5MPa以上）；同时又能满足在1000～1600℃温度范围内使用的多种规格。

在两侧窑墙上每条火道的位置，上下交错布置了若干支调温高速烧嘴，高速喷出的焰气作为梭式窑的热量供应源和扰动卷吸作用的动力源。梭式窑的烧嘴布置形式与泛指的工业炉烧嘴（大都布置在炉墙下部）是有明显区别的，梭式窑窑内更强调气流在垂直断面上的上下循环和水平面上的循环的共存，这对均匀窑内温度是十分必要的。

常用的大型梭式窑窑门由钢结构和轻质耐火材料组成，耐火材料一般由轻质莫来石砖（230～270mm）＋硅酸铝耐火纤维（30～80mm）构成，质量大都在3～6t。其开闭机构形式有回转式、平移式和升降式3种。窑门本体由吊梁悬吊，按不同开闭形式移动。目前大部分梭式窑窑门开闭均采用电动机构驱动，极少的厂家还采用人工操作，无论哪种关闭形式，关键点在于窑门与窑体的密封。

梭式窑窑车及台面砌体组成梭式窑的窑底，与窑墙、窑顶和窑门组成烧成空间。窑车由钢架、车轮和砌在上面的耐火材料组成（图1-8）。车台面耐火材料的结构形式和材质选择时，既要考虑其承载能力和加强隔热效果，又要尽量减少窑车砌体的蓄热散热损失。轻质窑车的推广应用为降低产品热耗提供了有效途径。除少数从国外引进梭式窑采用上排烟（主要是由于建窑地点地下水位太高的原因）外，国内绝大部分大型梭式窑均采用下排烟。

根据气体垂直分流法则，在窑内的高温气流从上向下流动是保证窑内水平方向温度均匀的重要条件。梭式窑在垂直断面的上下均布置高速烧嘴，加上下排烟，则使梭式窑温度均匀，可以实现快速烧成的重要结构特点。这在机械行业的热处理炉等炉子上得到了验证。

由于烟道布置在窑基础底板下部，建窑地点地下水位较高的梭式窑烟道，多做成防水烟道。有的窑为了避免地下水对烟道的影响，做成分散多条的浅烟道。在烟道内放置换热器的烟道，其较深处的侧边，还设有渗井作为烟道防水的辅助设施。

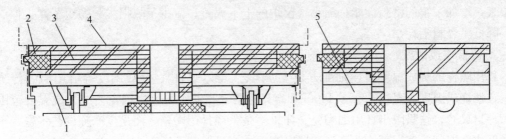

图 1-8 窑车砌体图

1—窑车钢结构；2—窑车曲折密封砖；3—轻质高铝砖；4—窑车台面砖；5—砂封裙板

窑炉基础由 C15 以上强度等级的混凝土捣制，根据土质和地面耐力情况的差异，多做成钢筋混凝土结构。窑车轨道安装在窑炉混凝土基础之上。鉴于梭式窑的荷载状况，通常选用 22kg/m 以上规格轻轨。

1.3.3 梭式窑的节能途径

1. 改进窑炉结构，是节能的基础。

窑炉的结构合理与否，不仅涉及燃料的消耗，而且同产品质量有直接关系。结构合理的窑炉，因气流循环顺畅，窑内压力适当，将大大延长窑炉的寿命。窑炉的结构在不断改进中得到发展，用气作燃料（液化石油气）的梭式窑燃烧室已由窑的墙外移到墙内制品旁，改变了燃烧室的结构，有利于高速喷射下火焰直接进入窑内，打破传统陶瓷窑炉以自然流动为主的工作状态，利用压力造成高速气流的引射作用，使气流再循环，形成紊流，强化烟气对流传热过程，使窑内温度均匀上升，使制品出现快速、均匀的加热，节约了燃料消耗。

窑炉要有合理尺寸。窑炉的尺寸小，单位产品占有的散热面积小、热耗小；窑炉尺寸过大，窑内温度不易均匀，烧成时间长，热耗增大。若产品结构、装烧方法不变，窑的长、宽、高比例不同的同样容积窑炉，其烧成时间和燃料消耗大不相同。依据实际测算，若梭式窑的高度每增高 50mm，则上下温差加大 30℃、烧成时间增加半小时，燃料消耗每窑次增加 5%～8%。反之，同样容积，若窑的长、宽增加，高度降低，烧成效果不会出现上述的情况。所以窑炉设计时，在不影响烧成产品品种、生产规模等条件下，窑的长、宽尺寸可适当增加，其高度应偏低为宜。这样，既可减少窑内上下温差，又能缩短烧成时间，达到节约燃料的目的。

2. 加强窑炉的密封，是节能的保证。

窑炉的密封性能好坏，直接影响燃料的消耗。窑炉砌筑时用轻质泡沫隔热砖和硅酸铝耐火纤维毡，将大大减轻窑墙重量和窑的厚度，且导热系数小，可减少窑的散热损失和窑墙蓄热量，使升降温灵活。在相同的条件下，硅酸铝耐火纤维毡的蓄热量仅为耐火砖的 10% 左右。采用上述隔热保温材料砌筑窑墙、窑顶，窑的保温性能好，高温阶段外表铁板近燃烧室处，经表面温度计实测，温度仅 50～80℃，可使燃料消耗减少 10%～15%。采用轻质泡沫隔热砖和硅酸铝耐火纤维毡砌筑窑炉，虽一次性工程费用较大，但投产后几个月，即可得到补偿，收回成本费用。

另外，梭式窑的窑车与窑体密封为曲折封闭和砂封结构，窑车的接头、周边、窑内的周边与窑体接触处，用 30mm 厚的硅酸铝耐火纤维毡粘贴，有效阻止了窑内烟气升温与冷空气渗入，增加了窑的密封性能，缩小了窑炉的上下温差，减少了热损失，缩短了高火保温时间，降低了燃料消耗。

3. 降低烧成温度，是节能的关键。

日用陶瓷的烧成温度因坯釉配方、生产工艺、窑炉结构、烧成制度等沿用旧的传统习惯，致使烧成温度一直在 1350～1400℃。《日用陶瓷工业手册》中细瓷器的烧成温度范围为 1250～1410℃，这只限于日用细陶瓷。如果不是生产日用陶瓷，而是生产陈设艺术瓷，可以再降低成瓷温度。依据理论计算，瓷器在高温中烧成温度升高 100℃，需增加 10%～15% 的燃料消耗，而且严重影响窑炉、窑具的使用寿命。

4. 掌握好操作要素，是节能最有效的措施。

陶瓷的烧成根据坯、釉的特性，窑炉结构，燃料种类等制定烧成制度。烧成时应注意掌握好氧化焰、还原焰、中性焰三个烧成阶段。因各种不同火焰要求、温度气氛不一，燃料用量不同，若过早烧还原焰或燃料用量过大，不但会造成产品烟熏等缺陷，而且浪费燃料。所以，烧成操作应根据窑炉结构、窑内温差情况以及制品的大小、厚薄、干湿、烧结温度范围的要求、高火保温时间等因素，决定各阶段的燃料用量，具体要求如下：

（1）点火至 1050℃ 为氧化阶段，升温速度为 210℃/h。此阶段燃料用量由小到大，控制全氧化烧成，从观火孔观察不应有一氧化碳，窑内火焰呈现清亮状态，升温时间 4.5～5h。

（2）1050～1360℃ 为还原焰阶段，燃料用量控制在观火孔观察有 250～300mm 长火焰（液化石油气窑火焰稍短），说明窑内还原气氛足够。窑顶温度达到 1250℃ 以上，可转高火保温。高火保温时，采用较高温度下（即烧结范围上限）短时间烧成，可以节约燃料。一般还原时间 2～2.5h，高火保温时间半小时，即可达到烧成产品的要求。

5. 快速烧成，是节能重要的环节。

实现快速烧成要解决两方面的问题。一是研制适应快速烧成的坯、釉配方，以保证在短时间内坯、釉物化反应完全；二是采用结构合理、上下温差小的梭式窑烧成，以保证热量迅速传递，制品均匀受热与冷却，不致在烧成过程产生废次品。梭式窑炉由于坯体烧成过程是在同一空间的不同时间进行，其烧成制度随时间的变化而变化。了解陶瓷制品烧成过程的物化变化，结合窑内温度均匀、温差不大于 5℃ 等窑炉情况，掌握好三个烧成阶段，才能实现快烧。比如，要求坯体入窑水分＜3%，在 500℃ 以前提高气体流速，加强窑内通风，有利于结晶水的排除、分解，缩短烧成时间。高火保温后，可以强化冷却。升温和冷却速度直接影响烧成周期，烧成周期的缩短不仅能提高窑炉的生产率，而且能节省燃料，从而降低生产成本。

6. 有匣改无匣，是节能重要的途径。

匣钵装烧制品，因匣钵的重量比制品大数倍，且导热性不良，传热速度缓慢，吸热和散热大，匣钵的存在不但占去装窑空间，而且使火焰不能把热量直接辐射给制品，增大燃料消耗，延长烧成时间。目前一般取消匣体，采用无匣装烧，明焰裸烧。根据实践测试，有匣装烧比无匣装烧需延长烧成时间一小时，每窑次增加燃料消耗量 15% 左右。碳化硅棚板具有良好的热传导性，是最理想的窑具之一。

装窑密度也是值得研究的一个问题：装得密，可以减少单位热耗，但太密使窑内气流阻力大，不利通风，窑内温度不均匀。坯体与坯体空隙最小距离应控制在 5mm 左右。装坯时以棚板支柱结构明焰裸烧，每块棚板由三根支柱支撑。上下棚板保持平、直、稳，均匀排列，每层的制品尽量做到高度基本一致，形状大小不一。全车装坯，应以最矮小的坯体装在中间位置；坯体高，用立柱长的放在最下部或最上部，这样有利于保持坯体在高温气流下获得热量平衡，从而缩短烧成时间，减少燃料消耗；最后放棚板上的坯体，装坯时适当码密，防止气流过快，被烟囱抽走，提高热利用率。

7. 利用余热，是节能必备的条件。

余热利用、降低离窑烟气温度、减少漏气、减少离窑烟气的空气过剩系数，是节能的重要措施。

在不使急冷造成制品炸裂的条件下，可在窑顶拱砖面上埋设直径为 4cm 左右的镀锌管，抽出热风，用于干燥坯体或预热助燃空气。另外，温度降至 150～200℃ 时，在制品不出现冷惊的前提下，打开窑门，缓慢分两三次将成品推出窑体至窑外轨道上，再将已装好坯体的窑车推进窑内，窑门与窑墙用手轮紧固。半小时后，才点火烧窑，这样可使坯体干透，前期升温速度可适当加快，利用了余热，缩短烧成时间，节约燃耗。根据经验，若制品、装码方法不变的情况下，热窑比冷窑每窑次可节约 10％～15％ 的燃料费用。

参考文献

[1]　尹虹，胡晓力. 谈谈辊道窑的工作系统与结构特性[J]. 中国陶瓷工业，1994，1(2)：8-9.

[2]　余阳春，王晓春. 新型环保节能辊道窑的特点[J]. 山东陶瓷，2001，24(2)：11-12.

[3]　孙仲兰. 分析辊道窑传热特点优化窑内结构设计[J]. 国外建材科技，1996，17(4)：49-53.

[4]　侯海涛. 如何控制辊道窑烧成制度[J]. 江苏陶瓷，2003，36(1)：34-35.

[5]　程昭华. 辊道窑中的压力及压力控制[J]. 佛山陶瓷，2002，12(3)：16-18.

[6]　王世峰. 隧道窑计算机模拟方法与运行状态模拟试验的研究[D]. 济南：山东大学，2007.

[7]　汪和平，童剑辉，冯青. 基于热平衡的陶瓷隧道窑节能技术分析[J]. 工业炉，2008，30(6)：18-22.

[8]　胡国林，周露亮，陈功备. 陶瓷工业窑炉[M]. 武汉：武汉工业大学出版社，2010.

[9]　张乃焯. 梭式窑的节能技术[J]. 佛山陶瓷，1999(4)：25-26.

第 2 章　陶瓷窑炉的结构优化

2.1　窑炉结构对陶瓷产品质量与产量的影响

辊道窑以其热效率高、能耗低、经济效益明显优于隧道窑与梭式窑且窑内温度均匀、有利于产品的快速烧成等优点,受到了人们的青睐和广泛的关注。在陶瓷墙地砖的生产中,辊道窑的应用已十分普遍,特别是近年来,国产辊道窑发展相当迅速,几乎占国内企业使用辊道窑的 98％以上。然而,国产辊道窑的技术发展着重于快速烧成方面,换句话讲,辊道窑的设计思路重点是调整窑宽,增加窑长,使窑炉适应企业提高产量的要求。下面从辊道窑的结构来讨论其对陶瓷产品质量及产量的影响。

根据能量守恒定律,有式(2-1):

$$C = \frac{G \cdot \tau}{k \cdot g} \tag{2-1}$$

式中　C——辊道窑的容积,m³;

$$C = S \cdot L \tag{2-1-1}$$

S——窑截面积,m²;

L——窑长,m;

G——小时产量,件/h 或 kg/h;

$$G = 年产量 / (年工作日 \times 24) \tag{2-1-2}$$

τ——烧成时间,h;

k——产品合格率,即成品率;

g——体积装窑密度,件/m³ 或 kg/m³。

由式(2-1)可得窑长的计算公式(2-2):

$$L = \frac{\dfrac{年产量}{年工作日 \times 24} \times 烧成时间}{成品率 \times 线装窑密度} \tag{2-2}$$

从式(2-1)可以看出,当其他量一定的情况下,辊道窑的时产量与窑的容积成正比,即辊道窑产量与窑长、窑截面积成正比。下面将分别讨论辊道窑的窑长和窑内宽、内高对陶瓷产品产量和质量的影响。

2.1.1　窑长与产品产量、质量的关系

由式(2-2)可知,当烧成时间、年工作日、成品率及线装窑密度不变的情况下,窑的年产量随着窑长的增加而提高。由于制品产量的大大提高,抵消了由于窑长的增加而引起的窑墙散热损失的增加,使单位制品的热耗减少。同时,随着窑长的增加,相应各带的长度都增加。在预热带,窑内烟气能有更多的时间加热坯体,而较长时间的热交换使烟气温度降得更低;在冷却带,制品的余热能够更好地给冷空气加热,因此,在整个窑长方向上热耗大大

减少，且温度曲线趋于平缓，有助于避免预热带较短导致升温较快所带来的坯体开裂，同时产量也明显上升。

　　然而窑长的增加超过一定长度后，将影响到窑内正常的热工制度，反而增加窑炉单位产品的能耗，导致次品率增加，产品的质量降低。根据流体力学中能量守恒方程（二流体伯努利方程简式），即式（2-3）：

$$h_{s1} + h_{ge1} + h_{k1} = h_{s2} + h_{ge2} + h_{k2} + h_L \tag{2-3}$$

式中　h_{s1}、h_{ge1}、h_{k1}、h_{s2}、h_{ge2}、h_{k2}——二流体在 1～2 断面的静压头、几何压头和动压头；

　　　　h_L——窑内气体流动的压头损失。

$$h_L = \sum (h_f + h_l) \tag{2-4}$$

式中　h_f——摩擦阻力；

　　　　h_l——局部阻力。

　　其数学表达式分别为：

$$h_f = \xi \frac{\omega^2 \cdot l}{2d} \rho \tag{2-5}$$

式中　ξ——摩擦阻力系数，砖砌通道为 0.03～0.06，金属管道为 0.02～0.04；

　　　　ρ——气体密度，kg/m^3；

　　　　d——通道的当量直径，m，对于非圆形通道：

$$d = \frac{4F}{l'} \tag{2-5-1}$$

　　　　F——通道截面积，m^2；

　　　　l'——气体浸润周边长，m；

　　　　l——通道长度，m；

　　　　ω——气体流速，m/s。

$$\omega = V/F \tag{2-5-2}$$

　　　　V——流量，m^3/s。

$$h_l = \zeta \frac{\omega^2}{2} \rho \tag{2-6}$$

式中　ζ——局部阻力系数，其数值由试验求出。

　　由于窑内气体流动而产生压头损失（h_L），且压头损失（h_L）由动压头（h_k）转变而来，故由式（2-3）的能量守恒方程可知，在窑内同一水平面上，为了保证气体在窑内的正常流动，静压头（h_s）转变为动压头（h_k），以弥补动压头（h_k）的损失。因而，沿窑长方向窑内静压头的差值（$h_{s1} - h_{s2}$）成为推动辊道窑内气体水平流动的动力。由式（2-4）、式（2-5）可知，摩擦阻力（h_f）与窑长成正比，即辊道窑的窑长越长，则摩擦阻力（h_f）和压头损失（h_L）越大，静压头减少量也随之增大、最终导致窑内烧成带正压和预热带负压都增大。如果正压过大，则漏出热气体多，使燃料损耗大，恶化工作环境，而且高温气体的逸出也使烧成带附近的窑衬寿命降低；如果负压过大，在窑头及密封较差的地方将漏入大量的冷空气，产生气体分层，导致预热带上下温差和水平温差进一步增大、燃料消耗大、排烟量增大等问题，影响窑内正常的热工制度，最终会导致产品质量下降，次品率增加，产量达不到预期的目标。故在辊道窑截面积一定的情况下，必须在有足够的手段保证窑内热工制度的合理、稳定的前提下才能通过增加窑长达到增加产量的目的。

另外，当窑长增加时，辊道窑的动力消耗也随之增加，如风机。由于窑长、产量增加，故需选用功率较大的排烟风机和鼓风机才能保证窑头烟气正常排放及窑尾所需要的冷却风量，以达到较好的压力、气氛制度。而辊道窑的辊子驱动功率需满足关系式（2-7）：

$$N = N_1 + N_2 + N_3 \tag{2-7}$$

式中　N——辊子驱动功率，kW；

　　N_1——克服辊子摩擦阻力所需功率，kW；

　　N_2——克服制品惯性阻力所需功率，kW；

　　N_3——克服制品自重所需功率，kW；

$$N_1 = \frac{M_摩 \cdot v}{D} \tag{2-7-1}$$

$M_摩$——摩擦阻力力矩，N·m；

　v——辊子输送速度，m/s；

　D——辊子直径，m；

$$N_2 = Q\frac{v^2}{2} \tag{2-7-2}$$

Q——辊子输送生产率，kg/s。

由于辊道窑内制品是水平运动的，故克服制品重力所需功率为零，即 $N_3 = 0$，故式（2-7）可表示为式（2-8）：

$$N = \frac{M_摩 \cdot v}{D} + Q\frac{v^2}{2} \tag{2-8}$$

由式（2-8）可知，辊子的驱动功率在其他情况一定时，随着辊子输送速度及辊子输送生产率的增加而增大，随辊子直径的增大而减小。也就是说，当辊道窑窑长增加以后，辊子的输送速度和输送生产率也随之增加，故需选用辊子驱动功率较大的电机和辊径较大的辊子，这样才能保证辊道窑生产的正常运行。

更重要的是，由于辊棒自身的质量及坯体质量作用，辊棒在高温情况下会发生软化变形，导致辊棒的中间与旁边对坯体接触点的线速度产生差异，且辊棒的转速越大（即输送速度越大），速度差也越大。如果这种速度差出现在同一块坯体的不同部位时，就加剧了坯体局部位置打滑的现象，甚至使坯体出现转向；如果这种速度差出现在同一排不同位置的坯体上，就会造成坯体中间与两边行进的快慢不一致，由此引起窑内坯体间隙的差异，影响坯体受热，结果造成坯体变形，次品率增加。因此，应该认识到不能不讲前提条件，盲目追求窑炉长度，以为窑炉越长越好，这是不科学也是不切实际的。如果有足够有效的手段来确保窑内合理稳定的热工制度，控制好窑内的上下及水平温差，那么窑炉长度取长一些，不仅可以提高产量，还有利于降低能耗，提高制品质量。

2.1.2　窑内宽、内高与产量和质量的关系

由式（2-1）可知，当窑长一定的情况下，窑内截面积与窑产量成正比（即窑内宽和内高与窑产量成正比）。对单层辊道窑而言，当窑内宽不变而窑内高增大时，仅增加了窑外侧的散热面积，而单位时间制品的产量并没有增加，故单位制品的热耗增大，且随着窑高的增

加容易引起气体分层，加大窑高度方向的温差。单层辊道窑的窑内高较低，当窑内高不变而增加内宽时，虽然窑外侧的散热面积也增大，但是由于单位时间产量也增大，且比窑墙的散热损失增加得更快，故相对窑体散热量较少，窑头烟气带走的热量基本不变，所以单位制品的热耗随着窑内宽增大而减少。又由于通道的当量直径、截面积及流速之间存在一定关系，将 d 与 ω 代入式（2-5）、式（2-6）中，整理后得式（2-9）、式（2-10）：

$$h_\mathrm{f} = \xi \cdot \rho \cdot l \, \frac{V^2 \cdot l'}{8F^3} \tag{2-9}$$

$$h_\mathrm{l} = \zeta \cdot \rho \, \frac{V^2}{2F^2} \tag{2-10}$$

从式（2-9）、式（2-10）可知，摩擦阻力（h_f）与局部阻力（h_l）分别与窑截面积的三次方及二次方成反比。由此可见，通过增大窑内截面积来减少窑内的压头损失（h_L）是非常有效的，再加上辊道窑内的制品（以墙地砖为例）的堆垛阻力较小，可以视为中空窑，故增加窑内宽可以大大减小气流阻力，有利于气流场的控制。

然而，由于靠近窑两侧壁处的摩擦阻力不变，流速的增大引起窑内同一断面上两侧壁和窑中心处的流速差增大，这不利于同一断面上温度的均匀性，反而增大同一水平面上的温差。利用红外热成像测温技术进行温度场的动态测试以及辊道窑内动态温差的测试，发现在由烧成带烧嘴处喷出燃料的燃烧在窑中同一水平面上形成一驼峰形的温度曲线，靠近窑壁处的温度比窑内同一水平面上高温处的温度低 $20\sim46\,^\circ\mathrm{C}$。因此，当窑内宽增加而火焰长度没有增加时，无疑会使两侧的火焰达不到窑中心，使窑中心的温度更低。如果烧成大面积的墙地砖，难免出现严重色差和变形。例如：佛山某陶瓷厂通过在烧嘴前端加设套筒来延长烧嘴的长度，提高了窑内同一断面中心的温度。这是因为加设套筒，延长烧嘴长度之后，提高了燃料的喷出速度及火焰长度，弥补了由于低速烧嘴火焰较短而不能到达宽断面辊道窑中心的不足，均匀了窑内中心区域的温度。不过在其窑墙两侧仍然存在一定的温差。因此，对于装窑密度较大及烧大面积墙地砖的宽断面辊道窑，仍需要进一步改进。

2.1.3　小结

综上所述，可以得出如下结论：在场地允许的情况下，改变辊道窑的窑体结构，适当提高其窑长、窑内宽及内高，能够显著提高陶瓷产品的产量，降低能耗。然而，窑长过长，窑宽过宽，将引起窑内热工性能的下降；对辊棒的要求提高，辊棒在传送过程中对产品质量的影响加大，最终导致次品率增加，产品产量下降，能耗增加。故在改变窑体结构来提高产量的同时，应保证窑内具有良好的温度均匀性、压力制度、热效率等。

2.2　陶瓷窑炉宽体化

宽体窑炉，主要是指内宽 3m 以上的陶瓷窑炉。多年来，我国陶瓷行业中采用的窑炉内宽大部分是在 2.5m 左右，超过 3m 的宽体窑炉只是在最近几年才出现，图 2-1 为广东摩德娜科技股份有限公司设计的 MFS 宽体辊道窑，窑宽为 3.1m，窑长为 240m。广东中窑窑业股份有限公司开发的超级节能辊道窑，窑宽在 3m 以上，窑长最长为 429m，可生产 800mm×800mm 的微粉砖，产量为 $35000\mathrm{m}^2/\mathrm{d}$。宽体窑最初在内墙砖的生产中使用，效果也比较好，但用于大规格抛光砖的烧成中则出现了较大的问题。因为窑炉的宽度增加，容易造成窑内截面温差较大、烧成时间控制难、产品走砖紊乱、制品出现色差等问题，其中温差问题和快烧问题是制约宽体窑快速发展的瓶颈。宽体窑内同水平截面温差较大时，同一地砖在窑内烧成温度不一样，会引起色差和烧成收缩变形不一致，会对出窑坯体的颜色和平直度产生较大影响，同时会造成砖坯在抛光后出现阴阳色差和变形等缺陷，甚至有时局部温度过高会出现高温熔洞，而低温部分则出现欠烧等问题。宽体窑的烧成周期相对较长一些，如果强制提高烧成速度，则会使制品烧成质量下降。随着窑内温差问题的解决和快烧烧成技术的发展，宽体窑在同等产量下，单位生产成本及能耗更低，更加符合陶瓷窑炉发展的方向。

图 2-1　MFS 宽体辊道窑

2.2.1　窑炉宽体化的结构特点

辊道窑炉宽度增大，无形中长度也相应增加，窑长的增加对窑内气体的流动、窑压的分布、温度梯度、窑内气氛及砖坯的运动等都有很大的影响。为了保证烧成质量，选择合适的窑炉结构及工艺制度非常关键。

（1）窑顶结构上的特点

早期辊道窑多数采用平顶吊顶方式，施工方便，气流流动顺畅。气流的流动靠布置一定的挡火墙及闸板以改变气流的流动及气流的搅拌，但由于窑通道矮，只有 30～50cm，故气体流动阻力大。特别在烧成带，通道不高，降低热辐射厚度，因在高温段的传热方式以辐射传热为主，占 80% 左右，故热效率低。各窑炉、机械设备公司总结实践经验，一致认为宽窑的高温段采用拱顶结构，可增加辐射层厚度，大大地有利于辐射传热，拱顶结构的传热有利于烧成带温差的减小，而在低温段采用平顶结构，有利于低温段温度的均匀，特别是把这两种窑顶结构相结合，更有利于窑内气流的搅拌和温度的均匀，减少窑内温差。

（2）窑墙结构优化

采用合理的窑墙结构和优质耐火材料，可减少窑壁的散热，减薄窑壁厚度，减少辊棒长度，或辊棒长度一定的情况下增加窑内有效的宽度。如广东摩德娜经验证可减薄 75mm，窑外壁降到温度 60℃ 以下。

（3）高强度辊棒或异型辊棒的采用

可减少高温下砖的变形，提高产品质量，特别是异型辊棒的使用，使窑内走砖平直，砖变形小，提高产品成品率，如图 2-1 所示为烧成后制品出窑情况，出砖整齐、平直。据测量，走砖偏中心线小于 3cm，前后不超过 20cm。

（4）合理的燃烧器及助燃风的预热

在宽窑中烧嘴的选用是关键之一，佛山某厂十年前建了一条窑宽 3m 的窑，不管采用什么手段，均烧不出合格的产品。然而十多年后的今天，采用预混式二次燃烧器，完全可以烧制合格产品，不但成品率极高，而且可以节能 10％左右，故宽窑中燃烧器的选型及火焰长度、火焰温度的控制十分重要。同时，助燃风的预热也非常关键，按科达、摩德娜等多家窑炉公司的经验，通过热交换等形式，把助燃风加热到 150～250℃，节能可达 8％～12％。

2.2.2 窑炉宽体化的节能分析

2.2.2.1 提高产量及效率达到节能

陶瓷窑炉的产量跟窑的宽度成正比，窑越宽，产量越大，故宽体辊道窑最大的优势在于提高了产能，减少了单位制品的能耗。以广东摩德娜科技股份有限公司推出的 3.1m 宽、240m 长的宽体窑为例，传统窑炉走 800mm×800mm 砖 2 片，而宽体窑内可以放置 3 片 800mm×800mm 砖，产量可以达到 15000m²/d，产量提高了 50％。若用于生产 600mm×600mm 型号的砖时则可以并排放置 4 块砖。而国际知名陶瓷机械设备制造商萨克米为金舵抛光砖生产设计的"四机一线"设备，即四台压机配置一条窑炉，窑内宽达 3.15m，窑长 270m，产量能够达到 16000～18000m²/d。另外，萨克米公司在 2012 年广州陶瓷工业展上首次推出内宽为 3.85m 的超宽体辊道窑，比国内 3.1～3.2m 宽的窑炉在宽度上提升 20％，长度仅为 170～180m，比国内 300～400m 长的窑炉在长度上减少 40％～50％，为企业节约了大量土地资源，节能效果达 15％～30％，使得宽体窑向着更高产能的方向发展。

2.2.2.2 节约燃料达到节能

不断降低陶瓷窑炉单位能耗，也是窑炉设计的发展方向。国内陶瓷窑炉的单位能耗为 750～800kcal/kg 瓷，与国际领先标准 430～450kcal/kg 瓷相比，仍具有较大的差距。在同等生产条件下，宽体窑不仅能够提高陶瓷产量，同时能够大幅度地降低产品生产的单位能耗。表 2-1 为某天然气宽体窑在生产 600mm×600mm 砖时与普通宽度窑炉单位气耗和单位电耗的对比情况，表 2-2 为某水煤气宽体窑在生产 800mm×800mm 砖时与普通宽度窑炉单位气耗和单位电耗的对比情况。

表 2-1　天然气宽体窑与普通窑能耗对比情况（600mm×600mm 砖）

技术指标	普通窑	宽体窑	节省能耗百分比
单位气耗（kcal/kg）	518	446	13.9％
单位电耗（kW·h/kg）	0.0349	0.0294	15.8％

表 2-2　水煤气宽体窑与普通窑能耗对比情况（800mm×800mm 砖）

技术指标	普通窑	宽体窑	节省能耗百分比
单位气耗（kcal/kg）	696	596	14.4％
单位电耗（kW·h/kg）	0.04	0.034	15％

由上述两表可以看出，宽体窑在单位气耗上比普通窑能够节能 14％左右，在单位电耗上比普通窑能够节省 15％以上，产品单位能耗明显下降，节能效果显著。另外，采用助燃

风加热节能系统，将窑热交换区的高温余热风打入窑炉急冷区进一步加热后，作为烧嘴燃烧的助燃风，经加热后助燃风的温度可达250℃，节能达12％以上。

2.2.2.3 改变烧成制度达到节能

宽体窑虽然在陶瓷产量和燃料节能方面具有显著的效果，也被越来越多的陶瓷企业所青睐，但是宽体窑在烧成制度上仍有很大的改进空间。目前陶瓷企业内所应用的内宽3m以上的宽体窑烧成周期相对较长，同时产品的出窑质量也没有比传统窑炉有更明显的优势。快速烧成给宽体窑的烧成迅速发展提供了一个很好的机会。通过辊棒、产品配方工艺和窑炉运行等工艺参数及操控技术的改善，使得产品能够在宽体窑上实现快速烧成，便可以使宽体窑具有更优的节能效果。某陶瓷窑炉企业通过改善窑炉的氧化时间和氧化效果，使得抛光砖的烧成时间由原来40～50min降低到38min，突破性地缩短了烧成时间，提高了生产效率，降低了单位生产能耗。

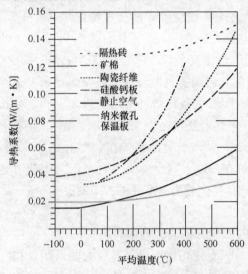

图2-2 不同保温材料在不同温度下的
导热系数对比

2.2.2.4 加强保温减少窑壁散热达到节能

我国传统的陶瓷窑炉采用的保温材料都是普通的耐火砖、轻质陶瓷纤维板或硅酸钙板等导热系数相对较大的保温材料，保温效果不够理想，高温区的外墙表面温度达80～90℃，有的甚至高达120℃以上，远远高于国际上对外墙表面温度必须低于60℃的要求。随着科技的进步及新型耐火材料的出现，各窑炉公司都采用导热系数小、保温效果好的纳米微孔保温板作为保温材料，能够有效地减少窑墙的散热，降低热量的耗散，如图2-2所示为各种不同保温材料在不同温度下的导热系数对比。纳米微孔保温板能够实现良好的保温效果，是因为那些能够实现传导热的气孔被微小的单元所包裹，而这些单元比空气的平均自由程还小，可以有

效地阻止气体的分子碰撞，有效地减小气体间的导热。广东摩德娜科技股份有限公司及其他一些公司推出的密度为0.25g/cm³、保温系数为0.7W/(m·K)、以抛光砖废料为主要原料的高效保温"泡沫陶瓷"，能够有效地降低宽体窑高温区外墙表面温度，不仅实现了陶瓷废料的回收利用，还使得窑炉具有良好的保温效果；而应用的纳米微孔保温板的导热系数在800℃更是低至0.036W/(m·K)，在相同烧成温度下能够将窑墙厚度减少75mm，同时降低窑墙外表温度5℃，有效地实现了陶瓷窑炉的节能减排目标。

2.2.2.5 充分利用余热达到节能

在窑炉烧成中，能够真正被产品吸收的热量不到总热量的30％，其余的热量都以窑炉排烟（占10％～15％）、冷却抽热（占50％～56％）和窑体（占6％～8％）、辊棒（占2％～5％）等散热支出，浪费了大量的热能。因此，能够将窑炉排放的烟气废热和冷却余热全部有效利用起来，将能够达到明显的节能减排效果。传统窑炉的余热利用主要是用在陶瓷坯体的干燥上，较少地应用于助燃风的加热。各窑炉公司在新研制的宽体窑的余热回收利用上加大了力度，将通过热交换后的高温气体用于助燃空气的加热，温度可达250℃，可以节省燃

料 8%～12%。另外，宽体窑在窑炉风机选择、管道设计等方面进行了优化设计，在一级排烟区放置功率较大的风机，便于将窑内烟气余热更多地抽至窑头入口；而在二级排烟区选择功率较小的风机，能够有效地调节温度及温度梯度，降低产品的缺陷率。增加窑炉前段箱体的内高，一方面有利于减缓窑内烟气的流动，同时延长烟气对坯体的加热时间，大大提高余热利用率；另一方面烟气流速的降低，能够减少热气体对坯体的冲击，可使产品裂纹减少。而在排烟支管上则采用多管分阶段式设计，不仅能够有效地调节窑内温度制度，而且能够充分地利用烟气余热，使窑炉达到显著的节能减排效果。

2.2.3　超宽体辊道窑设计实例

2.2.3.1　超宽体辊道窑的设计参数
（1）主要工艺指标

主要设计工艺技术指标见表 2-3。

表 2-3　主要工艺指标

产品品种	内墙砖
产品规格（mm×mm）	300×450、300×600、400×800
产量	52000m²/d（以 300mm×600mm 砖计算的窑炉产量）
烧成收缩率	1%
烧成温度	1180℃，最高可达 1250℃

（2）产量平衡

所设计超宽体辊道窑各相关工段产量见表 2-4。

表 2-4　各生产工段产量

序号	工段	损耗率（%）	放大系数	日产能力（m²/d）
1	成品	0	1	52000
2	釉烧	2	1.02	53040
3	输送	1	1.03	53560
4	素烧	2	1.05	54600
5	压制	1	1.06	55120

注：1. 以 300mm×600mm 规格内墙砖窑炉产量为设计依据；
　　2. 330d/a，24h/d。

2.2.3.2　各工段生产能力计算及设备选型
（1）超宽体素烧窑前干燥器选型

砖坯干燥是快速烧成的保证，经过干燥后的砖坯水分必须控制在 1% 以下。干燥热源为窑炉余热，干燥温度为 80～180℃。

① 内宽

对 300mm×600mm 的产品，每次单排进 10 片，选素烧窑前干燥器的内宽为 3450mm。

② 生坯尺寸：310mm×613mm。

③ 有效长度

设计为单层干燥器，以干燥周期 15.5min 为计算依据，砖坯间距为 20 mm，产品收缩率为 1%。

$$纵排块数 = 日产量 \times 干燥周期 / (横向块数 \times 产品面积 \times 24 \times 60)$$
$$= 54600 \times 15.5 / (10 \times 0.18 \times 24 \times 60) = 327 \text{ 块}$$

$$干燥器窑长 = 纵排块数 \times (生坯长 + 砖坯间距)$$
$$= 327 \times 633 = 206991 \text{mm}$$

设计辊棒直径为 65mm，辊棒间距为 86.4mm，每节单元长度为 2160 mm，共选用 96 节，则素烧窑前干燥器长度为 207360mm。

如分开两条素烧窑前干燥，每条产量为 26000m²/d，则素烧窑前干燥为 48 节，长度为 103680mm。

④ 产量计算

超宽体素烧窑前干燥产量计算见表 2-5。

表 2-5　素烧窑前干燥产量计算表（以 300mm×600mm 规格砖计算）

周期（min）	13	14	15.5	17	18
产量（m²/d）	65100	60450	54600	49782	47017

（2）素烧超宽体辊道窑选型

素烧超宽体辊道窑是内墙砖陶瓷产品生产过程中素坯烧成的重要设备，它在生产过程中对素坯的产量、质量、档次起决定性作用，窑炉的规格和各种工艺参数将影响素坯生产是否平衡、素烧坯体质量高低、能耗大小的问题。设计烧成温度为 1180℃，最高使用温度为 1250℃。

① 内宽

对 300mm×600mm 的产品，每次单排进 10 片，选用内宽为 3450mm 的素烧窑。

② 生坯尺寸：310mm×613mm。

③ 有效长度

以烧成周期 29min 为基准计算，成品率为 98%，砖坯间距为 20mm，产品收缩率 1%。

$$纵排块数 = 日产量 \times 烧成周期 / (横向块数 \times 产品面积 \times 24 \times 60)$$
$$= 54600 \times 29 / (10 \times 0.18 \times 24 \times 60) = 611 \text{ 块}$$

$$烧成窑长 = 纵排块数 \times (生坯 + 砖坯间距) = 611 \times 633 = 386763 \text{mm}$$

设计辊棒直径为 65mm，辊棒间距为 86.4mm，每节单元长度为 2160 mm，共选用 179 节，则烧成窑长度为 386640mm。

（4）产量计算

超宽体素烧辊道窑产量计算见表 2-6。

表 2-6　超宽体素烧辊道窑产量计算表（以 300mm×600mm 规格砖计算）

周期（min）	27	28	29	31	32
产量（m²/d）	58640	55920	54600	51070	49480

（3）超宽体釉烧辊道窑窑前干燥器选型

砖坯干燥是快速烧成的保证，经过干燥后的砖坯水分可控制在 1% 以下。

① 内宽

对 300mm×600mm 的产品，每次单排进 10 片，选釉烧窑前干燥器的内宽为 3450mm。

② 生坯尺寸：310mm×609mm。

③ 有效长度

设计为单层干燥器，以干燥周期 8min 为计算依据，砖坯间距为 20mm，产品收缩率 0%。

$$纵排块数 = 日产量 × 干燥周期 /（横向块数 × 产品面积 × 24 × 60）$$
$$= 53040 × 8/(10 × 0.18 × 24 × 60) = 164 块$$

$$干燥窑长 = 纵排块数 ×（生坯 + 砖坯间距）$$
$$= 164 × 629 = 103156mm$$

设计辊棒直径为 65mm，辊棒间距为 86.4mm，每节单元长度为 2160mm，共选用 48 节，则釉烧窑前干燥器长度为 103680mm。

④ 产量计算

超宽体釉烧辊道窑窑前干燥产量计算见表 2-7。

表 2-7　超宽体釉烧辊道窑窑前干燥产量计算表（以 300mm×600mm 规格砖计算）

周期（min）	6	7	8	9	10
产量（m²/d）	70720	60617	53040	47147	42432

（4）超宽体釉烧辊道窑选型

超宽体釉烧辊道窑是内墙砖陶瓷产品生产过程中最关键的设备，它在生产过程中对最终产品的产量、质量、档次起决定性作用。窑炉的规格和各种工艺参数是影响最终生产是否平衡、质量高低、能耗大小的关键。

① 内宽

对 300mm×600mm 的产品，每次单排进 10 片，选用内宽为 3450mm 的釉烧窑。

② 生坯尺寸：307mm×609mm。

③ 有效长度

以烧成周期 30min 为基准计算，成品率为 98%，砖坯间距为 20 mm，产品收缩率 0%。

$$纵排块数 = 日产量 × 烧成周期 /（横向块数 × 产品面积 × 24 × 60）$$
$$= 53040 × 30/(10 × 0.18 × 24 × 60) = 614 块$$

$$烧成窑长 = 纵排块数 ×（生坯 + 砖坯间距）$$
$$= 614 × 629 = 386206mm$$

设计辊棒直径为 65mm，辊棒间距为 86.4mm，每节单元长度为 2160mm，共选用 179 节，则烧成窑长度为 386640mm。

④ 产量计算

超宽体釉烧辊道窑窑炉产量计算见表 2-8。

表 2-8　超宽体釉烧辊道窑窑炉产量计算表（以 300mm×600mm 规格砖计算）

周期（min）	28	29	30	31	32
产量（m²/d）	56829	54869	53040	51329	49725

2.2.3.3　超宽体辊道窑结构上的特点

超宽体辊道窑的宽度增大，无形中长度也相应增加，窑长的增加对窑内气体的流动、窑压的分布、温度梯度、窑内气氛及砖坯的运动等都有很大的影响。为了保证烧成质量，选择合适的窑炉结构及工艺制度非常关键。下面把关键区段的结构设计简图列出。

（1）低箱排烟预热带窑体结构

低箱排烟预热带窑体结构如图 2-3 所示。

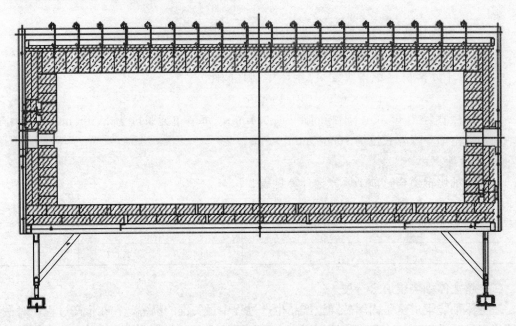

图 2-3　低箱排烟预热带窑体结构简图

（2）高箱预热带（拱顶）窑体结构

高箱预热带窑体结构简图如图 2-4 所示。

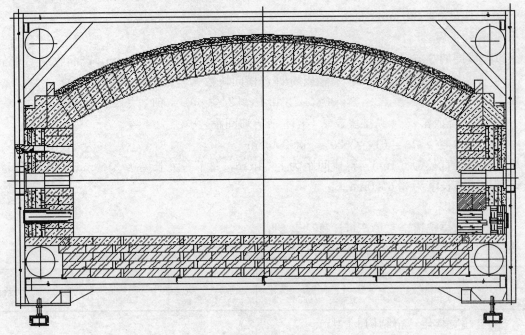

图 2-4　高箱预热带窑体结构简图

（3）高温段烧成带窑体结构

高温段烧成带窑体结构简图如图 2-5 所示。

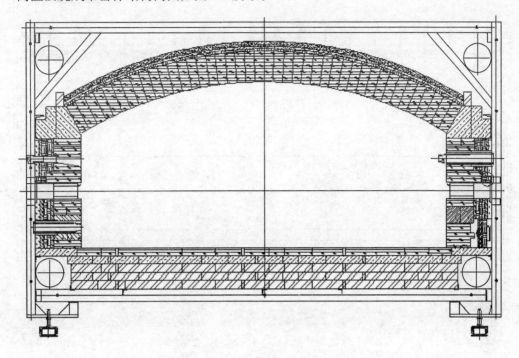

图 2-5　高温段烧成带窑体结构简图

（4）急冷段窑体结构

急冷段窑体结构简图如图 2-6 所示。

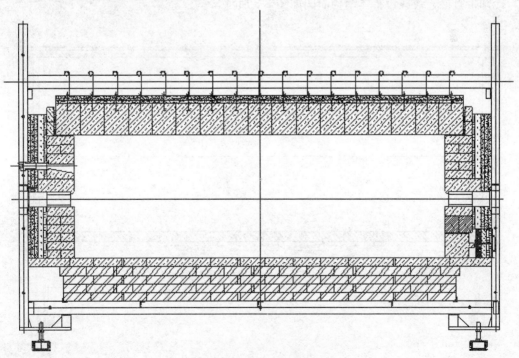

图 2-6　急冷段窑体结构简图

（5）冷却带缓冷段窑体结构

冷却带缓冷段窑体结构简图如图 2-7 所示。

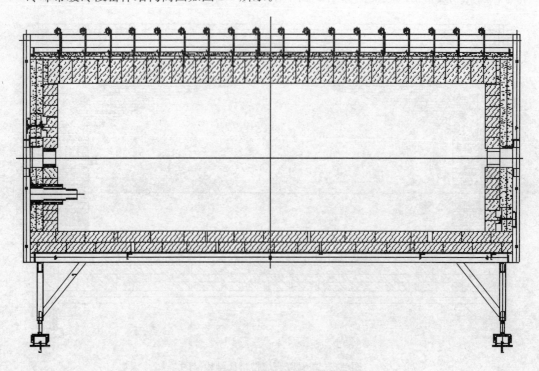

图 2-7　冷却带缓冷段窑体结构简图

（6）冷却带直冷、缓冷段窑体结构

冷却带直冷、缓冷段窑体结构简图如图 2-8 所示。

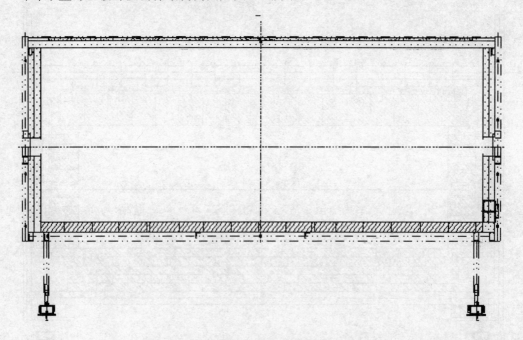

图 2-8　冷却带直冷、缓冷段窑体结构简图

2.2.3.4　超宽体辊道窑设计特点

1. 结构特点

(1) 窑顶结构上的特点——平顶、拱顶结合

早期辊道窑多数采用平顶吊顶方式，施工方便、气流流动顺畅。气流的流动靠布置一定的挡火墙及闸板以改变气流的流动及气流的搅拌，但由于窑通道矮，只有 30～50cm，故气体流动阻力大。特别在烧成带，通道不高，降低热辐射厚度，因在高温段的传热方式以辐射传热为主，约占 80%，故热效率低。该公司经过多年的实践经验总结，认为宽窑的高温段采用拱顶结构，可增加辐射层厚度，大大地有利于辐射传热，拱顶结构的传热有利于烧成带温差的减小，而在低温段采用平顶结构，有利于低温段温度的均匀，特别是把这两种窑顶结构相结合，更有利于窑内气流的搅拌和温度的均匀，减少窑内温差。窑顶结构多样化，拱顶、吊顶、吊拱顶、吊板，可最大限度杜绝窑顶落脏，延长窑炉寿命，减少窑炉的维修。

(2) 窑墙结构优化

采用合理的窑墙结构和优质耐火材料，可减少窑壁的散热、减薄窑壁厚度、减少辊棒长度，或辊棒长度一定情况下增加窑内有效的宽度。本设计采用节能模块是比利时（Promat）产品，其具有质量轻、导热系数小的特点，不但可减薄窑墙厚度，而且窑墙的蓄散热量大大减少，窑外壁温度在 60℃以下，可节能 16% 左右。

(3) 采用高强度辊棒或异型辊棒

采用高强度辊棒或异型辊棒，可减少高温下砖的变形，提高产品质量。特别是异型辊棒的使用，使窑内走砖平直，砖变形小，提高产品成品率，生产实践已证明烧成后制品，出砖整齐、平直。

2. 超宽体辊道窑采用的烧成技术

(1) 合理的烧嘴是关键

本设计中采用具有自主知识产权的新型、高效、节能型小流量等温烧嘴，有效地解决超宽体窑的断面温差，实现窑内断面温差的精确控制。

(2) 长、短火焰烧嘴的科学搭配

在烧嘴安装方面，采用长、短火焰烧嘴科学合理的搭配，长火焰有利于窑中心温度的均匀，短火焰有利于窑内靠近两侧墙温度的均匀，实现温度在窑内的均匀分布，达到减小断面温差的目的。故在超宽体窑中烧嘴的型式及火焰长度、火焰温度场的控制十分重要。

(3) 充分利用余热加热助燃风

为了实现节能降耗目标，助燃风的预热非常关键，本设计采用高效率助燃风加热技术，将冷却带的余热输送给助燃风，通过热交换等形式，把助燃风加热到 150～250℃，节能可达 8%～12%。还把多余的余热送至干燥窑或喷雾塔，不仅可以提高辊道窑的余热利用率，而且环保，可有效地节约能源。

3. 其他

(1) 标准分段模数预制。

(2) 可以使用多种燃料，包括石油液化气、天然气、发生炉煤气、焦炉煤气、柴油和重油。

(3) 45℃斜齿轮传动，差速配置，分段控制，变频调速，既简单和平稳，又节约电耗。

(4) 风机包括一、二级排烟，助燃，急冷风机，抽热风机，直冷风机，尾冷抽热风机等

均选用节能型及变频控制。

图 2-9 生产中的超宽体辊道窑

（5）PID 智能控制，温度自动调节，计算机自动监控，动态模拟显示，使窑炉的控制由经验型转化为数据化管理控制一体化。

2.2.3.5 超宽体窑的使用效果

由于超宽体辊道窑在结构设计上基本上集成了目前国内陶瓷窑炉上的新技术、新工艺，想方设法减少窑内的截面温差及影响烧成速度的因素，所建造的超宽体辊道窑接连投产，如在山东临沂新连顺陶瓷有限公司一次性投产成功（图 2-9），日产达到 52600m² 以上，优级品率达 97％，300mm × 600mm 砖的能耗低于2.8kgce/m²，实现很好的工程和节能效果。

2.2.4 宽体辊道窑节能改造项目实例

2012 年 2 月广东中窑窑业股份有限公司完成了某企业辊道窑的节能改造，以 1 条 250m 长、3.1m 内宽的节能型辊道窑来代替项目实施前的 2 条 140m 长、2.4m 内宽的辊道窑，改变烧成带、预热带和冷却带三带的比例，窑内采用拱顶结构和平顶结构相结合，挡火板和挡火墙结构和高度相结合，使辊道窑的横截面积的热容值增大，有效地解决窑炉的温差问题。由于窑炉内的温度均匀性好，使单位时间内的进砖量增大，缩短烧成时间，大幅度提高陶瓷的产量。

2.2.4.1 节能效果

（1）改造前后的原煤消耗情况对比

改造前后的产品能耗分析见表 2-9、表 2-10。

表 2-9 改造前 2011 年辊道窑能耗表（原煤）

月份	煤气（万 m³）	折合原煤（t）	原煤折标系数	原煤消耗（tce）	产量（t）	单位产品能耗（kgce/t）
1～2 月	357.859	1434.247	0.7868	1128.50	5969.35	189.05
3 月	722.338	2518.490	0.8052	2027.80	12439.19	163.02
4 月	714.662	2474.760	0.8117	2008.83	12197.68	164.69
5 月	800.933	2641.658	0.8211	2169.18	12904.13	168.10
6 月	781.827	2421.074	0.8265	2001.04	12241.85	163.46
7 月	838.733	2554.612	0.8302	2120.76	12895.70	164.46
8 月	831.605	2614.282	0.8313	2173.30	12572.96	172.86
9 月	828.056	2628.595	0.8320	2186.95	12548.94	174.27
10 月	827.785	2802.447	0.8309	2328.58	13447.23	173.16
合计	6703.798	22090.166	0.8214	18144.84	107217.03	169.23

表 2-10　改造后 2012 年辊道窑能耗表（原煤）

月份	煤气 （万 m³）	折合原煤 （t）	原煤折标系数	原煤消耗 （tce）	产量 （t）	单位产品能耗 （kgce/t）
1～2 月	183.395	650.265	0.8166	531.01	2958.241	179.50
3 月	738.590	2509.346	0.8250	2070.21	12175.849	170.03
4 月	579.818	2151.871	0.8334	1793.37	13255.174	135.30
5 月	573.083	2054.060	0.8314	1707.75	13785.767	123.88
6 月	545.086	1962.466	0.8313	1631.40	13054.346	124.97
7 月	601.119	2013.815	0.8326	1676.70	13801.759	121.48
8 月	560.925	1950.466	0.8316	1622.01	12854.413	126.18
9 月	554.709	1954.479	0.8324	1626.91	13425.104	121.18
10 月	565.387	1991.994	0.8350	1663.31	13643.973	121.91
11 月	583.874	2124.382	0.8370	1778.11	13386.735	132.83
12 月	585.135	2233.074	0.8385	1872.43	13447.596	139.24
合计	6071.121	21596.218	0.8322	17973.20	135788.957	132.36

从表 2-9、表 2-10 可以发现，改造前单位产品能耗为 169.23kgce/t，改造后单位产品能耗为 132.36kgce/t，改造后辊道窑共生产产品为 135789t，则 2012 年该项目节能量为：

年节能量＝（改造前单位产品的综合能耗－改造后单位产品的综合能耗）×年产量

＝（169.23－132.36）×135789/1000＝5006.54(tce)。

（2）改造前后的电耗情况对比

表 2-11　辊道窑车间 2011 年与 2012 年电耗对比

月份	2011 年（原两辊道窑）			2012 年（改后辊道窑）			节电量 （万 kW·h）	折标系数	节标煤 （tce）
	电耗 （万 kW·h）	产量 （t）	单位产品 电耗 （kW·h/t）	电耗 （万 kW·h）	产量 （t）	单位产品 电耗 （kW·h/t）			
2 月	45.8830	5969.35	76.86	27.1843	2958.241	91.89	4.45	1.229	5.46
3 月	87.6308	12439.19	70.45	70.6838	12175.849	58.05	－15.09	1.229	－18.55
4 月	86.3996	12197.68	70.83	74.6146	13255.174	56.29	－19.28	1.299	－23.69
5 月	92.1666	12904.13	71.42	81.3678	13785.767	59.02	－17.10	1.229	－21.01
6 月	87.8074	12241.85	71.73	77.0059	13054.346	58.99	－16.63	1.229	－20.44
7 月	91.477	12895.70	70.94	80.4112	13801.759	58.26	－17.49	1.229	－21.50
8 月	91.2030	12572.96	72.54	77.8399	12854.413	60.56	－15.40	1.229	－18.93
9 月	90.4286	12548.94	72.06	79.3744	13425.104	59.12	－17.37	1.229	－21.35
10 月	87.0548	13447.23	64.74	80.4523	13643.973	58.97	－7.88	1.229	－9.68
11 月	—	—	—	77.1083	13386.735	57.60			
12 月	—	—	—	77.1305	13447.596	57.36			
合计	760.0508	107217.03	70.89	803.1730	135788.957	59.15	－159.42	1.229	－193.91

辊道窑年节电量为 159.42 万 kW·h，折标系数为 1.229，折算标煤量为 193.91t。

从表 2-9、表 2-10 及表 2-11 可以计算，该节能项目改造完成后年节能量为：

$$5006.54 + 193.91 = 5200.45 \text{（tce）。}$$

2.2.4.2 碳减排效果

参照《中国陶瓷生产企业温室气体排放核算方法报告指南（试行）》，陶瓷生产企业 CO_2 排放总量按式（2-11）计算：

$$E_\text{总} = E_\text{燃烧} + E_\text{工业} + E_\text{电力} \tag{2-11}$$

式中　$E_\text{总}$——核算期内陶瓷企业 CO_2 排放总量，tCO_2；

　　　$E_\text{燃烧}$——核算期内陶瓷企业化石燃料燃烧活动产生的 CO_2 排放量，tCO_2；

　　　$E_\text{工业}$——核算期内陶瓷企业工业生产过程产生的 CO_2 排放量，tCO_2；

　　　$E_\text{电力}$——核算期内陶瓷企业净购入生产用电蕴含的 CO_2 排放量，tCO_2。

故陶瓷企业通过优化窑炉结构改造后节能、节电而减少陶瓷企业 CO_2 排放总量计算可参照式（2-11），如式（2-12）所示。

$$E_\text{总} = E_\text{燃烧} + E_\text{工业} + E_\text{电力} \tag{2-12}$$

式中　$E_\text{总}$——核算期内陶瓷企业因节能而减少 CO_2 排放总量，tCO_2；

　　　$E_\text{燃烧}$——核算期内陶瓷企业减少化石燃料燃烧活动产生的 CO_2 减排放量，tCO_2

　　　$E_\text{工业}$——核算期内陶瓷企业工业生产过程产生的 CO_2 减排放量，tCO_2；

　　　$E_\text{电力}$——核算期内陶瓷企业减少净购入生产用电蕴含的 CO_2 减排放量，tCO_2。

1. 减少化石燃料燃烧产生的碳排放量

（1）排放计算公式

陶瓷生产中无论是化石燃料燃烧产生的 CO_2 排放，还是用于生产的机动车辆使用化石燃料产生的 CO_2 排放量均可根据公式（2-13）计算：

$$E_\text{燃烧} = \sum (AD_i \times EF_i) \tag{2-13}$$

式中　$E_\text{燃烧}$——核算期内陶瓷企业因减少化石燃料燃烧活动产生的 CO_2 减排放量，tCO_2；

　　　AD_i——核算期内陶瓷企业化石燃料品种 i 的活动水平数据，GJ；

$$AD_i = FC_i \times NCV_i \tag{2-13-1}$$

　　　FC_i——核算期内陶瓷企业减少消耗化石燃料品种 i 的质量，固体或液体化石燃料，t；气体化石燃料，m^3；

　　　NCV_i——核算期内陶瓷企业化石燃料品种 i 的低位发热值，固体和液体化石燃料，GJ/t；气体化石燃料，GJ/m^3；

　　　EF_i——核算期内陶瓷企业化石燃料品种 i 的 CO_2 排放因子，tCO_2/GJ；

$$EF_i = CC_i \times \alpha_i \times \rho_i \tag{2-13-2}$$

　　　CC_i——核算期内陶瓷企业化石燃料品种 i 的单位热值含碳量，tC/GJ；

　　　α_i——核算期内陶瓷企业化石燃料品种 i 的碳氧化率，t%；

　　　ρ_i——CO_2 与 C 的分子量之比 $\dfrac{44}{12}$。

（2）排放因子获取

对于购进的化石燃料品种 i 的单位热值含碳量及其碳氧化率 i 可参考表 2-12。

表 2-12 化石燃料品种相关参数缺省值

燃料品种	燃料	单位	低位发热值（GJ/t，GJ/万 m³）	单位热值含碳量（tC/TJ）	碳氧化率（%）
固体燃料	无烟煤	t	23.2	27.8	94
	烟煤	t	22.3	25.6	93
	褐煤	t	14.8	27.8	96
	型煤	t	17.5	33.6	90
	焦炭	t	28.4	28.8	93
液体燃料	原油	t	41.8	20.1	98
	汽油	t	43.1	18.9	98
	柴油	t	42.7	20.2	98
	一般煤油	t	43.1	19.6	98
	燃料油	t	41.8	21.0	98
	煤焦油	t	33.5	22.0	98
	液化天然气	t	51.4	15.3	99
	液化石油气	t	50.2	17.2	99
	其他石油产品	t	40.9	20.0	98
气体燃料	天然气	m³	389.3	15.3	99
	水煤气	m³	10.4	12.2	99
	焦炉煤气	m³	173.5	13.6	99
	其他煤气	m³	52.3	12.2	99
	炼厂干气	m³	46.1	18.2	99

（3）减少化石燃料燃烧产生的碳排放量

项目减少的石化燃料为原煤，2012 年原煤平均折标系数为 0.8322tce/t，即 24.36GJ/t。故选择低位发热量最接近无烟煤的相应参数作为计算值，即单位热值含碳量为 $CC_i = 27.8$ tC/TJ，碳氧化率为 94%。

$$E_{燃烧} = \sum(AD_i \times EF_i) = \sum(FC_i \times NCV_i \times CC_i \times \alpha_i \times \rho_i)$$

$$= 5006.54\text{tce} \times 29.271 \times 10^{-3} \text{ TJ/tce} \times 27.8\text{tC/TJ} \times 94\% \times \frac{44}{12} \text{ tCO}_2/\text{tC}$$

$$= 14041.69\text{tCO}_2$$

2. 减少生产用电蕴含的碳排放量

（1）排放计算公式

陶瓷生产企业生产用电蕴含的 CO_2 排放量按式（2-14）计算：

$$E_{电力} = \sum (EA_{电力} \times EF_{电网}) \tag{2-14}$$

式中　$E_{电力}$——核算期内生产用电蕴含的 CO_2 排放量，tCO_2；

　　　$EA_{电力}$——核算期内生产用电量，$MW \cdot h$。

　　　$EF_{电网}$——核算期内生产用电的区域电网 CO_2 排放因子，$tCO_2/MW \cdot h$。

（2）减少生产用电蕴含的碳排放量

项目 2012 年减少生产用电 159.42 万 $kW \cdot h$，2012 年区域电网 CO_2 排放因子取 $6.375tCO_2/$万 $kW \cdot h$，故减少生产用电蕴含的碳排放量：

$$\begin{aligned}
E_{电力} &= \sum (EA_{电力} \times EF_{电网}) \\
&= 159.42 万 kW \cdot h \times 6.375tCO_2/ 万 kW \cdot h \\
&= 1016.30tCO_2
\end{aligned}$$

3. 工业生产过程排放

（1）排放计算公式

陶瓷工业生产过程中产生的 CO_2 排放主要来自陶瓷烧成工序。在陶瓷烧成工序中，原料中所含的碳酸钙（$CaCO_3$）和碳酸镁（$MgCO_3$）在高温下分解产生 CO_2，其排放量按式（2-15）计算：

$$E_{工业} = F_{原料} \times \eta_{原料} \times (C_{CaCO_3} \times \rho_2 + C_{MgCO_3} \times \rho_3) \tag{2-15}$$

式中　$E_{工业}$——核算期内陶瓷企业工业生产过程中 CO_2 排放量，tCO_2；

　　　$F_{原料}$——核算期内陶瓷企业原料消耗量，t；

　　　$\eta_{原料}$——核算期内陶瓷企业原料的利用率，%；

　　C_{CaCO_3}——核算期内陶瓷企业使用原料中 $CaCO_3$ 的质量分数，%；

　　C_{MgCO_3}——核算期内陶瓷企业使用原料中 $MgCO_3$ 的质量分数，%；

　　　ρ_2——CO_2 与 $CaCO_3$ 之间的分子量换算系数 $\dfrac{44}{100}$；

　　　ρ_3——CO_2 与 $MgCO_3$ 之间的分子量换算系数 $\dfrac{44}{84}$。

（2）活动水平数据获取

工业生产过程排放的活动水平数据包括：陶瓷生产企业年度原料消耗量、原料利用率，以及原料中 $CaCO_3$、$MgCO_3$ 的质量含量。原料消耗量根据核算期内原料购入量、外销量以及库存量的变化来确定。原料购入量和外销量采用采购单或销售单等结算凭证上的数据，原料库存变化数据采用企业的定期库存记录或其他符合要求的方法来确定。原料消耗量采用式（2-16）计算：

$$F_{原料} = Q_{原料,1} + Q_{原料,2} - Q_{原料,3} - Q_{原料,4} \tag{2-16}$$

式中　$Q_{原料,1}$——核算期内陶瓷企业原料购入量，t；

　　　$Q_{原料,2}$——核算期内陶瓷企业原料初期库存量，t；

　　　$Q_{原料,3}$——核算期内陶瓷企业原料末期库存量，t；

$Q_{原料,4}$——核算期内陶瓷企业原料外销量，t；

原料利用率 $\eta_{原料}$ 由陶瓷生产企业根据实际生产情况确定。

原料中 $CaCO_3$ 和 $MgCO_3$ 含量每批次原料应检测一次，然后统计核算期内原料中 $CaCO_3$ 和 $MgCO_3$ 的加权平均含量用于计算。检测原料中 $CaCO_3$ 和 $MgCO_3$ 含量应遵循以下标准：GB/T 4743《陶瓷材料及制品化学分析方法》、QB/T 2578—2002《陶瓷原料化学成分光度分析法》等。

由于前期没有精确测试原料中 $CaCO_3$ 和 $MgCO_3$ 的含量，也没有精确统计陶瓷企业原料购入量、原料初期库存量、原料末期库存量、原料利用率 $\eta_{原料}$ 数据，故没办法精确计算核算期内陶瓷企业的原料消耗量，也没办法精确计算工艺过程引起的碳排放量。

经过该改造项目，企业减少了原煤的消耗和电力的消耗，原料及产品基本保持与改造前一致，因此，改造项目对工业生产过程的碳排放没有影响。

2.2.4.3　小结

从上面分析计算结果可知，由于窑炉结构的改造并采用相应的节能措施，不但一条窑可以取代两条窑，节能显著，年节能量达 5200.45 tce，而且每年可以减少化石燃料燃烧产生的碳排放量 14041.69 tCO_2，减少生产用电蕴含的碳排放量 1016.30 tCO_2。与传统窑炉对比，宽体窑具有占地面积小、能耗少、效率高及产量大等优点，正逐渐打破传统窑炉原有的格局，宽体窑有着非常广阔的前景。当然，宽体窑也有不足之处，如窑内温度不均匀，有些窑炉存在温差、变形、色差等，但是这些缺点也正在一一得以改善。

2.2.5　隧道窑宽体化实例

卫生陶瓷生产属于能耗较高的产业，尤其是烧成工序，占整个陶瓷生产总能耗的 65% 以上。由于卫生陶瓷坯体普遍比较大而结构复杂，在烧成过程中一定要按其坯体及工艺制度的特点，升降温度要求比较平缓、烧成时间比较长，有的多达几十小时，故想采用快速烧成达到增加产量是较困难的。多年来，陶瓷行业为增加产量、节能减排倾注了大量的心血，特别是在窑炉结构的优化、新型窑炉、新型保温材料及新型烧成技术等方面花费了很大工夫，在超宽断面窑结构上取得了很大的成果。应唐山梦牌瓷业有限公司要求，佛山兴中信工业窑炉设备有限公司设计建造了长 120m、宽 4.3m、高 1.2m 隧道窑并一次投产成功，取得了非常理想的节能效果。这既符合我国的节能减排政策，又为企业降低成本、增强企业市场竞争力发挥了积极的作用。下面结合窑炉结构及实测数据进行窑炉的节能分析。

2.2.5.1　宽体隧道窑的结构特点

1. 宽窑是提高产量的关键

长期实践证明，要想卫生陶瓷烧成产量高、质量好，窑炉的结构是关键。传统的隧道窑为了适应卫生洁具的烧成，其截面比较小，一般在 1.5～2.5m 较常见，而窑高为了保证窑内同平面水平温差及预热带垂直方向上温差小，一般在 0.8m 以内。如果要把窑内宽和窑内高都扩大，实现用户对内宽 4.3m 的要求，窑内截面加大之后如何满足烧成过程的温度、气氛、窑压分布等工艺要求及窑炉的结构要求，特别是如何保证窑炉内温度均匀性的要求，成为宽体隧道窑设计上的关键，也是宽体窑实施中的瓶颈。

以常见的截面内宽 2m、装高 0.8m 为例，其装载截面为 1.6m²，若设计超大截面内宽 4.3m、装高 1.2m，则装载截面为 5.16 m²，接近增加 3.23 倍。按窑产量与窑炉结构关系：

$$G = V \times k \times g/t = L \times W \times H \times k \times g/t \qquad (2\text{-}17)$$

式中　L——窑长；

　　　W——窑宽；

　　　H——窑高；

　　　k——产品合格率；

　　　g——体积装窑密度；

　　　t——烧成时间。

如果窑长、窑高、体积装窑密度、烧成时间及产品合格率不变，窑截面增加了 3.23 倍，窑产量理论上可增加 3 倍以上。据梦牌白总介绍，旁边有一条传统隧道窑日产约为 1500 件，耗燃气约 4500m³，本窑日产 4800 件，耗燃气约 7600 m³，相比之下燃耗增加了 1.7 倍，而产量却增加了 3.2 倍。

图 2-10　烧卫生瓷的 4.3m 宽、
1.2m 内高的隧道窑

若窑炉长度相同，进车速度相同，则进坯量也会增加 3 倍以上，坯体中的挥发物、含水量，坯体的吸热量，烧成制品后带入冷却带的余热量都将相应增加。为满足超大截面窑炉结构对烧成卫生洁具的要求，相对于常规截面的隧道窑，一定要采取一些有效的技术措施，以解决因窑内截面增加所带来的矛盾。图 2-10 为烧卫生瓷的 4.3m 宽、1.2m 内高的隧道窑。

2. 合理安排三带的长度以适应卫生洁具的烧成

窑炉全长为 120m，每个单元模数长为 2m，共 60 单元。窑车装载尺寸 1.52m×4m×1.2m。

（1）预热带长 22m，占全窑长的 18.33%，编号为 1～11 单元，第 10～11 单元设置下排调温烧嘴。

（2）烧成带长 52m，占全窑长的 43.34%，单、双排烧嘴段长度各占一半，即长 26m，占 21.67%，编号分别为第 12～24 单元和第 25～37 单元，第 37 单元为过渡段。

（3）冷却带长 46m，占全窑长的 38.33%。其中，急冷段长度 10m，占 8.3%，编号为第 38～42 单元；缓冷段长度 16m，占 13.3%，编号为第 43～50 单元；快冷段长度 20m，占 16.7%，编号为第 51～60 单元。

3. 优化窑墙结构及砌筑材料保温节能

（1）窑体砌筑部分全部采用高档轻质耐火保温材料

分区段选材，内衬要求热稳定性好，不落脏。考虑窑炉的长期使用寿命，900℃以下窑墙内衬选用 JM23 轻质莫来石砖，900～1280℃窑墙内衬选用 JM26 轻质莫来石砖。窑体保温部分根据温度的不同分别采用导热系数低、蓄热量少的岩棉毡、普通纤维毯/毡、标准纤维毯、高纯纤维毯、高铝纤维毯等进行优化组合及多层砌筑，不但隔热保温效果好，而且使用寿命长。另外，为了进一步降低窑外表温度，全窑曲封上外墙面增加一层 8mm 厚硅钙板以加强密封作用，防止窑内热量散失；硅钙板交接位置用白色水泥密封，并延伸到窑墙砌筑凳上。整体保温效果理想，窑外壁温度也较低。实测烧成带 25～36 单元窑外壁温度为 45.1℃，窑顶表面温度为 64.6℃。

（2）加强窑体曲封处理

窑车边围砖与窑墙之间设有双摩擦曲封结构，曲封间隙为 20mm，窑墙曲封为重质砖，窑车曲封为中空砖，如有异物掉下发生摩擦不致损坏窑墙曲封，不影响窑体的使用寿命。窑墙与窑车除了多道曲封外，在最上层采用窑车耐火纤维与窑墙曲封砖全接触，既满足安全运行，又提高密封作用。窑车之间的密封除了采用曲封砖密封，还在曲封的垂直面处粘贴耐火纤维，利用纤维的弹性，弥补窑车安装及运行产生的间隙，加强密封。

（3）做好砂封槽的设计

除了对砂封槽结构的精确设计和窑体框架焊接外，砂封也改变了过去单一粗颗粒、单号砂的习惯，因粗颗粒孔隙大且单号砂间隙得不到填补，漏风量大。所以，设计中采用了粗细不同级配的混合颗粒，合理搭配，提高了堆积密度，减少漏风量。

（4）膨胀缝的设置

为了防止窑体膨胀和窑墙后续方便检修，预热带和冷却带窑墙和窑顶每隔 4m 预留折线膨胀缝（20mm），膨胀缝内填塞高铝棉毯；烧成带窑墙和窑顶每隔 2m 预留膨胀缝（20mm），烧成带膨胀缝内填塞含锆棉毯。吊顶砖采用高铝吊片，保证耐高温不易粉化脱落。

4. 强制预热带气流搅动

众所周知，隧道窑窑内的前端是排烟区，是废热气体比较集中的区域。从烧成带、预热带来的热湿烟气沿着窑内上部快速前移，窑头下部由于窑门或窑车下面的漏风，造成窑内上下温差大。在结构上，由于隧道窑窑内排烟口一般都安装在进窑端附近左右墙的偏下方，当宽度加大后难以抽取窑中间坯体的蒸发水分，而且高度加大后上下温差加剧，严重时将导致上部刚进窑的冷坯体升温过快、过热而炸坯。由于制品在预热带需要缓慢地升温，采用冷风搅拌上层热风。本设计在预热带两侧窑墙上部设有搅拌风系统，搅拌风经过不锈钢总管、支管和球阀后进入窑的上部通道，搅拌气流，阻止气流分层，减少预热带上下温差。由于入风口小而多，两侧交错布置。经多组送风管向窑内送风，一方面可增加窑上部的气流阻力，降低由高温区来的热气流沿着上部拥向窑前部位及窑门口的速度，从而降低上部的温度。同时，由于向上部直接送冷风或回收高温烟气余热引入预热带热风进行内循环，使高温区送至该段的热气体受到中和而降温。另一方面，由于是向该段窑内的上部强行送风，迫使气体穿行于各坯体间的空隙移向排烟口，使坯体间温度均匀搅动，而且增加了排烟区坯体表面的气体流速，有利于坯体的干燥、挥发物及水蒸气的排出。搅拌风机采用不锈钢材质，搅拌风管路均采用不锈钢板制作。吊板结构伸出窑外托住窑门横梁，防止落脏。所有可调整性阀门都有精准刻度。送风压力通过安装在主风管路上的压力检测装置检测并传送到总控室。

5. 预热带末端布设烧嘴

预热带处于中低温阶段，窑体内宽的增加使热气体上浮明显，同时由于烟囱排烟使窑内下部为负压区，冷风的漏入加剧，热气上浮，本来受热条件就较差，当截面加大后坯体装载量增大，吸热量增大，更增加了预热带上下及左右的温差。为弥补上述不足，在预热带末端布置下排调温烧嘴，向产品装截面的下部加热，以提高下部坯体温度，可有效地缩小上下温差。另一方面，靠近预热带末端附近提前布置烧嘴，对大截面窑炉坯体吸热需求大的问题可以得到有效解决，可有效提高预热带下层坯体的温度。由于采取上述措施，既提高了坯体的物理化学反应及有机物质氧化所需要的热，提高产品的烧成质量，又降低了产品的烧成能耗。生产实践也证明，只有适当提高预热带下层的温度，才能提高预热带的相应功能，以保证制品的烧成质量；只有缩小预热带的温差，才能提高烧成窑的进车速度，提高产量，降低单位产品烧成能耗。

6. 烧成带的平顶结构及烧成带挡火板的设置

窑炉截面加大后，容易出现烧成带温差，特别是同断面同一水平面上的温差。宽断面隧道窑窑顶的设计目前多采用平顶和拱顶相结合的方式，预热带和冷却带的窑顶采用平顶，烧成带窑顶则采用拱顶结构。这样，在预热带和冷却带的平顶结构可降低窑顶空间使迫近窑车顶面，增大热气流的流阻，有利于两带温度的均匀及减少窑外冷空气的漏入，而烧成带的拱顶有利于辐射传热及窑内温度的均匀。本设计在烧成带采用的是平顶结构，烧成带的传热方式以辐射传热为主，约占传热总量的80%以上，而辐射传热的效率与温度的四次方成正比，与辐射层的厚度（即平顶与装坯面高度）成正比，故为了保证足够的辐射层厚度，烧成带的内顶面提高20～50cm，以提高辐射层厚度，提高传热效率和温度的均匀性。由于热辐射的

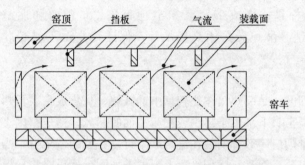

图2-11　烧成带的挡板结构及热气流的流向示意图

传热效率与温度的四次方成正比，与辐射层的厚度及面积成正比，温度越高、辐射面积越大，则传热强度越大。故在设计时，在高温烧成带窑顶增加多道挡板（图2-11），挡板双面受热，起到双面辐射作用，既扩大了辐射面积，又提高了传热效率，可使温度更加均匀。与此同时，由于挡板下端已贴近产品装载的顶面，气流前移时受到挡板的阻挡，必然会改变流向，强迫热气流流向装载面的深处，使烧成带内上部的气流成"≈"型气流走向，从而加速热气流的搅动，达到温度均匀的特别效果。

7. 合理的排烟系统

排烟系统采用窑内多点排烟，窑外集中排烟形式。在预热带两侧窑墙上设置多对排烟口，排烟口位于窑墙靠近窑车台面处，这样热烟气在排出前多次向下流动，有效降低预热带气流分层。窑顶设置堇青石莫来石材质吸罩。同时通过调节排烟口的开度，可以灵活地调整预热带的温度曲线。在排烟主管上设有配风口和热电偶，必要时可吸入部分室外空气，降低排烟温度。另外窑前第一对排烟风口设置成分散式小口径，多口排布结构，有利于纵向烟气的均匀排布。送风压力通过安装在主风管路上的压力检测装置检测并传送到总控制室。排烟风机采用变频控制，通过变频器来控制风机的转速和流量，从而灵活地调节窑内的压力制度。

8. 助燃风系统

助燃风系统包括高压离心送风机、过滤器、调节闸阀、送风管路及变频调器等装置，全套管路均为不锈钢材质。送风压力通过安装在主风管路上的压力检测装置检测并传送给仪表间压力自控仪显示并控制。助燃风机和燃气压力进行连锁控制，当燃气压力超限时，助燃风机会停止工作，发出警报信号。

9. 急冷风、缓冷风、尾冷却风系统

急冷风系统主要是起到冷却制品的目的，同时降低制品出窑温度和更有效地冷却制品。为了达到冷却效果，急冷风机选用流量大的风机。在急冷段，设有多对密集的高速冷风吹入管，急冷风机采用变频技术对急冷温度进行自动控制，有效提高了产品的冷却效果。在窑墙内的支管采用瓷管，窑墙外的管路和阀门采用不锈钢材质并有刻度。

缓冷风系统由窑炉两侧吹入，降低产品温度使出窑产品温度达到 90℃ 左右。

尾冷却风系统在直接冷却段的窑尾两侧墙设有风箱和顶吹，由风机向窑内鼓入大量冷风冷却制品和控制窑内气氛。

10. 抽热风及余热利用系统

在缓冷段采用窑墙和窑顶抽热方式，抽热风机抽出热风送烧成窑旁的干燥窑，供热风机将过滤后的空气鼓入换热器，经烟气加热后也送到干燥窑作对流辐射加热（直吹方式）和辐射加热（暖气方式）热源。潮湿气体经排潮口由排潮风机抽出，经烟囱排出。排潮风机为变频控制，控制风机的排湿量，保证干燥窑前部空气温度、湿度满足干燥工艺要求。为了保证较好的干燥效果，并满足产品的干燥工艺要求，在干燥窑侧部不同位置设有相应的热工测量孔，根据温度检测来控制干燥过程。测温点选用温度计，现场显示。

干燥窑为框架结构，钢架主要采用优质方钢管精密焊接而成。窑墙及窑顶保温材料由内到外为：8mm 硅钙板外＋50mm 带铝箔岩棉板＋装饰板结构。

送热风机为 7.5kW 不锈钢高压离心风机（进口设计过滤器），送热风管路为不锈钢，其外用纤维毯保温，外包铝皮，排潮风管为 A3 钢卷管，排潮风为 7.5kW 普通风机，并置于风机平台上。干燥窑整体美观实用。通过干燥窑干燥，实测坯体的含水率为 1.2% 以下，为适应烧成窑中预热带的升温要求创造必要条件，经测算余热利用率可达 55.01%，达到较为理想的余热利用效果。

11. 车下冷却风系统

为防止车下温度过高，车下设有冷却风系统。在烧成带和冷却带窑车下部设置吹风管，向车下吹入冷空气。

2.2.5.2　宽体隧道窑的烧成技术

隧道窑是一种横焰式窑炉，结构上容易存在同一截面上下温度不均匀的缺点，特别是在预热带，截面上下温差大，严重地影响着陶瓷产品烧成质量。这也是早期隧道窑多是窄断面、内高低的主要原因。要想实现宽断面，除了要有好的窑炉结构外，一定要有好的烧成技术以解决窑炉内温差大的瓶颈。

1. 脉冲喷枪烧成

影响陶瓷窑炉烧成质量的三大关键因素是温度制度、压力制度和气氛制度。烧成温度高低及温度的均匀性是直接影响产品的烧成质量的关键。一般的喷枪很难适应大截面（超宽超高窑炉烧成），脉冲燃烧的实质是调节喷枪加热时间的长短，当热电偶检测到本温区温度偏低时，经过分析处理后转换成脉冲信号送脉冲执行器，打开电磁阀以大火状态喷入燃气，待温度达到设定的温度后转换为小火脉冲状态喷入燃气，通过改变大、小火脉冲时间的长短可以达到设定温度的目的。全窑共设置 108 支脉冲控制烧嘴，每组燃气烧嘴分别设有电磁阀、空燃比例阀和燃气手动阀门，助燃风路设有脉冲执行器和风路手动阀门。每个控制组包括：3 只脉冲烧嘴，1 只分组空燃比例阀，1 只分组电磁阀，1 只风路分组脉冲执行器，3 只气路手动球阀，3 只风路带刻度阀。脉冲燃烧时，燃烧器只需设定最大火、最小火状态。当烧嘴系统调整好这两种状态以后，在以后的工作中，只要对其不作新的变动，这两种状态的重复性非常好，而且只需要这两种状态就可以满足各种烧成的需要。这一特点从两方面反映出来，一是脉冲燃烧系统中，它可以对窑内某一个控制区域的温度做出合理调节；二是烧嘴高速脉冲会在窑内产生强烈搅动，气流流动更加强烈和均匀，炉膛内温度均一性非常好。

本设计在预热带、高温带每个断面设置 2～3 个热电偶，急冷和尾冷顶部设置热电偶，窑体共计 66 个测温点，实时显示温度，严格监控同一断面温度分布情况。为了使窑内达到理想的温度制度及实现温度的均匀性，窑前预热带末端设计安装 8 只烧嘴为手动调节二次风烧嘴，设有烧嘴控制及自动点火器。一般情况下，要使燃气和助燃空气始终保持理想的配比并容易，这是因为各种比例调节阀或其他调节器实际上只是近似于线性的。但在脉冲燃烧系统中，只需在烧嘴最大火这一个工作点上调节到理想配比，则每一次燃烧都处于理想配比，因此燃烧非常充分，节能效果非常明显。

2. 降低烧成温度、稀码快烧

据热平衡计算可知，若陶瓷的烧成温度降低 100℃，则单位产品热耗可降低 10％以上，烧成时间可缩短 10％，产量可增加 10％。合作企业梦牌卫浴通过选择适合低温快烧的坯釉原料、添加适量的助溶剂和改善坯釉料的烧成方式，使烧成温度从传统配方的 1280℃左右降为 1205℃，足足降低了 75℃，降低烧成温度有利于提高陶瓷成品率、质量和档次，以及延长窑炉和窑具的使用寿命；同时可以显著降低烧成中的能耗，降低生产成本。

从图 2-10 可见，所烧成制品均为坐便器及水厢，分两层码坯，整齐而有规律。这是典型的稀码。垫板和支柱均为空心耐火材料，从而减少蓄热量，这种低蓄热式窑车及垫板材料有利于快速烧成，坯体的稀码更有利于热气流搅拌和旋转，加快热的传递和升降温速度，推车速度快至 12min 左右，这也是窑炉产量大（4087kg/h）、能耗低（110.73kgce/t）、烧成质量高（成品率达 98％以上）的原因之一。

3. 燃气总管控制

燃烧系统控制包括对燃气主管设备、燃气支管路系统、助燃供风系统等的综合控制。

供气管道均由成型不锈钢无缝钢管制作而成。阀门为密封良好的优质球阀，燃气经过总管、过滤、稳压、支管等到烧嘴。为保证供气系统的安全，在供气主管上配置手柄球阀、压力表、过滤器、调压阀、电磁阀、上下限压力开关、旋极旋流流量计、溢流放散阀等，进口和出口各有一块压力表，现场显示进出口管路压力。压力开关分别控制燃气压力最高限和最低限。总管示意图如图 2-12 所示。

4. 可靠的计算机控制系统

该窑烧成过程采用浙大中控计算机控制，包括电脑、智能调节仪、电磁阀、电动执行器和热电偶等，并配置数据采集卡和机内、机外的隔离器件，利用计算机专用工控软件包进行编程开发。温度的正常与否由热电偶进行检测，火焰的大小由电动执行器进行调节。它们都由电脑和智能调节仪按设定的烧成曲线进行控制。计算机控制系统不仅能实现对窑炉温度的自动控制，还能实现对窑炉各系统的综合控制，并能自动记录、打印及画面语言提示，另外计算机还能根据烧成要求模拟并储存多种烧成制度曲线，同时烧成曲线参数可按需要随时修改。

隧道窑自动控制系统是以隧道窑装置的安全、经济、优化运行为目标的分散控制系统，它紧密结合隧道窑装置的实际运行过程，采用新型的 WEB 化体系结构，突破了传统控制系

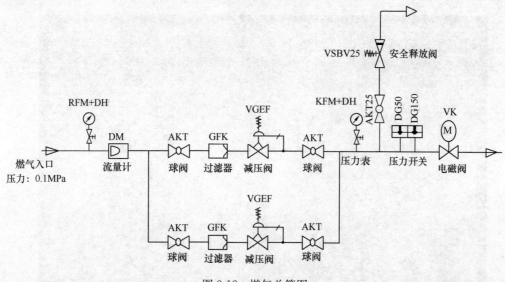

图 2-12　燃气总管图

统的层次模型，在保证系统高度的安全性、稳定性的同时，实现了多种总线兼容和异构系统综合集成的"网络化控制系统"。国内外各种 DCS、PLC 等控制设备，它们都能成为系统中的一个成员，这些成员不仅具有独立的服务于对象的处理能力和信息结构，同时又可以共享系统中任何成员的过程信息，十分适用于辅助设备较多、需要连续稳定运行的隧道窑控制装置。

隧道窑自动控制系统基于 Web On Field 结构的公共通信环境和信息流传送，简化了隧道窑装置自动化的体系结构，增强了过程控制的功能和效率，提高了隧道窑装置自动化的整体性和稳定性，最终节省了隧道窑装置企业为自动化而作出的投资。这真正体现了工业基础自动化 WEB 的应用特性，使工业自动化系统真正实现了网络化、智能化、数字化，突破了传统 DCS、PLC 等控制系统的概念和功能，也是企业内过程控制、设备管理的有机统一。

（1）典型系统结构

① 现场控制站

系统具有强大的模拟量与开关量处理的能力，并具有高速、可靠、开放的通讯网络，具有分散、独立、功能强大的控制站，多功能的协议转换接口，全智能化设计和任意冗余配置的特点。

② 操作员站

系统的每台操作员站均装 Windows 操作系统和组态软件实现实时监控、数据管理及报表打印等功能。操作员站提供流程图画面、控制分组、趋势图画面、报警画面显示等功能，并配备打印机可以定时、即时打印实时报表或历史报表等，如图 2-13 所示。

③ 工程师站

系统工程师站可以进行控制组态画面的在线修改，对系统数据库进行管理，并可对现场控制站进行维护。

（2）主要技术特点

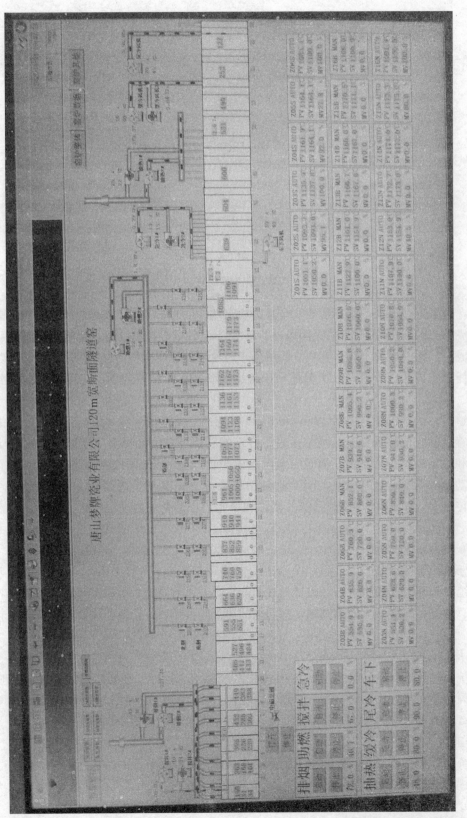

图 2-13　计算机控制系统模拟图

通过几个月的运行表明，该控制系统具有如下特点：①系统高度的稳定性；②系统高度的安全性；③系统良好的开放性；④强抗干扰性的 DI 输入卡件；⑤IO 通道级的自诊断功能；⑥强大的软件功能。

2.2.5.3 总结

由于在超宽隧道窑的设计和实施中采用了各种有效的技术措施，在卫生陶瓷生产应用中取得了很理想的效果，烧成单窑日产量可达一百多吨瓷，单位产品热耗低达 776.36kcal/kg 瓷，与传统隧道窑（单位产品热耗 1200kcal/kg 瓷）相比，节能率可达 35% 以上，节能优势明显。

2.3 陶瓷窑炉窑顶结构优化

窑顶支撑在窑墙上，由于处在窑道空间上方，窑内热气体在几何压头的作用下有自然向上运动的趋势，因此，除了必须耐高温、积散热小及具有一定的机械强度外，特别要保证其结构合理，使之不易漏气。另外，辊道窑是轻体窑，为减少窑墙或其支撑结构的负荷，更要采用轻质耐火材料构筑窑顶。辊道窑窑顶结构形式主要有大盖板砖结构、平顶结构、拱顶结构三种。

窑顶作为辊道窑窑体结构的重要组成部分之一，与辊道窑的正常运转以及产品的质量和产量有着密不可分的关系。辊道窑窑顶结构形式具体分类如图 2-14 所示。

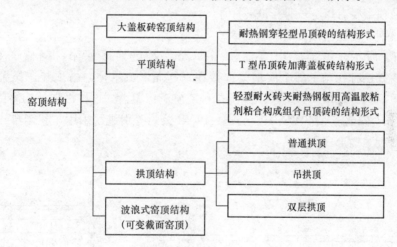

图 2-14 窑顶结构的分类

2.3.1 大盖板砖窑顶结构

大盖板砖窑顶结构采用大块耐火制品作为窑顶砖直接搭盖，窑顶砖有平顶和拱顶两种形式。窑顶砖一般要用硬质耐火材料，其厚度为 80mm 左右，上面再砌筑轻质耐火材料。这种结构的窑顶投资最省，但由于窑顶砖在高温条件下要承受自重和其上部耐火材料的质量，大块窑顶砖的强度难以达到要求，因而它只适用于窄窑，一般用于内宽 800mm 左右的煤烧隔焰辊道窑。为了增加窑内宽，可在承载窑顶砖的辊上窑墙用砖逐层突出砌筑，每层砖突出部分为 50～60mm，如图 2-15 所示。

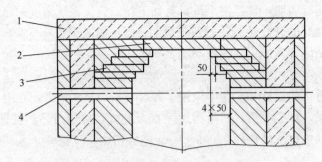

图 2-15　平盖板加大窑内宽的砌筑图
1—轻质砖；2—平顶盖顶砖；3—辊上窑墙凸砌砖；4—辊孔

2.3.2　平顶结构

目前辊道窑越来越广泛地采用平吊顶结构，由于其窑顶重量完全由加固钢架结构来支承，因此不受窑宽的约束，可用于窑宽 1.5m 以上的宽体窑中；宽体明焰辊道窑是辊道窑的发展方向，因此该结构代表了发展方向。而且，由于采用吊顶，窑墙没有了支承窑顶的功能，可以采用轻质材料。吊顶也必须采用高强度轻质材料，使整个窑向轻型化方向发展，同时也符合陶瓷窑炉轻型化的发展方向。

辊道窑吊顶主要有以下三种形式：

（1）耐热钢穿轻型吊顶砖的结构形式

如图 2-16 所示，吊顶砖由直径 10～12mm 耐热钢棒穿吊，钢棒的材质一般为 Cr23Ni18，钢棒由挂钩与上部金属横梁连接在一起而形成吊顶。吊顶砖在高温段可用高温莫来石质轻质高铝砖，吊顶砖上层由陶瓷棉毯或矿渣棉覆盖。这种吊顶结构简单，高温下耐火保温性能好，不仅意大利 WELKO 公司、POPI 公司等引进窑采用，我国自建的辊道窑吊顶也多采用此种结构形式。

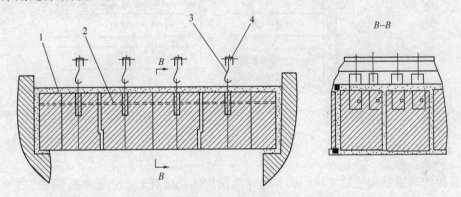

图 2-16　耐热圆钢穿吊轻型吊顶砖的吊顶结构
1—吊顶砖；2—耐热钢棒；3—挂钩；4—吊顶横梁

（2）T 型吊顶砖加薄盖板砖结构形式

如图 2-17 所示，意大利 SITI 公司双层辊道窑就采用这种窑顶结构。它的 T 型吊顶砖由两块砖组成，空心部分填塞陶瓷棉，盖板上面铺设 50～100mm 多晶氧化铝纤维，上面再铺设 100～150mm 纯硅酸铝纤维。

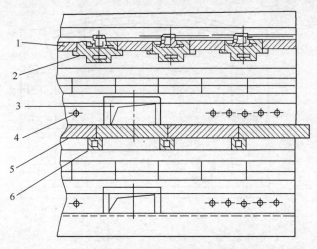

图 2-17　T 型吊顶砖加薄盖板砖结构

1—吊顶盖板砖；2—T 型吊顶砖；3—事故处理孔；4—烧嘴孔；

5—中间隔板；6—空心横梁

（3）轻型耐火砖夹耐热钢板用高温胶粘剂粘合构成组合吊顶砖的结构形式

如图 2-18 所示，我国引进的德国 HEIM-SOTH 公司辊道窑的吊顶砖就是用四块直型标准砖组合而成的。建筑时只需用吊钩将其钩挂在安装于窑顶钢架结构的横梁（圆钢）上，砌筑安装极其方便。近些年来我国自行设计的辊道窑也在逐渐采用这种吊顶结构（例如佛山某窑炉公司建造的辊道窑）。国内辊道窑也有用两块异型砖夹耐热钢板组合成吊顶砖的，吊顶在高温下工作，为保证其高温强度，延长吊顶寿命，必须选择合适的吊顶用金属材料。

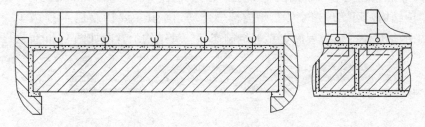

图 2-18　吊顶结构

2.3.3　拱顶结构

隧道窑的窑顶多采用拱顶，不少辊道窑也采用拱顶结构形式，拱顶结构简单严密、施工方便、钢材用量少、建造成本低。拱顶利用拱脚砖支撑在两侧窑墙上，拱顶产生的横向推力通过拱脚梁传给立柱。一般窑炉的拱顶厚度为 350～500mm，所用材料与窑墙基本相同，内衬耐火砖厚度为 230～280mm，中间轻质隔热砖厚度为 65～120mm，为了加强隔热效果，常用一些粉状或粒状的材料如硅藻土、粒状炉渣等填平上部，有些还在拱顶上面平铺一层红砖。拱顶砌筑时应错缝砌筑，为使窑顶严密不漏气，且防止粉粒状隔热材料落入砖缝内，常在耐火砖与轻质砖之间抹 5～10mm 耐火料泥浆。现代窑炉的拱顶层更简单，就是在耐火砖拱顶上直接铺耐火纤维棉毡，拱顶厚度为 350～450mm。拱顶结构如图 2-19所示。

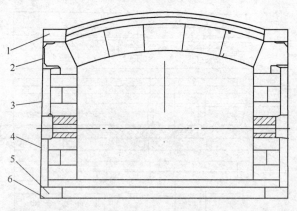

图 2-19　拱顶结构

1—助燃风方管；2—拱脚梁；3—上侧板；4—下侧板；

5—助燃风方管；6—底板图

有的高温窑炉使用高温重质砖来砌拱，其拱顶厚重，可采用吊拱顶结构，对拱中的直形砖进行吊挂，可加固拱顶以免下落，并减小窑墙载荷与横向推力。有些窑炉的烧成带窑顶设计成两层拱顶结构，使两层拱顶之间成为空气冷却夹层，该窑顶称为双层拱顶。空气通过双层拱顶的夹层不仅降低了窑顶材料的温度，延长窑顶寿命，同时减少了窑顶的散热，预热后的空气还可以作为助燃空气使用，可提高燃烧温度，节约燃料。上层拱顶结构复杂，砌筑要求高，尤其是下拱耐热膨胀性能要高。

2.3.4　可变截面窑顶结构

在 2016 年意大利里米尼陶瓷技术展上，意大利 SITI B&T（西蒂贝恩特）展示了一种可变截面窑顶结构，可实现超宽体窑炉内部燃烧均匀，其主要特点是：① 减少 30% 体积的热空气；② 优化热流，辐射表面更靠近烧制产品。其结构示意图如图 2-20 所示。

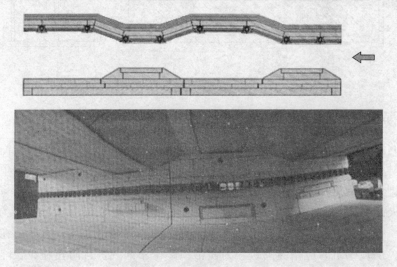

图 2-20　可变截面窑顶结构

2.3.5　窑顶结构优化实例

辊道窑的平顶结构在窑体不太宽、烧嘴射程合理的普通窑型上，具有横截面温差小的优点。但是，随着窑体内部的加宽，烧成速度的加快，特别是燃料热值偏低的情况下，辊道窑的平顶结构对窑内横截面温度的均匀性已明显不利，主要是中间温度比左右两侧低。改善截面温差的方法是增加截面中部的热量。早期的重油半隔焰辊道窑曾设置窑顶烧嘴，虽是一个增加中部热量的办法，但窑顶结构复杂，烧嘴安装和供油供风管道困难，严重影响操作和窑炉寿命；另一方面，从烧嘴性能的提高着手也是一个办法，但窑体的一再加宽，烧嘴的性能有所局限，达不到要求。

广东中窑窑业股份有限公司开发的辊道窑，经过反复论证，根据隧道窑拱顶热辐射热量分布的原理，决定把宽体窑的窑顶由平顶结构改为拱顶结构。采用拱顶结构有较大优越性，一方面可以扩大拱顶部位燃烧空间，增加截面中间部位热力；另一方面拱顶内弧面有利于截面中部获得更多的热辐射传导；三是克服平窑顶存在的截面热气流死角，可大大改善截面的温度均匀性。2005 年中窑公司已在国内首先开发出拱顶结构的辊道窑，已有成功的经验，在这基础上，在拱顶结构的研制过程中，进一步研究和完善了以下两个问题：

（1）拱顶的高度应该控制在什么范围合适。拱顶的高度并不是越高越好，通过参考有关设计资料和经验，经过实验，决定将拱顶高度控制在 300～400mm 范围内，窑越宽，高度相应加高。生产实践证明，其拱顶弧度控制为 60°～80°时是合理的。烧成带窑顶拱顶结构图如图 2-21 所示。

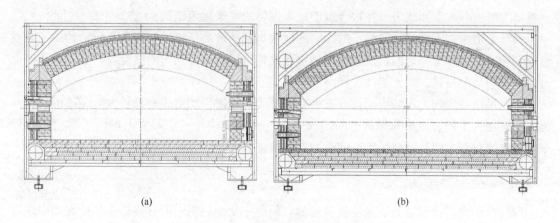

(a)　　　　　　　　　　　　　(b)

图 2-21　烧成带窑顶拱顶结构图

(a) 60°拱顶；(b) 80°拱顶

（2）拱顶的结构安全性应如何解决。拱顶的力学特性，既有向下的重力，还有向两边拱脚的横向分力，在冷热态转换时，还伴有热膨胀、冷收缩的应力，特别是宽体窑，跨度大，温度高，窑墙薄，辊棒传动过程的震动等，都会对拱顶的安全性带来影响。为了解决拱顶的结构安全性问题，在结构上，首先设计好拱的弧形，锲形砖和拱脚砖相吻合；在拱顶砖选材方面，在保证耐高温、绝热的基础上，选用莫来石质的轻质拱顶砖；在砌筑施工上采用耐高温的高温粘结剂砌筑；从以上几个方面着手，最终达到了预定的目的。

2.3.6 不同窑顶结构下气体流场与温度场的数值模拟

孟汉堃等结合传热学、流体力学和温度场理论等知识，借助 Fluent 流体力学模拟软件，计算模拟出辊道窑在不同窑顶结构下的三个温度段窑内烟气流场及温度场的分布情况，通过分析模拟结果，总结出以下结论：

（1）在烧成带温度段（1200℃），拱顶结构沿窑高方向上的温度场分布和平顶结构很相似，拱顶结构温度分布更均匀。沿窑长方向上的温度分布，拱顶结构温度分布相对均匀，平顶结构局部温差较大。沿窑宽方向，拱顶结构在靠近制品面温度较平顶结构要高，拱顶结构的温度相对更为均匀。在这个温度段拱顶结构优于平顶结构。

（2）在 700℃ 温度段，拱顶结构和平顶结构挡火板和挡火墙的作用明显，沿窑高方向的温度分布，拱顶结构辊上温度和辊下温度都比平顶结构相对较高，温度分布也更为均匀。沿窑长方向，拱顶结构和平顶结构挡板左侧温度稳定，挡板右侧拱顶结构温度较平顶结构温度高出 2~4℃，并且拱顶结构温度较为均匀。沿窑宽方向，平顶结构较拱顶结构温度低 4℃左右，平顶结构温度在制品上下温差为 2℃，拱顶结构几乎没有温差，温度分布较平顶结构更为均匀。在这个温度段拱顶结构优于平顶结构。

（3）在 400℃ 温度段，拱顶结构和平顶结构没有烧嘴射流和挡板的扰动作用，温度受主流烟气影响较大。沿窑高方向，拱顶结构辊上和辊下温差为 10℃，平顶结构辊上下温差较小。沿窑长方向，拱顶结构温度较高于平顶结构，平顶结构中心和近壁面处温差较小，温度更均匀些。沿窑宽方向，拱顶结构总体温度高出平顶结构接近 20℃，上下温差为 20℃左右，平顶结构温度分布更加均匀。在这个温度段平顶结构优于拱顶结构。

（4）辊道窑在不同窑顶结构下的烟气的温度场和速度流场略不相同，窑顶结构的不同对温度场和速度流场有一定的影响，合理的窑顶结构可以得到更均匀的温度场，在一定程度上可以保证产品的质量，降低能耗并提高产量。

（5）拱顶结构较平顶结构而言，辊上空间增大，辐射平均射线程长较大，烟气的辐射率也变大，加大了辐射传热效率；空间增大使烟气流速加快，一定程度上加快了对流换热效率，造成相对较多的热量被带走；同时增加的窑体表面积，使热耗加大。

2.4 陶瓷窑炉多层化

陶瓷窑炉多层化能够节能是显而易见的，但要定量地说明它能够降低多少能耗则必须进行计算。下面以窑长 199.5m、内宽 2.5m 的单层窑（含干燥窑内宽 3.1m、长 140m）和与其产量相当的双层宽体窑为例进行说明。

2.4.1 单层与双层窑炉结构参数

进行窑炉的热工计算，必须确定其主要结构尺寸和一些工艺参数，根据窑炉实例确定的主要尺寸和工艺参数列于表 2-13 中。

表 2-13　窑炉的主要结构尺寸和工艺参数

项目	单层烧成窑	双层烧成窑	单层干燥窑	双层干燥窑
窑炉总长（m）	199.5	149.1	140	140

续表

项目	单层烧成窑	双层烧成窑	单层干燥窑	双层干燥窑
预热带长（m）	42	31.5	—	—
烧成带长（m）	90.3	67.2	—	—
冷却带长（m）	67.2	50.4	—	—
单元长度（m）	2.1	2.1	2.1	2.1
窑炉内宽（m）	2.5	2.9	3.1	3.1
预热带散热面高（m）	1.33	1.33	1.0	0.6
预热带散热面宽（m）	3.26	3.66	3.4	3.4
烧成带散热面高（m）	2.0	2.0	—	—
烧成带散热面宽（m）	3.54	3.94	—	—
预热带外壁平均温度（℃）	60	60	50	50
烧成带外壁平均温度（℃）	75	75	—	—

2.4.2　双层窑炉节能分析

2.4.2.1　窑体散热计算

根据表 2-13 计算出窑体散热面积，结果列于表 2-14 中。

表 2-14　窑炉散热面积的计算结果

项目	预热带散热面积（m²）			烧成带散热面积（m²）		
	垂直散热面	向上散热面	向下散热面	垂直散热面	向上散热面	向下散热面
单层烧成窑	111.72	136.92	136.92	361.2	319.66	319.66
双层烧成窑	83.79	115.29	115.29	268.8	264.77	264.77
单层干燥窑	280	476	476	—	—	—
双层干燥窑	168	476	476	—	—	—

根据热工公式（2-18）：

$$Q = \alpha_1(t_{w1} - t_1) \tag{2-18}$$

式中　Q——窑体外壁的散热功率，W/m^2；

α_1——窑体外壁与空气之间的对流辐射换热系数，$W/(m^2 \cdot ℃)$；

$t_{w1} - t_1$——窑体相对于周围空气的温差，℃。

根据窑体的外壁工作温度、车间环境温度和相关资料查知的 α_1 值见表 2-15。

表 2-15　不同工作温度下各散热面的对流辐射换热系数 单位：$W/(m^2 \cdot ℃)$

工作温度 ＼ 散热面类型	向上散热面	向下散热面	垂直散热面
75℃	14.8	12.1	13.1
60℃	14.0	11.2	12.2
50℃	13.6	10.2	11.4

把它们分别代入上述公式中，即可求得向上散热、向下散热和垂直散热时的散热功率。

按每天 24h、1kW·h 等于 3600J 计算，并根据表 2-14 中的散热面积，可以得出每天散失的热量。单层烧成窑烧成带向上散热面的散热功率计算如下：

$$Q_{单·烧·上} = 14.8 \times (75-25) = 740 (W/m^2)$$

设散失的热量为 K，则每天的散热量有：

$$K_{单·烧·上} = 740 \times 24 \times 319.66 \div 1000 = 5677.16 (kW·h) \approx 2.04 \times 10^7 (J)$$

其他的计算依此类推，计算结果列于表 2-16 中。

表 2-16　各窑的散热功率、每天的散热量计算结果

项目		单层烧成窑		双层烧成窑		单层干燥窑		双层干燥窑	
		散热功率 (W/m^2)	散热量 $(10^7 J)$	散热功率 (W/m^2)	散热量 $(10^7 J)$	散热功率 (W/m^2)	散热量 $(10^7 J)$	散热功率 (W/m^2)	散热量 $(10^7 J)$
预热带	向上散热面	490	0.58	490	0.49	340	1.4	340	1.4
	向下散热面	392	0.46	392	0.39	255	1.05	255	1.05
	垂直散热面	427	0.41	427	0.31	285	0.69	285	0.41
烧成带	向上散热面	740	2.04	740	1.69	—	—	—	—
	向下散热面	605	1.67	605	1.38	—	—	—	—
	垂直散热面	655	2.04	655	1.52	—	—	—	—
合计		—	7.2	—	5.78	—	3.14	—	2.86

上述计算结果表明，单层烧成窑和单层干燥窑每天散失的热量为 $10.34 \times 10^7 J$；内宽 2.9m 双层烧成窑和双层干燥窑每天散失的热量为 $8.64 \times 10^7 J$，两者相差 $1.7 \times 10^7 J$，而产生这些热量大约需要消耗 1090kg 煤炭产生的煤气。换句话说，后者比前者减少散热 16% 以上，每天可以节约 1090kg 的气化煤。

2.4.2.2　电能计算

节省电能主要表现在工作电机少、装机容量小、控制系统简单、使用电缆电线短等几个方面。

（1）减少传动电机

按每三单元一个传动电机设置，当使用单层窑时，需要 32 台 0.75kW 的电机；当使用双层窑时，只需要 25 台电机。根据实测，当窑炉宽度增加 0.5m 时，传动电机的工作电流没有明显变化，增加量不足 4%。等于比一般单层窑少用了 6 台 0.75kW 的电机这 6 台电机每天需要消耗的电能大约是 72kW·h。

（2）减小排烟风机的功率消耗

把燃料燃烧产生的废气从窑内排出需要一定的抽力，而它的大小是烟囱高度或风机功率的依据。只有当抽力大于烟气流动的阻力时，才能把它排出去。一般抽力可用式（2-19）计算：

$$h_{抽力} = \sum h + \left(\rho_k^0 \frac{273}{273 + t_k} - \rho_y^0 \frac{273}{273 + t_y} \right) \cdot \frac{V^2}{2g} \tag{2-19}$$

式中　$h_{抽力}$——烟囱或风机抽力，亦即克服从窑炉零压位至抽风口处的总阻力，kg/m^2；

　　　$\sum h$——各种阻力的总和；

　　　ρ_k^0——标准状况下空气密度，kg/m^3；

ρ_y^0 ——标准状态烟气密度，kg/m³；

V ——烟气排出时的流速，m/s；

g ——重力加速度，m/s²；

t_k ——外界空气温度，℃；

t_y ——烟气温度，℃。

本节只对公式中主要参数的影响进行定性分析。$\sum h$ 越大，说明需要消耗的功率越大，其影响因素有产生废气量的多少、距离的远近、通道的大小等。因为 2.9m 内宽双层窑的废气移动距离比单层窑短 33.6m，所以其 $\sum h$ 也小；另一项影响比较大的因素是烟气从烟囱排出的速度，它们的函数关系不是线性的，而是呈两次方的关系；环境温度和排烟温度高，也会增加动力消耗，当然，排出烟气温度过高时，燃料消耗也要大些。

2.4.3　不足及改进措施

2.4.3.1　不足

双层辊道窑最大的缺点是辊棒中心高，不方便操作。要想大范围普及双层窑，必须尽量降低辊棒中心的高度。下面分析一下这种窑的结构。

现在使用的双层窑绝大多数在上下层之间都留有空间，这个空间是为了放置上层窑下部的煤气管道和助燃风管道。如果不留这个空间，至少可以降低辊棒中心高度约 200mm，能把高度由目前通行的 1500mm 降低到 1300mm，实际上只比一般单层窑高出 200mm，基本上克服了操作不方便的缺陷。

2.4.3.2　改进措施

要取消上下层之间的空间，必须解决好从动侧上层窑下部管道（包括燃气、燃油管道、助燃风管道）、窑头辊下排烟管道、辊下急冷风管道和干燥窑的抽湿排潮管道的安装这四个问题。因为这些管道通常都是由主动侧从窑底传到从动侧的，取消这个空间，就无法按传统方式设置。下面就这四个问题进行简单分析：

（1）上层窑下部煤气支管可以改为在从动侧由上部连接，与辊子等高处使用不锈钢软管，它能够移动而不影响穿抽辊棒操作。这样设计不太美观，但不影响使用。

（2）助燃风管可以设置于窑底内部，不占用外部空间。从动侧由上部接下来，与辊棒等高处设计成可拆式，需要穿抽辊棒时，把它拆下来。因为它是在常温下工作，随时都可以拆装。

（3）窑头下部排烟改为窑内设置，因排烟温度一般都不太高，只有 200℃左右，使用耐热钢板制作，能够根据设计，做成比较复杂的形状，完全可以满足在两侧进行调节的使用要求。

（4）辊下急冷风管也改成从上部供风，中间用软管连接，或者设计成可拆形式，以便在需要时拆掉。

（5）干燥窑窑头抽湿排潮管道在设计安装位置时和上层窑的下部排烟管道错开，按前述做法亦可。

2.4.3.3　改进效果

把上层窑的底部和干燥窑的顶部合二为一，可以减少两个散热面。去掉这两个散热面后，每天可以减少散热损失 3.17×10^7 J，减幅达 37%。折成燃料，约可节省 2033kg 汽化用煤。

2.5 陶瓷窑炉窑体耐火隔热材料优化

2.5.1 耐火材料的热物理性质

在耐火材料的各类性质中，热物理性质简称"热物性"（包括导热、导温、比热容和热膨胀等）不仅是评价、衡量陶瓷材料能否适用于具体热过程的技术依据，而且是揭示和研究材料的相变、缺陷、微裂纹和晶化等微观结构变化的重要手段。由于其具有明显的基础性和应用性，与组分结构又有十分敏感的相关性，故人们的研究兴趣与日俱增，特别是陶瓷行业的热工设备（如烧成窑炉、干燥窑炉炉壁内层高温耐火材料）在使用过程中都会碰到热和温度问题，都要对其热过程进行热分析和热设计。而热物性数据则是研制、评价和优选所用高温隔热和防热材料及其热设计的关键参数。系统而深入地对这些材料开展热物性学即热物性和材料结构、组成及其他物理性能之间关系的规律性研究，可为调控材料的热物理性质和优化材料的热设计提供科学思想、技术途径和理论基础。

热过程是物质世界普遍存在的一个物理过程，耐火材料热物理性能参数是指与能量、动量传递过程密切相关的导温系数、导热系数、比热容、热膨胀系数以及热发射率、热吸收率、热反射率等。这些热物理性能参数不仅是衡量材料能否适应具体热过程需要及进行基础研究、分析计算、热设计和工程应用的关键参数，也是认识、了解和评价材料的最基本的科学依据。

2.5.2 不同耐火隔热材料组合的窑墙温度场模拟

陶瓷窑炉热工理论的研究主要涉及窑炉内的速度场、温度场、浓度场以及制品本身的温度场、应力场等方面的内容，其基础理论为传热学，基本方程为能量、动量、质量三大守恒方程。这些方程一般都是非线性二阶偏微分方程，求解非常困难，须借助电子计算机才能完成。

窑炉在升温和降温过程中，窑体内部温度场是不断变化的。这种冷热循环很容易使窑体材料产生热疲劳和热损坏，从而缩短窑炉的寿命。根据窑体材料的热物性参数及厚度等，利用计算机可模拟计算出窑体内部温度场。根据窑体材料所能承受的最大热应力和最大温差以及计算机模拟结果，制定出合理的升降温制度和窑墙材料的砌筑方式，为科学地进行热工操作提供依据。在进行窑炉热平衡计算时，也涉及窑体的蓄热及散热的计算。

因此，利用 Visual Basic 设计了窑墙温度场数值模拟系统。

2.5.2.1 数值计算方法

（1）数学模型

对于窑墙的导热，由于在厚度方向上的温差远大于其他方向上的温差，可认为是发生在厚度方向上的一维、无内热源固体导热过程，导热微分方程可简化为式（2-20）：

$$\frac{\partial t}{\partial \tau} = \alpha \frac{\partial^2 t}{\partial x^2} \tag{2-20}$$

式中　t——温度，℃；

　　　τ——时间，s；

α——导温系数，$\alpha = \dfrac{\lambda}{\rho c}$，$m^2/s$；它表征物体被加热和冷却时，物体内各部分温度趋

向一致的能力。

（2）边界条件的确定

窑炉内壁的温度通常认为与窑炉内温度一致。如果已知初始时炉内温度为 t_0，窑炉升（降）温速率为 b，升（降）温时间为 τ，则内壁温度为式（2-21）：

$$t_\tau = t_0 + b\tau \tag{2-21}$$

窑炉外壁散热是辐射和自然对流换热综合过程。式（2-22）对此作了描述。

$$-\lambda \frac{\partial t}{\partial n} = \alpha'(t_w - t_f) \tag{2-22}$$

式中　λ——导热系数，$W/(m^2 \cdot \text{℃})$；

α'——综合换热系数，$W/(m^2 \cdot \text{℃})$；

t_w——外壁温度，℃；

t_f——外壁周围流体温度，℃（可取室温 25℃）。

$$\alpha' = \alpha_c + \alpha_R \tag{2-22-1}$$

α_c——自然对流换热系数；

α_R——辐射换热系数。

α_c 的计算公式：

$$\alpha_c = A (t_w - t_f)^{\frac{1}{3}} \tag{2-22-2}$$

$$A = 1.071 - 2.113 \times 10^{-3} t_m + 6.087 \times 10^{-6} t_m^2 + 1.516 \times 10^{-8} t_m^3 \tag{2-22-3}$$

$$t_m = \frac{1}{2}(t_w + t_f) \tag{2-22-4}$$

α_R 的计算公式：

$$\alpha_R = \varepsilon C_0 [(t_w + 273.15)^4 - (t_f + 273.15)^4]/(t_w - t_f) \tag{2-22-5}$$

式中　ε——窑表面黑度，一般可取 0.8。

$$C_0 = 5.669 \times 10^{-8} W/(m^2 \cdot K^4)$$

方程（2-16）和方程（2-20）是求解导热微分方程的边界条件。

（3）初始条件的确定

窑炉从室温开始升温，由此可设定初始时窑墙中各点的温度都为 25℃。

（4）区域划分与时间划分

墙的传热属于多层复合平壁的导热，采用内节点法将窑墙分为若干个子区域，每个子区域用中间节点的编号来表示。为了标记区域划分，特作约定：从窑内到窑外的方向上，各个子区域分别标记为 1，2，3，……，n，各节点分别标记为 x_1，x_2，x_3，……，x_n，边界节点分别为 x_0 和 x_{n+1}。如图 2-22 所示。

将连续时间段分割为若干个子域，以 t_1，t_2，t_3，……记之。

（5）内节点方程组的建立

对于任一时刻 k 时任一内节点 i，温度以 $t_i^{(k)}$ 表示。根据元体能量平衡法，流入能量 Q_1 与流出能量 Q_2 之差应等于节点 i 的控制区域内能的增值 Q_3，即式（2-23）：

图 2-22　空间区域划分图

$$Q_1 - Q_2 = Q_3 \tag{2-23}$$

其中，如果 $i=1$，则

$$Q_1 = 2\lambda_1 (t_{i-1}^{(k)} - t_i^{(k)}) \cdot \Delta\tau / \Delta x$$

$$Q_2 = \lambda_{e,i2} (t_i^{(k)} - t_{i+1}^{(k)}) \cdot \Delta\tau / \Delta x$$

$$Q_3 = \rho_i \Delta x \cdot C_{P,i}^{(k)} (t_i^{(k)} - t_i^{(k-1)})$$

如果 $1<i<n$，则：

$$Q_1 = \lambda_{e,i1} (t_{i-1}^{(k)} - t_i^{(k)}) \cdot \Delta\tau / \Delta x$$

$$Q_2 = \lambda_{e,i2} (t_i^{(k)} - t_{i+1}^{(k)}) \cdot \Delta\tau / \Delta x$$

$$Q_3 = \rho_i \Delta x \cdot C_{P,i}^{(k)} (t_i^{(k)} - t_i^{(k-1)})$$

如果 $i=n$，则：

$$Q_1 = \lambda_{e,i1} (t_{i-1}^{(k)} - t_i^{(k)}) \cdot \Delta\tau / \Delta x$$

$$Q_2 = 2\lambda_n (t_i^{(k)} - t_{i+1}^{(k)}) \cdot \Delta\tau / \Delta x$$

$$Q_3 = \rho_i \Delta x \cdot C_{P,i}^{(k)} (t_i^{(k)} - t_i^{(k-1)})$$

将上面三式分别代入式（2-23），整理得式（2-24）：

$$A_i t_i^{(k)} = B_i t_{i+1}^{(k)} + C_i t_{i-1}^{(k)} + D_i \tag{2-24}$$

式中：

$$\begin{cases} C_i = \lambda_{e,i1} \cdot \Delta\tau / \Delta x & 1<i \leqslant n \\ C_i = 2\lambda_1 \cdot \Delta\tau / \Delta x & i=1 \end{cases}$$

$$\begin{cases} B_i = \lambda_{e,i2} \cdot \Delta\tau / \Delta x & 1 \leqslant i < n \\ B_i = 2\lambda_n \cdot \Delta\tau / \Delta x & i=n \end{cases}$$

$$D_i = \rho_i \Delta x \cdot C_{P,i}^{(k)} t_i^{(k-1)}$$

$$A_i = B_i + C_i + \rho_i \Delta x \cdot C_{P,i}^{(k)}$$

其中，$\Delta\tau$，Δx 分别为时间间距和节点间距；λ_1，λ_n 分别是节点 1 和 n 的导热系数；ρ_i 为各节点密度；$C_{P,i}^{(k)}$ 为节点 i 在时刻 k 时的比热；$\lambda_{e,i1}$，$\lambda_{e,i2}$ 分别为区域 i 左右界面上的单位导热系数，可以用调和平均法计算：

$$\lambda_{e,i1} = \frac{2\lambda_{i-1}^{(k)} \cdot \lambda_i^{(k)}}{\lambda_{i-1}^{(k)} + \lambda_i^{(k)}}, \ \lambda_{e,i2} = \frac{2\lambda_{i+1}^{(k)} \cdot \lambda_i^{(k)}}{\lambda_{i+1}^{(k)} + \lambda_i^{(k)}}$$

（6）边界节点方程的建立

内壁边界条件属于第一类边界条件，内壁温度与窑炉内温度假设为一致。外壁边界条件属于第三类边界条件，根据元体平衡法，外壁节点方程可推导为：

$$\lambda_n^{(k)} \frac{t_n^{(k)} - t_{n+1}^{(k)}}{\Delta x / 2} = \alpha(t_{n+1}^{(k)} - t_f)$$

整理得式（2-25）：

$$A_{n+1} t_{n+1}^{(k)} = C_{n+1} t_n^{(k)} + D_{n+1} \tag{2-25}$$

式中

$$A_{n+1} = 2\lambda_n \frac{1}{\Delta x} + \alpha'$$

$$C_{n+1} = 2\lambda_n \frac{1}{\Delta x}$$

$$D_{n+1} = \alpha t_f$$

（7）节点方程组的求解算法

对于某一时刻窑墙中每一温度未知节点，都满足方程（2-24），一共有 $n+1$ 个温度未知节点，因此共有 $n+1$ 个代数方程组成一联立方程组。

当 $i=1$ 时，$A_1 t_1^{(k)} = B_1 t_2^{(k)} + C_1 t_0^{(k)} + D_1$。由于 $t_0^{(k)}$ 可由式（2-20）直接得到，因此 $C_1 t_0^{(k)}$ 可视为已知项，令 $D'_1 = C_1 t_0^{(k)} + D_1$，则上式变为：$A_1 t_1^{(k)} = B_1 t_2^{(k)} + D'_1$。

当 $i=n+1$ 时，$A_{n+1} t_{n+1}^{(k)} = C_{n+1} t_n^{(k)} + D_{n+1}$。

因此，所构成的 $n+1$ 元方程组可表示为式（2-26）：

$$\begin{bmatrix} A_1 & -B_1 & & & & & \\ -C_2 & A_2 & -B_2 & & & & \\ & -C_3 & A_3 & -B_3 & & & \\ & \cdots & \cdots & \cdots & & & \\ & & -C_{n-1} & A_{n-1} & -B_{n-1} & & \\ & & & -C_n & A_n & -B_n & \\ & & & & -C_{n+1} & A_{n+1} & \end{bmatrix} \begin{bmatrix} t_1 \\ t_2 \\ t_3 \\ \vdots \\ t_{n-1} \\ t_n \\ t_{n+1} \end{bmatrix} = \begin{bmatrix} D'_1 \\ D_2 \\ D_3 \\ \vdots \\ D_{n-1} \\ D_n \\ D_{n+1} \end{bmatrix} \tag{2-26}$$

此系数矩阵每行非零因素最多只有三个，第一行和最后一行只有两个非零因素。因此，从矩阵的第二行开始进行消元，把三元方程变为二元方程，直到最后一个方程变成一元方程，由此求得最后的一个节点的温度 t_{n+1}，然后逐个回代，直到求出第一个节点的温度 t_1 为止，这种算法，称为三对角阵算法（TDMA）。

设消元后方程的通式表示为式（2-27）：

$$t_{i-1} = P_{i-1} t_i + Q_{i-1} \tag{2-27}$$

式中　P_{i-1}, Q_{i-1}——消元后形成的系数和常数，它们与 A_i, B_i, C_i 及 D_i 有关。

以 $C_i \times$ 式（2-27）再与式（2-24）相加，得：

$$A_i t_i + C_i t_{i-1} = B_i t_{i+1} + C_i t_{i-1} + D_i + C_i P_{i-1} t_i + C_i Q_{i-1}$$

归并同类项并整理得式（2-28）：

$$t_i = \frac{B_i}{A_i - C_i P_{i-1}} t_{i+1} + \frac{D_i + C_i Q_{i-1}}{A_i - C_i P_{i-1}} \tag{2-28}$$

将式（2-28）与式（2-27）比较，不难发现式（2-29）：

$$P_i = \frac{B_i}{A_i - C_i P_{i-1}}, \quad Q_i = \frac{D_i + C_i Q_{i-1}}{A_i - C_i P_{i-1}} \tag{2-29}$$

这就是消元后方程的系数和常数的计算通式。这两个公式是递归的，要计算 P_i, Q_i 必须知道 P_{i-1}, Q_{i-1}，如此递归下去，最终要求知道 P_1, Q_1，才能求得其他的 P_i, Q_i。P_1, Q_1 的值可以根据第一个节点的方程来计算。

该节点的方程为：$A_1 t_1^{(k)} = B_1 t_2^{(k)} + D'_1$，与式（2-29）对照得式（2-30）：

$$P_1 = \frac{B_1}{A_1}, \quad Q_1 = \frac{D'_1}{A_1} \tag{2-30}$$

当消元进行到最后一式时，有：

$$t_{n+1} = P_{n+1} t_{n+2} + Q_{n+1}$$

显然 $P_{n+1} t_{n+2} = 0$，故得：

$$t_{n+1} = Q_{n+1} \tag{2-31}$$

从 t_{n+1} 出发即可逐个回代。

有限差分法将时间段分为若干个时刻，利用这种算法逐个求出各时刻节点温度，即可表示该时间内温度场的变化情况。

（8）窑墙散热和蓄热的计算

某一时刻窑墙散热的计算公式为式（2-32）：

$$q = \alpha'(t_w + t_f) \tag{2-32}$$

式中　q——窑墙外壁向周围散热时的热流通量，W/m^2；

　　　α'——综合换热系数，$W/(m^2 \cdot \text{℃})$。

窑墙蓄热的计算可根据各节点控制区域的蓄热来计算。假定从时刻 k 到时刻 $k+1$，节点 i 的温度从 $t_i^{(k)}$ 变为 $t_i^{(k+1)}$，则该处蓄热量为式（2-33）：

$$Q_{s,i} = \rho_i \Delta x \cdot C_{p,i}^{(k)}(t_i^{(k+1)} - t_i^{(k)}) \tag{2-33}$$

式中　$Q_{s,i}$——蓄热量，kJ/m^2；

　　　ρ_i——密度，kg/m^3；

　　　$C_{p,i}^{(k)}$——比热，$kJ/(kg \cdot \text{℃})$。

窑墙的蓄热计算公式为：$Q = \sum\limits_{i=0}^{n} Q_{s,i}$。

2.5.2.2　模拟程序的设计

1. 温度场计算流程图

温度场计算流程图如图 2-23 所示。

2. 模拟程序系统运行流程图

模拟程序系统运行流程图如图 2-24 所示。

3. 程序特点

窑墙温度场数值模拟程序具有如下特点：

（1）程序操作简单方便，图形显示直观易懂。

（2）程序具有很强的灵活性和扩展性，可以方便地添加用户需要的功能。

（3）最大可设 5 层不同窑墙材料。

（4）在设置升温制度时，可以设置 360 个点，能够满足各种升温制度的要求。

（5）时间步长数目可达到 1700 个点，节点数目可达到 100 个点。

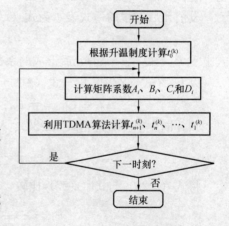

图 2-23　温度场计算流程图

（6）利用 MSChart 控件绘制图形，可以绘制出每一时刻或不同时段的温度场和温度梯度。MSChart 控件支持三维绘图方式，支持各种图表类型，值和数据点可以采用条形图、折线图、标记图、填充区域图或饼图形式显示。图表还具有标题、背景、图例、图形和脚注。

2.5.2.3　数值模拟

1. 模拟一方案

窑墙分别由四种不同材料砌成，厚度都为 300mm。这样就形成四种方案：方案 1 为赛拉含锆毯 128，方案 2 为赛拉含锆毯 190，方案 3 为轻质隔热砖，方案 4 为背衬隔热块。升温制度按照 GB/T 9978.1—2008 规定的标准时间-温度曲线，由 20℃ 开始，升温 6h。时间步长为 30s，节点数目为 61。

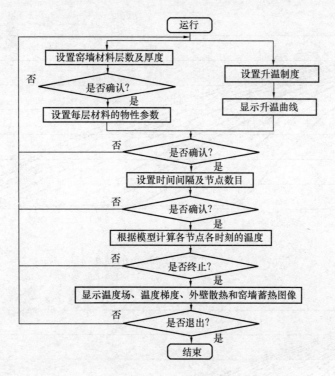

图 2-24　系统运行流程图

窑墙材料的物理性能参数见表 2-17。

表 2-17　窑墙材料的物理性能参数

材料	导热系数 [W/ (m・℃)]	平均比热 [kJ/ (kg・℃)]	密度 (kg/m³)
赛拉含锆毯 128	$0.012+1.5\times10^{-4}t+1.43\times10^{-7}t^2$	$0.811+1.82\times10^{-4}t$	128
赛拉含锆毯 190	$0.005+1.3\times10^{-4}t+0.98\times10^{-7}t^2$	$0.812+1.82\times10^{-4}t$	190
轻质隔热砖	$0.196+1.3\times10^{-4}t$	$0.781+2.19\times10^{-4}t$	800
背衬隔热块	$0.032+1.3\times10^{-4}t$	$0.813+1.83\times10^{-4}t$	320

（1）模拟一结果

① 温度场模拟结果

方案 1～方案 4 的温度场模拟结果如图 2-25～图 2-28 所示。

② 温度梯度模拟结果

方案 1～方案 4 的温度梯度模拟结果如图 2-29～图 2-32 所示。

③ 散热模拟结果

方案 1～方案 4 的散热模拟结果如图 2-33 所示，各方案 6h 散热量的比较见表 2-18。

表 2-18　6h 散热量的比较　　　　　　　　　　　　　　　　单位：J/m²

方案	1	2	3	4
散热量	1888065.287	922.3893	382994.3304	6288.7968

④ 蓄热模拟结果

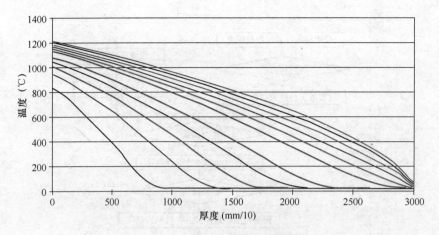

图 2-25 方案 1 每 30min 的温度场

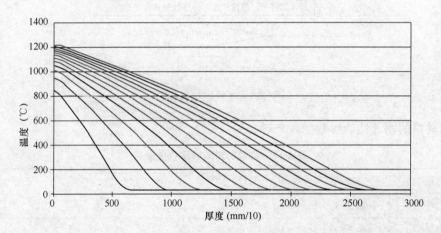

图 2-26 方案 2 每 30min 的温度场

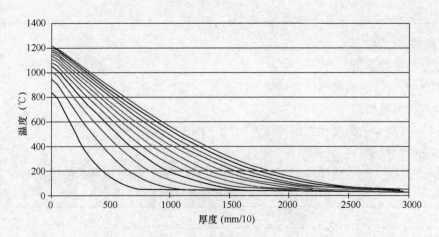

图 2-27 方案 3 每 30min 的温度场

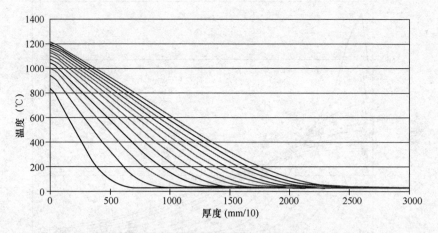

图 2-28　方案 4 每 30min 的温度场

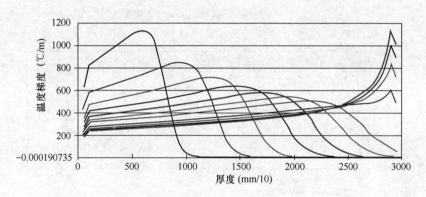

图 2-29　方案 1 每 30min 的温度梯度

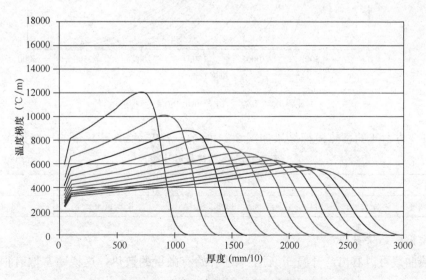

图 2-30　方案 2 每 30min 的温度梯度

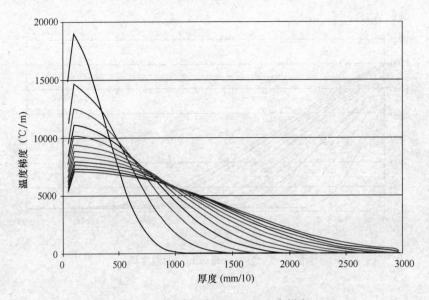

图 2-31　方案 3 每 30min 的温度梯度

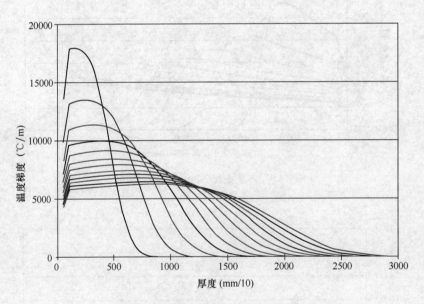

图 2-32　方案 4 每 30min 的温度梯度

方案 1～方案 4 的蓄热模拟结果如图 2-34 所示，各方案 6h 蓄热量的比较见表 2-19。

表 2-19　6h 蓄热量的比较　　　　　　　　　单位：J/m^2

方案	1	2	3	4
蓄热量	26114493.47	30092904.47	85819635.24	35892756.63

（2）模拟一结果分析

由散热曲线可以看出，升温 3h 后窑墙才开始有微量的散热，这说明窑墙有很好的保温作用。

由蓄热曲线可以看出，升温速率对窑墙的蓄热有很大影响。在开始快速升温阶段，蓄热

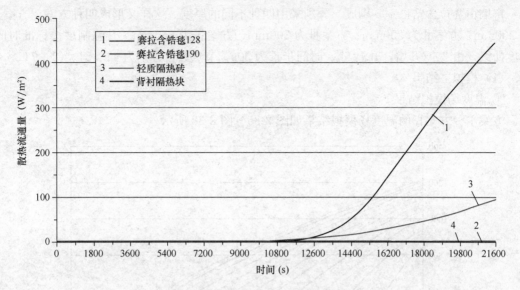

图 2-33　不同材料窑墙的散热曲线

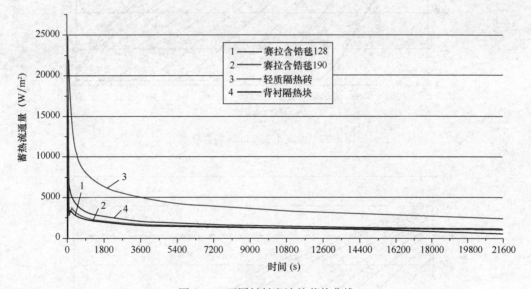

图 2-34　不同材料窑墙的蓄热曲线

曲线迅速递增，而后快速递减；在缓慢升温阶段，蓄热曲线缓慢递减或基本不变。

　　由模拟结果可以看出，不同材料的窑墙，其温度场、温度梯度、散热及蓄热有很大的不同。从散热曲线看，方案 1、方案 3 的散热量均远大于方案 2、方案 4 的，方案 1 的散热量最大，方案 2 的散热量最小。从蓄热曲线看，方案 3、方案 4 的蓄热量均远大于方案 1、方案 2 的，方案 3 的蓄热量最大，方案 1 的蓄热量最小。

　　比较四种材料的物理性能参数，方案 1 的密度最小，方案 3 的密度最大；方案 2 的导热系数最小，方案 3 的导热系数最大。因此，窑墙材料密度越大，散热量越小，但蓄热量越大；导热系数越小，散热量越小，蓄热量也越小。所以，在选用窑墙材料时，密度不宜太大，也宜不太小，导热系数越小越好。

　　2. 模拟二方案

窑墙由赛拉含锆毯 190 砌成,分别采用四种不同的厚度。这样又形成四种方案:方案Ⅰ为 200mm、方案Ⅱ为 250mm、方案Ⅲ为 300mm、方案Ⅳ为 350mm。升温制度按标准时间-温度曲线,由 20℃开始,升温 6h。时间步长为 30s,节点数目分别为 41、51、61、71。

(1) 模拟二结果

① 温度场模拟结果

方案Ⅰ~方案Ⅳ的温度场模拟结果如图 2-35~图 2-38 所示。

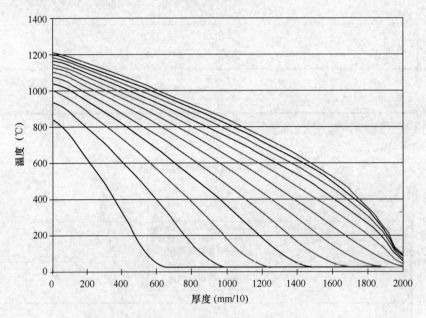

图 2-35　方案Ⅰ每 30min 的温度场

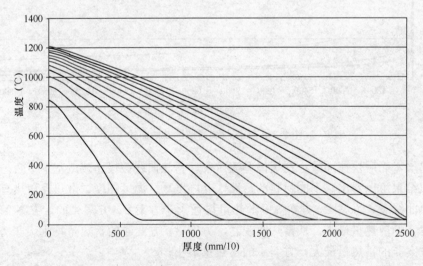

图 2-36　方案Ⅱ每 30min 的温度场

② 温度梯度模拟结果

方案Ⅰ~方案Ⅳ的温度梯度模拟结果如图 2-39~图 2-42 所示。

③ 散热模拟结果

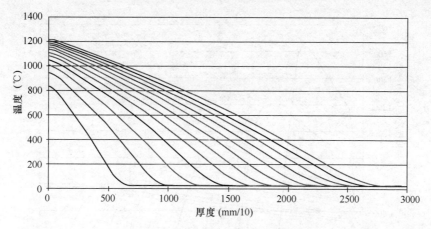

图 2-37　方案Ⅲ每 30min 的温度场

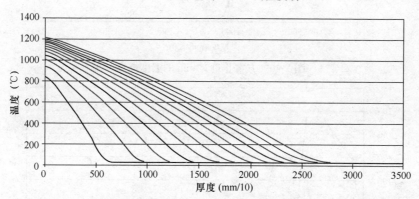

图 2-38　方案Ⅳ每 30min 的温度场

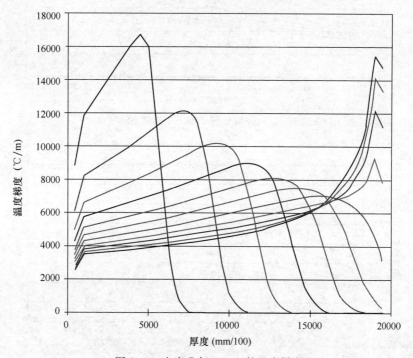

图 2-39　方案Ⅰ每 30min 的温度梯度

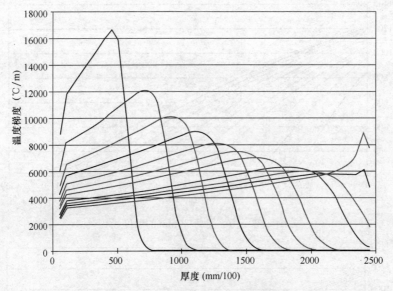

图 2-40　方案 Ⅱ 每 30min 的温度梯度

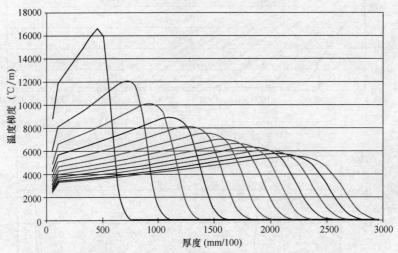

图 2-41　方案 Ⅲ 每 30min 的温度梯度

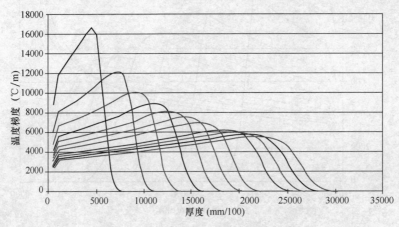

图 2-42　方案 Ⅳ 每 30min 的温度梯度

方案Ⅰ~方案Ⅳ的散热模拟结果如图 2-43 所示，各方案 6h 散热量的比较见表 2-20。

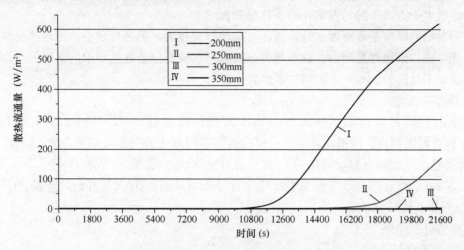

图 2-43　不同厚度窑墙的散热曲线

表 2-20　6h 散热量的比较　　　　　　　　　　　　　　单位：J/m²

方案	Ⅰ	Ⅱ	Ⅲ	Ⅳ
散热量	3294925.25	329243.4024	922.3893	0.4704

④ 蓄热模拟结果

方案Ⅰ~方案Ⅳ的蓄热模拟结果如图 2-44 所示，各方案 6h 蓄热量的比较见表 2-21。

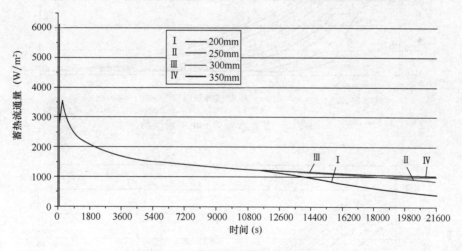

图 2-44　不同厚度窑墙的蓄热曲线

表 2-21　6h 蓄热量的比较　　　　　　　　　　　　　　单位：J/m²

方案	Ⅰ	Ⅱ	Ⅲ	Ⅳ
蓄热量	26824634.26	29764536.56	30092904.47	30093824.66

（2）模拟二结果分析

由模拟结果可以看出，不同厚度的窑墙，其温度场、温度梯度、散热及蓄热也有较大的不同。从散热曲线看，方案Ⅰ、方案Ⅱ的散热量均远大于方案Ⅲ、方案Ⅳ的，方案Ⅰ的散热量最大，方案Ⅳ的散热量最小，几乎没有散热。从蓄热曲线看，方案Ⅱ、方案Ⅲ、方案Ⅳ的蓄热量均远大于方案Ⅰ的，方案Ⅳ的蓄热量最大。

四种方案的厚度是逐渐增加的，因此，窑墙厚度越大，散热量越小，但蓄热量越大。从成本角度考虑，窑墙厚度越小，成本越少。所以，在满足窑墙散热要求的前提下，即保证窑墙外壁温度不过高的前提下，窑墙的厚度越小越好。

3. 模拟三方案

窑墙由三层材料砌成，分别为50mm的赛拉含锆毯128、150mm的轻质隔热砖、100mm的背衬隔热块。由里向外，这三种材料以不同方式排列形成四种方案：方案A为赛（赛拉含锆毯128）-轻（轻质隔热砖）-背（背衬隔热块）、方案B为赛-背-轻、方案C为轻-赛-背、方案D为轻-背-赛。升温制度按标准时间-温度曲线，由20℃开始，升温6h。时间步长为30s，节点数目为61。

（1）模拟三结果

① 温度场模拟结果

方案A～方案D的温度场模拟结果如图2-45～图2-48所示。

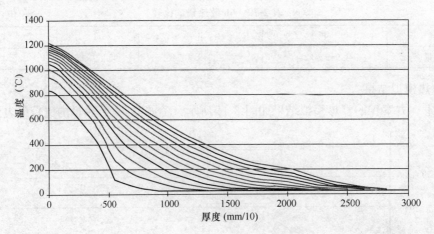

图 2-45　方案 A 每 30min 的温度场

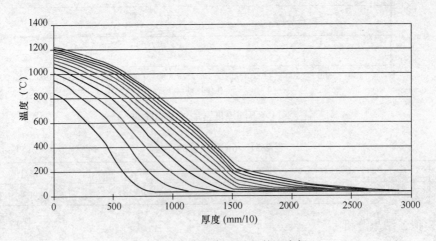

图 2-46　方案 B 每 30min 的温度场

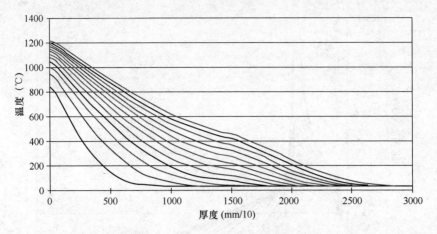

图 2-47　方案 C 每 30min 的温度场

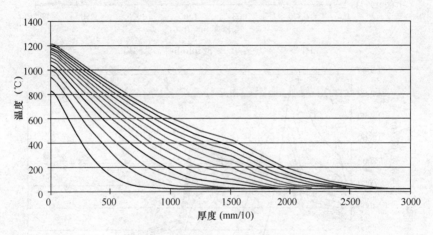

图 2-48　方案 D 每 30min 的温度场

② 温度梯度模拟结果

方案 A～方案 D 的温度梯度模拟结果如图 2-49～图 2-52 所示。

③ 散热模拟结果

方案 A～方案 D 的散热模拟结果如图 2-53 所示，各方案 6h 散热量比较见表 2-22。

表 2-22　6h 散热量的比较　　　　　　　　　　　　　　　　　　　　单位：J/m²

方案	A	B	C	D
散热量	58250.0568	202386.33	41504.3301	26396.7525

④ 蓄热模拟结果

方案 A～方案 D 的蓄热模拟结果如图 2-54 所示，各方案 6h 蓄热量比较见表 2-23。

表 2-23　6h 蓄热量的比较　　　　　　　　　　　　　　　　　　　　单位：J/m²

方案	A	B	C	D
蓄热量	51798596.85	32702428.11	85598689.86	85757925.12

（2）模拟三结果分析

由模拟结果可以看出，窑墙材料的不同排列方式，对窑墙的温度场、温度梯度、散热及

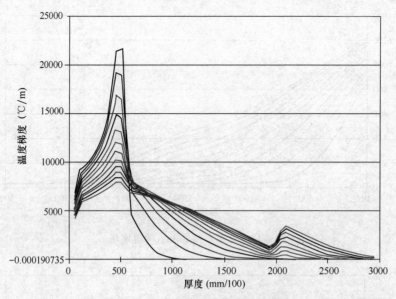

图 2-49　方案 A 每 30min 的温度梯度

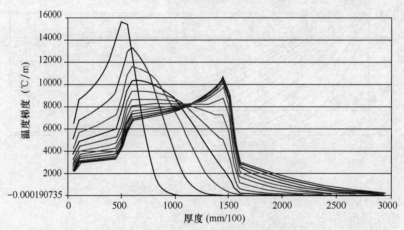

图 2-50　方案 B 每 30min 的温度梯度

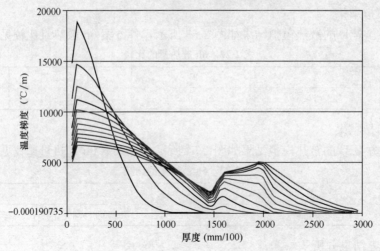

图 2-51　方案 C 每 30min 的温度梯度

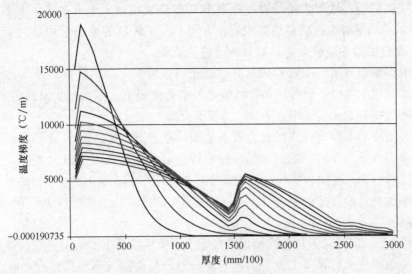

图 2-52　方案 D 每 30min 的温度梯度

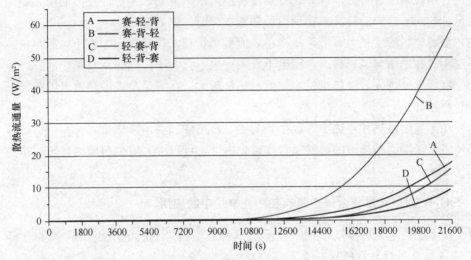

图 2-53　不同材料排列方式窑墙的散热曲线

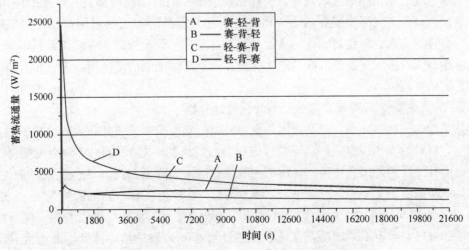

图 2-54　不同材料排列方式窑墙的蓄热曲线

蓄热都有很大的影响。从散热曲线看，方案 B 的散热量均远大于方案 A、方案 C、方案 D 的，方案 D 的散热量最小。从蓄热曲线看，方案 C、方案 D 的蓄热量均远大于方案 A、方案 B 的，方案 D 的蓄热量最大，方案 B 的蓄热量最小。

纵观所有的模拟方案，比较蓄热量和散热量可以看出，窑墙的蓄热量均远远大于散热量。从节能的角度来考虑，应在满足窑墙散热要求的前提下，尽量减少窑墙的蓄热。因此，窑墙材料的不同排列方式宜采用方案 A、方案 B。

方案 A、方案 B 是将赛拉含锆毯设置在窑炉内壁，方案 C、方案 D 是将轻质隔热砖设置在窑炉内壁。因此，在窑炉的内壁粘贴耐高温的赛拉含锆毯，可以大大地减少窑墙的蓄热。比较这三种材料，赛拉含锆毯的密度和导热系数均小于其他两种材料。由此可得，将低密度、高热阻的材料设置在窑炉内壁，有利于降低窑墙的蓄热，即可以达到节能的效果。

2.5.2.4　结论

（1）利用 Visual Basic 设计的窑墙温度场数值模拟系统采用了当前流行的弹出式窗口技术、中文下拉菜单技术，界面美观，操作方便。用户只需输入窑墙的厚度和有关的物性参数，便可利用该系统进行数值计算，并实现将模拟结果自动以坐标曲线图的形式表示。这个系统的设计，对于窑炉的计算机辅助设计和教学都有一定的意义。

（2）窑墙材料密度越大，散热量越小，但蓄热量越大；导热系数越小，散热量越小，蓄热量也越小。在选用窑墙材料时，密度不宜太大也不宜太小；导热系数越小越好。

（3）窑墙厚度越大，散热量越小，但蓄热量越大。在满足窑墙散热要求的前提下，窑墙的厚度越小越好。

（4）在窑墙的散热和蓄热中，以蓄热为主，蓄热量远高于散热量。

（5）将低密度、高热阻的材料设置在窑炉内壁，可以大大减少窑墙的蓄热，达到节能的效果。

2.5.3　SiO_2 气凝胶-纤维复合隔热材料在陶瓷窑炉中的应用

科学技术的快速发展推动了 SiO_2 气凝胶这种新型纳米材料的应用。纳米多孔 SiO_2 气凝胶-纤维隔热复合材料具有低导热系数、良好力学性能、低密度、易加工等优点，在航天飞行器热防护系统、军用热电池以及热力、化工、冶金、消防等领域都具有广阔的应用前景。目前，在国内，SiO_2 气凝胶现在的主要研究方向是开发高附加值的应用产品，如应用在航天、药物载体等方面。陶瓷行业作为传统的高能耗大户，我国陶瓷工业的能源利用率与国外相比，差距较大，SiO_2 气凝胶良好的绝热性能在陶瓷窑炉中的恰当应用，可以在节能减排方面发挥很大的作用。

2.5.3.1　SiO_2 气凝胶-纤维复合隔热材料导热性能分析

导热系数，又称热导率，是衡量隔热材料性能的重要指标，表征物体的导热能力。导热系数越高，材料的导热性能越好，隔热性能越差。纤维的绝热性能相对 SiO_2 气凝胶而言要小很多，因此纤维的添加会使得复合材料的隔热性能大大降低；纯 SiO_2 气凝胶的脆性较大，是影响其应用的一个主要因素，纤维与气凝胶复合，会相互发挥各自的优势。

图 2-55 为不同纤维加入量与复合材料导热系数的关系。从图中可以看出，随着纤维添加量的增加导热系数也不断增加，在纤维添加量超过 10％以后增加速度不断增大且越来越快。其主要原因是当纤维含量逐渐增加时，会在气凝胶内部形成一个网络，使得传热方式由

低导热系数的气凝胶传热逐渐变为内部纤维起主要传热作用的纤维-纤维之间的传热方式。

根据热桥原理可知，当在热量传递过程中，会优先在导热系数大的地方通过，因为能量在这些地方通过的阻力小。由于莫来石纤维的导热系数要比气凝胶的大许多，因此当纤维含量逐渐增加的时候，内部的搭接程度就会越来越高，如图 2-56 所示。此时，复合材料的导热系数就会不断增大，导致其绝热性能大幅度下降。

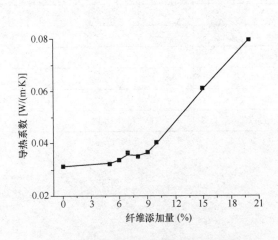

图 2-55　不同纤维添加量对导热系数的影响　　　　图 2-56　莫来石纤维/SiO_2 气凝胶结构图

2.5.3.2　SiO_2 气凝胶-纤维复合隔热材料的应用

采用 SiO_2 气凝胶-纤维复合隔热材料，可以在不损失隔热效果的基础上降低炉壁的厚度，在外观尺寸不变的情况下增大窑炉的有效容积，同时还可以优化窑炉的保温隔热层设计，降低能耗。

纯气凝胶-纤维复合材料的强度依旧较低，在陶瓷窑炉的结构中作为中间夹层出现，在窑炉设计中，考虑到其特殊的性能，一般都将 SiO_2 气凝胶-纤维复合材料设计在陶瓷窑炉的次外层，如图 2-57 所示。广东中窑窑业股份有限公司、广东摩德娜科技股份有限公司的新型窑炉中已经设计并应用该材料作为窑墙节能的主要手段。

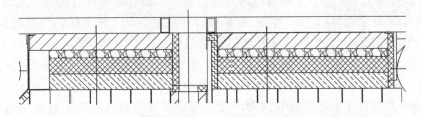

图 2-57　陶瓷窑炉结构中的 SiO_2 气凝胶-纤维复合材料

表 2-24 为常用隔热材料的导热系数，从表中可以看出，这些隔热材料的导热系数大多在 0.1W/（m·K）以上，相比 SiO_2 气凝胶-纤维复合隔热材料相差一个数量级。

纳米微孔气凝胶-纤维复合板导热系数在 800℃时为 0.036 W/（m·K），比一般保温棉的 0.15 W/（m·K）小得多，窑墙可减薄 75mm，窑外表面温度还可下降 5℃，保温节能显著。

表 2-24　常用隔热材料的导热系数

序号	材料名称	材料导热系数 λ [W/ (m·K)]	
1	LG-0.8（低铁莫来石砖）	350±25℃	≤0.45
		350±25℃	≤0.50
2	TM26-0.8（26级莫来石砖）	800℃	0.31
		1000℃	0.33
		1200℃	0.35
3	黏土质隔热砖	—	$0.26+0.23×10^{-3}t$
4	1260 高纯板 LYGX-364	热面 800℃	0.132
		热面 1000℃	0.18
5	1400 高铝板 LYGX-464	热面 800℃	0.132
		热面 1000℃	0.18

2.6　陶瓷窑炉窑具轻质化

2.6.1　窑具材料

2.6.1.1　概述

窑具是一种支撑保护烧成制品的特殊耐火材料，是陶瓷、耐火材料和磨料等行业的重要的基础材料之一，包括窑车台面、匣钵、棚板、垫脚、立柱和推板等，它的主要作用是：

（1）防止制品在烧制过程中因燃烧气体和灰尘的接触与侵蚀而造成污损和缺陷。

（2）在大容积、大断面的窑炉中，起着盛装与支架的作用，以提高装窑密度，方便烧窑操作。

窑具质量与性能的好坏，直接影响烧成制品的质量、产量、能耗、成本等。依据陶瓷制品的烧成要求及窑炉特点，窑具材料应具备以下基本性能：高的耐火度和良好的热震稳定性、较高的常温及高温强度，满足承重或耐磨要求，高温化学稳定性好，不能与制品发生化学反应。在窑具的诸多性能中，热震稳定性是最为重要的性能指标。

目前，国内外主要有以下 3 种材质的窑具材料：镁铝硅系材料（包括半董青石、黏土-董青石、董青石-莫来石质）、SiC 和 Si_3N_4 系材料和新型窑具。其中镁铝硅系材料主要成分为 Al_2O_3、MgO 和 SiO_2。董青石材料热膨胀系数低（$2.3×10^{-6}/℃$，20～1000℃），热震稳定性好，但熔点低（1460℃分解），使用温度在 900～1280℃之间；莫来石材料机械强度高，熔点高，化学性质稳定，其缺点是热膨胀系数高（$5.4×10^{-6}/℃$，20～1000℃）；而董青石-莫来石窑具材料在工业中有着较为广泛的用途。目前国内陶瓷工业所用的窑具材料，仍以黏土质为主，高铝质窑具的用量也较大。黏土质材料的热膨胀系数大，热震稳定性差；高铝质材料因强度低而造成断裂或开裂，稳定性差；碳化硅棚板窑具，虽然使用效果好，但产品成本高，价格贵，因此难以大规模推广使用。董青石窑具成本不太高，热膨胀系数较小，但荷重软化点低；莫来石窑具高温性能好，机械强度高。因而集董青石、莫来石优点于一体的董青石-莫来石窑具制品得到广大用户的青睐。

2.6.1.2　使用性能

窑具的主要使用指标是在多次反复冷热循环与荷载下的使用次数。它是反映窑具材质性能、制造工艺使用条件等方面的综合指标。为了保证窑具的有效使用次数，应主要考察材料的理化性能有：强度、抗热震性、最高使用温度和高温可塑变形、抗化学腐蚀性能等。

1. 强度

无机材料的抗压强度约为抗拉强度的 10 倍，所以一般集中在其抗拉强度上进行研究，也就是研究其最薄弱的环节。但材料的实际强度要比理论值低得多，约为理论强度的 $1/10$ $\sim 1/100$。Griffith 的微裂纹断裂理论认为实际材料中均带有或大或小，或多或少的裂纹。其形成原因分析如下：

（1）微裂纹成核

由于晶体微观结构中存在缺陷，当受到外力作用时，在这些缺陷处就会引起应力集中，导致裂纹成核。例如，位错运动中的塞积、位错组合、交截等都能导致裂纹成核。图 2-58 为常见的几种由于位错引起微裂纹的示意图。

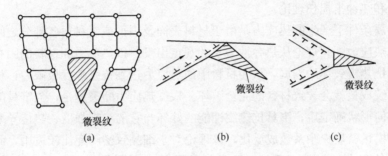

图 2-58　位错形成微裂纹示意图

（2）表面裂纹

材料表面的机械损伤与化学腐蚀形成表面裂纹。这种表面裂纹最危险，裂纹的扩展常常由表面裂纹开始。

（3）热应力

由于热应力形成裂纹。大多数无机材料是多晶多相体，晶粒在材料内部取向不同，不同相的热膨胀系数也不同，这样就会因各方向膨胀或收缩不同而在晶界或相界出现应力集中，导致裂纹生成。在制造使用过程中，在高温中迅速冷却时，因内部和表面的温度差引起热应力，导致表面生成裂纹。此外，温度变化时发生晶型转变的材料也会因体积变化而引起裂纹。在外力作用下，这些裂纹和缺陷附近产生应力集中现象，当应力达到一定程度时，裂纹开始扩展而导致断裂。所以，断裂并不是两部分晶体同时沿整个界面拉断，而是裂纹扩展的结果。裂纹有 3 种扩展方式或类型（图 2-59）：掰开型，错开型及撕开型。其中掰开型扩展是低应力断裂的主要原因，也是实验和理论研究的主要对象。

Griffith 从能量的角度研究裂纹扩展的条件，这个条件是：物体内储存的弹性应变能降低的数量大于等于由于开裂形成两个新表面所需的表面能，反之，前者小于后者，则裂纹不会扩展，并推出裂纹扩展的临界应力为式（2-34）：

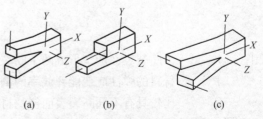

图 2-59　裂纹扩展的三种类型

(a) 掰开型（Ⅰ型）；(b) 错开型（Ⅱ型）；

(c) 撕开型（Ⅲ型）

$$\delta_c = \sqrt{\frac{2E\gamma}{\pi c}} \tag{2-34}$$

式中　E——弹性模量，Pa；

　　　γ——单位面积上的断裂表面能，J/m^2；

　　　c——裂纹半长，m。

可见，要想提高陶瓷窑具的强度就要选择弹性模量和断裂表面能大的材料，并降低窑具内部裂纹长度。

2. 抗热震性

抗热震性又称热稳定性，是指材料承受温度的急剧变化而不致破坏的能力。由于窑具在使用过程中会受到频繁的热冲击，所以窑具的抗热震性是决定窑具寿命最关键的参数。一个窑具抗热震性的好坏直接决定了其使用寿命的长短。目前描述材料抗热震性的理论主要有热应力断裂理论和热冲击损伤理论。

窑具在热震条件下产生的热应力是由于材料表面及内部或者材料各部分之间出现温度差而引起的。抗热应力断裂理论从热弹性力学的观点出发，以热应力和材料的固有强度之间的平衡条件作为抗热震破坏的判据，认为材料中的热应力达到抗张强度极限后，材料就产生开裂，一旦有裂纹成核就会导致材料的完全破坏。根据热应力断裂理论，当窑具的实际烧成条件和产品的几何形状确定后，窑具抗热震性能的好坏与它的抗折强度、热传导率成正比；与它的有效弹性模量、热膨胀系数成反比。该理论对于细晶致密陶瓷比较适用，而对于颗粒较大、气孔较多的耐火材料并不适用。明显的例子是在一些筑炉用的耐火砖中，往往在含10%～20%气孔率时反而具有最好的抗热震性，这是因为气孔的存在虽然引起耐火材料结构不均匀，降低了材料的强度和热导率，从而降低了两个热应力断裂因子，使得热应力容易引起裂纹开裂；但同时由于气孔的存在，使裂纹不易扩展，因而材料在裂纹开裂后，仍能保持相当的强度。由此，Hasselman 基于抗热应力断裂理论，提出了抗热冲击损伤理论。抗热冲击损伤理论指出，在实际材料中都存在一定大小、数量的微裂纹，在热冲击情况下，这些裂纹的产生、扩展以及蔓延的程度与材料积存的弹性应变能和裂纹扩展的断裂表面能有关。当材料中可能积存的弹性应变能较小，则原先裂纹的扩展可能性就小；裂纹蔓延时需要的断裂表面能大，则裂纹蔓延的程度小，材料抗热震性就好。因此，抗热冲击损伤性正比于断裂表面能，反比于应变能释放率，这样就提出了两个抗热冲击损伤因子 R'' 和 R'''，如式(2-35)、式(2-36) 所示：

$$R'' = \frac{E}{\delta^2(1-\mu)} \tag{2-35}$$

$$R''' = E \times \frac{2\gamma_{eff}}{\delta^2(1-\mu)} \tag{2-36}$$

式中　$2\gamma_{eff}$——为断裂表面能（形成两个断裂表面）；

　　　R''——材料的弹性应变能释放率的倒数，用来比较具有相同断裂表面能的材料；

　　　R'''——比较具有不同断裂表面能的材料。

R'' 或 R''' 值高的材料抗热冲击损伤性好。根据 R'' 和 R'''，抗热震性好的材料有低的 δ 和高的 E。在抗热冲击损伤理论中，强度高的材料，原有裂纹在热应力的作用下容易扩展蔓延，对热稳定性不利，Hasselman 提出的热应力裂纹安定因子 R_{st} 定义如式（2-37）：

$$R_{\text{st}} = \left[\frac{\lambda^2 G}{\alpha^2 E_0} \right]^{\frac{1}{2}} \tag{2-37}$$

式中　λ——热传导率；

　　　G——弹性应变能释放率；

　　　α——热膨胀系数；

　　　E_0——材料无裂纹时的弹性模量。

图 2-60 为理论上预期的裂纹长度以及材料强度随 ΔT 的变化。假如原有裂纹长度相应的强度为 δ_0，当 $\Delta T < \Delta T_c$ 时，裂纹是稳定的；当 $\Delta T = \Delta T_c$ 时，裂纹迅速地从 l_0 扩展到 l_f，相应地 δ_0 迅速地降到 δ_f。由于 l_f 对 ΔT_c 是亚临界的，只有 ΔT_c 增长到 $\Delta T'_c$，裂纹才准静态地、连续地扩展。因此，在 $\Delta T_c < \Delta T < \Delta T'_c$ 区间，裂纹长度无变化，相应的强度也不变。$\Delta T > \Delta T'_c$，强度同样连续地降低，这一结论为很多实验所证实。

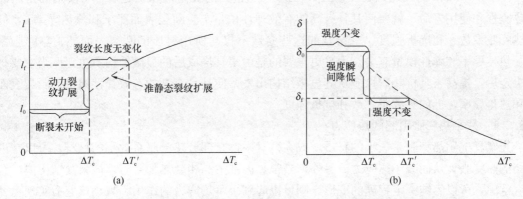

图 2-60　裂纹长度及强度与温差 ΔT 的函数关系

(a) 裂纹长度；(b) 强度

综上所述，根据热冲击损伤因子和裂纹安定因子，降低裂纹扩展的材料特性，应减小 G，这就要求材料具有高的有效弹性模量和低的抗拉强度，使材料在胀缩时所储存的用以开裂的弹性应变能小；另一方面，则要选择断裂表面能大的材料，一旦开裂就会吸收较多的能量使裂纹很快停止扩展。这恰好与根据热应力断裂因子得出的避免断裂发生的要求（高的抗拉强度和低的有效弹性模量）相反。但对多孔、粗粒、干压和部分烧结的耐火材料窑具而言，其抗热震性差，表现为层层剥落，这是表面裂纹、微裂纹扩展所致。提高其抗热震性要从抗热冲击损伤性来考虑，主要措施还是避免由裂纹的长程扩展所引起的深度损伤。当窑具的几何形状确定后，要想提高窑具的抗热震性和使用寿命，就要使其具有高的有效弹性模量、断裂表面能和热传导率，低的热膨胀系数和抗折强度。

3. 最高使用温度和高温可塑变形

从理论上讲，窑具的最高使用温度决定于所用材料中矿相的稳定性。少量玻璃相的存在常常是引起窑具在高温下产生可塑变形的一个决定性因素。要想避免窑具在高温下的可塑变形，提高窑具的最高使用温度，就要减少窑具中玻璃相的存在。然而，实际上窑具的最高使用温度还与窑具在使用过程中所受的荷重、内应力的大小和类型以及烧成时间等因素有很大关系。显然，一块单位载荷大的棚板，由于其所受到的张应力大，在同一温度下所产生的可塑变形自然也会大些，其最高使用温度也就自然会低些。

4. 抗化学腐蚀性能

通常，当窑具受到其承载产品的坯釉料或金属污染，就会降低它的使用寿命。窑炉内的气氛，如釉蒸汽、金属蒸汽或电-磁陶瓷蒸汽同样能严重缩短窑具的使用寿命。在烧成过程中，当材料的腐蚀性加剧时，这些影响变得更加明显，被热激活的扩散过程大大增强了窑具和产品之间的相互作用以及随之发生的化学反应，严重缩短了窑具的使用寿命。例如，在钛酸铅电子陶瓷材料的烧成中，铅蒸汽的破坏作用就是一个很好的例子。此时，窑具所受的化学污染情况代表了决定窑具使用寿命的各个参数。在这种场合下使用氧化锆窑具，衬垫或涂层是必不可少的。另一个众所皆知的现象就是碳化硅耐火材料在氧化气氛中使用时产生的一些影响，这种情况，最好使用堇青石、莫来石等氧化物基的窑具材料。

2.6.2 提高窑具抗热震性的途径

由 Hasselman 的裂纹稳定性参数 R_{st} 可知，当窑具的几何形状确定后，若要提高窑具的抗热震性和使用寿命，就要使其具有高的有效弹性模量 E，断裂表面能 γ 和热传导率 λ，低的热膨胀系数 α 和抗折强度 δ_f。窑具的这些参数不仅与所用材质的断裂表面能、热膨胀系数、热传导率和弹性模量有关，而且更重要的是由窑具烧成后的显微结构所决定。当主要材质决定后，提高窑具抗热震性应从其显微结构出发，使其具有高的有效弹性模量、断裂表面能和热传导率，低的热膨胀系数和抗折强度。

2.6.2.1 减小热膨胀引起的热应力

当窑具选用热膨胀系数小的材质，或在窑具内掺杂部分热膨胀系数小的材料，可以减少晶相的热膨胀，从而减小热应力。另外，当窑具内部主晶相受热膨胀时，如果其结构内部有一定空间，可以容纳一定程度的变形，则可以起到缓解热应力的作用。减小热应力实现途径分三类：

（1）引入低热膨胀系数的材料

目前，窑具多采用堇青石材质，主要是因为堇青石的热膨胀系数很小，在 20～900℃之间堇青石的热膨胀系数 α 在 $1.25 \times 10^{-6}/℃$ 左右，从而降低了窑具整体的热膨胀系数，减小了热震引起的热应力的大小。另一个常用来掺杂的材料是钛酸铝，钛酸铝在宏观上有较低的平均热膨胀系数（在 0～800℃之间，其膨胀系数 α 在 $0.1 \times 10^{-6}/℃$ 左右）。在窑具掺入钛酸铝可以降低整体的热膨胀系数，从而减小温差引起的热应力。

（2）在窑具内设计大量的微气孔，使窑具保持适当的气孔率

窑具的内部有一定量的微气孔，当窑具中的颗粒受热膨胀时，可以容纳一定程度的变形，从而缓解热应力，提高窑具的抗热震性。

（3）引入负膨胀机制

目前常用的方法是在窑具中掺入 ZrO_2 粉，利用 ZrO_2 的马氏体相变引入负膨胀机制。当窑具升温到 1170℃时，ZrO_2 由 m-ZrO_2 相变成 t-ZrO_2 相，体积收缩，可以在宏观上抵消窑具升温引起的体积膨胀。当窑具冷却降温到 850～1000℃时，ZrO_2 由 t-ZrO_2 相变成 m-ZrO_2 相，体积膨胀，可以在宏观上抵消窑具冷却引起的体积收缩。从而在宏观上抵消窑具升温和冷却时的体积变化，达到减少热应力的目的。

2.6.2.2 形成微裂纹网络

Hasselman 在描述抵抗由热应力而引起的材料损伤时，采用了一个承受热冲击的球形简化模型，假设此球半径为 r，承受加热引起的热冲击，当球中心的最大张应力与材料的抗拉

强度相等时，材料便发生断裂。根据这一模型，可推导出材料的损伤面积与材料强度弹性模量和断裂表面能的关系为式（2-38）：

$$\frac{A}{\pi r^2} = \frac{2\delta^2(1-\mu)r}{7NE\gamma}$$ (2-38)

由式（2-38）可以看出，对于相同材质的材料，裂纹数越多，抗损伤能力越强。裂纹的相对面积是材料损伤程度的一种量度，$A/\pi r^2$ 愈小，则抗热震损伤能力愈强。微裂纹对提高材料的断裂表面能有贡献，是因为这些裂纹吸收弹性应变能，使驱动主裂纹扩展的能量降低，从而提高了材料的断裂表面能。另外，这些微裂纹对降低材料的弹性模量也有贡献，既提高了断裂表面能，又降低了弹性模量，显然对改善材料的抗热震性有利。也就是说，在窑具内部形成一个由微裂纹构成的、具有较大的微裂纹密度的微裂纹网络可以提高窑具的抗热震性。形成这种微裂纹的途径主要有两方面：

（1）控制原料颗粒配比

减小临界粒度和控制粒度分布，可获得较大的裂纹密度和较高的裂纹网络程度。

（2）热膨胀系数失配

在基体中引入第二相，由于热膨胀系数不同，自烧成温度冷却时可产生热应力，如果第二相为球形颗粒（其半径为 R），则在基本相中的径向应力和切向应力为式（2-39）和式（2-40）：

$$\delta_r = \delta_{max}(R/r)^3$$ (2-39)

$$\delta_0 = -\delta_{max}(R/r)^3$$ (2-40)

式中，$r \geqslant R$，δ_{max} 为球中的应力。

由 $\delta_{max} = \Delta\alpha\Delta T/k$ 给出，k 为与颗粒和基体的弹性模量、泊松比有关的常数，$\Delta\alpha$ 为颗粒和基体的热膨胀系数差。如果热膨胀失配较大，则热应力场将导致显微裂纹。同时，从式（2-39），式（2-40）可知，显微裂纹的产生不仅依赖于热应力场的大小，而且也依赖于颗粒相的尺寸。只有颗粒相的尺寸大小适中时，才能产生显微裂纹。目前常用的是集料和结合剂的热膨胀系数失配。实际上，窑具内任何两晶相的热膨胀系数之间有差异，都会产生显微裂纹，在窑具内掺杂多种晶相来产生显微裂纹的方法正越来越受人们重视，并被用于新产品的开发研制。

2.6.2.3　引入颗粒间的界面断裂时的耗能机制

耐火材料中的颗粒往往密度大、强度高，起着阻碍裂纹扩展的作用。当裂纹前缘遇到颗粒时，一般不能穿过，而是绕过颗粒，通过穿过颗粒间强度低的界面向前扩展。如果在裂纹穿过界面的过程中，引入纤维拔出、颗粒拔出、弱界面解聚、显微开裂、裂纹偏转等耗能机制，显然可以提高窑具的断裂表面能，从而提高窑具的抗热震性。目前常用的方法可分以下两类：

（1）掺入纤维、晶须或柱状莫来石

在窑具内掺入适量纤维结合于颗粒间，在断裂时纤维从基体中分离产生拔出效果，消耗了断裂能；同时，还伴随有弱界面解聚、裂纹偏转等耗能机制。掺入晶须和柱状莫来石与纤维作用相同，都是引入了界面断裂时的耗能机制。

（2）颗粒弥散

颗粒弥散引入界面断裂时的耗能机制与颗粒和基体之间的结合强弱有关。如果颗粒与基体的结合强，当裂纹在热应力作用下开始扩展时，裂纹前缘遇到弥散颗粒而被钉扎，在钉扎位置之间，裂纹前缘向外弯曲，发生偏转，增加了裂纹前缘长度，消耗了断裂能，从而提高了窑具的断裂表面能。如果颗粒与基体结合弱，当裂纹前缘遇到该区域时，会产生弱界面解聚、颗粒拨出耗能机制，从而提高窑具的断裂表面能，改善窑具的抗热震性。

2.6.3 窑具配方的优化

窑具的配方材料分集料和结合剂两部分，其中集料的选择对窑具的性能有着非常重要的影响。考虑到窑具的抗热震性是影响窑具寿命最重要的因素，所以采用人工合成的董青石作为集料。国内窑具生产的成型设备大部分为摩擦压机，且 90％以上公称压力在 300T 以下，考虑到目前国内窑具企业多使用摩擦压机这一实际情况，配方优化采用的成型压力为 15MPa，这样可以得到一个适应国内大部分厂家现有成型设备的配方。由于在建筑卫生陶瓷行业中，多数陶瓷产品的烧成温度在 1200℃左右，董青石的合成温度范围在 1280～1350℃。所以，针对此使用温度范围的董青石-莫来石窑具，无论采用董青石配料还是采用人工合成的董青石，其烧成温度一般认为是 1350℃最合适。

2.6.3.1 集料与结合剂的含量对窑具性能的影响

三种样品的集料与结合剂配比、成型压力见表 2-25，热震前后的抗折强度、气孔率、吸水率、体积密度及强度保持率见表 2-26。

表 2-25 样品的配方组成和成型压力

编号	董青石集料（%）			结合剂（%）	成型压力（MPa）
	粗	中	细		
1-A	7.5	17.3	25.2	50	15
1-B	9.0	20.8	30.2	40	15
1-C	10.5	24.3	35.2	30	15
2-A	0	0	50	50	15
2-B	0	50	0	50	15
2-C	50	0	0	50	15

表 2-26 热震后样品性能的变化及强度保持率

编号	吸水率（%）		体积密度（g/cm³）		气孔率（%）		抗折强度（MPa）		强度保持率（%）
	前	后	前	后	前	后	前	后	
1-A	13.51	14.59	2.000	1.975	27.02	28.82	15.17	7.35	48.45
1-B	15.20	15.80	1.918	1.897	29.25	29.98	12.31	6.62	53.78
1-C	15.34	15.97	1.920	1.894	29.46	30.25	11.30	6.58	58.23

从表 2-26 中的数据可以看出：

（1）热震后，所有试样的吸水率、气孔率变大；抗折强度、体积密度变小。这说明热震后材料的结构会变得疏松，从而造成其抗折强度下降。

（2）热震前试样的抗折强度随着结合剂中莫来石的含量升高而增大。说明莫来石在试样中的主要作用是提高材料的内在强度。

（3）试样的强度保持率随着董青石集料的含量升高而增大。说明董青石在试样中的主要作用是降低材料的热膨胀系数，从而提高强度保持率。

（4）热震后试样的抗折强度既反映了材料的原始强度，又反映了材料的抗热震性能的好坏，可以直接反映窑具材料的使用寿命长短。热震后 1-A 试样的抗折强度高于其他两个试样，说明窑具中堇青石集料与莫来石结合剂比例以 50∶50 较好。

2.6.3.2　集料的粒度对窑具性能的影响

三种样品的集料与结合剂配比、成型压力见表 2-25，热震前后的抗折强度、气孔率、吸水率、体积密度及强度保持率见表 2-27。

表 2-27　热震前后样品性能的变化及强度保持率

编号	吸水率（％）		体积密度（g/cm³）		气孔率（％）		抗折强度（MPa）		强度保持率（％）
	前	后	前	后	前	后	前	后	
2-A	13.25	14.03	2.081	2.076	27.57	29.12	15.44	6.35	41.3
2-B	15.34	16.03	1.891	1.886	29.01	30.24	10.75	5.95	55.35
2-C	16.15	16.91	1.848	1.835	29.85	31.03	9.89	7.87	79.58

从表 2-27 中数据可以得出以下结论：

（1）热震前试样的抗折强度随着堇青石集料的粒度增大而减小。说明堇青石集料对试样中的内在强度起提高作用。

（2）热震后试样的抗折强度、试样的强度保持率都在配方 2-C 中明显优于其他两个配方，说明堇青石集料中粗料的含量对窑具的抗热震性意义重大，这是由于颗粒之间的粒度失配会导致在相对较大的集料周围产生大量的微裂纹，形成微裂纹网络，使窑具的抗热震性显著提高。

基本配方的确定：

表 2-28　正交因子的水平参数

水平＼因子	粗料（A）	中料（B）	细料（C）
1	100	0	0
2	80	10	10
3	70	20	20

从表 2-25、表 2-26 分析的结果来看，配方中堇青石集料的含量以 50％ 为佳，且集料中堇青石粗颗粒料的含量应明显高于细颗粒料和中颗粒料的含量。所以设计实验三的正交表时，所取粗料因子的水平参数比中料因子和细料因子的水平参数要高得多，因子具体的水平参数如表 2-28 参数的数值反映因子的含量。选用 $L_9(3^4)$ 正交表安排实验，共需 9 次实验。因为堇青石粗料、中料、细料的总和要保证为配方总量的 50％，所以需在正交表的基础上对堇青石粗料、中料、细料的含量进行归一化。实验配方中具体的堇青石集料粒度分布与正交因子水平参数的对应关系见表 2-29，各实验试样的结合剂组成相同，实验结果见表 2-30。

以试样的热震前抗折强度为指标得出的正交表见表 2-31，方差检验表见表 2-32。

从正交表 2-31 和方差检验表 2-32 的结果来看，可以得出以下结论：

（1）集料中堇青石细料的含量对试样的烧成后抗折强度有显著影响，其影响程度远远大于粗料和中料的影响程度，这一结论与实验二的结论一致，也就是说如果想提高试样的烧成后抗折强度，只需考虑集料中堇青石细料的含量即可，而不必考虑堇青石粗料和堇青石中料的影响。

表 2-29　堇青石集料的粒度分布与其相应的正交因子水平参数

编号	堇青石集料（%）			正交表因子		
	粗	中	细	A	B	C
3-A	50.0	0.0	0.0	100	0	0
3-B	41.6	4.2	4.2	100	10	10
3-C	35.8	7.1	7.1	100	20	20
3-D	44.4	0.0	5.6	80	0	10
3-E	36.4	4.5	9.1	80	10	20
3-F	40.0	10.0	0.0	80	20	0
3-G	38.9	0.0	11.1	70	0	20
3-H	43.8	6.2	0.0	70	10	0
3-I	35.0	10.0	5.0	70	20	10

表 2-30　热震前后样品的性能变化及强度保持率

编号	吸水率（%）		体积密度（g/cm³）		气孔率（%）		抗折强度（MPa）		强度保持率（%）
	前	后	前	后	前	后	前	后	
3-A	16.15	16.91	1.848	1.835	29.85	31.03	9.89	7.87	79.5
3-B	16.83	17.85	1.862	1.851	31.34	33.04	12.35	9.07	73.5
3-C	17.20	18.34	1.846	1.816	31.75	33.31	12.83	9.00	70.18
3-D	16.93	18.23	1.885	1.845	31.91	33.64	12.31	8.37	67.96
3-E	17.03	17.67	1.877	1.843	31.97	32.57	10.75	8.12	75.47
3-F	16.87	18.61	1.871	1.804	31.56	33.58	9.31	6.68	71.74
3-G	18.28	19.68	1.810	1.782	33.09	35.07	11.55	7.57	65.55
3-H	19.14	20.25	1.789	1.783	32.25	36.11	9.49	7.10	74.85
3-I	18.05	19.75	1.837	1.816	33.16	35.87	11.49	7.61	66.24

表 2-31　以热震前抗折强度为指标的正交表

编号	堇青石集料				指标（热震前抗折强度）
	A（粗料）	B（中料）	C（细料）	误差	
3-A	1	1	1	1	9.89
3-B	1	2	2	2	12.35
3-C	1	3	3	3	12.83
3-D	2	1	2	3	12.31
3-E	2	2	3	1	10.75
3-F	2	3	1	2	9.31
3-G	3	1	3	2	11.55
3-H	3	2	1	3	9.49

续表

编号	董青石集料				指标 （热震前抗折强度）
	A（粗料）	B（中料）	C（细料）	误差	
3-1	3	3	2	1	11.49
K_1	35.07	33.75	28.69	32.14	$\sum=99.98$
K_2	32.37	32.59	36.15	33.20	$\sum^2=1124.32$
K_3	32.54	33.63	35.13	34.63	
Q_i	1112.12	1110.86	1121.49	1111.63	
S_i	1.52	0.27	10.90	1.04	

表 2-32　以热震前抗折强度为指标的方差检验表

来源	平方和	自由度	均方和	F	F_c	显著性
S_A	1.52	2	0.76	1.47	$F_{0.05}=19$	
S_B	0.27	2	0.14	0.26	$F_{0.1}=9$	
S_C	10.90	2	5.45	10.48	$F_{0.2}=4$	（＊）
S_e	1.04	2	0.52		$F_{0.01}=99$	
S_r	13.73					

（2）从表 2-31 中的 K 值变化可以看到，随着董青石细料含量的增加，强度值总体呈现上升趋势。也就是说如果想提高窑具的热震前抗折强度，只需加大董青石细料的含量即可，这是因为细料有利于烧结。但其最大值出现在董青石细料因子的水平 2，第二大值出现在水平 3，两者数值相近，且远大于水平 1（代表不掺入董青石细料）。这一现象说明，不掺入董青石细料对窑具的强度而言，显然是不合理的，而董青石细料含量的最佳值会在水平 2 与水平 3 之间出现且细料含量是水平 2 或水平 3 对试样的抗折强度影响没有太明显的区别。这可能是由于在窑具试样烧成过程中，只需要一定量的董青石细料填充到董青石粗料之间起到搭桥作用来提高试样的强度，而试样的强度本身并不完全依赖于它。以试样的热震后抗折强度为指标得出的正交表见表 2-33，方差检验表见表 2-34。

表 2-33　以热震后抗折强度为指标的正交表

编号	董青石集料				指标 （热震后抗折强度）
	A（粗料）	B（中料）	C（细料）	误差	
3-A	1	1	1	1	7.87
3-B	1	2	2	2	9.07
3-C	1	3	3	3	9.00
3-D	2	1	2	3	8.37
3-E	2	2	3	1	8.12
3-F	2	3	1	2	6.68
3-G	3	1	3	2	7.57
3-H	3	2	1	3	7.10
3-I	3	3	2	1	7.61

续表

编号	堇青石集料				指标 （热震后抗折强度）
	A（粗料）	B（中料）	C（细料）	误差	
K_1	29.94	23.80	21.65	23.60	$\sum=71.39$
K_2	23.16	24.29	25.05	23.32	$\sum^2=571.45$
K_3	22.29	23.29	24.69	24.47	
Q_i	568.71	566.45	568.61	566.52	
S_i	2.43	0.17	2.33	0.24	

表 2-34 以热震后抗折强度为指标的方差检验表

来源	平方和	自由度	均方和	F	F_c	显著性
S_A	2.43	2	1.22	10.08	$F_{0.05}=19$	（ * ）
S_B	0.17	2	0.09	0.69	$F_{0.1}=9$	
S_C	2.33	2	1.17	9.67	$F_{0.2}=4$	（ * ）
S_e	0.24	2	0.12		$F_{0.01}=99$	
S_r	5.17					

从方差检验表 2-34 和正交表 2-33 的结果来看，可以得出以下结论：

（1）集料中堇青石粗料和细料含量对试样热震后的抗折强度有显著影响，而堇青石中料的含量对试样热震后的抗折强度几乎没什么影响。根据实验二所得的结论，堇青石粗料的含量决定试样中微裂纹网络的形成好坏，从而影响试样抗热震性的好坏；堇青石细料的含量决定试样的烧结程度，从而影响试样烧成后抗折强度的大小。可见，堇青石粗料和细料分别从不同的角度影响试样热震后抗折强度的大小。从 $S_A>S_B$ 来看，堇青石粗料的含量对试样热震后抗折强度的影响要大一些，也就是说，试样内部是否能形成密度大、裂纹长度小的微裂纹网络对试样热震后强度的影响要大于试样烧结程度对它的影响。

（2）从正交表 2-33 中 K 值的变化可以看出，随着集料中堇青石粗料的增加，其 K 值依次增加，且步长较均匀，说明从窑具热震后的抗折强度考虑，其集料中堇青石粗料的含量应在水平 1 为最佳。而堇青石细料的 K 值变化规律与堇青石细料对试样烧成后抗折强度的影响与正交表中的 K 值变化规律完全一致，总体也是呈上升趋势，最大值出现在水平 2，第二大值出现在水平 3，两者数值相近，且远大于水平 1。这进一步证明了上面的结论，说明配方内存在堇青石细料有助于烧成过程中颗粒间的结合，从提高试样热震前的抗折强度角度，来提高试样热震后的抗折强度。其对试样热震后抗折强度的最佳水平同其对试样热震前抗折强度的最佳水平一样为水平 2。

以试样的热震后强度保持率为指标得出的正交表见表 2-35，方差检验表见表 2-36。

表 2-35 以热震后强度保持率为指标的正交表

编号	堇青石集料				指标 （强度保持率）
	A（粗料）	B（中料）	C（细料）	误差	
3-A	1	1	1	1	79.5
3-B	1	2	2	2	73.5

编号	董青石集料				指标
	A（粗料）	B（中料）	C（细料）	误差	（强度保持率）
3-C	1	3	3	3	70.18
3-D	2	1	2	3	67.96
3-E	2	2	3	1	75.47
3-F	2	3	1	2	71.74
3-G	3	1	3	2	65.55
3-H	3	2	1	2	74.85
3-I	3	3	2	1	66.24
K_1	223.18	213.01	226.09	221.21	$\sum=644.99$
K_2	215.17	223.82	207.7	210.79	$\sum^2=46395.71$
K_3	206.64	208.16	211.2	212.99	644.99
Q_i	46269.18	46266.41	46287.14	46243.68	46395.71
S_i	45.61	42.85	63.57	20.11	

表 2-36　以热震后强度保持率为指标的方差检验表

来源	平方和	自由度	均方和	F	F_c	显著性
S_A	45.61	2	22.81	2.27		
S_B	42.85	2	21.43	2.13	$F_{0.05}=19$	
S_C	63.57	2	21.79	3.16	$F_{0.1}=9$	
S_e	20.11	2	10.06		$F_{0.2}=4$	
S_r	172.14				$F_{0.01}=99$	

从热震前后试样抗折强度保持率的正交表 2-35 和方差检验表 2-36 的数据来看，可以得出以下结论：

（1）集料中董青石粗料、中料、细料的含量对试样的强度保持率均有影响，且影响程度差不多，并没有哪个因子对结果起显著影响作用。这说明，试样的强度保持率受到的主要是三种粒度的董青石粉料搭配起来后，形成微裂纹网络程度的影响，而不是单一某个粒度的影响。以董青石细料为例，因其对热震前后的抗折强度均有显著影响，且影响途径一致，规律相近，所以其对强度保持率的影响自然也就不显著了。

（2）从正交表 2-35 的 K 值变化上来看，董青石粗料对强度保持率影响的 K 值与其对热震前强度、热震后强度影响的 K 值变化规律完全一样，都是 $K_1>K_2>K_3$，所以无论从董青石粗料对哪方面性能的影响考虑，董青石粗料的最佳水平都是水平 1。董青石细料对强度保持率影响的 K 值变化规律与其对热震前强度、热震后强度影响的 K 值变化规律 $K_2>K_3>K_1$ 正好相反，呈 $K_1>K_3>K_2$。考虑到其对强度保持率的影响效果不显著，而对热震前、后强度大小的影响显著，且水平 2 和水平 3 的影响效果相近，董青石细料的最佳水平应在水平 2 和水平 3 之间。董青石中料对试样的热震前、后的抗折强度均无太大影响，只是对强度保持率有影响作用，其最佳水平的选择只需考虑其对强度保持率的最佳水平即可，所以董青石中料的最佳水平在水平 2。从实验三的正交表分析结果来看，董青石粗料的最佳水平在水平

1，堇青石中料的最佳水平在水平 2，堇青石细料的最佳水平在水平 2 与水平 3 之间。在设计实验四去验证实验三的分析结果时，所选择的因子水平参数和对应配方的集料粒度分布见表 2-37，实验四的结果见表 2-38。

表 2-37　堇青石集料的粒度分布与相应的正交因子水平参数

编号	堇青石集料（%）			正交表因子		
	粗	中	细	A	B	C
4-A	38.5	4	7.5	100	10	20
4-B	40	4.5	5.5	100	11	14
4-C	38.5	4.5	7	100	12	18
4-D	36.75	6.25	7	100	17	19

表 2-38　热震后样品性能的变化及强度保持率

编号	吸水率（%）		体积密度（g/cm³）		气孔率（%）		抗折强度（MPa）		强度保持率（%）
	前	后	前	后	前	后	前	后	
4-A	19.00	20.07	1.795	1.753	34.10	35.18	13.57	8.60	63.33
4-B	17.67	18.32	1.825	1.802	32.24	33.01	13.24	9.19	69.36
4-C	18.22	19.75	1.807	1.747	32.93	34.51	14.76	9.76	66.09
4-D	18.80	19.97	1.80I	1.754	33.85	35.02	15.17	9.40	61.99

从验证性实验四的数据可以得出以下结论：

（1）从试样的热震前抗折强度来看，其由大到小的顺序依次是：4-D>4-C>4-A>4-B＝13.24MPa。四个验证配方全优于实验三中的试样热震前强度最大值 12.83MPa，从试样热震前的抗折强度考虑，应选择配方 4-D 最佳，4-C 次之。

（2）从试样的热震后抗折强度来看，其由大到小的顺序依次是：4-C>4-D>4-B>4-A＝8.60MPa。四个验证配方有三个优于实验三中的试样热震后强度最大值 9.07MPa，从试样热震后的抗折强度考虑，应选择配方 4-C 最佳，4-D 次之。

（3）从试样的热震前后的强度保持率来看，其由大到小的顺序依次是：4-B>4-C>4-A>4-D＝61.99％。四个验证配方的最大值为 69.36％，次之为 66.09％，与实验三中各配方相比，数值偏低。分析其原因所在：第一，实验四与实验三相比，其热震前抗折强度提高较大，而热震后抗折强度虽有一定提高，但幅度较小，最终造成强度保持率偏低；第二，由于实验三和实验四的成型压力相同，所以气孔率相近，微裂纹形成程度也就差不多，这样就造成集料中堇青石粗料、中料、细料的含量对试样热震前后的强度保持率都有影响，但影响都不显著。只有气孔率在一个合理的范围内才会有优异的抗热震性能，而这一点靠配方中粗、中、细料的比例来控制是不实际的。

（4）从试样的热震前抗折强度、热震后抗折强度、热震前后的强度保持率来看，综合效果最好的是 4-C，其热震后抗折强度是所有配方中最大的一个，这一指标与窑具的使用寿命关系最密切，而且热震前的抗折强度仅稍次于 4-D，热震前后的强度保持率也是不错的，4-C 的三个性能指标依次是 14.76MPa，9.76MPa，66.09％。

2.6.3.3　结论

综合以上实验结果，把试样的基本配方定为配方 4-C，即集料占 50％，其中堇青石粗料占 38.5%，中料占 4.5%，细料占 7%，结合剂占 50%。此时，窑具试样的烧成后抗折强度为 14.76MPa，热震后残余的抗折强度为 9.76MPa，热震前后强度保持率为 66%。

2.6.4　董青石-莫来石窑具的掺杂改性

2.6.4.1　钛酸铝掺杂改性

根据钛酸铝（AT）的特性，在使用 AT 材料时，最重要的控制因素是抑制 AT 材料的中温分解和通过复合材料来提高材料整体的机械强度。目前有研究表明，通过控制 AT 的颗粒大小和形状，以 MgO、Fe_2O_3 等作添加剂，加入莫来石等都可以抑制 AT 分解。本试验中，把 AT 掺入董青石-莫来石窑具试样配方中，通过降低材料整体的热膨胀系数来提高董青石质窑具的抗热震性能。

1. 实验配方和结果

在所研究的配方 5-A 基础上，于集料中掺入钛酸铝代替董青石细粉，其具体配方（质量分数%）为：董青石粗颗粒 38.5，中颗粒 4.5，钛酸铝 7，结合剂 50。掺入钛酸铝的试样 7-A 与未加钛酸铝的试样 5-A 的性能比较见表 2-39。

表 2-39　试样 7-A 与 5-A 的性能比较

编号	体积密度（g/cm³）		气孔率（%）		抗折强度（MPa）		强度保持率（%）
	热震前	热震后	热震前	热震后	热震前	热震后	
7-A	1.947	1.932	29.79	33.24	12.16	10.05	82.69
5-A	1.801	1.754	33.85	35.02	15.10	10.75	71.19

从表 2-39 可以看出：

（1）与试样 5-A 相比，掺入钛酸铝的试样气孔率降低，体积密度升高，说明掺入钛酸铝后试样的内部结构变得致密。

（2）加入钛酸铝后，试样热震前的抗折强度下降明显，热震后的抗折强度下降较小，强度保持率有很大提高，说明董青石-莫来石质窑具中掺入钛酸铝对强度不利，但对其抗热震性能有利，从综合效果考虑，对于配方 5-A 而言，钛酸铝不失为一种好的外加剂。但是，在试样 7-A 的烧成过程中，部分试条在垂直方向因重力作用发生了弯曲。

2. XRD 分析

从掺入钛酸铝的试样 7-A 烧成前后及热震后 X 射线衍射图谱可以看出：

（1）试样中钛酸铝的三强线的 d 值依次为 3.358nm，2.656nm，4.716nm，其三强线中的第一强线（$d=3.358nm$）与董青石的第五、八强线（$d=3.381nm$，3.369nm），莫来石的第一强线（$d=3.39nm$）重叠；第二强线（$d=2.656nm$）与莫来石的第七强线（$d=2.694nm$）、董青石的第九强线（$d=2.647nm$）重叠；第三强线（$d=4.716nm$）与董青石（$d=4.67nm$）重叠。由于钛酸铝的掺入量较少，所以除三强线外的其他峰值由于其本身相对强度较弱，掺入到试样 7-A 后，更无法作为判断依据。

（2）由于钛酸铝的三强线无法作为判断依据，所以只能用图谱中钛酸铝分解后的产物——金红石的峰值变化来间接反映钛酸铝的分解情况。金红石的三强线的 d 值依次为 3.25nm，1.69nm，2.49nm，除了第二强线与莫来石、钛酸铝的峰有重叠外，其他两个峰与所有晶相的任何一个峰都没有重叠现象，这对判断有没有金红石晶相产生十分有利。金红石第一、三强线（$d=3.25nm$，$2.49nm$）烧成前的相对强度依次为12，18，烧成后和热震后的相对强度均为0，这说明在烧成过程中不但钛酸铝没有分解成金红石，而且还有金红石与刚玉合成的钛酸铝，这也证明了试样7-A中的钛酸铝晶相非常稳定，究其配方中金红石的来源，从对原料的化学成分分析和XRD分析结果来看，主要来自钛酸铝原料，钛酸铝原料虽然按化学组成计算是氧化铝成分过量，但从其XRD分析结果中$d=3.245nm$的峰值相对强度为21来看，合成钛酸铝的反应不完全，有金红石晶相存在。

（3）试样中红柱石的三强线（$d=5.549nm$，$4.531nm$，$2.774nm$）在烧成前相对强度依次为36，25，40；烧成后相对强度均为0。这说明在试样烧成过程中红柱石晶相完全转变为莫来石。

（4）试样中莫来石的三强线（$d=3.39nm$，$3.428nm$，$2.206nm$）在烧成前相对强度依次为99，39，31；烧成后相对强度为100，61，53；热震后相对强度为99，53，45。莫来石三强线的相对强度在试样烧成后有明显提高，说明在烧成过程中有大量莫来石产生；而热震试验后其相对强度均有所减弱，说明在热震过程中有少量莫来石晶相被破坏。

（5）试样中堇青石的三强线（$d=8.45nm$，$3.039nm$，$3.142nm$）在烧成前相对强度依次为91，69，86；烧成后相对强度依次为99，65，63；热震后相对强度依次为68，60，57。总的来讲，堇青石三强线的相对强度有明显减弱趋势，这一现象与试样5-A、6-A（见2.6.4.3节）中的堇青石峰值无明显变化不同，说明掺入AT的试样7-A，在试样烧成和热震过程中，有少量堇青石晶相被破坏。

3. 显微结构分析

试样7-A烧成后的SEM照片如图2-61所示，热震后的SEM照片如图2-62所示。从图2-61、图2-62可得出以下结论：

（1）试样7-A烧成后，颗粒间通过固溶体状物质连接在一起，结构错综复杂，但分布均匀，气孔大小也基本均匀，放大后的气孔内部小颗粒也通过固溶体状物质连成一片，结合情况良好（图2-61）。

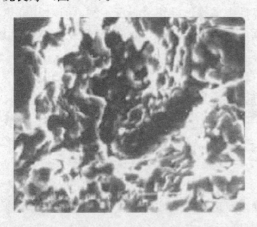 

图2-61　试样7-A烧成后的SEM照片（2000倍）　图2-62　试样7-A热震后的SEM照片（2000倍）

（2）热震后试样的结构变得疏松，颗粒间有颗粒团形成，颗粒团间的缝隙明显比其他地方大，试样的结构变得不均匀，说明颗粒间结合的这种固溶体状物质强度不高，虽然在热震前结合完好，但热震后遭到破坏。放大后气孔内部的大颗粒边缘变得模糊不清（图2-62）。

（3）从试样的 SEM 照片中，看不到明显的柱状晶体。

4. 分析与讨论

钛酸铝的分解是由于 Al^{3+}、Ti^{4+} 离子的大小比其所占据的八面体空间小得多，受周围离子的束缚较弱，有较大的运动空间，当温度升高时，Al^{3+}、Ti^{4+} 离子获得能量而振动加剧，较高能量的离子就可能摆脱其他离子束缚而离开平衡位置，原来的八面体产生畸变并影响到附近的晶格，从而使 AT 晶体结构遭到破坏，分解成刚玉和金红石。当 AT 材料中有 Mg^{2+} 存在时，由于其离子半径与 Al^{3+}、Ti^{4+} 离子半径相近，可固溶于钛酸铝晶格中，形成置换型固溶体，且 Mg^{2+} 离子半径较 Al^{3+}、Ti^{4+} 离子半径大，受周围离子的束缚也较强所以起到稳定晶格、防止 AT 材料分解、提高其稳定性的作用。BuscagliaV 等人认为，在用金红石和刚玉合成钛酸铝时，当原料中含有 2% 的 MgO 杂质时，对钛酸铝的合成是有利的。从对试样 7-A 烧成前后，热震后的 XRD 分析结果来看钛酸铝不仅在高温下没有分解，而且配方中原来的金红石杂质与刚玉合成了钛酸铝，这一现象证明了由于董青石中 Mg^{2+} 的存在，不仅阻止了钛酸铝的分解，而且促进了钛酸铝的合成。XRD 分析结果还表明，试样 7-A 董青石晶相的含量减少，这既为 MgO 和 AT 形成固溶体提供了有力的证据，同时也反映了由于这一原因使试样 7-A 中董青石集料的强度遭到破坏。KimIJ 研究表明，当 AT 材料中存在莫来石时，AT 的稳定性可达到 80%；HuangYX 的进一步研究指出，当 AT 材料中掺入 25% 莫来石时，由于莫来石覆盖在 AT 表面，会有压应力的作用，可以提高 AT 材料的晶格稳定性，从而阻止 AT 分解成金红石和刚玉，且当存在少量过量的玻璃相时，会促进 AT 材料的合成。本实验将 AT 作为添加剂加入试样中，莫来石与 AT 的比远大于 25% 的比例，莫来石阻止 AT 材料分解的效果必然也更加明显。实验结果也表明 AT 在烧成过程中十分稳定，没有分解迹象。

以上分析结果表明，当试样中掺入钛酸铝后由于董青石中 Mg^{2+} 的大量存在，防止了钛酸铝的分解，且促进了钛酸铝原料中金红石残余相向钛酸铝的转变，从而降低了试样 7-A 的热膨胀系数，为试样 7-A 提供了好的抗热震性，这一点从试样 7-A 热震前后的强度保持率高达 82.69% 能得到证明。从试样的 SEM 照片来看，AT 与董青石中 Mg^{2+} 形成固溶体在董青石集料间起着粘结作用，但由于其与董青石集料间形成的固溶体强度不高（从热震前后颗粒间结合情况的变化可以证明这一点），且破坏了董青石集料的强度，使得试样 7-A 的热震前后抗折强度均低于 5-A。另外，固溶体的存在促进了烧成过程中液相流动，在降低试样气孔率，提高内部结构致密的同时，也导致试样在烧成过程中发生较大变形。

5. 结论

加入钛酸铝可以提高董青石质窑具的抗热震性，但对原制品的机械强度有一定的破坏作用，且在烧成过程中会发生一定的变形，掺入钛酸铝的工艺要求比较严格，其掺入量要适中，否则较难适应工业化生产的要求。

2.6.4.2　红柱石掺杂改性

红柱石属硅线石族硅酸铝矿物，其理论分子式为 $Al_2O_3 \cdot SiO_2$，理论化学组成为 Al_2O_3 62.9%，SiO_2 37.1%，与硅线石、蓝晶石同为一族同质异构变体矿物，共称为"三石"。日本吉野成夫等人曾对纯颗粒状红柱石的莫来石化进行了研究，当温度达到 1500℃ 时，红柱石的原颗粒周围生长出约 10 μm 大小的莫来石针状结晶。其反应式如下：

$$3(Al_2O_3 \cdot SiO_2) \longrightarrow 3Al_2O_3 \cdot 2SiO_2 + SiO_2$$

该相变是一个不可逆反应，伴随的体积膨胀约为 3%～5%。在"三石"的高温相变中，红柱石的体积变化最小。由于红柱石在高温下可生成针状莫来石，起到增韧效果，因而在耐火材料生产中得到广泛应用。

1. 掺杂红柱石后测试的结果

本实验的试样 5-A 和 4-C 配方，以同样粒度的天然红柱石粉取代 12% 的莫来石粉料，在 1350℃烧成后，将试条加热至 1100℃投入冷水急冷，循环 5 次。掺杂红柱石试样 5-A 与没有掺红柱石的试样 4-C 性能比较见表 2-40。

表 2-40　试样 5-A 与试样 4-C 的性能比较

试样编号	吸水率（%）		体积密度（g/cm³）		气孔率（%）		抗折强度（MPa）		强度保持率（%）
	前	后	前	后	前	后	前	后	
5-A	18.80	19.97	1.801	1.754	33.85	35.02	15.10	10.75	71.19
4-C	18.22	19.75	1.807	1.747	32.93	34.51	14.76	9.76	66.09

从表 2-40 的实验结果，可以看出：

（1）掺杂红柱石后的试样比掺杂前试样的气孔率稍有增加，体积密度减小，这说明掺杂红柱石后试样的内部结构变得疏松。

（2）加入红柱石后，试样的热震前后的抗折强度以及热震前后的强度保持率都有所提高，说明堇青石-莫来石质窑具中掺杂红柱石对窑具的机械强度和抗热震性都有提高作用，红柱石是一种很好的添加剂。

（3）掺杂红柱石后窑具试样的机械强度和抗热震性都有提高，说明红柱石对窑具抗热震性的提高机理不同于微裂纹对窑具抗热震性的提高机理。因为微裂纹网络对窑具抗热震性的提高通常是以牺牲窑具的机械强度为代价的，而红柱石则对窑具两方面性能都有提高作用。只有通过第三种提高窑具抗热震性能的途径，即引入颗粒界面断裂时的耗能机制，才能达到在提高窑具抗热震性的同时又提高窑具机械强度的效果。

2. X 射线分析

为了研究掺杂红柱石的试样烧成前后和热震前后的晶相成分的变化，分别对烧成前后、热震后的试样作了 X 射线分析。试样 5-A 烧成前 X 射线图谱如图 2-63 所示，烧成后 X 射线图谱如图 2-64 所示，热震后 X 射线图谱如图 2-65 所示。

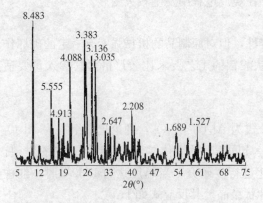

图 2-63　试样 5-A 烧成前的 X 射线图谱

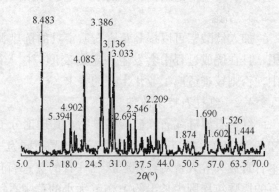

图 2-64　试样 5-A 烧成后的 X 射线图谱

从图 2-63～图 2-65 中可以看出：

(1) 试样中红柱石的三强线（$d =$ 5.549nm, 4.531nm, 2.774nm) 在烧成前的相对强度为 50，28，22；烧成后的相对强度为 11，16，12；热震后的相对强度为 13，0，11。红柱石三强线的相对强度在试样烧成后大幅降低，热震实验后有所降低，这说明在试样烧成过程中红柱石晶相发生相变，且变化程度较大，在试样热震过程中，红柱石晶相也发生了变化，但程度相对较小。

(2) 试样中莫来石的三强线（$d =$ 3.39nm, 3.428nm, 2.206nm) 在烧成前的

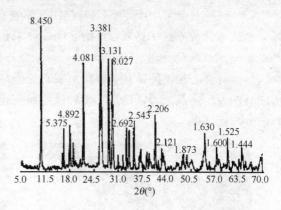

图 2-65　试样 5-A 热震后的 X 射线图谱

相对强度依次为 86，34，37；烧成后的相对强度为 98，45，39；热震后的相对强度为 95，45，38。莫来石三强线的相对强度在试样烧成后明显提高，热震实验后相对强度几乎没有变化，这说明在试样烧成过程中有莫来石晶相产生，在试样热震过程中，莫来石晶相比较稳定。

(3) 试样中堇青石的三强线（$d = 8.45$nm, 3.039nm, 3.142nm) 在烧成前的相对强度依次为 100，72，75；烧成后的相对强度为 99，75，78；热震后的相对强度为 100，76，76。堇青石三强线的相对强度在试样烧成、热震后没有什么显著变化，这说明在试样烧成和热震过程中，堇青石晶相一直比较稳定，没有分解。

(4) 其他晶相的峰值，除了以 7.284nm 为代表的黑泥的一些峰值在试样烧成后消失外，并没有什么大的变化。

3. 显微结构分析

试样 5-A 热震前的 SEM 照片如图 2-66～图 2-68 所示，热震后的 SEM 照片如图 2-69 所示。从热震前后的显微结构照片中可以看出：

(1) 试样中集料的大颗粒与小颗粒间结合牢固，气孔分布基本均匀，但也有两个大颗粒间造成的偏大的气孔（图 2-66）。

(2) 红柱石在烧成过程中分解生长出针状或柱状莫来石纤维，针状和柱状莫来石纤维由结合剂基体内长出，取向基本平行（图 2-66～图 2-68）。

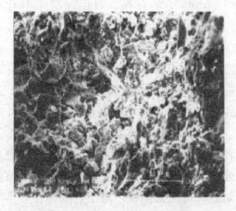

图 2-66　试样 5-A 微观结构的 SEM 照片（500 倍）

图 2-67　针状莫来石的 SEM 照片（2000 倍）

（3）红柱石分解中产生 SiO_2，红柱石原料石英晶相的 SiO_2 在烧成后以准稳定态晶相出现，粘结在针状或柱状莫来石纤维之间、莫来石纤维与基体之间，起到提高强度的作用（图2-68）。

（4）红柱石长出的针状或柱状莫来石纤维与基体结合牢固，在材料由于热应力或机械应力断裂时发生穿晶断裂，提高了断裂时的断裂表面能，起到桥接增韧作用，提高了材料的抗热震性（图2-69）。

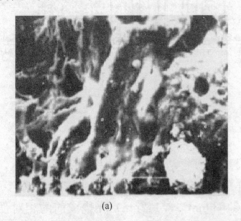 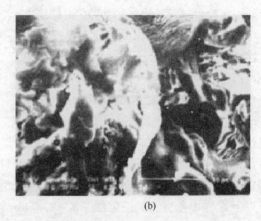

(a)   (b)

图 2-68　针状和柱状莫来石与基体结合情况

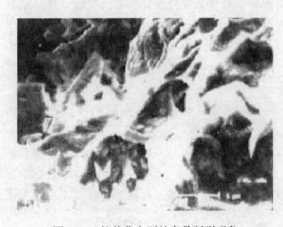

图 2-69　柱状莫来石的穿晶断裂现象

4. 分析与讨论

吉野成夫认为，纯颗粒状红柱石的莫来石化的开始温度为 1500℃，其坯体莫来石化温度受红柱石颗粒粒度、杂质含量的影响。粒度越细，莫来石化温度越低，完全转化温度也随之降低。在陶瓷工艺细度下，其莫来石化行为在＜1300℃时已开始，在该温度下，已生成大量莫来石，但仍有红柱石存在，1400℃时已全部莫来石化；延长保温时间，有利于莫来石晶体的长大；少量杂质如 CaO、MgO 等的存在，对促进莫来石化有利。石干等人提出，小于 0.074mm 的红柱石的开始分解温度为 1260℃，完全分解温度为 1400℃。从 XRD 图谱和 SEM 分析来看，试样 5-A 在经过 1350℃烧成后，红柱石峰值强度大幅度降低，莫来石峰值强度升高，结合剂基体中长出针状或柱状莫来石晶体。说明掺入的红柱石在烧成过程中已经开始莫来石化，经过 1350℃烧成和保温 40min 后，其莫来石化行为已基本完成。本试样中红柱石分解，并能生成发育良好的针状或柱状莫来石晶体，原因有二：第一，经过细磨处理的红柱石晶体，其表面存在大量的缺陷，处于缺陷位置上的粒子具有较高的位能，这些位置就是可能形成莫来石晶核的活性中心；第二，结合剂中存在的人工合成的莫来石细粉作为高温晶核，促使试样在高温下莫来石新结晶的形成和生长，这些莫来石结晶，可视为晶种，由于它的存在，不断建立莫来石的增殖中心，引起新晶体的生长。

红柱石的分解在各方向的分解速度并不一致，以｛001｝方向分解最快。如本试样烧成前后红柱石的｛001｝面对应的 $d110$ 值（5.549nm）强度下降近 80％，而其他两个晶面的 d 值下降只有 50％左右。烧成后生成的莫来石晶体呈针状或柱状，取向趋于平行。

试样 5-A 与试样 4-C 相比内部结构呈现疏松化的趋势。以体积密度计算，只有 0.3％的体积膨胀，低于理论上红柱石相变的体积膨胀率 3％～5％。这是因为红柱石分解形成的石英熔体紧紧地包裹在柱状莫来石晶体周围和充填于集料和结合剂基体之间，抵消了红柱石向莫来石转变的体积膨胀效应。

5. 结论

（1）掺杂红柱石可提高窑具热震前后的抗折强度及热震前后的强度保持率。

（2）通过掺杂红柱石，引入颗粒界面断裂时的耗能机制，在提高窑具抗热震性的同时提高了窑具机械强度。

2.6.4.3　SiC 掺杂改性

自从 A. G. Acheson 在 1891 年制造出 SiC 到现在，碳化硅已经广泛应用于耐火材料和结构陶瓷领域。SiC 材料具有高温强度大、荷重软化温度高、热稳定性及导热性好的优点，它在机械荷载下显示非塑性变化，并在每次高温循环后保持其几何形状。因此，使用 SiC 窑具具有自重轻、导热快的特点，可满足当前瓷器的快速烧成技术。但是，SiC 窑具由于主体是非氧化物的碳化硅，故在有氧存在的情况下易发生氧化，生成 SiO_2，破坏其性能。SiC 窑具依据结合相不同可分为黏土结合 SiC、氧化硅结合 SiC、氮化硅结合 SiC 及重结晶 SiC。在董青石质窑具配方的基础上掺入 SiC，主要是想利用导热性好的 SiC 来提高窑具的导热系数，从而减小在热震过程中窑具内部各部分之间的温差，达到减小热震引起的热应力，提高窑具抗热震性的目的。

1. 配方和结果

在董青石质窑具配方的基础上掺杂碳化硅代替集料中的董青石细粉，其具体的配方见表 2-41，掺入碳化硅的试样 6-A 与没掺碳化硅的试样 5-A 的性能比较见表 2-42。

表 2-41　试样 6-A 的配方组成

编号	集料（%）			结合剂（%）
	董粗	董中	SiC	
6-A	38.5	4.5	7	50

表 2-42　试样 6-A 与试样 5-A 的性能比较

试样编号	吸水率（%）		体积密度（g/cm³）		气孔率（%）		抗折强度（MPa）		强度保持率（%）
	前	后	前	后	前	后	前	后	
6-A	16.65	13.17	1.849	1925	30.80	25.36	11.18	8.04	71.93
5-A	18.80	19.97	1.801	1.754	33.85	35.02	15.10	10.75	71.19

从表 2-42 中的实验结果，可以得出以下结论：

（1）与试样 5-A 相比，掺入 SiC 的试样气孔率和吸水率大幅度降低，体积密度升高，说明掺入 SiC 试样 6-A 的内部结构比掺入前试样 5-A 的内部结构致密。

（2）与前面所有的试样相比，掺入碳化硅试样的吸水率、体积密度、气孔率在热震后发生完全相反的变化，这说明掺入碳化硅试样经过热震后，其内部结构不像前面试样那样变得疏松，而是变得更加致密。

（3）加入碳化硅后，试样的热震前后的抗折强度都明显下降，热震前后的强度保持率提高很小。说明堇青石-莫来石质窑具中掺杂入碳化硅对原试样的机械强度破坏很大，对抗热震性能提高甚微。

2.X射线分析

掺入碳化硅的试样6-A烧成前X射线图谱如图2-70所示，烧成后X射线图谱如图2-71所示，热震后射线图谱如图2-72所示，从图2-70、图2-71、图2-72中可以得出以下结论：

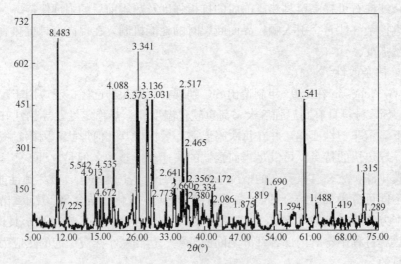

图 2-70　试样 6-A 烧成前的 X 射线图谱

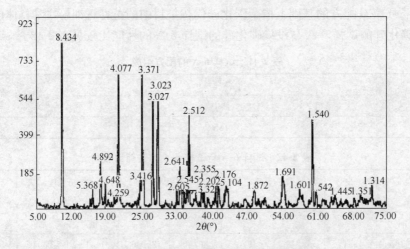

图 2-71　试样 6-A 烧成后的 X 射线图谱

（1）试样中碳化硅的三强线（$d = 2.511$nm，1.537nm，2.352nm）在烧成前的相对强度依次为 73，68，24；烧成后的相对强度为 56，53，21；热震后的相对强度为 77，37，11。在试样 6-A 热震后的 XRD 图谱中，碳化硅的三强线中的第一强线（$d = 2.521$nm）与莫来石的第四强线（$d = 2.542$nm）重叠，无法作为判断依据。但总的来讲，碳化硅的三强

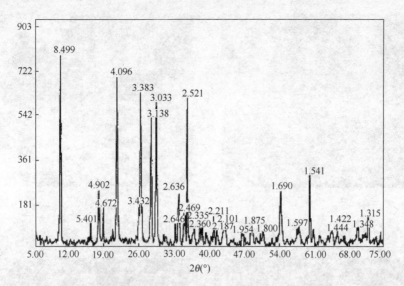

图 2-72　试样 6-A 热震后的 X 射线图谱

线的相对强度在试样烧成和热震过程中均有所减少，这说明在试样烧成和热震过程中碳化硅晶相有分解现象。

（2）试样中红柱石的三强线（$d＝5.549$nm，4.531nm，2.774nm）在烧成前的相对强度依次为 31，30，17；烧成后的相对强度为 12，0，0；热震后的相对强度为 0，0，0，红柱石三强线的相对强度在试样烧成后大幅度降低，热震实验后变为 0。这说明在试样烧成过程中红柱石晶相发生相变，且相变程度很大，在试样热震后，红柱石晶相几乎不存在。与试样 5-A 中红柱石的变化相比，掺入 SiC 的试样 6-A 中红柱石晶相在烧成过程中相变加剧，热震后相变接近完全。

（3）试样中莫来石的三强线（$d＝3.39$nm，3.428nm，2.206nm）在烧成前的相对强度依次为 67，0，24；烧成后的相对强度为 80，17，15；热震后的相对强度为 80，20，15。其中在试样烧成前莫来石第二强线为什么没有出现则原因不明，但总的来讲，莫来石三强线的相对强度在试样烧成后明显提高，这说明在试样烧成过程中有莫来石晶相产生。热震实验后三强线的相对强度变化较小，有轻微升高，但从莫来石的第四强线（$d＝2.542$mm）的变化来看，其在烧成前相对强度较高为 73（分析其原因主要是与 SiC 的第一强线峰值重叠），烧成后相对强度为 56（分析其原因主要是 SiC 晶相的分解造成），热震后相对强度又升高到77，综合莫来石第二强线的升高现象，说明在热震过程中可能会有莫来石晶相产生。

（4）试样中董青石的三强线（$d＝8.45$nm，3.039nm，3.142nm）在烧成前相对强度依次为 100，68，71；烧成后相对强度为 99，69，68；热震后相对强度为 100，75，67。这说明在试样烧成和热震过程中，董青石晶相一直比较稳定，没有分解。

（5）试样中石英晶相的标识峰第二强线（$d＝4.26$nm）在烧成前、烧成后、热震后的相对强度依次是 0，8，0。说明试样在烧成过程中有石英晶相产生，而热震后石英晶相消失。

3. 显微结构分析

试样 6-A 烧成后的扫描电镜照片如图 2-73 所示，热震后的扫描电镜照片如图 2-74所示。

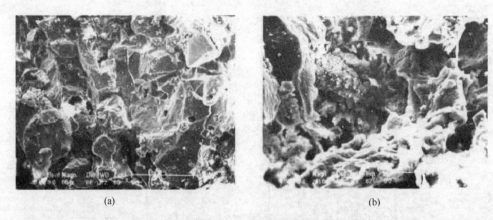

(a)   (b)

图 2-73　试样 6-A 烧成后的 SEM 照片

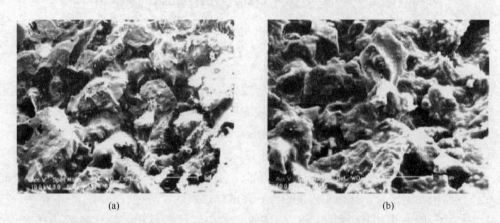

(a)   (b)

图 2-74　试样 6-A 热震后的 SEM 照片

从试样 6-A 的显微结构照片可以得出以下结论：

（1）掺入 SiC 后的试样显微结构致密、不均匀，颗粒间裂缝和气孔被玻璃态物质填充和覆盖，出现了 5-A 试样中没有的圆孔状气孔和脆性裂纹，如图 2-73（a）所示。

（2）颗粒表面被一些玻璃态物质包裹起来，颗粒之间通过玻璃态物质连接。相近的颗粒间形成各自的颗粒团，颗粒团内部被玻璃相填满，形成致密结构，但颗粒团之间结合情况差，结构疏松，整体结构不均匀，如图 2-73（b）所示。

（3）试样中没有看到发育良好的针状或柱状莫来石晶体。

（4）热震后试样的颗粒界面变得更加模糊不清，玻璃相更加多，填充了颗粒间的缝隙，与热震前比较明显有流动痕迹，如图 2-74（a）所示。

（5）从玻璃相流动后的颗粒团表面来看，有许多互不连接的小颗粒，说明在烧成过程中，玻璃相产生过多，使得这些小颗粒表面被玻璃相裹满，颗粒间没有发生烧结现象，如图 2-74（b）所示。

4. 分析与讨论

SiC 掺入效果的好坏主要取决于烧成过程中 SiC 的氧化、新生成的 SiO_2 与 Al_2O_3 的莫来石化反应、过量 SiO_2 形成玻璃相的数量。韩国的 ParkSungChul 等人的研究认为，SiC 在温度低于 1400℃时，氧化程度较低，质量增加较小，在温度达到 1500℃时，氧化程度较高，

开始与 Al_2O_3 结合形成莫来石，质量增加较大。从对试样的物理性能测试结果来看，加入 SiC 的试样 6-A 比没有加入 SiC 的试样 5-A 相比，其气孔率和吸水率要小得多，且热震后试样的气孔率和吸水率不是像其他试样那样变大，而是变得更小；XRD 图谱分析结果中 SiC 的峰值相对强度在烧成后下降，出现石英的峰值；其 SEM 照片中也可以看到颗粒间布满玻璃相（这一点在热震后的试样中表现更为突出），这些分析结果均表明在烧成过程中 SiC 发生了氧化，且产生了过量的 SiO_2。根据范汇超等人的研究结果，SiC 的氧化在 1000℃ 时已经开始，但氧化程度快慢与加入 SiC 的粒度有密切关系，并指出 0.1～0.5mm 的 SiC 颗粒比表面积相对较大，氧化生成的 SiO_2 数量较多，颗粒表面莫来石化反应剧烈，造成制品膨胀，结构疏松，应尽量减少其加入量。当颗粒的粒度小于 0.074mm 时，SiC 细粉容易被氧化，能促进颗粒和基质间的反应烧成，但过多的 SiC 细粉会转化成玻璃相，使制品结构恶化。SiC 加入应以 1～3mm 的颗粒为主，这一点与俄国 ValcyanoG.E. 等人的研究结果，认为 SiC 作为集料加入时其颗粒粒度应控制在 1～5mm 的范围是一致的。加入 SiC 的目的并不是用它来充当集料的架构，而是想利用其导热快的特性，来提高窑具的导热系数，达到提高窑具抗热震性的目的，所以并不适合加入 1～5mmSiC 粗料。但从试样 6-A 热震前后的抗折强度均远低于 5-A 来看，说明掺入 SiC 的试样并没有达到预期效果。究其原因，主要有三：第一，加入 SiC 的粒度（<0.09mm）过细，加剧了其氧化程度；第二，加入量（7%）过大，生成过量的 SiO_2，造成过量的玻璃相产生，使窑具试样的颗粒间结合效果差，组织结构脆化，强度下降；第三，过量的玻璃相的存在，虽然促进了红柱石向莫来石的相变，但破坏了针状或柱状莫来石的生长环境，使得红柱石没有像试样 5-A 那样生长出莫来石纤维以提高窑具试样的断裂表面能。

5. 结论

（1）在堇青石质窑具中掺入 SiC 细粉，可明显提高窑具的体积密度，降低气孔率及吸水率，使窑具内部结构致密。但热震前后的强度明显下降，故对抗热震性能不但无提高，反而有轻微的降低。

（2）X 射线分析结果表明在试样烧成和热震过程中碳化硅晶相有分解现象。

（3）显微结构分析表明掺入 SiC 后的试样结构致密、均匀，玻璃相增加。

2.6.5　反应烧结碳化硅的应用

2.6.5.1　反应烧结碳化硅的性能与制备

随着陶瓷窑炉的发展，窑用棚板的用量逐年增加，而采用国产碳化硅质的棚板，虽然寿命延长，但由于价格昂贵，使企业负担沉重，而且有些质量并非上乘，因此使得某些工厂不得不放弃使用或者直接从国外引进，如景德镇高档窑具厂自 20 世纪 90 年代就从世界跨国集团圣戈班公司引进了 SiC 高档窑具生产线。可见，为适合我国现阶段国情，做好窑具由低级向高级过渡，做好碳化硅棚板的研发和产业化迫在眉睫。胡海泉等针对 SiC 材料制品体积密度不够、高温抗折强度不高、抗热震性和高温韧性不够等薄弱环节，系统地研究了新型碳化硅棚板的配方和工艺，研制出增韧复合相结合碳化硅棚板。该棚板强度和韧性好，使用寿命长，达到或部分高出国外同类产品的指标。针对价高的问题，不少研究人员在不影响或稍微影响制品性能的条件下做出了各种努力。刘公理研究证明用品位低的 SiC 原材料，只要选择合适的结合剂和添加剂，同样能生产出抗热震性能好的棚板材料。也有实践证明，应用黑碳化硅和苏州土制作陶瓷结合的碳化硅棚板，采用半干法成型工艺，其产品性能也能达到国外产品性能指标。茹红强等以 SiC 为基料，用工业氧化铝、超细氧化硅合成莫来石，加少量添加剂、压制、烧结得到棚板，经工厂试用，在低于 1300℃ 的窑具炉中使用超过 100 次不开裂。

SiC 陶瓷材料自其问世以来，由于其高强度、高硬度、耐高温、耐腐蚀、良好的导热能力、低的膨胀系数、化学稳定性好等诸多优点，被广泛应用于高温、高压、腐蚀、辐射、磨损等严酷的环境中，其主要取决于结合相的组成与性质，作为棚板材料越来越得到人们的重视。在碳化硅棚板中碳化硅的用量高达 70%～80%，结合相只占 20%～30%，但材料远未发挥碳化硅固有的优良性质，材料的高温性能（如强度、蠕变、抗热震、耐氧化等）还有待改进。从结合剂的不同分类，SiC 棚板一般可分为四大类：黏土结合 SiC；氧化硅结合 SiC；Si_3N_4（或 Si_2N_2O）结合 SiC 和重结晶 SiC，各种棚板材料性能见表 2-43。

表 2-43 各种棚板材料性能比较

项目	黏土结合	氧化硅结合	Si_3N_4（或 Si_2N_2O）结合	重结晶
SiC 含量（%）	40～90	85	75	<95
体积密度（g/cm³）	2.4～2.6	2.66	2.6	2.6
显气孔率（%）	15～25	15	20	15
弯曲强度（MPa, 20℃）	10～30	30	50	100
拉伸强度（MPa, 40℃）	5～20	25	60	130
最高使用温度（℃）	1450	1550	1600	1650

（1）黏土结合的碳化硅棚板制品主要用黏土作为结合剂与一定颗粒级配的 SiC 混合后，采用一定的方法成型，根据含量的不同于 1350～1500℃ 之间的氧化性气氛中烧成，颗粒被黏土结合起来，其中的结合相主要为莫来石和石英（或方石英），而结晶态的二氧化硅或者因为存在晶型转变，或者因其膨胀系数较高导致材料的抗热震性下降；用作结合剂的黏土在烧成时烧失量较大而影响材料的致密化，从而影响材料的强度和抗氧化能力；此外，黏土引入的杂质成分使材料中的玻璃相增多，也增大了高温蠕变并降低了高温强度。李玉书等为解决此问题，研究调整了结合剂的原料，尽量降低烧结后材料中结合相的晶态二氧化硅的含量，从而提高了制品的使用性能。改性后的碳化硅棚板特别适用于快速烧成，但也应指出，莫来石结合剂中的瘠性原料较多，为保证棚板必需的生坯强度，应选择有效的临时有机胶粘剂以保证大尺寸的和薄壁的板状制品的成型。所以该材料制备的棚板价格便宜，黏土来源广泛，烧成温度低。总体来看，黏土结合的制品使用温度较低、高温性能差、使用寿命较短，是最普通、价格最低廉、生产工艺最简单的一种棚板制品。

（2）氧化硅结合碳化硅制品的原料纯度较高，低熔物杂质含量少，性能较黏土结合碳化硅制品好很多，而价格同 Si_3N_4 结合和反应烧结碳化硅制品相比又有很大优势，因此该制品得到了广泛的应用。以 SiO_2 为结合剂的制品，可利用 SiC 的氧化性能在没有矿物添加时于 1350～1500℃ 中强氧化气氛下烧成。它是借助 SiC 烧成的颗粒接触表面氧化生成的 SiO_2 薄膜，将颗粒结合起来；也可在 SiC 泥料中加入含 SiO_2 的矿物成分在 1300～1400℃ 的温度下，由于结合剂形成液相从而生成 SiO_2 结合 SiC 制品，使得制品具有优异性能。不少研究者从 SiO_2 加入量，高热处理温度和添加黏土、Al_2O_3 和 CaO 微粉等方面对现有的 SiO_2-SiC 棚板进行性能优化。从产业化来说，氧化硅结合 SiC 的窑具材料工艺简单、成本低，一般工业窑炉即可生产，能满足一般陶瓷工业的要求。

（3）Si_3N_4（或 Si_2N_2O）结合碳化硅制品现已形成工业化生产，平均使用寿命在 1000 炉次以上，而在国内这种窑具的生产很少。氮化硅结合碳化硅制品是我国 20 世纪 80 年代中期开始研制生产的一种高级 SiC 棚板材料。这种材料具有更好的物化性能：高温强度好、导热系数高、热稳定性好、荷重软化点高、热膨胀系数低、抗高温蠕变能力强和抗酸能力强等。刘春侠等分析了 SiO_2 细粉加入量与泥料的颗粒组成对 Si_2N_2O 结合 SiC 材料常规性能与使用性能的影响，Si_2N_2O 结合 SiC 材料具有比较高的常温与高温抗折强度，并具有良好的抗热震性与抗氧化性能。但是，该类棚板也具有高温使用的局限性，刘锡俊等对国产 Si_3N_4 结合 SiC 质（NSiC）棚板使用前后的性能及结构进行剖析表明：氧化是 NSiC 材料的主要损毁机制。在棚板使用后期，随氧化和变质程度加剧及热应力、机械应力的协同作用，棚板的结构受到损伤，可靠性下降，甚至发生灾难性破坏。总体来说，氮化硅质棚板材料具有很高的强度以及其他优异的性能，其结合的 SiC 虽有良好性能，但其工艺过程对设备要求较高，需要由 SiC 和 Si 粉在 1400～1500℃ 下纯氮保护介质中烧成，且造价较高，不宜大规模推广。

（4）重结晶碳化硅（简称 R-SiC），在 20 世纪 70 年代国外已有少数几个国家研制生产，80 年代进入中国市场，是一种性能十分优异的现代窑具，广泛用于电瓷、卫生陶瓷、日用瓷、砂轮、冶金等行业。R-SiC 采用高纯度的碳化硅作原料，成型后在 2400℃ 左右的高温下经 SiC 各晶粒间重新组合而形成的一种高级高温结构陶瓷材料。一般普通 SiC 质耐火材料由于颗粒间存在氧化物类结合相，使用中达到一定温度时结合相软化造成机械强度下降，影响了材料的寿命，而 R-SiC 之间是共价键四面体结构，键能高，不存在中间结合相，其强度随着温度升高，不但不会下降，反而有所上升，因而具有优异的高温性能。

反应烧结 SiC 是指素坯中含有细颗粒的 α-SiC 和 C 粉，在高温烧结过程中渗入熔融 Si，其中 C 和 Si 反应生成 β-SiC 相，并与原来 α-SiC 相结合，同时部分硅填充毛细管与气孔，得到气孔率几乎为零的致密性烧结体，即 Si/SiC 复合材料。一般得到的 Si/SiC 复合材料中，Si 约 8％～12％，SiC 约 88％～92％。反应烧结碳化硅材料（SiSiC）具有高强度、高硬度、高耐磨、耐腐蚀及良好的抗氧化、抗热震等性能，是应用最广泛的结构陶瓷和窑具产品之一。广东固特耐科技新材料有限公司生产的反应烧结碳化硅材料的长期性能与重结晶碳化硅和氮化硅结合碳化硅相比更加出色，其抗弯强度是重结晶碳化硅的两倍多，比氮化硅结合碳化硅高约 50％，如图 2-75 所示，其中 NBSiC 与 ReSiC 分别为氮化硅结合碳化硅与重结晶碳化硅。

等静压成型的反应烧结碳化硅（SiSiC）的密度 ≥3.08g/cm³，气孔率 ＜0.1％，高温（1200℃）下抗弯强度达 280MPa，故即便板做得很薄以及梁、柱做得很细，高温强度也很优越。

目前 SiC 陶瓷材料的制备方法有无压烧结、热压、化学气相沉积、反应烧结等方法，并且都能得到性能比较优异的 SiC 体。但相对而言前 3 种方法存在成本高、工艺复杂、难以制备大型复杂形状器件的问题，反应烧结 SiC 则能很好地克服这些问题。

反应烧结 SiC 作为 SiC 陶瓷材料家族的重要一员，很好地秉承了碳化硅陶瓷材料高强高硬、耐磨耐腐蚀、抗热震性好、膨胀系数低等优点，并且由于工艺简单、成本低廉、几乎净尺寸烧结、可实现大型复杂形状的制品制备的众多优点，一直是科研和工程研究的热点。

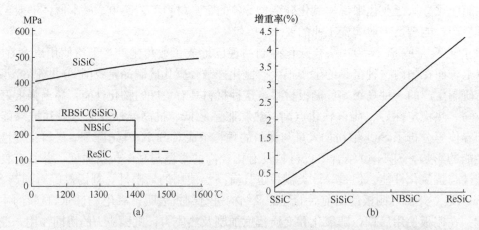

图 2-75　反应烧结碳化硅（SiSiC）与 NBSiC、ReSiC 性能比较
（a）四点抗弯强度值比较；（b）抗氧化性

2.6.5.2　节能环保型框架窑具应用

广东热金宝新材料科技有限公司与华南理工大学合作，研究和开发了一种节能环保型陶瓷框架窑具材料及结构。主要从制备具有优异性能的反应烧结碳化硅（SiSiC）、堇青石-莫来石材料的工艺技术及 SiSiC 和堇青石-莫来石窑具部件的结构设计和两者的组合优化设计入手，结合构件本身的物理特性（如抗热震性能、热导率、蓄热量和高温强度等）和影响各有关性能及微观结构的因素，经反复试验，确定合适的设计方法和精加工工艺。其工艺过程如图 2-76 所示。

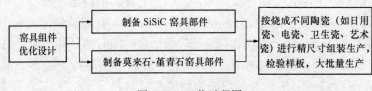

图 2-76　工艺过程图

该节能环保陶瓷框架窑具主要应用于日用瓷、卫生瓷、电瓷和艺术瓷等烧成，节能框架窑具如图 2-77（a）和图 2-77（c）所示，传统使用的窑具如图 2-77（b）和图 2-77（d）所示，两者相比较，节能框架窑具具有以下几个优点：

（1）装配式标准化的框架窑具空间大，灵活性高，大大地有利于窑炉中热气体的流动，加速热气体和烧成坯体间的热交换及坯体间温度的均匀，有利于快速烧成，降低烧制品烧成能耗。

（2）大大地减少了窑具质量，减少了窑具烧成过程中的吸热量。主梁和立柱均为空心设置，在保证了其强度的基础上比原窑具立柱更细，板更薄；不仅有效节省了窑具用料，减少吸热量，而且窑具轻便供热传递效果更好，推车速度可提高 30%～40%，环保节能。

（3）充分发挥两种材料的特性。采用装配式结构，主梁和立柱均为新研发的 SiSiC 材质，相比较于原堆叠式砌筑结构窑具材料具有高温耐热承重性能好的优点，能有效地避免窑具在高温烧成中受热坍塌、制品受热软化变形及产生倒窑的危险，增加烧制产量。

图 2-77　节能框架窑具与传统窑具的对比
（a）节能框架窑具（烧日用瓷）；（b）传统窑具（烧日用瓷）；
（c）节能框架窑具（烧卫生洁具）；（d）传统窑具（烧卫生洁具）

（4）组合灵活，适应性强。块托板为堇青石-莫来石材质，其形成一个支撑平面，可以根据不同制品混合烧制，结构组合灵活多样，装载密度可以提高 10%～20%，适用于多种形状的陶瓷制品的烧成。

2.6.6　窑具对陶瓷窑炉能耗的影响

陶瓷烧成离不开窑具，目前国内日用陶瓷生产多以柴油或燃气为燃料明焰裸烧，能耗相对较低，且这类型窑炉多采用烧结碳化硅或堇青石-莫来石窑具，窑具相对于产品的质量比较小，但一般仍需要 2 倍以上，这样窑具在烧成过程的吸热量远大于产品的吸热量及产品物化反应热耗之和。由此可见，窑具在烧成过程中需消耗大量的热量，合理选用窑具是降低产品烧成能耗的重要途径。

下面通过对日用陶瓷燃气隧道窑的测试，分析影响窑具能耗的因素，并就此提出几点意见。

2.6.6.1　实测数据

（1）测试方法

以日用陶瓷燃气隧道窑为代表，计量周期为连续 12h。为缩小窑炉性能差异的影响，对同一组类型产品选择同一窑炉公司安装的窑炉，测量方法如下：

① 产品总质量。统计 12h 内所烧成的各种规格型号的产品数量，分别计量各种规格型号的每百件质量，再统计出产品总质量。

② 窑具质量。由于窑具的主要质量来自于棚板，且托烧棚板为规格化，同一型号棚板

每片质量基本相同，所以统计各窑车所装的棚板数量，并按相同的 12h 计算出棚板的总质量。由于支撑棚板的支柱所占的窑具质量比例较小，故抽出 10 台窑车的支柱称重并计算出平均质量，再按相同的 12h 计算支柱质量，并与棚板质量合并为窑具质量。

③ 液化石油气质量。液化石油气质量的统计是用台秤，称出在上述相同 12h 接上管道供气的全部钢瓶总质量（含石油气），并称出在相同段从管道上卸下的空瓶总质量（含未用完的石油气），上述两项之差即为石油气总消耗量。

④ 根据上述测出的产品质量、窑具质量与液化石油气质量，计算出产品燃耗及"产品＋窑具"的燃耗如式（2-41）、式（2-42）所示：

$$产品燃耗 = \frac{液化石油气质量}{产品质量} \quad （单位：kg\ LPG/kg\ 瓷） \quad (2\text{-}41)$$

$$产品＋窑具燃耗 = \frac{液化石油气质量}{产品质量(kg)＋窑具质量} \quad [单位：kg\ LPG/kg（瓷＋窑具）]$$

$$(2\text{-}42)$$

（2）测试结果

甲组烧成条件：

产品为日用餐具；温度为 1250℃；气氛为氧化气氛；燃料为液化石油气。具体数据见表 2-44。

表 2-44　甲组实测数据

用户	合格产品质量 (kg)	窑具质量 (kg)	窑具/产品质量比	燃气质量 (kg LPG)	产品燃耗 (kg LPG/kg 瓷)	产品＋窑具燃耗 [kg LPG/kg(瓷＋窑具)]
A	8337	13081	1.57	653	0.0783	0.0305
B	3408	5923	1.74	468	0.1374	0.0502
C	6672	14880	2.23	791	0.1185	0.0367
D	4272	9612	2.25	584	0.1368	0.0421
E	3175	9284	2.92	719	0.2265	0.0577
F	2880	8726	3.03	655	0.2274	0.0564
G	3357	13475	4.01	768	0.2286	0.0456
H	3970	16757	4.22	1130	0.2846	0.0546

由表 2-44 可以看出窑具质量比由 1.57/1 增大至 4.22/1，其单位产品能耗由 0.0783 kg LPG/kg 瓷增加至 0.2846 kg LPG/kg 瓷，即随着窑具/产品质量比增大而能耗增加，其中 A、C 用户含窑具及产品总质量能耗最低，这是因为总装载密度小，有利于缩短烧成周期，增加了产品的烧成质量，而 H 用户与 A、B 用户相反，能耗最高。

乙组烧成条件：

产品为日用餐具；温度为 1350℃；气氛为还原气氛；燃料为液化石油气。具体数据见表 2-45。

表 2-45　乙组实测数据

用户	合格产品质量（kg）	窑具质量（kg）	窑具/产品质量比	燃气质量（kg LPG）	产品燃耗（kg LPG /kg 瓷）	产品＋窑具燃耗 [kgLPG /kg(瓷＋窑具)]
A	7128	7680	1.08	—	0.1122	0.0540
B	6633	7598	1.15	950	0.1432	0.0668
C	4785	12730	2.66	1152	0.2409	0.0658
D	4211	11284	2.68	1058	0.2513	0.0683
E	4318	11696	2.71	1087	0.2518	0.0679
F	2843	11279	3.97	1089	0.3830	0.0771
G	2615	14148	5.41	1291	0.4936	0.0770

由表 2-45 可以看出，随着窑具质量比由 1.08/1 增至 5.41/1，其单位产品能耗由 0.1122 kg LPG /kg 瓷增至 0.4936 kg LPG/kg 瓷，即随着窑具/产品质量比增加而能耗增加，其中 A、B 用户含窑具及产品总质量能耗最低，这同样是因为总装载密度小，有利于缩短烧成周期，增加了产品的烧成质量，而 G 用户与 A、B 用户相反，能耗最高。对于 C、D、E 用户，其窑具/产品质量比接近，则产品烧成能耗也接近。

2.6.6.2　窑具及陶瓷产品烧成中的能耗分析

下面以隧道窑为例，分析窑具对单位产品能耗的影响。

（1）隧道窑有效热

由隧道窑有效热计算可知，对于含窑具材料在内的隧道窑有效热为式（2-43）：

$$Q_{xy} = Q_q + Q_h + Q_g + Q_x + Q_{jg} \tag{2-43}$$

式中　Q_{xy}——窑炉有效热；

　　　Q_q——坯体水分蒸发并加热至离窑的热耗；

　　　Q_h——产品烧成中物化反应热耗；

　　　Q_x——产品烧结时玻璃相热耗；

　　　Q_g——产品加热至烧成温度的升温热耗；

　　　Q_{jg}——窑具加热至产品烧成温度时的升温热耗。

而式中 Q_q、Q_h、Q_x 相对于 Q_g 和 Q_{jg} 所占比例一般较小，且由于窑具质量要比产品质量大得多，所以 Q_{jg} 比 Q_g 同样要大得多。对日用陶瓷而言，根据隧道窑热平衡测试可知各项相对于 Q_{xy} 的比例：$Q_q + Q_h + Q_x$ 约占 15%，Q_g 约占 25%，Q_{jg} 约占 60%，窑具在产品烧成过程占用了大量的有效热，这是因为目前大多数日用瓷生产企业使用的窑具质量是其产品质量的 2 倍以上，有的甚至高达 10 倍，而窑具比热与陶瓷产品相当。由此可见，窑具在升温过程需吸收大量的热量，占用了大部分的有效热，可见，合理选用窑具、减少窑具质量，对降低产品烧成能耗意义重大。

（2）窑具对隧道窑产量与单位产品烧成能耗的影响

从上面含窑具有效热计算可以看出，窑具所消耗的有效热可达 60%，所以在升温过程中窑具需吸收大量的热量，吸热量增加，在一定程度上降低了升温速度，对于隧道窑而言必须降低推车速度，因而也降低了产量。另一方面，窑具质量增加，隧道窑窑腔装载的密度也增加，从而预热带的气流阻力也增加，为满足排烟及分解物排出，需加大排烟力度，预热带漏风量增加，此时由于下层冷风的进入，增加了预热带的温度分层，为确保下层产品有充分的氧化分解时间，必须降低推车速度，因而产量也随之降低。

此外，由上面叙述可知，在冷却带中，窑具质量增加，蓄热量也增加，带进冷却带的热量增加，从而加大了冷却负担；为使热量充分排出，需延长冷却时间，以降低冷却速度，即降低推车速度，使产量减少，或增加急冷风量，增加急冷风机的负荷。从上述的工艺分析可知，窑具/产品质量比的增加将降低产量，而对同一隧道窑，产品类型相同，烧成温度相同，总能耗相同，则单位产品烧成能耗增加。

（3）窑具及烧成时间对热分配比例的影响

由上面加热、冷却过程可以看出，窑具质量增加，产量减少，而在此过程中窑体的表面散热量并没有减少，且排烟的烟气带出的显热增加，具体表现为两个方面：一方面，窑具吸热量增加，增加了燃料的消耗量，故燃料燃烧的干烟气量增加；另一方面，排烟阻力增加时，为满足烧成带的烟气排出需加大排烟的引风力度，故增加了预热带的漏风量，漏入的空气受热后随烟气排出而增加烟气排出的显热。

目前多数的陶瓷隧道窑中，烟气显热、窑体表面散热占烧成总热支出的一大部分，而减小窑具质量可缩短烧成时间，从而可达到降低单位产品烧成能耗的目的。

2.6.6.3 总结

下列因素将增加隧道窑单位产品烧成能耗：

（1）窑具质量增加，吸热量随之增加。

（2）窑具质量增加，装载密度增加，排烟阻力增加，预热带漏风量增加，造成气体分层，则必须降低推车速度，造成产量减少，能耗增加。

（3）窑具质量增加，装载密度增加，排烟阻力增加，预热带漏风量增加，造成排烟显热增加，能耗增加。

（4）窑具质量增加，带入冷却带热量增加，必须延长冷却时间，因而产量减少，单位产品能耗增加。

综上所述，选择优质、轻型窑具，是降低陶瓷单位产品烧成能耗的重要途径，也是降低陶瓷产品综合能耗的有效措施。

2.6.7 窑具的轻质化

在窑炉性能和产品没有改变的情况下，只要减轻窑具质量，就能达到节能的目的。

日用陶瓷产品主要有盘、碗、杯、壶，总体都厚度不大，厚的可以达到 5~6mm，薄的只有 3~4mm。盘的高度只有 20~40mm，壶的高度较大可以达到 150~200mm。但不论何种器形，装载时单一层单位面积的质量都不大，如果以常规的碳化硅棚板托烧，按同等面积计算，其棚板的质量远远高于产品的质量。所以，只要窑具及支撑方法合理，就能满足产品的托烧要求。

当前绝大多数使用的窑具是烧结碳化硅棚板，厚度为 12mm，用耐火支柱支撑于棚板平面的边缘，支点跨度大，烧结碳化硅的高温抗折强度为 56MPa。理论上，如果选用的材料抗折强度提高至 4 倍，则棚板厚度可减至一半，因抗折强度与材料厚度的平方成正比；如支点跨度减少一半，则棚板的承重能力提高 4 倍，因梁的承载能力与支点距离的平方成反比。

所以，对新型窑具材料的选用及支撑方法要不断进行优化设计。

2.6.7.1　节能窑具的设计

（1）窑具材料的选用

窑具材料采用反应烧结碳化硅，其具有显气孔率低、密度大、抗氧化性强、强度大（抗弯强度高达 280MPa，是普通烧结碳化硅抗弯强度的 5 倍）等优点。由于强度的提高，有利于减少棚板的厚度，常用的烧结碳化硅厚度为 12mm。在试验设计中，为了使其可靠性更高，一般选用 5mm 的反应烧结碳化硅。

（2）支撑结构设计

窑具支撑结构采用棚架式进行设计。窑具支撑棚架式结构侧视图如图 2-78 所示，窑具支撑棚架式结构正视图如图 2-79 所示。

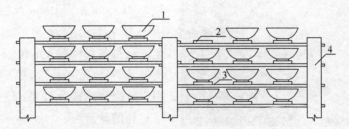

图 2-78　窑具支撑棚架式结构侧视图
1—陶瓷产品；2—托板；3—支撑管；4—立柱

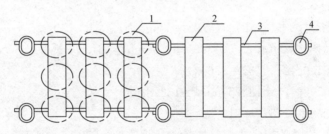

图 2-79　窑具支撑棚架式结构正视图
1—陶瓷产品；2—托板；3—支撑管；4—立柱

立柱垂直固定在窑车上，立柱外长及外宽为 50mm×30mm，壁厚为 5mm，且在宽度为 50mm 左右的两个侧面各开有两排 ϕ15mm 孔（图 2-80）；孔中心距为 25mm，两排错开，即前后排孔中心距为 12.5mm；支撑管按产品装载的高度确定管的中心高，并横穿在立柱上，支撑管长度在 550～700mm 之间，外径为 ϕ13mm，壁厚为 3.5mm；托板架在支撑管上，供摆放产品用，托板的长度在 450～550mm 之间，视窑车设计而定，托板的宽度视陶瓷坯体而定，要略大于坯体底部宽度，让整个坯体底部能全部放在同一片托板上，但宽度不小于 50mm，托板厚度为 5mm，托板在支撑管上的中心距离等于或略大于产品坯体的最大直径（宽度）。为了让托板处于最佳的受力状态，一方面设计了支撑管的中心距离在托板长度的 55％～60％之间（图 2-79），以缩短支撑距离，对比目前烧结碳化硅棚板支撑在板的端点上，受力距离大为缩短。另一方面，由于托板是架在两条支撑管上，以两条线支撑托板，实现了均匀受力，对比目前烧结碳化硅棚板点的支撑且为集中受力，条件有着明显的改善。

图 2-80　立柱两个侧面各开有两排孔示意图

2.6.7.2　窑具质量及产品/窑具质量比

节能窑具设计中，一方面改善了托板的受力条件；另一方面选用了高强度的材料，不仅能够减薄、减轻窑具的质量，在同等产品装载的情况下，托板的面积大大缩小，托板的承重能力反而增强。

在设计中，参照前面常规托烧方法，选用陶瓷产品 6 寸盘，确定节能窑具的数据，层高为 60mm，立柱规格为 50mm×30mm×5mm，支撑管为 ϕ13mm×3.5mm×590mm，托板为 430mm×85mm×5mm。在计算中，由于中间两立柱为左右共用，所以各分担一半，且每条立柱在 60mm 高度左右两侧各挖去 3 个 ϕ15mm 的孔，供穿 ϕ13mm 支撑管用，反应烧结碳化硅密度为 3.05g/cm³，每层窑具的质量为：

每条立柱：$[(50-5)+(30-5)]×2×5×60-[\pi(15÷2)^2×5×(3+3)]=$ 36701mm³$=36.7$cm³

每层立柱：$36.7×[2+(2÷2)]×3.05=336$g

每条支撑管：$(13-3.5)\pi×3.5×590=61599$mm³$=61.6$cm³

每层支撑管：$61.6×2×3.05=376$g

每片托板：$430×85×5=182750$mm³$=182.8$cm³

每层托板：$182.8×3×3.05=1673$g

合计窑具质量＝立柱质量＋支撑管质量＋托板质量＝336＋376＋1673＝2385g

每片托板能托烧的产品为 3 件 6 寸盘各 230g，则每层产品质量为：230g×3 件×3 片＝2070g。

节能窑具与产品的质量比为：窑具质量∶产品质量＝2385∶2070＝1.15∶1。

2.6.7.3　窑具节能对比分析

从上述计算得知，目前在用的托烧方法窑具质量∶产品质量＝4.18∶1，而节能窑具的窑具质量∶产品质量＝1.15∶1。由此对比所知，同样 1 单位质量的产品，常规的托烧窑具质量是节能窑具质量的 3.6 倍，节能窑具与产品的质量和是常规窑具与产品的质量和的 41.5%，节省了 58.5% 的质量。由于高温时碳化硅的比热容为 $0.962+1.46×10^{-4}t$ kJ/(kg·℃)，与陶瓷产品的比热容为 $0.836+2.6×10^{-4}t$ kJ/(kg·℃) 相近。所以，当加热到产品烧成温度时，在同等质量下，窑具吸收的热量与产品吸收的热量相近。以隧道窑为例，按常规托烧方法计算，窑具及产品加热到烧成温度时，两项热耗相加约占总热耗的 60%，若装载产品相同，采用节能窑具后，窑具及产品相加的质量节省了 58.5%，则节省的热耗＝60%×58.5%＝35%。所以，采用节能窑具后，可实现窑具节能达 35%。

2.7　陶瓷窑炉排烟方式选择

2.7.1　梭式窑的排烟方式

2.7.1.1　窑尾排烟方式

目前，国内使用较为普遍的底烧式燃气梭式窑和一些小型梭式窑大多采用窑尾排烟方式。

底烧式燃气梭式窑采用结构简单的文丘里式喷嘴，喷嘴在窑炉两侧墙底部对称排列，喷口竖直向上对准窑体进火孔，整个喷燃装置都设置在窑体底部以下的空间，如图 2-81 所示。高温燃气流由进火孔喷入窑内后，沿窑体两侧墙与窑车制品垛之间的火道向上喷射扩散，至窑顶转向下，穿过窑车上的所有制品，经窑车台面盖板之间预留的条缝状或圆孔状吸火孔进入车台面水平烟道，经窑体后端墙排烟口进入垂直烟道引出窑体外，经余热水套换热后由烟囱排空。换出热水可用于加热液化气罐。端墙垂直烟道设有闸板调节窑内压力，控制升温速度。这种结构属于倒焰式，高温气流的走向提高了传热效率，加上文丘里式喷嘴燃烧空气过剩系数不大，因此节能效果较为理想。

窑尾排烟方式结构简单，施工安装比较方便。但是由于烟气是从窑体一端排出，易造成窑内压力不均匀，靠近窑尾排烟口处抽力大，靠近窑门处抽力小。通过调节窑车台面吸火孔大小使窑内排烟抽力均匀，操作上比较麻烦。因此这种排烟方式适合于小容积或短而宽的梭式窑，对于大容积和长体梭式窑不宜采用。

2.7.1.2　窑体顶部排烟方式

淄博某厂从国外引进了一座 30m³ 燃气梭式窑，用于烧成卫生洁具陶瓷。其窑体大致结构如下：燃料为液化石油气，全纤维平吊顶结构，吊拉式窑门，微机自动控制；烧嘴采用脉冲式高速调温烧嘴，沿窑体两侧交错布置于窑车底层棚板下面的燃烧通道处；窑顶中间部位设置一个排烟口，如图 2-82 所示。高速烧嘴将燃气流喷入窑车底层棚板下面的燃烧通道，经棚板与窑体四周窑墙之间的空隙、棚板与棚板之间的空隙，向上进入窑顶上部空间，由窑顶排烟口集中排出。

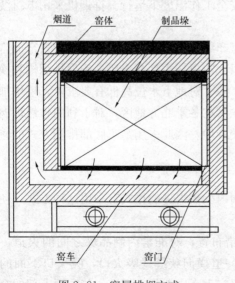

图 2-81　窑尾排烟方式

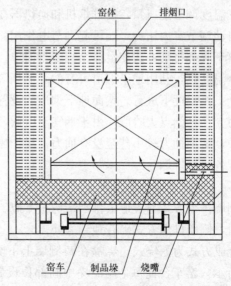

图 2-82　窑顶排烟方式

113

窑顶排烟方式结构也比较简单，排烟阻力较小，不需风机排烟，在窑顶安装一段金属烟囱将烟气引至室外即可。不足之处是：窑顶设置排烟口，给窑体施工安装带来一定困难，对于拱顶结构的梭式窑不宜在窑顶设置排烟口；若控制不当，易造成上下温差；顶部排烟口处有落脏现象，对釉面制品产生污染；由于排烟温度较高，对金属烟囱的材质要求较高。因此窑顶排烟方式比较适合于全纤维平顶结构的低温梭式窑，不宜在拱顶结构和高温梭式窑上采用。

2.7.1.3 窑车底部排烟方式

窑车底部排烟方式在传统梭式窑和引进高温梭式窑上较为常见。下面以淄博某窑炉公司开发制造的全自控 $6m^3$ 高温梭式窑为例作一分析。

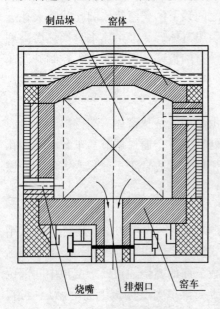

图 2-83 窑车底部排烟方式

窑炉总容积为 $6m^3$，最高烧成温度 1750℃，燃料为液化石油气，烧成方式为侧烧式、明焰烧成，该窑选用燃气-空气预混式高速调温烧嘴，在两侧墙上下交错布置，对准窑内制品垛之间的火道，如图 2-83 所示。高速调温烧嘴在低温时气流的喷出速度高，加速窑内气体循环，加强窑炉的对流换热，均匀窑内温度。使用调温烧嘴有利于窑炉低温控制，确保入窑制品在烧成的低温阶段能够缓慢升温，对于提高烧成合格率非常有利。在窑车台面每个制品垛中心部位留有排烟口，地面基础上与窑车排烟口相对应处也设置排烟口，与地下烟道相通。烧成过程中产生的热气流经过制品间的空隙，同时加热制品，由窑车台面排烟口进入车底地下支烟道，汇总后由总烟道引入排烟机排空。在地下总烟道内，装有助燃风不锈钢换热器，助燃风换热温度可被加热到300℃以上。在排烟机和换热器入口前各装有热电偶检测烟道温度，并设有冷风配入口，根据烟气温度调节配风量，使排烟机和换热器在安全工作温度下运行。排烟机采用电机变频控制，自动调节窑内压力，还可起到节电作用。

窑车底部排烟方式使窑体结构变得简单，窑车结构也不复杂。对于高温梭式窑而言，由于排烟温度高，利用地下烟道可有效降低烟气温度，再掺入部分冷风，确保排烟机和换热器在安全工作温度下进行。然而地下烟道的设置，除了对地下水位高低有要求外，还增加了排烟阻力。在开始点火阶段，由于烟气温度低，尤其在冬季北方地区，对于利用自然烟囱排烟的窑炉，烟囱抽力较小甚至没有抽力，操作比较麻烦。因此采用窑车底部排烟方式的梭式窑最好配备风机排烟。

2.7.1.4 窑体侧墙排烟方式

侧墙排烟方式与隧道窑排烟结构相类似。国内少数引进的梭式窑采用这种方式，使用情况表明，侧墙排烟方式确有独到之处。

烧成方式为侧烧式，烧嘴在两侧墙上下交错布置，对准窑内制品垛之间的火道，如图 2-84 所示。窑车台面每个制品垛中间部位设置一道横向狭缝式吸火口，吸火口下面的支烟道与窑体两侧墙下部排烟口相通。窑体侧墙内留有垂直向上的支烟道，与窑顶上部的金属烟囱连接。侧墙支烟道设置闸板调节排烟抽力，金属烟囱底部离开窑顶排烟口一定距离，以便掺入冷风降低排烟温度。烧嘴喷入的燃气流在窑内制品垛之间的火道内形成一个横向加热断面，流经制品的同时加热制品，经窑车狭缝式吸火口进入窑车支烟道，再进入窑墙支烟道，最后由窑顶上部的金属烟囱排空。有的窑炉将窑墙支烟道砌筑成垂直向下，与窑墙底部的总烟道相通，窑墙呈阶梯状。

窑体侧墙排烟方式与前面几种排烟方式相比较，具有明显的优点：由于侧墙支烟道均设有闸板，窑内横向压力和纵向压力均可调节，窑内压力均匀，无温度死角，因而温差小；利用垂直向上的烟囱自然排烟，无需设置排烟风机和较长的管道，减少了动力消耗，同时也降低了排烟系统的投资。其缺点是窑墙厚度增加，不利于窑体轻型化。

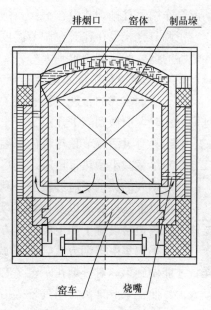

图 2-84　窑体侧墙排烟方式

2.7.2　隧道窑的排烟方式

传统陶瓷隧道窑的预热带主要问题在于窑内负压值和压差过大，从而引起大量冷空气侵入窑内，造成上下温差大等诸多缺陷。上述问题的出现除了与窑体结构、窑车等有关外，主要原因还在于隧道窑排烟方式的不合理。排烟方式的结构是否合理、布置是否恰当对于隧道窑性能的好坏和效益的高低有着举足轻重的作用。下面以焦作市陶瓷二厂为例，借鉴引进窑的先进技术，提出了我国隧道窑排烟方式存在的问题和改进措施。

2.7.2.1　传统隧道窑的排烟方式

传统陶瓷隧道窑由于预热带没有设置烧嘴式燃烧室，其排烟系统除了起到排烟的作用外，同时还具有调温、调压等多种功能，因此，排烟采取分散排烟方式，称之为"负调节方式"。这种排烟方式的排烟孔的分布长度占预热带总长度的 50%～80%，排烟孔的高度以平于车平面为主，多为对称排列，其数量多者达二十余对，少者也有十几对。

负调节排烟方式对于隧道窑预热带的温度曲线调节是靠排走一部分烟气来实现的，由于过早地排走了一部分烟气，导致部分热量不能有效利用，增大了燃耗。这种排烟方式虽然排烟孔设置在下部，实际上也无法有效地加热下部，造成上下温差过大，一般上下温差高达 300～500℃。同时由于排烟孔分布较长，需要的抽力也相应加大，造成窑内负压值过大，漏风严重，更加恶化了预热带工况。

为了克服以上诸多缺陷，几十年来，窑炉技术人员在排烟孔的排布以及排烟支闸的开启程度等方面做了许多探讨。排烟孔有均匀分布的，也有"前密后稀""前稀后密""中间稀两头密""中间密两头稀"等多种形式；排烟支闸的开启程度更是多种多样。实践证明，国内隧道窑的排烟方式仅在排烟孔的分布及支闸开启程度上做文章，作用是非常有限的，不能从根本上优化预热带温度均匀性的工况。

2.7.2.2　引进隧道窑的排烟方式

改革开放以来，我国从国外引进了多条陶瓷隧道窑。引进窑的排烟孔有分散排列的，也有集中在窑头的；有设十多对的，也有仅设一两对的；其排烟孔高度有高于车平面的，也有与车平面相平的。从使用效果看，以集中排烟方式效果较好。由于隧道窑预热带设置有不少煤气烧嘴，使采用窑头集中排烟方式成为可能，称之为正调节方式。

正调节方式解决了负调节方式存在的诸多缺陷，不仅可以调节温度曲线，而且可以有效地加热窑内下部，减小上下温差。由于使用了煤气高速烧嘴，对预热带的烟气层流还起到搅动混合作用，且排烟孔设在窑头，烟气热量也能够被充分利用起来加热制品。

正调节方式也存在着在调节温度曲线时只能升温不能降温的缺点，而且其靠近窑头的煤气烧嘴的烟气的热利用也不太好。

2.7.2.3 国产宽体节能示范窑排烟方式的改进

由于排烟方式的合理与否直接关系到隧道窑的性能，在设计国产新型宽体节能隧道窑的排烟方式时，应做到以下几点：

（1）具有灵活调节预热带内部温差和压差的手段，窑内气流分布要合理。

（2）尽量减小预热带负压，用尽可能小的负压值满足工艺需要。

（3）烟气的热量要能够被充分利用。

根据以上几点要求以及国内的实际情况，借鉴引进窑的经验，焦作市陶瓷二厂的 69m 宽体节能隧道窑设置了如下的排烟方式：

（1）采取集中排烟方式，即正调节方式。隧道窑排烟孔的分布必须相对集中，只有这样，才能做到第一对排烟孔距窑头有一定距离（以 4～6 个车距为佳），这样窑头的负压值不至太大，便于采取窑头封闭气幕等措施减少窑头漏风。集中排烟使最后一对排烟孔距烧成带也有一个较长的距离，从而避免烟气过早排出。

（2）为了使集中排烟成为可能，在 69m 窑的预热带采取了以下措施改善预热带工况：

① 预热带后部设置高速煤气烧嘴。在预热带后部对准下火道设置低温高速煤气烧嘴若干对，通过调节煤气烧嘴的火焰流速和温度，可有效地调节该区域的压力和温度，以达到提高预热带下部温度、减小上下温差的目的。

② 预热带前部高温烟气加热喷嘴的设置。由于国产低温煤气烧嘴在 300℃ 以下易熄火，同时也为了提高烟气的热利用率，可以把最后一对或两对排烟孔的高温烟气用高温烟气风机送入预热带前部的下火道，通过调节各个喷嘴的流量、流速以及温度来达到提高预热带该区域下部温度和压力的目的，大大减小该区域的上下温差。

③ 低温气流搅拌喷嘴的设置。国外引进窑正调节排烟方式在调节温度曲线时，只能升温而不能降温。为了克服以上缺陷，对准预热带前部的上火道，设置了低温热风（60～120℃）搅拌喷嘴二十余对，这些搅拌喷嘴由于喷口直径小，风压较高，喷出速度较大，能起到打乱烟气层流、增大上部气流阻力、降低上部温度的作用。

（3）负压中心距烧成带的距离的确定。设计隧道窑的排烟方式首先要考虑其负压中心距烧成带的距离。负压中心距烧成带过远，则气流阻力加大，烟气排出的路线长，需要的负压值必须加大，这样，预热带漏冷风增多，易引起气体分层，加大了上下温差；负压中心距烧成带过近，则烟气过早排出，带走过多热量，降低了热利用率。69m 窑适当缩短了负压中心距烧成带的距离，使整个窑炉在微压下运行，减少了冷风的侵入，同时设置了高温烟气喷嘴，加强了高温烟气的二次利用。

4. 排烟孔高度的确定。69m 窑排烟孔的高度与窑车平面相平，使其在排烟的同时起到打乱气体分层和调整上下温差的作用。

5. 排烟孔数量的确定。排烟孔的数量不能太少，亦不能太多，以六到十对为宜。69m窑的排烟孔为八对。若隧道窑只有一两对排烟孔，则不便于调节；排烟孔若太多，则分散距离过长，同样也不便于控制。

2.7.3　辊道窑的排烟方式

辊道窑的排烟方式可分为集中排烟和分散排烟两种方式。明焰辊道窑的燃烧火焰直接进入窑道内的辊道上下空间，对制品直接进行加热。为提高热利用率，一般均采用集中排烟方式，即在窑头不远处的窑顶、窑底设置排烟口，烟气自烧成带向预热带流动，至窑头排烟口抽出，经排烟总管、排烟机排出室外。与隧道窑不同，大多数辊道窑不设置窑头封闭气幕封闭窑头，而采用在窑头钢板上仅留一条窄缝作为砖坯进口。

由于集中排烟方式缺乏对预热带温度的调节手段，有时难以保证制品按需要的烧成曲线升温。为此，许多明焰辊道窑在预热带辊上设置喷风口。来自冷却带抽出的热风经窑上空气方管进入喷风管，并由喷风口喷入窑内，其喷风量大小可由球阀调节。当窑头温度偏高，就可加大喷入风量，使低温空气与高温烟气掺和，以降低烟气温度。为调节预热带升温制度，除上述采用调温喷风嘴的方式外，另一种就是在预热带除窑头几节外全部装有烧嘴。

由于辊道窑断面高度较低，有效减轻了几何压头造成的上下气体流速分布不均，尤其是没有了窑车，不存在窑底漏入冷风而造成预热带上下冷热气体分层，因而上下温差小。辊道窑又属中空窑，对焙烧建筑瓷砖的辊道窑而言，窑内阻力很小，压降较小，故预热带的负压也较小。因此，只要加强辊子与孔砖的密封，辊道窑气体的逸出和冷空气的漏入远比传统隧道窑小。辊道窑内制品一般采用裸烧，并且双面被加热，所以，辊道窑内传热条件好，传热速率高，也是辊道窑能成为快烧陶瓷窑炉的原因。由于预热带烟气温度明显低于烧成带的温度，在预热带烟气主要通过对流换热的形式将热量传递给砖坯。

2.7.3.1　集中排烟和分散排烟的比较

李瑞雪等通过对集中排烟和分散排烟的多个模型进行模拟，并对热流量和温度场进行分析，得出以下总结：

集中排烟有利于砖坯热量的吸收，烟气带走热量较少，同时通过窑墙和窑顶散失热量也较多；而分散排烟使砖坯吸收的热量减少，烟气带走热量增多，同时通过窑墙和窑顶散失热量也有所减少，而且分散程度越大，以上作用越明显。与分散排烟相比，集中排烟的辊道窑窑头烟气温度较高，在整个低箱段烟气与砖坯的温差都大于分散排烟的辊道窑。另外，无论集中或分散排烟，窑头排烟口位置横向温度都不均匀。

鉴于以上总结，辊道窑排烟方式最好选择分散排烟，原因如下：

（1）窑墙和窑顶散失热量少，即不可利用的热量散失少。

（2）虽然与集中排烟相比，分散排烟时烟气带走热量多，在预热带烟气热利用率降低，但排出烟气温度升高，为烟气的二次利用提供了有利条件，温度和热量的优势可以使烟气在用于干燥窑干燥制品时的热利用率提高。

（3）在整个低箱段烟气与砖坯温差小，减少了砖坯由于升温过快造成缺陷的可能性。

（4）增加了预热带温度调节方式，可通过排烟口闸板的开度对温度进行调节，使烧成曲线满足制品的工艺要求。

另外，在设计辊道窑低箱段时，应考虑以下三个方面：

（1）由于与集中排烟相比，分散排烟砖坯吸收热量少，烟气带走热量多，应将烟气用于砖坯的干燥以提高热利用率。因此，在设计辊道窑的同时要设计出配套的干燥窑。在设计排烟口的数目和分散程度时，要结合产品种类和产量进行设计，在满足烧成制度的前提下，使热量充分利用。

（2）在窑头第1节位置设置的排烟口最好选用条形排烟口以增强横向温度的均匀性，使砖坯整体均匀升温。

（3）在窑体材料选择上，要平衡保温效果和材料价格，选用合适的材料达到最佳性价比，避免窑顶散热较多的情况。

2.7.3.2 宽体辊道窑低箱部分与排烟风管布局

对比萨克米宽体辊道窑炉与国产辊道窑炉在窑头段的低箱部分与排烟支管的分布，二者存在以下几方面的差异：

（1）窑炉前段低箱部分过长以及箱内高度过于窄小

窑炉前段低箱部分过长以及箱内高度过于窄小，直接造成的不良效果有：

① 导致窑头段的温度很难提升。

② 窑内低箱体部分气流过快，导致坯体表层排水过快而出现表面硬皮的现象，内部水分未完全排除，待坯体进入较高温阶段再次排水导致出现边裂及面裂缺陷。

③ 两排式集中抽湿法的排烟支管设计，虽然在理论上可以理解为将窑炉烟气的余热最大化利用，也就是说将烟气集中抽到最前端，对坯体加热后再排出窑外，这种方法针对生产薄而小的产品时有利，但对于我国追求大产量的快速烧成的抛光产品来说，则是致命的弱点。

④ 一、二级大小排烟风机的分布和入风口设计不合理，造成烟气阻力大及调整温度曲线的不方便。

⑤ 没有备用风机，需要对设备进行非常严格的巡检和保养制度。

（2）国产辊道窑炉前段采用多管分阶段式设计

国产辊道窑炉前段采用多管分阶段式设计，有利于分段排湿机调整温度曲线。由于国内的窑炉设计师通常将大功率的风机用于一级排烟，便于把窑炉内烟气余热最大化地抽到窑头入口段，而功率相对较小的风机则分布在二级排烟风机，主要是调节温度及温度梯度，有利于减少产品裂纹缺陷的产生。

缺点：如果二级排烟风机开启过大或者其对应的风闸开启过多，烟气余热过早被抽出窑外而降低了余热的利用率。

辊道窑前段的低箱体部分的内高空间比较大，有利于窑内烟气的缓慢流动，延长烟气对坯体加热的停留时间，从而提高余热利用率；减缓烟气的流速，降低热气对坯体的冲击力，减少裂纹的出现。

通过对多家正在使用萨克米宽体辊道窑的厂家进行了解，他们都不同程度地根据公司自身的生产情况而进行窑炉技改，增加了前段低箱的高度，以及借用国产辊道窑多管分段式排烟设计方法，经过技改都取得了比较理想的效果。

2.8　其他附属设备优化

2.8.1　陶瓷窑炉风机节能途径

　　风机是陶瓷生产企业常用的辅助生产设备，是通风与除尘装置的关键设备，如陶瓷原料的干法粉磨工序（雷蒙磨机、锻锤式磨粉机及鼠笼式打粉机等磨粉设备）利用离心风机将达到规定粒度要求的陶瓷粉料排出机外；喷雾干燥器、隧道式干燥器、室式干燥器、链式干燥器及窑炉等设备利用离心风机进行热交换，以便提高制品的加热速度及加热质量等；旋风除尘器及布袋除尘器等，这些都需要利用离心风机对生产场地进行除尘处理，确保生产环境洁净，保护生产者身心健康，利用风机完成陶瓷粉料的输送等。

　　风机是一种高耗能的设备，消耗的电力资源在陶瓷生产中的比例较大，许多陶瓷生产企业把降低风机的电耗作为当前的重要工作。降低风机的电耗除了提高风机本身的效率外，合理地选用风机的调节方式是最重要的，因为陶瓷生产的负荷随工艺的需求而时刻变化，大多数风机都需要根据主机负荷而经常调节流量。当前，陶瓷生产企业风机的节能调节方法比较陈旧，一般采用节流调节。当采用节流调节时，风机的流量主要采用调节阀门或节流挡板来进行调节，风机的节流量大，低负荷时甚至节流 50% 以上，由于存在节流损失及偏离高效区运行，能量浪费非常严重。而如果调节风机的转速，既可以取消节流损失，又可以保证风机始终高效运行，因此可以大幅度节约电能。可以说调节风机的转速是一种有效的节能方式，体现了当前建材工业生产的新趋势。下面介绍风机的几种节能方法，比较各种方法的特点，说明变频调速技术是目前风机的最佳节能途径，对陶瓷生产企业具有重大的现实意义。

2.8.1.1　合理选择风机的工况

　　风机在管网中的理想工作状况，是要保证其输出风量比较稳定，同时其本身的工作效率又能保持在较高水平。为此，首先要采用高效型风机，但是风机在实际生产运行中，由于操作条件的变化，其工作点往往会随之转移，以致其输出风量相应地发生变化。因此需要找到一种因生产操作变动对风机输出风量影响较小的选择。图 2-85 为风机在管网中的工作情况，其中：n 为风机在某一转速时的性能曲线，R_1、R_2、R_3 分别为不同生产操作情况下的管网特性曲线。当风机在工作点 1 运行时，如果管网阻力从 P_1 增加到 P_2，则风机工作点就将从 1 移向 2，其风量就将从 Q_1 降为 Q_2。如果风机在工作点 2 运行，当管网阻力由 P_2 增加到 P_3，且其增加量与 P_1 增加到 P_2 相同，即 $P_3 - P_2 = P_2 - P_1$，则风机的工作点将由 2 移至 3，其风量将由 Q_2 降至 Q_3。显然，从图 2-85 中可以看到，$Q_2 - Q_3 > Q_1 - Q_2$，亦即风机在工作点 1 运行时，管网阻力的变动对风机风量的影响要小于工作点 2 的情况。究其原因，因为工作点 1 位于风机性能曲线的陡峭部分，而工作点 2 则位于性能曲线的较平坦部分。所以在选择确定代表风机大小的具体机号时，应该从风

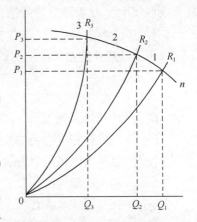

图 2-85　风机工况选择节能原理

机工作点在性能曲线上的位置来对比判断。众所周知，同样阻力和风量的风网，可以由大小不同、转速各异的风机来供选用，此时就应根据上述原理，在风机效率相近的情况下选择工

作点能位于其性能曲线的陡峭部分的风机，以减少在实际生产中风量的过大波动。风量变动过大，必然会影响除尘和风选效果；对气力输送系统来说，就容易引起掉料。通常情况下，选用大风机低转速往往优于选用小风机高转速。

2.8.1.2　节流调节

所谓节流调节是在不改变风机本身特性情况下，通过改变节流挡板的开度（比如用挡板关小风机出口的风门），也即改变节流阻力来控制气体的流量。改变管网特性常用的方法是在管网中装设调节阀门，通过阀门的启闭度，使管网阻力变化而改变风机工况，从而调节风机的输出风量。图 2-86 中，n 为风机在一定转速下的性能曲线，当其在 R_1 的管网特性曲线下运行时，其工作点为 a_1，此时的风量和压力分别为 Q_1 和 P_1。当调节管网中的阀门使管网特性曲线为 R_2 时，则工作点将从 a_1 移至 a_2，风机的风量则从 Q_1 降为 Q_2，而压力（即管网阻力）则从 P_1 增至 P_2。此时，对应于这两种不同工况下风机的功率（轴功率），可用工作点 a 与坐标轴之间所包围的面积来表示，因为功率是风量与压力的乘积。因此，风机工作点在 a_1 时的功率为 $OP_1a_1Q_1O$ 所围成的面积，在工作点 a_2 时的功率为 $OP_2a_2Q_2O$ 所围成的面积。从图 2-86 中可以看出，后者显然小于前者，即表示通过关小阀门，调小风量，风机能耗得到降低，但降低的幅度要小于风量减少的幅度，亦即另有一部分功率要消耗在阀门的阻力上。这是阀门调节的缺憾。

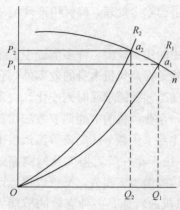

图 2-86　风机节流节能原理

2.8.1.3　导向器调节

导向器的调节主要是在不改变风道特性的情况下，依靠装在风机进口处的导向器来改变气流进入风机叶轮时的方向流，具有预旋作用，从而改变风机的工作特性，它的调节经济性要比节流调节法高得多。当风机在 $50\%\sim60\%$ 负荷下运行时，采用导向器调节法可节约电耗 $30\%\sim35\%$。而且导向器的结构较简单，所以得到较广泛的应用。

2.8.1.4　速度调节

风机运转所耗能量可由式（2-44）计算：

$$W = \frac{K \cdot p \cdot Q \cdot t}{1000\eta} \tag{2-44}$$

式中　Q——风机所需通风量（流量），m^3/s；

　　　K——与气体密度有关的系数；

　　　p——风机所需风压，Pa；

　　　t——通风时间，h；

　　　η——风机系统效率，$\%$。

从式（2-44）看出，降低风机的风压与减少流量可以降低风机的电耗。根据风机的相似理论，对于同一台风机流量 Q 与转速 n 成正比，风压 p 与转速 n 的平方成正比，轴功率 P 与转速 n 的三次方成正比，即

$$\frac{Q_1}{Q_2} = \frac{n_1}{n_2}; \quad \frac{p_1}{p_2} = \left(\frac{n_1}{n_2}\right)^2; \quad \frac{P_1}{P_2} = \left(\frac{n_1}{n_2}\right)^3$$

这就是风机变速调节的基本原理,通过改变风机的转速能有效降低风机消耗的功率,从而降低风机运转所耗的能量。下面通过调速节能原理图与传统的节流调节方式进行比较,从中不难看出采用调速运行比节流调节有着更为显著的节能效果。现在用改变转速与调节风阀开度对比的方法来分析它们的节能效果,其原理如图 2-87 所示。横纵坐标分别为风机的风量和风压,曲线 1 为风机在恒速下的风压-风量(H-Q)特性曲线;曲线 2 为恒速下的功率-风量(PS-Q)特性曲线;曲线 3 为管网风阻特性(风门全开)。假设风机在 A 点工作时效率最高,此时的风量为全量,显然轴功率 $PS_1 = Q_1 \times H_1$,大小为矩形 H_1AQ_1O 的面积。如果需要将风量减小一半,即风量由 Q_1 减小到 Q_2,这里采用两种方法:

(1)采用调节风门开度的办法,则风机的阻力曲线从 3 变到 4,风机工作点由 A 移到 B,可以看出,风机的风量虽然减少了,但风压却由 H_1 增加到了 H_2,其轴功率 PS_2 为矩形 H_2BQ_2 O 的面积,与 H_1AQ_1O 的面积差距不是太大。

(2)采用调节转速来改变风量的办法,风机转速由原来的 N_1 降到 N_2,可以画出此时的风机特性曲线 5,可以看出风压大幅度地降到 H_3,轴功率 PS_3 为矩形 H_3CQ_2O 的面积。

从图 2-87 可以看出第二种方法的节能效果非常显著。

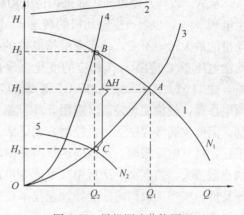

图 2-87 风机调速节能原理

2.8.1.5 风机速度调节方式

如上所述,变速调节方法可以达到节能效果,但是,电动机的调速方法有多种方式,应根据实际情况选择一个最佳方式。

从感应式电动机转速公式(2-45)可知:

$$n = \frac{60(1-s)f_1}{P} \tag{2-45}$$

式中 n——电动机的转速,r/min;

f_1——电动机端电压的频率,Hz;

s——电动机的转差率;

P——电动机定子绕组的极对数。

要改变转速,可以分别考虑以 f_1、s、P 为变量进行讨论。对于鼠笼式异步电动机,常用的交流调速方法有调压调速法、电磁调速法、变极调速、变频调速等。

(1)调压调速法

异步电动机的电磁转矩 M 正比于电源电压 U 的平方($M \propto U_1^2$),而且额定转矩 MN 与转速成反比关系($MN \propto 1/n$),因此,改变电源电压即改变电磁转矩,便改变电动机的转速。这种方法由于电动机运行于大转差(ns)下,在调速过程中的转差功率以热能形式损耗在转子中,必须采用特殊的笼型电动机,避免在低转速时产生大电流而发热。这种调速方法效率低,其自然机械特性较软。要想得到稳定转速,必须采用反馈法,一般适应于 30kW 以下的电机中。

(2)电磁调速法

电磁调速系统由电磁转差离合器(电枢与电动机同轴,激磁线圈与输出端同轴)、笼型电动机和控制器三部分组成。这种调速法的电机涡流损耗大，速度损耗也大，转差功率以热能形式损耗，同样存在效率低、机械特性软的缺点。当控制器出现故障时，负载无法切换至额定转速运行，因此，多适应于100kW以下的电动机中。

（3）变极调速法

变极调速是通过改变电动机定子绕组的极对数 P，从而改变旋转磁场和转子转速的方法。这种方法虽然具有能调节转速无附加转差损耗的优点，但由于电机的极对数只能是整数，因此属于跳跃性的有级变速，须与电磁式调速系统配合才能平滑调速，而且电机外接线多，必须使用专用电动机，很不方便。

（4）变频调速法

变频调速的工作原理是，将三相交流电经大功率整流元件转变成直流电，再将直流电利用正弦波脉宽调制技术，逆变为频率可调的三相交流电，供电动机使用。

从式（2-45）中可知，如果保持电动机的极对数 P 和转差率 s 不变，改变电动机定子的供电频率 f_1，也可改变电动机的转速 n。因为 $U_1 \approx E_1 = 4.44KN_1f_1$，为了保持在调速时电动机的最大转矩不变，就需要维持电机的磁通不变，即要求 $U_1/f_1 =$ 常数，也就是电动机的端电压 U_1，应随 f_1 作相应的变化。现在市面上为风机的变频调速提供了许多专用变频器，如 1PM、1GBT 或 AMB-G7 等高性能风机专用数字式变频调速器。采用数字键盘，模拟电位器，触摸面板控制。应用开环控制方式和闭环 PID 控制方式实现压力控制、流量控制、温度控制等程序运行，控制方式灵活。同时，应用优化空间矢量 PWM 控制，输出电流平稳，具有电流限幅、过压失速、回升制动、转速跟踪、平滑再启动等性能。变频调速法的调速范围大、精度高，运行中只要改变电源频率 f_1，就能得到与之相对应的不同的风机机械特性，实现无级调速。变频调速技术在节能方面具有领先的技术，除上述特点之外，还具有以下优点：

① 功率因数 $\cos\varphi=1$，从而可以减少无功电流和无功损耗。

② 工作点稳定，用风设备压力变化小。如变频调速中 $\Delta f=1.5Hz$，$\Delta n=0.36r/min$，压力变化仅为±（50～80）Pa。

③ 变频技术可达到无级调速，风压变化平缓，减轻了风道振动和轴承的磨损，延长了设备的寿命。

④ 应用变频调速后，电机可以软起动，起动电压降低，对电网的冲击大幅减少。

2.8.1.6 小结

风机的调节方式与节能的关系非常密切，因此，研究并改进它们的调节方式是节能最有效的途径和关键所在。风机的节能问题和节能技术必须引起陶瓷生产企业的足够重视。

（1）注意风机等设备选用节能型，尽量避免"大马拉小车"现象。

（2）从设计、安装施工中注意风道、节流环节的合理性，以减小节流损失，尽量使风机的运行风压和流量接近于额定压力和流量，使运行工作点长时间地保持在高效率区。

（3）采用经济而可靠的调节方式控制风机的运行更是风机节能的当务之急。

调节风机转速运行的调节方式是提高能源利用效率的最佳方法，也是实施可持续发展战略的重要手段。陶瓷工业通风除尘风机的耗电量较大，目前还有相当数量的设备较陈旧，而且仍采用节流调节的传统方法。如果对陶瓷企业常用风机进行技改，其节能潜力很大。对于流量调节幅度大，低负荷下运行时间长的风机调速系统，变频变压调速法的节能效益和提高自动化程度更为突出。因此，伴随高科技的进步，高新技术、新设备不断涌现，常用风机的调速应多采用变频调速法。

2.8.2　陶瓷辊棒的选型与使用

陶瓷辊棒是指把黏土质耐火原料与天然矿物原料经过精选、粉碎、成型、煅烧等过程而制成的耐火制品。陶瓷辊棒作为一种耐火窑具，在辊道烧成窑和辊道干燥窑中起支承、传送陶瓷坯体和产品的作用，是辊道窑的核心部件，它为辊道窑的节能、缩短烧成周期与自动化运作作出了重要贡献，在建筑卫生陶瓷、日用陶瓷、电子陶瓷、磁性材料、玻璃热处理、耐磨器件等领域得到广泛应用。

2.8.2.1　陶瓷辊棒的分类

陶瓷辊棒按材质可分为以下几类：

（1）董青石-莫来石辊棒：抗热震性能优异，但由于其荷重软化温度低，最高使用温度在 1300℃以下，主要应用在低温发热管的载体上。

（2）熔融石英质辊棒：热膨胀系数低，抗热震性能很好，由于使用温度较低，多用于玻璃退火炉等。

（3）刚玉-莫来石辊棒：这种辊棒是由刚玉（Al_2O_3）和莫来石（$3Al_2O_3 \cdot 2SiO_2$）组成的复相陶瓷材料，具有高温性能好、耐火性好等特点，与单一的刚玉或莫来石材料相比，具有更加优异的抗急冷急热性能。由于其硬度较大，耐磨性和抗氧化性都较好，基本能满足现代建筑卫生陶瓷和日用陶瓷烧成的要求；其使用温度可达 1400℃甚至更高，价格低廉，为目前生产用量最大的一种辊棒。

（4）碳化硅辊棒：碳化硅辊棒强度高，抗热震性好，有良好的抗高温蠕变性能。常见的碳化硅辊棒有重结晶碳化硅辊棒和反应烧结碳化硅辊棒。重结晶碳化硅棒，氧化气氛下使用温度可达 1600℃，但价格昂贵；价格稍低的反应烧结碳化硅辊棒，可用于 1300~1350℃，多用于卫生陶瓷、电瓷、日用陶瓷的烧成。碳化硅陶瓷辊棒的缺点是容易被腐蚀、去污能力差、价格昂贵、热传导率高，从而限制了自身的使用推广。

陶瓷辊棒按使用温度可分为高温瓷辊、中高温瓷辊、中温瓷辊、中低温瓷辊、急冷带抗弯瓷辊等，其对应的使用温度见表 2-46。

表 2-46　不同辊棒的使用温度

产品类型	高温瓷辊	中高温瓷辊	中温瓷辊	中低温瓷辊	急冷带抗弯瓷辊
最高使用温度（℃）	1350~1400	1250~1300	1200	1100	1200

2.8.2.2　陶瓷辊棒的性能指标

陶瓷辊棒的主要性能指标如下：

（1）热稳定性：主要反映辊棒的耐急冷急热性能，好的热稳定性可提高辊棒的使用寿命，从而降低企业的生产成本。

（2）弯曲强度：由于陶瓷辊棒主要起承重与传输作用，一般都是在高温、负荷作用下工作，弯曲强度是陶瓷辊棒的一个重要指标，从一定程度上来说，弯曲强度越高越好。

（3）吸水率：吸水率与辊棒的致密度紧密相连，越是用于高温下的辊棒，要求其吸水率越小。

（4）耐火度：是指在无荷重时抵抗高温作用而不熔融和软化的性能。耐火度高说明选用原材料纯度好,杂质含量低,但耐火度并不代表辊棒的最高使用温度,辊棒的使用温度要低于其耐火度。

(5) 直线度:直线度反应辊棒的平直程度,它是辊棒质量的重要体现,直线度不合格的辊棒容易导致产品变形。

(6) 热膨胀系数:对于陶瓷辊棒而言,希望其热膨胀系数小,从而在温度变化较大时不易弯曲,保障生产的顺利进行。

2.8.2.3 陶瓷辊棒的检验

陶瓷辊棒的几种重要性能检测方法如下:

1. 尺寸偏差的测量

瓷辊圆度、锥度、外径尺寸偏差的测量:在距瓷辊两端 100mm 处,分别用分度值为 0.02mm 的游标卡尺测量瓷辊的最大外径及同截面上与之垂直方向上的外径,精确至 0.02mm,取同一截面的两个测量值之差作为圆度值,以最大值作为测量结果,以两端的外径平均值之差作为锥度,以所测四次外径的测量值与公称外径之差作为外径尺寸偏差,以最大值和最小值作为测量结果。

2. 直线度的测量

(1) 标准棒的选定

根据需要选定不同规格的瓷辊标准棒,采用直径与被选瓷辊相接近的金属标准棒(直线度等级不低于 9 级,长度大于被选瓷辊)平放于工作台上,使被选瓷辊紧贴金属棒,转动被选瓷辊 360°,用塞尺测两者的最大间隙,小于 0.2mm 的才能用作标准棒。

(2) 测量

根据被测产品的规格,选用与其直径相接近的瓷辊标准棒,把瓷辊标准棒平放于工作台,使样品紧贴瓷辊标准棒,转动样品 360°,用塞尺测量两者之间的最大间隙,即为直线度公差,以管长的百分数表示。

3. 急冷急热性试验

截取约 650mm 长的瓷辊,烘干后冷却,迅速插入规定温度的电炉中,插入深度约为 400mm,将瓷辊两端支起,且沿长度方向温差不大于 ±5℃,保温 10min 后迅速取出,平放在耐火材料支架上,在空气中冷却至室温,检验有无裂纹及断裂。

2.8.2.4 宽体窑对陶瓷辊棒的要求

(1) 对辊棒直线度的要求

因为宽体窑不仅宽,同时也较长,所以对辊棒的直线度要求更为严格。直线度不仅仅针对窑炉内的有效宽度,对棒头和棒尾部等要求也高。因为辊棒加长后,辊棒的头、尾部较少的变形会反映在窑中部较大的传动误差。同时,由于窑炉长度较长,对辊棒的直线度要求也就更高,所以宽体窑厂家检验辊棒的第一个标准就是辊棒的直线度。

(2) 对辊棒长度的要求

就目前行业的发展趋势和预测情况来看,窑炉的长度不断在加长,甚至于超过 400m,宽体窑不断在加宽,如 2.80m、3.00m、3.10m、3.20m、3.30m、3.85m、3.95m 等,但宽体窑比加长窑炉更为重要,这已成为行业有识之士的共识。且随着微波、红外线等新的干燥烧成技术的应用,新能源作为传统能源的补充方式,或许将来的窑炉会发展成为更宽的窑炉,但其关键的瓶颈在于陶瓷辊棒长度的制约和燃烧技术的改进。所以辊棒的长度问题成了所有辊棒生产企业所关注的课题之一。

（3）对辊棒圆度和锥度的要求

通常在窑炉运转调试的过程中，把辊棒的正负"偏差"相抵作为前提进行设定。但现实调试过程中，尤其是宽体过长的窑炉，即使假设与实际相吻合，但局部区段内也会产生或大或小的差异。这就要求辊棒有更好的圆度和较小的锥度，才能满足宽体窑的需求。为了保证制品在窑炉内走正，不至于在传动的运动中"偏向"，在烧成带之前引入了"异型棒"，对走砖队形进行调节。

（4）对辊棒的高温抗折强度和高温蠕变性能的要求

在建陶制品中，"宽体窑"主要是烧制大规格的产品，如仿古砖、玻化砖等高温制品，不仅产品单位面积质量大，且其保温点一般在 1200℃ 以上。所以辊棒的高温抗折强度和高温蠕变性能比普通窑炉要高得多，使用物理检测法测得 1350℃ 高温下，其抗折强度可达到 50MPa 以上。随着节能降耗行动的深入，陶瓷制品"薄"形化、"低"温化是发展的必然趋势。但这不等于对辊棒性能的要求降低，反而因为大规格或超大规格（宽度在 1.0～2.2m 规格的制品）的产品出现，对辊棒有了更高的要求。

（5）对辊棒耐急冷急热性的要求

在宽体窑生产过程中，耐急冷急热性能尤为重要。尤其是现在窑炉要求大产量、高速度的运转，窑炉在运行过程中的故障率加大。而厂家在事故处理过程中，该性能的优劣更是暴露无遗，这项指标是厂家选择辊棒品牌的直接考虑的成本因素。

（6）对辊棒加工质量的要求

对辊棒加工质量的要求主要是指辊棒磨头、打孔的加工精度，控制必须严格，否则也会影响传动走砖和窑炉密封。

（7）对辊棒材质的要求

辊道窑向宽断面、高温度方向发展，因而对陶瓷辊棒也提出了更高的质量要求。然而，目前的辊棒材质虽然具有高温力学性能好、耐火度高、抗热震性能好、使用寿命长等特点。但在窑炉中长期使用，仍会发生晶型转变、玻璃相的形成、结晶、固相反应、分解以及性能变化等问题。因此有必要研究开发适合窑炉不同部位、不同气氛、不同温度等情况下使用的系列化陶瓷辊棒。

（8）其他的需求

要生产出耐腐蚀、高温抗弯强度大、膨胀系数小的陶瓷产品，依据陶瓷产品不同而有相应的要求。

2.8.2.5　辊棒的选型

选择何种型号和规格的辊棒主要依据窑炉的最高烧成温度、辊棒的负载、辊棒的转速以及窑炉内宽、生产产品等因素。

走砖的齐整度是新建窑炉验收的重要指标之一，走砖不齐可造成烧成产品变形、叠砖、堵塞等故障，因此，厂家对走砖的齐整度要求比较高。辊棒的直线度、大小头、弯曲强度是影响走砖齐整度的主要因素。

（1）直线度

辊棒直线度的好坏在一定程度上影响走砖及窑炉调节，这就要求辊棒端不能出现急弯，同时在穿入窑炉前需对辊棒进行再挑选，由于窑炉的主动边传动系统带动辊棒运转，因此应将相对直线度最好的一端穿入套筒。

（2）大小头

辊棒的大小头要控制在±0.7mm以内，而且大的一头应统一涂上颜色作标记，便于把辊棒大、小头错开放置，使窑炉两边走砖速度趋于一致。

（3）弯曲强度

若辊棒弯曲强度不足，辊棒在高温荷重下会产生弯曲变形，造成每排砖的传送速度两边快中间慢，走砖混乱，产品容易变形。

2.8.2.6　辊棒的使用

1. 新棒的使用

（1）塞石棉

在离棒端10～15cm处，需在辊棒内孔塞进3～5cm长高温碎石棉（一般石棉塞入辊棒内位置要求刚好为辊棒在窑墙内为好），以减小窑内热量通过辊棒向窑外扩散，防止棒头套或轴承受热，延长辊棒的使用寿命。

随着技术的进步以及人们环保意识的提高，石棉产品将会逐步被其他隔热材料取代，目前发达国家已基本禁止在辊棒内塞石棉，取而代之的是使用高温氧化铝塞头或其他隔热材料生产的塞子，同样能达到保温隔热的目的，同时还可以重复使用，且对人体无直接伤害。

（2）套弹簧

在被动一边的辊棒棒头套钢圈弹簧，使弹簧长度的中心点对准相邻两个轴承之间的中心点，其目的是防止辊棒直接与轴承接触而磨损，同时避免因弹簧同轴承接触不理想而影响走砖及水平调节。

（3）上棒浆（涂料）

在辊棒表面涂上适当厚度的高温保护涂料，如氧化铝浆等，可以在一定程度上保护辊棒，使其不受窑内腐蚀性气体的侵蚀，高温段辊棒不会直接接触烧成中的制品所产生的玻璃相而粘连，且在生产中较易清理，从而延长辊棒的使用寿命。

（4）烘棒

上了涂料的辊棒含有较多的吸附水，待涂料自然风干之后，再将辊棒移至窑边或窑炉顶充分烘干后备用。

2. 旧棒的使用

（1）磨棒

使用一段时间后，辊棒由于长时间接触烧制中的坯体而粘有坯粉、釉滴等杂质而变得凹凸不平，会导致走砖不齐，砖坯变形。因此要及时更换辊棒，并把辊棒上的粘耙等杂质削或磨掉。使用优良的保护涂料可以较容易地清理辊棒，运用较先进的打磨设备同样可以使辊棒的清理简单化。

（2）由于辊棒在高温区已使用过一段时间，出现一定的弯曲在所难免，因此打磨后的辊棒需对其直线度进行重新测量，合格的辊棒可以继续插入窑炉高温区使用，弯曲较大的辊棒则可在缓冷、快冷区域使用。

（3）上棒浆（涂料），烘棒。

3. 辊棒的更换

（1）高温带批量换棒时，要先停止进砖，并把窑温降至800～900℃。换棒过程要注意下列操作问题：

① 地面不允许有水迹。

② 拉棒时用高温棉托接辊棒，不能用铁钩等导热系数大的物体直接接触辊棒的红色高温部位。

③ 拉出来的辊棒，以离棒端约 15cm 处的两白色低温部位做支撑点，放在支架上，支架离地面高度要大于 15cm。

④ 转动辊棒冷却至白色，以防止辊棒弯曲。

⑤ 刚拉出来的棒，棒和棒之间不允许接触，要间隔约 80mm，防止辊棒接触受热不均而产生弯曲。

⑥ 不能用风吹的方式强冷辊棒，防止炸裂。

⑦ 穿棒时，最好两人一组，一人在窑炉被动边穿辊棒，另外一人在窑炉主动边戴上绝热手套接，使辊棒及时、顺畅、均匀地进入套筒，防止辊棒弯曲、断裂。

（2）高温带少量换棒时，先把备用辊棒穿进预温带或冷却带预热 10min 左右，然后拉出该支辊棒，紧接着穿进高温带。

（3）预温带、冷却带更换辊棒时，可以把备用辊棒直接穿进窑炉使用。

（4）停窑换棒时，需注意以下几点：

① 窑炉熄火降温时，请继续开启排烟风机，保持辊棒正常运转（可通过调节变频器适当降低辊棒转速），并关闭除余热风机外其他所有风机，保持烧成带微正压，以防冷风进入。经过一天冷却后，可适当加大排烟风机，使窑内温度逐步平稳降低；当窑内温度降至 500℃以下（窑内辊棒暗红或黑色）时即可取出辊棒。

② 以水煤气或其他气体为燃料的窑炉在停用燃气、助燃风降温时，必须及时关小排烟风机，而余热风机则视窑炉压力及冷风漏入情况再决定具体操作，以保证烧成带不会有冷风漏入（微正压），保持平稳降温。

③ 以重油为燃料的窑炉，在停窑降温时应避免负压所带来的直接漏入冷风；同时在全过程调节风机时，应尽量避免窑头、窑尾原有的抽力平衡发生变化，在降低窑内气流流速的前提下实现缓慢降温，由于重油所含腐蚀性气体及水汽较多，对辊棒的腐蚀相应较严重，降温过程需缓慢均匀，有些企业采取在窑内温度降至 600～650℃ 时对称点燃几支底枪，以防止降温过急，从而有效降低了辊棒的损耗。

2.8.2.7　陶瓷辊棒的最新技术

（1）GF95 型高温高强超长陶瓷辊棒

开发背景："节能降耗，绿色生产"已成当今社会的主旋律，众所周知，陶瓷产品烧成单位能耗成本约占直接生产成本的三分之一。从技术设计层面说，这"30%的直接成本"无疑是陶企节能降耗技术攻关的重点。随着陶瓷业的发展，为了提高产量，陶企窑炉越做越长，当下窑炉已经达 380m 的长度。但是，从目前国内陶企窑炉实际运行的单位能耗显示，750～800kcal/kg 瓷的单位能耗，距离国际领先标准 430～450kcal/kg 瓷的单位能耗标准尚有很大的一段距离。为了节能降耗，最新发展出一种宽体窑炉，如运用最新的 SPR 节能技术设计的摩德娜 MFS 系列宽体窑炉（窑宽 3.15m，窑长 270m）设计产量达到了 18000m²/d（抛光砖）。从目前窑炉运行的数据显示，单位能耗标准达到 460～480kcal/kg 产品，达到国际先进水平。宽体窑与以前的长窑相比，单位能耗低、产量大、效率高，符合社会发展的方向。但宽体窑发展需要辊棒的支持，如 800mm×800mm 的大砖只能放两排，而宽体窑要求同时放三排，目前市场上的陶瓷辊棒难以满足此要求，所以市场急需开发出一款适合宽体窑烧成的辊棒，此种辊棒的最大长度达到 5000mm，强度要比传统辊棒提高 30% 以上。

产品特点：面对宽体窑炉的发展遇到的困境，佛山南海金刚新材料有限公司根据市场的需要，利用自身大吨位冷等静压成型专利技术优势，开发出了 GF95 型高温高强超长的陶瓷辊棒。此种辊棒在 1350℃ 下温度达到了 60MPa 以上，几乎是其他品牌辊棒强度的两倍，长度达到了 5300mm，是当今世界上最长的陶瓷辊棒。经过在摩德娜 MFS 系列宽体窑炉上试用效果非常好，在多家陶瓷厂采用了此窑炉后，在能耗没有增加的情况下，产量比以前增加了 30%，经济效益显著，赢得了客户的好评。GF95 型陶瓷辊棒解决了宽体窑炉所面临的难题，而且也为陶瓷辊棒家族增添新成员，使辊棒的种类更加的丰富。

（2）GF98 型超高温陶瓷辊棒

开发出一款超高温高强的陶瓷辊棒一直是陶瓷辊棒行业的梦想。在日用陶瓷领域和卫生陶瓷烧成领域以及磁性材料烧结的领域等，普通的陶瓷辊棒在这些领域使用总面临着强度不够、容易断棒的难题。在这些烧成温度高、荷载重的领域，陶瓷辊棒要求其高温强度要足够高。对于制造陶瓷辊棒的莫来石-刚玉材料来说，其性能要发挥到极致才能满足上述领域的使用，普通的制造工艺方法难以实现。佛山市陶瓷研究所根据其数年的潜心研发，终于在 2010 年成功开发出了 GF98 型超高温陶瓷辊棒。在研发此辊棒的过程中，技术人员攻克一道道难关，精心设计了辊棒的配方，优选出矿物原料，改进了设备和工艺，使这一超高性能的辊棒得以实现。经过现场对比测试，此辊棒在 1350℃ 下高温强度达到了 80MPa 以上，达到了国际领先水平，在日用陶瓷和卫生陶瓷等领域可以替代价格高昂的重结晶碳化硅辊棒。此辊棒的研发，使陶瓷辊棒的性能上了新的台阶，也为陶瓷辊棒应用开拓出新的空间。

（3）新型氧化铝结合碳化硅抗急冷辊棒

在陶瓷砖的烧成中，从最高烧成温度至 700℃ 是快速冷却的，因为此时制品还处于塑性状态，快冷所产生的应力被液相缓冲，不会出现变形、开裂等缺陷。急冷不仅可以避免制品中晶粒长大，还可使冷却带长度缩短，从而提高烧成效率。但在制品急速冷却过程中，急冷风的吹入，容易使辊棒造成热冷不均匀，辊棒热冷不均匀就会造成收缩不均而弯曲变形，从而影响产品的烧成质量。目前市场上一般是通过改变辊棒的外形，提高辊棒的抗弯曲能力，取得了一定的效果，但问题未得到彻底解决。佛山陶瓷研究所最近研发的"金刚牌"SC95 抗急冷辊棒，是采用碳化硅结合氧化铝材料研制而成。此种辊棒利用了碳化硅和氧化铝的强导热性，经大吨位冷等静压技术处理后，具有高强度和高热传导率，保证辊棒在局部受热及通过急冷带的极端使用情况下保持不变形，从而解决因窑炉的急冷带陶瓷辊棒容易弯曲变形，导致走砖不整齐甚至叠砖的问题。此种辊棒目前在"SACMI""摩德娜"窑炉中试用，取得了较好的效果，抗弯曲能力明显增强。

（4）异型陶瓷辊棒

陶瓷砖烧成辊道窑的长度已经达到了 380m，而烧成制品之间距离不到 0.1m，由于陶瓷辊棒的弯曲或传动问题而引起走砖路线小小的误差，造成窑内叠砖的发生，给生产带来不便。异型辊棒主要是针对超长窑炉的走砖不整齐而设计的，它是佛山市陶瓷研究所 & 金刚企业集团最新开发的辊棒产品，采用多项专利技术研制而成。异型辊棒主要有三种类型，它们有的中间大两头小，有的两头大中间小，还有一款是螺旋形状的。这些辊棒突破了传统辊棒的规则外观，能及时调整瓷砖的"队列"，让偏离轨道的瓷砖重新回到整齐的队伍中，它们利用辊棒直径的变化或者螺纹达到调控走砖线速变化的目的，简化了辊道窑中走砖路线的调整工序，并从根本上解决了当前国内流行的超长超宽窑炉走砖不整齐而造成的瓷砖合格率偏低的问题，受到业内人士的广泛好评。

2.8.3　挡火板及挡火墙的设置

2.8.3.1　引进辊道窑挡火板的设置

辊道窑作为一种新型的连续式的陶瓷烧成设备，自 20 世纪 30 年代美国率先应用于陶瓷行业以来，以其温度均匀、温差小、机械化和自动化程度高、易于调节等优点，引起了陶瓷行业的广泛重视，成为陶瓷工业窑炉发展的主要方向之一。我国建陶行业自 1984 年从意大利唯高（WEIKO）公司引进第一条辊道窑后，十多年时间从意大利、德国、日本等国家引进了一百多条辊道窑，这对推动我国建筑陶瓷工业的技术进步、消化吸收国外先进技术等发挥了重要作用。作者对广东佛山地区引进的三十多条辊道窑进行了实地的考察后发现：所有这些辊道窑有一个共同的特点，就是窑体结构设计中都在窑顶设置挡火板，相应在辊道下设置挡火墙（以下统称挡火板）。这一设计形式愈来愈受到窑炉设计者的青睐，因为它对提高辊道窑的可调性、减小窑内温差等起着非常重要的作用。

广东佛山地区是全国最大的墙地砖生产基地之一，也是引进窑炉最集中的地方。十多年的时间，先后引进了 38 条辊道窑生产线。下面对有代表性的意大利的 POPPI 窑、SITI 窑、SACMI 窑，德国的 HEIMSOTH 窑，日本的 TAKASA-GO 窑以及国产化窑的挡火板设置情况进行了考察，挡火板设置见表 2-47。

表 2-47　部分辊道窑的挡火板设置情况

窑炉制造公司	挡火板设置情况
SACMI	冷却带的缓冷区与急冷区交界处和急冷区与烧成带高温区交界处分别设置两道，烧成带高温区与中温区中间、低温区与预热带交界处各设置一道
SITI	预热带设置两道，烧成带中温区与高温区之间、烧成带高温区与冷却带急冷区交界处、冷却带急冷区与缓冷区交界处各设置一道
POPPI	烧成带高温区与冷却带急冷区交界处、急冷区与缓冷区交界处、缓冷区中后部各设置一道
HEIMSOTH	预热带前端、烧成带高温区与冷却带急冷区交界处、冷却带基坑区与缓冷区交界处、缓冷区中后部、缓冷区与抽热风口处各设置一道
TAKASAGO	烧成带高温区与冷却带急冷区设置一道
国产化窑（生产大件产品）	预热带设置两道，预热带与烧成带低温区交界处、中温区各设置一道，高温区与冷却带急冷区和急冷区与缓冷区交界处设置两道，缓冷区均匀设置六道

1. 辊道窑中设置挡火板的几种形式

图 2-88 给出了辊道窑中挡火板设置的几种不同形式。其中，1 号、2 号、3 号和 4 号是组合式的，即组成挡火板的 4 块小板是可以独立上下移动的，所用材料根据不同的位置可选择石棉板、陶瓷纤维板及高铝泡沫板等；5 号是整体式的，多数安装在窑内温度较低的部位，其材料可选择耐热不锈钢板、铸铁板及普通钢板。

2. 挡火板设置的作用分析

由表 2-47 可知，挡火板的设置主要分布在预热带、烧成带、冷却带和三带（或区）的

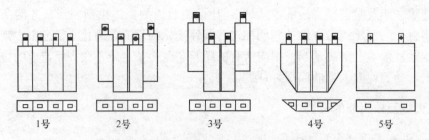

图 2-88　辊道窑中挡火板设置的几种形式

交界处。由于辊道窑内温度场、流场及压力场分布的特性，故挡火板采用的形式不同、设置位置不同，它在窑内所起的作用也是不同的。

（1）预热带前端（窑头部位）。在这一位置设置的挡火板一般是紧靠窑壁的，其目的是将预热带与外界隔开，起到封窑气幕的作用，既防止窑内热气流外溢，又可防止外界冷空气进入窑内，减少热量的散失。

（2）预热带或预干燥带内部。尽管辊道窑窑内截面高度小，但是在预热带窑截面高度上温度分布的分层现象仍很严重，有几十摄氏度甚至上百摄氏度。一般是采用沿窑头至烧成带的方向逐渐增大窑内截面高度的方法，通过减少热烟气流动的有效空间来改善沿窑截面高度上温度的分层现象，如 HEIMSOTH 窑。设置了一定数量的挡火板（紧靠窑壁）可造成热烟气的上下循环运动，有效地防止热烟气沿窑顶流向上排烟口，减少上下分层现象。而且，挡火板的设置减少了窑内有效截面积，增加了热气流的流速，不但可强化预热带内热烟气与制品间的换热，而且加速了坯体上残余水分的蒸发及有机挥发物的排除，增加了预热带温度曲线的可调性和可控性，特别对于大件和厚的制品，如果升温曲线控制不好，容易造成制品的开裂，因此有的窑在预热带设置多道挡火板，如国产化窑就设置了两道甚至两道以上的挡火板。图 2-89 为在预热带设置挡火板前后窑内气流流向示意图。

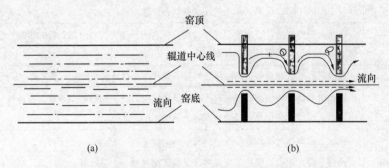

图 2-89　预热带设置挡火板前后气流流向对比示意图
（a）设置前；（b）设置后

（3）预热带与烧成带低温区交界处。此处设置挡火板一方面防止烧成带热气流过多地进入预热带，使该带温度过高，制品升温过快而开裂，特别是大件或厚的制品，如使用 TAKASAGO 窑烧制广场砖很容易开裂，很重要的一个原因可能是由于 TAKASAGO 窑在此处没有设置挡火板而造成预热带温度高，升温曲线变化过快所致。另外，挡火板对于压力制度的调节也是非常有用的。因为窑压的变化会改变原设定的烧成制度，使预热带、烧成带和冷却带各带的长度发生相应的变化而影响烧成，从而造成产品的烧成缺陷。

（4）烧成带内部。在烧成带设置挡火板（组合式，与窑壁有一段间隙），通过调节每一块板伸入窑内的深度，改变挡火板的整体形状，强制性改变流场的形状，增加流场的阻力，改变流场的方向，强化烧成带热气流的循环流动，增加热烟气的搅动作用，来减少窑内同一截面上的温差。动态温度场的实测数据表明：挡火板的设置及形

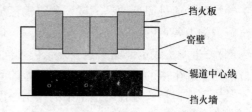

图 2-90　烧成带挡火板和挡火墙设置示意图

状的改变，其效果是非常明显的。图 2-90 为辊道窑烧成带设置挡火板和挡火墙的示意图。

（5）烧成带高温区与冷却带急冷区交界处。首先，在此处设置挡火板可有效地防止冷却带急冷区的冷空气进入烧成带，造成烧成带温度的波动和急冷区气流的相互干扰。其次，对于压力制度的调节与控制也是有益的，可防止冷却带向烧成带方向移动，造成烧成带长度缩短而影响产品的烧成。另外，有的窑炉在此处设置两道挡火板，目的是增加可调性，可根据不同产品的烧成要求而调节烧成带和冷却带的相应长度比例，如 SACMI 窑和某些国产化窑。

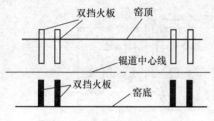

图 2-91　冷却带急冷区前后
双挡火板示意图

（6）冷却带急冷区与缓冷区交界处。在此处设置挡火板对于控制制品冷却制度的稳定性是非常关键的。特别是对于大件或厚的制品，如果冷却速度过快，则很容易造成产品的烧后开裂，因此有的窑炉在此处也设置两道挡火板，如 SACMI 窑和某些国产化窑，这样可根据不同的产品、不同冷却制度来调节急冷区的长度，达到冷却制度的平稳和稳定性。图 2-91 为预热带急冷区与缓冷区和烧成带高温区的

双挡火板设置示意图。

（7）冷却带缓冷区。在缓冷区设置挡火板的目的是增加整个冷却带温度的均匀性和防止排烟口或窑尾附近温度过高，特别是对于采用窑尾集中抽热风的窑炉，如 HEIMSOTH 窑。而且，在冷却带设置一定数量的挡火板可以非常有效地控制大件产品冷却的温度梯度，防止产品的冷却开裂，如表 2-47 中国产化窑（生产 600mm×600mm 瓷质砖）就在缓冷区设置了6 道挡火板。

在辊道窑的各带设置一定数量的挡火板，相当于把辊道窑的各带分割成不同的温度段，便于控制和调节整窑的温度曲线和压力曲线，对烧成有特殊要求的产品则更为适合，而且挡火板的设置对于减少窑内温差也是一种行之有效的办法之一。因而辊道窑几乎可使用于各种陶瓷产品的烧成，包括日用瓷、卫生瓷、建筑陶瓷、磁性瓷以及其他产品；组合式挡火板为其最佳结构形式。因为无论预热带、烧成带，还是冷却带，温差的存在对于产品质量都是不利的，如采用组合式的挡火板可通过调整每一小块挡火板伸入窑内的深度来改变挡火板的整体形状，以改善窑内流场的流向，进而达到减少温差的目的。

2.8.3.2　挡火墙设置对辊道窑内温度的影响

传统的观点认为，辊道窑窑内的温度在同一断面内是均匀的。但是随着辊道窑的发展，不仅窑的长度越来越长，而且窑的宽度也愈来愈宽，窑内不仅在沿高度方向上可能存在温差，而且在同一水平上沿窑宽度方向上也可能存在温差。这种温差的存在，特别是靠近制品表面的同一水平上温差的存在将严重地影响制品的烧成质量，从而引起制品产生色差、大小

头等缺陷。通过原型动态测试，测得辊道窑内每一断面上的温度是不均匀的，同一水平上沿窑宽方向上各点的温差（以下简称温差）最大可达 46℃，最小也有 20℃（以烧成带高温段为例）。生产实践也证明了这一点：因为同一排的制品烧成后有色差和大小头现象。动态测试的结果和生产的实践说明：窑内温差的问题已成为制约产品产质量提高的关键因素。

为了探讨挡火墙在辊道窑中的作用，以相似理论的基础建立了辊道窑水力模型，并以萘颗粒作为示踪剂。在模型模拟中改变挡火墙布置形式，如图 2-92 所示。图中是在侧向布置烧嘴的基础上改变挡火墙的布置形式，采用 1 和 7 烧嘴，挡火墙采用封闭形，即让主流从燃烧室的上面流过，从而避免主流正向冲击射流1，减少干扰。射流的下游也设计成封闭型，能使高温气体回流到烧嘴火焰的根部，提高火焰根部的温度，减少燃烧室的温差。结果表明：挡火墙对燃烧室的流场起决定性作用，是燃烧室设计的关键。该模型模拟的燃烧室结果不但可以减少干扰，而且温度也均匀，因为已经燃烧的高温烟气能从射流的上游及下游向火焰的根部回流，从而提高火焰根部的温度，加速燃料的燃烧，减少燃烧室的温差，同时下游的回流对克服射流的偏转起到积极的作用。

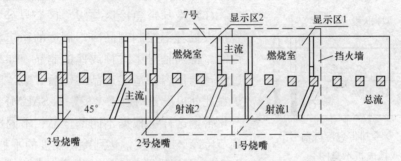

图 2-92　辊道窑挡火墙对流场影响的实验模型结构图

根据辊道窑结构的特点，在温度场动态测试过程中只对其一侧进行了测试，采用原型动态测试方法，温度采样点依次为窑壁、1/8 处、1/4 处、3/8 处、中心。

（1）辊道窑内同一截面上水平温度分布特点

采用先进的红外热像仪对烧嘴的火焰温度场进行了测试，通过分析知道：火焰在沿长度方向上存在温差，火焰前部的平均温度要比其后部高约 22℃，而且火焰中心偏向末端的位置温度最高，其根部和末端的温度偏低。这就是说辊道窑内同一截面上水平温度的分布应当是呈现：低—高—低—高—低。通过动态测试数据证实了这一观点，如表 2-48 数值，图 2-93 所绘制的温度曲线。由此可知窑内同一截面温度的这种分布是窑内同一截面水平温度存在温差的根本原因。

（2）辊道窑内动态温差的情况

表 2-48 为辊道窑内温差动态测试中的几组数据，由此可知：辊道窑内同一截面同一水平上的确实存在温差，特别是靠近窑壁的温度一般比窑内最高温度低 20～46℃。

表 2-48　辊道窑内温差动态测试数据表　　　　　　　　单位:℃

测试位置	窑壁	1/8 处	1/4 处	3/8 处	中心
第一组	1204.70	1227.79	1255.76	1234.45	1248.67
第二组	1207.60	1229.78	1236.10	1249.95	1242.34
第三组	1202.82	1229.96	1245.59	1248.68	1230.04

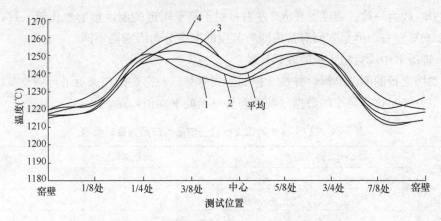

图 2-93　辊道窑内同一截面同一水平上的温度分布图

通过对辊道窑各可调工作参数对其窑内温差的影响的动态测试了解到：雾化风压、助燃风压、排烟量及急冷风量等对窑内温差都有一定的影响，但它们的影响均有一最佳值。实际上，这些可调参数对窑内同一截面温度分布的影响归根到底还是影响了烧嘴火焰的形状，最终影响同一截面上温度的分布。

（3）辊道窑内设置挡火墙和挡火板对温度的影响

辊道窑内设置挡火墙和挡火板，特别是窑内不同位置的挡火板的设置对减少窑内某一断面同一水平上的温差有非常明显的效果。这就是说这些工作参数对减小窑内温差的作用是有限的，并不能从根本上解决问题。而通过设置挡火墙和挡火板的形式来改变窑内流场的流向和速度，可以引导高温气体从温度低的地方流过，进而减少窑内的温差，这才是减少窑内温差的根本方法。由于挡火墙的设置是固定不变的，一般设置在辊棒的下边，不便于改变其结构形式及其高低，所以它对于窑炉的调节所起的作用也是有限的；而挡火板则不同，因为它的形状是可调的，但是多数厂家在使用挡火板的时候没有充分利用这一点来提高窑炉的适应性，减少窑内温差。

按照辊道窑的结构，在辊棒的下方设置固定式的挡火墙，在辊棒的上方设置移动式的挡火板，目的是为了加强窑内气流的搅拌作用。但是挡火墙和挡火板的设置，目前还没有形成统一的设计模式。为此进行了详细的动态测试，通过比较来分析究竟哪种或哪几种形状的挡火板最适合窑炉的调节。图 2-94 为这几种形状的挡火板对同一截面温度分布影响的示意图。

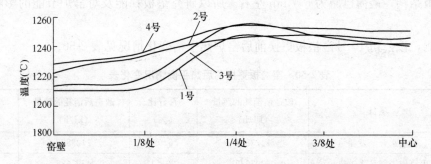

图 2-94　几种不同形状的挡火板对窑内同一截面同一水平上温度分布的影响

从图 2-94 可以看出，挡火板对窑内同一截面温度分布的影响是显著的，而且它们对最高温度的影响较为一致，温度差在8℃左右；对于窑壁附近的温度影响也比较一致，其温度大约在1220℃左右，但是它们对窑内同一截面的温度分布影响则不同。

2.8.3.3 辊道窑中设置挡火板的效果比较

根据对挡火板的测试结果，并按2板的形式对某厂一窑炉的挡火板进行调整前后的砖尺码、吸水率及产品优等品率的数据（调整前后三天的平均值）见表2-49。

表2-49 某厂-窑炉的挡火板调整前后的产品数据对照表

项目	尺码（mm）		吸水率（%）		优等品率（%）
	边	中	边	中	
调整前	403.5	402.5	0.6	0.4	77.6
调整后	404	404	0.23	0.0	89.6

从表中数据可以看出，该窑炉经过挡火板的调整，其产品的大小头现象明显改善；产品的吸水率明显降低，特别是产品中部的吸水率降为零；产品的优等品率比调整前提高了12%。这充分说明了设置并根据窑炉的具体情况进行适当地调整其形式的方法是行之有效的。

（1）挡火板在辊道窑中的布设是非常必要的。它对平衡窑内各带的温度，减少同一截面同一水平上的温差的作用是明显的，是减少窑内温差、提高产品质量行之有效的方法之一。

（2）挡火板布设的形式多种多样，可根据具体的窑炉结构及烧成产品对温差水平的要求而灵活设置。

（3）在所研究的窑炉中采用2、4形式的挡火板可以产生比较理想的结果，原因是这两种形式的挡火板使高温气体从靠近窑壁的地方流过时的阻力小于流过窑中部时的阻力，使得窑内同一截面温度的分布趋于均匀，因而能比较好地起到减少窑内温差的作用。

2.8.4 垫板的优化

以珠海旭日陶瓷有限公司为例，该公司共有21条窑炉生产外墙砖，除两条为直接使用辊棒外，其余19条窑炉全部用垫板承托制品在辊棒上转动输送生产，垫板的循环寿命为500次左右，每年的用量达50万块之多。技改前，垫板的规格为460mm×460mm×10.5mm，每块质量为4kg；技改后规格为450mm×450mm×7.3mm，每块质量为2.3kg。公司每年消耗煤炭达十多万吨，单能源成本就占了生产成本的30%以上。该公司经过优化工艺和垫板结构，最薄已减为6.7mm左右。所以研究垫板耗能及对窑炉节能的影响是有积极意义的。

经实测，该公司10号窑垫板更换前后窑炉热平衡变化情况见表2-50。

表2-50 窑垫板更换前后热平衡情况变化表

序号	项目	改造前消耗的热量（kJ/h）	百分比（%）	改造后消耗的热量（kJ/h）	百分比（%）
1	自由水分蒸发耗热	1423828	6.09	1423828	7.49
2	出烧成带制品带走热量	4797632	20.51	4797632	25.32
3	垫板带出热量	6667174	28.50	3833397.83	20.16
4	坯体化学反应耗热	1197023	5.11	1197023	6.29

续表

序号	项目	改造前消耗的热量（kJ/h）	百分比（%）	改造后消耗的热量（kJ/h）	百分比（%）
5	排出废气带出热量	7108682.92	30.39	5783921.63	30.42
6	窑体散热量	1029834	4.40	1029834	5.42
7	其他热损失	1169692.46	5.0	950820.56	5.0
	合计	23393866.38	100	19016457.02	100

1. 垫板、窑炉节能情况

技改前：每小时进窑垫板的质量为 6452kg，吸热达 6666076.6kJ，折标煤 227kg。

技改后：每小时进窑垫板的质量为 3707kg，吸热达 3832189.4kJ，折标煤 130kg。

垫板节能量为：227－130＝97kgce/h；节能率为：97/227＝42.73%。

窑炉的总节能量为：（23393866.38－19016457.02）/4.187/7000＝149kgce/h。

窑炉节能率为：（23393866.38－19016457.02）/23393866.38＝18.71%。

2. 结论

（1）窑炉使用了薄垫板后，其内部热量进行了重新分配，热量变化比较大的有三项，即垫板带走热量、废气带走热量及其他热损失。说明垫板带出热量减少以后，燃耗减少，废气量减少，其他热损失也在减少。由两个热平衡比较可知，由于使用了薄垫板，窑炉的能耗下降了 18.71%。

（2）由表 2-50 可知，技改后热平衡中的 1、2、4 项所占热量的比例都有不同程度的提高，说明窑炉的热效率在提高，改造前为 31.72%，改造后提高为 38.71%。

（3）垫板减薄后经一段时间运行，证明使用寿命变化不大。

（4）垫板减薄在窑炉引起的效应是多方面的，垫板减薄，采购成本下降，垫板在窑内吸收热量减少，引起了窑炉系统总能耗的减少，它一方面节约了能源，另一方面由于烟气量的减少，对环境的影响也在减小。

2.8.5　改变辊棒结构取消垫板

佛山市某公司采用小辊棒，并改小辊棒间距，完全省去外墙砖承烧的垫板，节能达 60%。

2.8.6　节能高效泡沫陶瓷隧道窑的应用实例

目前，国内利用抛光废料生产泡沫保温陶瓷已实现了产业化，广东摩德娜科技股份有限公司是少量掌握泡沫陶瓷工艺配方和配套隧道窑技术的企业之一，已研制出世界上产量最大、窑炉最长、结构先进的泡沫陶瓷隧道窑，其燃耗不超过 1500kcal/kg 瓷（密度为 0.3g/cm³），与国内同等条件下烧成产品相比，节能超过 23.5%（同样密度、同样烧成周期、相同烧成温度条件下至少节能 1960kcal/kg 瓷）。该窑日产泡沫陶瓷达到了 380m³，与现有日产不到 200m³ 的泡沫陶瓷窑炉相比，产量增加了近 1 倍。该窑除了采用助燃风加热系统、纳米保温材料等节能技术外，在窑炉结构上也独树一帜，传统隧道窑窑车面与窑底同宽，该窑车车面不到窑底的一半，明显减少了窑车进出带走的热量，产品热耗低。泡沫陶瓷装载图如

图 2-95 所示。

图 2-95　泡沫陶瓷装载图

窑炉主要参数见表 2-51。

表 2-51　节能高效泡沫陶瓷隧道窑主要参数

项目	参数	单位
窑炉长度	380	m
有效宽度	4380	mm
有效高度	300	mm
运行温度	≤1180	℃
燃料	水煤气	
产量	380	m³/d
每年工作时间	330	d
年产量	125400	m³/a
烧成周期	16	h
产品规格	1200×2800×250	mm×mm×mm
产品密度	0.3 或 0.5	g/cm³
烧成方式	垫板裸烧	—
燃耗数值	≤1500	kcal/kg 瓷

2.8.7　高铁时代型辊道窑的设计

2.8.7.1　高铁时代型辊道窑的设计理念

由广东中鹏热能科技有限公司设计的高铁时代型辊道窑，其设计灵感来源于"和谐号"高铁，设计融入了"软几何"的设计手法，用平面加弧面的特征元素和高铁外形特征相结合，充分体现了产品的严谨性和亲和力，将时尚与科技完美结合，拉近了人机关系，为消费者和生产工人带来视觉新体验，营造舒适的工作环境。

此外，产品采用优质冷板进行激光切割加工而成的外侧板，对窑体进行了大胆的全包覆设计，板面平整光滑，机身线条明朗，造型简洁大方，设备大气稳重，给人的视觉感观带来了强烈的冲击，突显出产品设备高档大气的高贵地位。由于对产品功能结构进行了统一包裹，将功能结构置于内部，巧妙地避开了"裸露式"的传统俗气设计方式，实现了外观效果与功能效果双优化，大大提升了产品的外观价值。同时，将外侧板远离窑体，使内部空间畅通，具有良好导流效果，有利于排烟降温，使外侧板长期保持亮丽如新的状态。

设计以表达保护环境为主题，将白色与宝蓝色相结合，形成了蓝天与白云的概念。采用高光白色来强化弧面部分，应用喷塑工艺来提升质感，使整套产品设备能实现高品质的感官传达。中间部位搭配宝蓝色，宝蓝色具有沉稳的特性，具有理智、准确的意象，强调了科技、效率的商品或企业形象。将宝蓝色与白色相配，产生强大反差，从而在整体上给人一种简洁大气，具有时代感、科技感的心理感受，使员工能够在高温的工作环境中，轻易联想到海洋与天空，保持积极的心态，在一个干净舒适的工作环境中投入工作。窑炉的中间部位结构相对复杂，功能性结构比较多，用深色的外装饰板覆盖该区域，容易淡化视者对这里的注意力，而更多地将目光关注到简单耐看的浅色区。

同时，把高铁时代设计理念贯穿到相关的配套产品设计，获得系统化效果，更容易让员工取得认同感和归属感，加强企业凝聚力，树立企业整体形象，强化受众意识。图 2-96 是高铁时代型辊道窑设计效果图。

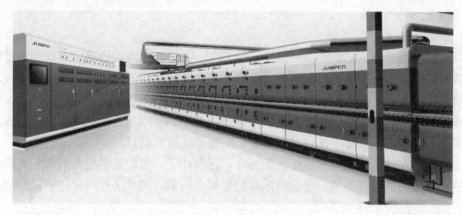

图 2-96　高铁时代型辊道窑设计效果图

全包覆的设计方法，将风管、燃气管等大部分零部件设置于外侧面板内，提高外观整体美感，外侧板不需要拆动任何管线即可直接取下对内侧结构进行维护，易于清洁表面。而且外侧板远离烧嘴，内部空间沿高度方向畅通，具有良好的导流效果，利于排烟降温，能够避免面板因烧嘴高温造成油漆烧坏和高温变形，不会受到高温侵害和烟熏，提高了设备的耐用性和抗污性，设备操作安全性能高。同时，外侧板也允许在窑炉安装工作完成后才安装，增加了安装过程的灵活性，使得设计更加合理，大大优化了人机关系。

为适应不同管线配置，有效隐藏内部结构，设计还采用了具有专利保护的推拉式活动门结构。使挡板能够遮挡操作孔，并能通过连接构件与侧板上的滑槽滑动连接，有效解决了现有技术窑炉侧板由于设置太多通孔而影响整体窑炉美观的问题，而且，这种结构简洁巧妙，操作方便且造价低，推拉门的使用对窑炉设备的保温性能、外观质感和美观度有显著提升作用。图 2-97 是高铁时代型辊道窑实物照片。

图 2-97　高铁时代型辊道窑实物照片

2.8.7.2　具有"三高"特征的助燃风加热技术

高铁时代型辊道窑搭载了高稳、高效、高温助燃风加热系统，能够有效降低辊道窑的使用能耗，提升其绿色环保程度。该技术主要特征是在辊道窑整个或部分冷区内部，用助燃风连续均衡换热，将助燃风温度梯级提升，并采取措施稳定其温度、压力、流量，同时开发出相应的燃烧与控制系统，配置相应的风机系统，辅以合适的窑炉操作手法。主要解决的关键问题包括如下：

（1）助燃风加热技术

其要点是必须获得稳定的高温助燃风，即温度、流量、压力要稳定。该技术通过助燃风在辊道窑的整个或部分冷却区内部均衡梯级换热，达到余热高效回收的目的。高稳，是因为余热回收工作分布在几乎所有冷却箱，各处取热量很少，运行时局部由于空窑等工况波动，对整体来讲影响很小；高效，是因为换热过程全部在窑内连续完成，没有散热损失；高温，是因为采用了逆流式连续梯级换热升温方案，温度最高可以超过 350℃。

为了获得稳定流量、压力和温度的助燃风，还设计了一套回路进行自动调节。助燃风的温度通过回路上的电动阀调节，流量由风机的变频来调节，风压通过一套防空窑控制系统进行稳定。

（2）高温助燃风节能烧嘴的研发

对于高温助燃风，开发了不同的烧嘴与之配套。烧嘴及燃烧控制系统的改变也是高温助燃风技术应用能够实现节能的关键。

（3）窑炉运行参数包括风机参数、烧嘴参数等的系统集成

采用高温助燃风后，窑炉的运行参数都必须做相应的调整。这些调整，意味着在窑炉控制软件上大量数据和参数的修改与调整。

（4）为提高系统的稳定性，必须考虑窑炉的热工参数稳定，保证产品品质不受影响，开发了一套相应的自适应控制系统

助燃风加热之后，在窑炉的烧成带会导致助燃风管和喷枪外壁温度过高，从而使得窑炉的外表面整体温度也过高，使窑炉的操作环境恶化。高铁时代通过对辊道窑外部结构的优化设计，完全解决了这些不利因素带来的负面影响，从这个角度来讲，高铁时代的外观技术，

也是一项节能伴侣技术。

2.8.7.3 高铁时代型辊道窑的六大特点

(1) 具有保持常新、整洁大气的外观

平面搭配弧面的高铁风格特征，配合蓝天白云的配色理念，使得整个窑炉外观简洁大气，突出了时代感、科技感，给人以善心悦目的视觉感官。以前的窑炉外侧板离燃烧器附近的窑体很近，温度比较高，容易被烧坏、烤黄或烟熏，影响窑炉外观，特别是有些窑炉外侧板内部空间相对封闭，热对流差，炉内因各种原因外泄的烟气直接溢流到外侧板外侧，加速烟熏。高铁时代外侧板在燃烧器附近离开窑体的距离较大，在该处并没有像以前的设计那样刻意收窄空间，内部空间沿高度方向畅通，具有良好的导流效果，有利于排烟降温，规避了上述缺点，容易保持外观常新。

(2) 节能效果显著

采用了具有高稳、高效、高温特征的助燃风加热系统，助燃风最高可以被加热到 350℃，对于一条日产 10000m² 抛光砖的天然气窑炉来讲，平均每条每天约节省 3000m³ 天然气，年减少二氧化碳排放达 1700t 以上。

(3) 节能伴侣技术提升了体感舒适度

由于采用了首创的全包覆式设计，充分改善了炉体表面的热对流情况，并对这些热辐射起到有效的隔离作用，操作环境温度大幅度降低，很好地解决了过去因采用助燃风加热系统带来窑炉操作环境恶化的问题，提升了操作者的体感舒适度，这是一项有效的节能伴侣技术。

(4) 安装和维护的易操作性好

各助燃风管和燃料管全部内置，均不用做任何拆除动作，就可以直接拆除外侧板，不但方便了内部结构的维护，也允许外侧板在辊道窑的所有安装工作完成后才安装，增加了安装工作的灵活性，是易操作性在窑炉安装和维护方面的一次进步。

(5) 增加了维护的安全性，易于清洁

外表面平整简单，易于清洁维护，也减少了在清理过程中意外触碰窑体其他结构的可能，比如阀门等，同时待清洁面温度也更低，使用安全性得到有效提高。

(6) 基于中鹏云控的信息化技术提升

中鹏云控 J-COS 系统是高铁时代的另一项创新技术，通过互联网，向使用计算机、平板或智能手机的窑炉管理员，传送各种传感器采集到的窑炉设备与生产数据。同时通过预设或者大数据分析，给出各种预警和优化信息，将信息化、智能化引入生产，建立一个高度灵活的个性化、数字化产品及服务模式。这为陶瓷行业实现"智能工厂"打开了一扇窗，将中鹏云控与微信平台的结合，更是解决了窑炉设备＋互联网"最后一公里的问题"，降低了使用者的技术门槛和心理门槛，增强了使用的便捷性，是易操作性在信息交互方面的一次进步。

参考文献

[1] 刘平安，税安泽，王慧，等. 辊道窑结构对陶瓷产品质量与产量的影响[J]. 耐火材料，2005，39(4)：298-300.

[2] 刘振群. 陶瓷工业热工设备[M]. 武汉：武汉工业大学出版社，1989.

［3］ 孙晋涛. 硅酸盐工业热工基础［M］. 武汉：武汉工业大学出版社，1992.

［4］ 文小炎. 辊子输送机的驱动功率计算［J］. 汽车科技，1997(5)：55-60.

［5］ 孔海发，梁锦桓. 辊道窑传动系统对产品烧成的影响［J］. 陶瓷，2003 (4)：41-46.

［6］ 王慧，刘晓红，曾令可，等. 宽体辊道窑在建陶行业中的节能分析［J］. 中国陶瓷工业，2012，19(6)：22-25.

［7］ 谭映山，陈凯，邹正红，等. 超宽体辊道窑结构的设计［J］. 中国陶瓷工业，2015，22(6)：36-40.

［8］ 谭映山，曾令可，陈凯，等. 宽体辊道窑的节能与碳减排核算［J］. 佛山陶瓷，2014，24(12)：39-44.

［9］ 《中国陶瓷生产企业温室气体排放核算方法报告指南(试行)》. 国家发展改革委组织编制.

［10］ 孟汉堃. 辊道窑不同窑顶结构下气体流场与温度场的数值模拟［D］. 景德镇：景德镇陶瓷学院，2012.

［11］ 胡国林. 建陶工业辊道窑［M］. 北京：中国轻工业出版社，1998.

［12］ 徐景福，王士领，丁利民，等. 浅析内宽 2.9 米双层辊道窑的节能效果［J］. 佛山陶瓷，2006，16(11)：11-14.

［13］ 李萍，曾令可，税安泽，等. 基于 VB 的窑墙温度场数值模拟程序的设计［J］. 工业炉，2006，28(2)：36-19.

［14］ 白建光. 董青石-莫来石窑具材料制备与性能研究［D］. 西安：西安理工大学，2008.

［15］ 贺海洋，曾令可. 莫来石-董青石窑具的现状与发展前景［J］. 耐火材料，1999，33(2)：107-109.

［16］ 曾令可，等. 影响窑具使用寿命的因素及提高窑具抗热震性途径［J］. 陶瓷，2001 (1)：26-30.

［17］ 曾令可，等. 董青石质窑具的配方优化［J］. 陶瓷学报，2000，21(4)：195-201.

［18］ 贺海洋. 董青石质窑具的配方优化和掺杂改性［D］. 广州：华南理工大学，2000.

［19］ 郭俊平. 窑具对陶瓷烧成能耗的影响［J］. 佛山陶瓷，2009，19(11)：8-10.

［20］ 郭俊平. 日用陶瓷节能窑具的研究［J］. 佛山陶瓷，2015，25(1)：29-31.

［21］ 徐培勋. 关于梭式窑几种排烟方式的比较［J］. 山东陶瓷，2004，27(1)：33-35.

［22］ 李小雷，李德有，卢青华. 关于隧道窑排烟方式的研究［J］. 景德镇陶瓷，1996，6(4)：12-14.

［23］ 李瑞雪. 辊道窑不同排烟结构的数值模拟［J］. 景德镇：景德镇陶瓷，2008.

［24］ 潘雄. 萨克米宽体辊道窑与国产辊道窑炉排烟风管布局的优缺点分析［J］. 佛山陶瓷，2012，22(4)：73.

［25］ 王洪平. 陶瓷生产企业常用风机的节能运行途径［J］. 陶瓷，2007(11)：30-34.

［26］ 马建国. 辊棒系列之一：陶瓷辊棒及其应用［J］. 佛山陶瓷，2010，20(4)：30-32.

［27］ 马建国. 宽体窑对生产陶瓷辊棒性能的要求［J］. 佛山陶瓷，2012，22(9)：24-25.

［28］ 马建国. 辊棒系列之二：陶瓷辊棒的管理［J］. 佛山陶瓷，2010，20(5)：37-38.

［29］ 张明，曾令可，李汝湘. 挡火板在辊道窑中设置的作用研究［J］. 中国陶瓷工业，1997，4(3)：30-33.

［30］ 张明，曾令可. 辊道窑内动态温差的测试［J］. 中国陶瓷，1998(1)：11-13.

［31］ 张明，曾令可. 引进辊道窑挡火板的设置［J］. 中国陶瓷，1998(3)：22-24.

［32］ 宁红军，张明亮. 厚垫板改薄垫板对辊道窑能耗的影响［J］. 陶瓷，2009(10)：42.

［33］ 胡松林，韦建国，曾令可. 大截面烧卫生瓷隧道窑的节能分析［J］. 佛山陶瓷，2015，25(12)：38-43.

［34］ 高富强，李萍，张磊敏，等. 纳米 SiO_2 气凝胶-纤维复合绝热材料的制备及其在陶瓷窑炉结构中的应用［J］. 佛山陶瓷，2017，27(4)：12-14.

［35］ 刘平安，叶升，王鹏，等. 陶瓷烧成中棚板材料的研究现状及展望［J］. 佛山陶瓷，2016，26(3)：46-50.

［36］ 郭玉广. 重结晶碳化硅陶瓷窑具的特性及生产技术［J］. 陶瓷，1998(5)：37-38.

［37］ 冯斌. 陶瓷辊棒的发展现状及制造中的新技术与新装备［D］. 广州：华南理工大学，2010.

［38］ 万鹏，徐广华，杨培忠. 升级版的高铁时代型辊道窑［J］. 中国陶瓷工业，2006，23(6)：38-42.

第3章 陶瓷窑炉的余热利用

陶瓷窑炉余热的充分利用是提高窑炉热效率的有效手段之一。但根据目前窑炉在生产中的实际运行情况看，陶瓷窑炉的余热未能完全利用。无论在热工设计或实际运行中，辊道窑的热能在合理利用方面仍存在不尽如人意之处。窑炉设计时，或在窑炉实际应用中，具体到各企业操作使用，或应用于不同产品烧制时，窑炉余热利用的情况在不同的企业中各不相同。目前回收利用的途径有：

（1）回收供给干燥坯体用。对于抽热风带出的显热，其载能体本身是干净的空气，可直接供给干燥坯体用；而对于烟气带走的显热，由于烟气中含有少部分污染坯体的气体，故一般通过烟气余热回收装置热交换后，再将换热后的热空气送入干燥窑内干燥坯体。通过烟气余热回收装置回收的热量，其产生的经济效益是较可观的。以某厂 100m 电瓷燃气轻体隧道窑使用的热管烟气余热回收装置为例，烟气回收率为 30 %，每小时节约 22.35 m³ 天然气，每年节省的燃料开支约为 38.6 万元。

（2）预热助燃空气。预热温度越高，节省燃料越多。根据理论计算，助燃空气预热到 400℃比预热到 150℃可节省能耗 17%，预热到 600℃可节能 28%。

（3）干燥坯体粉料。主要是将抽热风带出的显热供给喷雾干燥塔，用以干燥坯体粉料。

（4）通过换热器加热后的热风可以输送进窑作为热气幕或搅拌风，用于预热带，特别是隧道窑，可用于窑顶作为封闭气幕，减少冷风进入窑内；作为搅拌风可改变预热带气体分层现象。

3.1 抽热风余热利用

冷却带的余热约占全窑总热耗的 30%～35%，由于这部分热量比较干净，所以应用也比较广泛。冷却带余热利用的方式主要是抽出热风用来干燥陶瓷坯体，极少数厂家也采取了在冷却带设置余热锅炉的办法。现在比较得到认可的措施是把部分余热用来作燃烧的助燃空气，这样可以显著提高火焰的温度、节省燃料。据报道，助燃空气温度达到 250℃，可节约燃料 6%～8%。

大部分陶瓷公司对于抽热风部分的余热进行了应用，因为这部分余热干净，方便利用。但就实际情况来看，各家使用的情况、运用的效果不同。这部分余热利用率不同。最直接的利用方式是用于加热助燃风，其次是作为干燥窑的热源，再次是喷雾干燥塔的热源。

3.1.1 加热助燃风

窑炉冷却带余热特点是数量比较大，纯净无杂质，含水分量特别少，CO_2 的含量非常少，把它用作窑炉助燃风是比较合适的，也是非常简单的。其根据有三点：① 因为助燃风的需求量比较多，节能空间大；② 对温度的高低没有特殊要求，多少都可以；③ 需用点相距较近，投资不大，便于利用。由于余热直接返回到窑炉系统，对于余热的利用不受时间和空间的限制，也就是说，有抽热风的时候，也是加热段或烧成段的燃烧器需要工作，对助燃空气有需求的时候，余热的供给和余热的需求具有同步性。另一方面，急冷段、缓冷段与烧成段紧紧相连，空间不存在限制。通过管道连接就可以实现。

提高助燃风温度能使窑炉节省燃料，得到明显的效益。但是，这一节能措施仍未能全面进行实际使用。多年来所设计、建造的辊道窑，均是采用 9-26 型风机（A 传动方式），吸入大气送入助燃风管道系统再进入燃油或燃气烧嘴燃烧的方式。窑炉设备厂商也只是提供了适合于低温助燃风的烧嘴，陶瓷生产企业无奈之下也只能够习惯于使用此类设施。有企业曾尝试使用冷却带热风进入助燃风机入口，以期提高风温节省燃料措施，但因助燃风机、管道系统及烧嘴不适应而放弃。据目前行业内使用此措施的少数企业的情况来看，也只是抽取极少量的冷却带热风给助燃风混合，或只简单利用窑体的少量散热来提高较低的温度，而在全面利用窑炉余热来提高助燃风温度方面的技术和设备问题仍旧未能得到彻底解决。

急冷差压补压技术是有效利用抽热风余热作为助燃风的方式之一。在抽取热风的过程中，可能会出现窑炉冷却带各段之间、冷却带和烧成带之间的压力不平衡现象。为了减轻此现象对生产过程的影响，在抽取热风时运用急冷差压补压技术，可以提高助燃风温度，同时可以提高燃料的燃烧效率，最终实现能量的高效利用，达到节约能源、减少污染、降低生产成本以及提高经济效益的效果。充分利用急冷风余热，抽至助燃风机入口，作为二次助燃空气，以缓冷抽热风补充压差作后盾，提高助燃风温度，进而提高燃料的燃烧温度和燃烧速度，稳定窑内燃烧，提高窑炉热系统热效率，达到节能效果。在保证辊道窑的最高烧成温度、产量、燃料消耗量基本不变的情况下，要实现此技术，必须要有窑体结构上的保证。

以辊道窑、干燥窑组成的加热系统作为研究对象，开发应用窑炉冷却带余热供至烧成带助燃风系统，在最优工况下运行，提高助燃风温度、燃料的理论燃烧温度，进而提高燃烧效率，提高窑炉的整体热效率。从而实现能量的高效利用，达到节约资源、降低能耗的目的。急冷差压补压技术是在辊道窑冷却带安装急冷差压补压余热利用系统，由辊道窑急冷段末端抽出热风至助燃风机入口，作为二次助燃空气，直接与燃料进行混合燃烧。

由于抽热风的缘故，急冷段压力会出现下降，为了防止因急冷段的压力减少导致烧成带内的烟气倒流至急冷段，保证窑炉的稳定运行，由缓冷段抽热风至急冷段，迅速补充急冷段的差压。多余的缓冷热风抽至干燥窑内，起干燥坯体的作用。该技术不影响窑炉生产，更不消耗系统以外的能量，大大提高了燃料的热利用率。

另外，在急冷段可布置专用换热装置，进一步回收余热。窑炉的冷却段分为急冷段和缓冷段，为保证在急冷段内产品从 1000℃ 以上冷却到 700℃ 左右，一般采取高冷却风速的方式实现这一目的。冷却风速提高后，冷却风和产品间的对流换热系数可以提高，属于强制对流。这种冷却方式经实践检验可以满足生产的要求，但由于冷却风量的增加，导致了风温的降低，降低了这部分风的品质。在急冷段布置专用换热装置技术，是运用辐射换热的原理。因为当产品温度高于 500℃ 时，辐射换热量是温度的四次方关系，换热量远超过对流换热。因此，通过专用换热器可以适当延长冷却风在急冷段停留的时间，从而提高这部分空气的温度，用作助燃风时，节能效果会更明显，同时，可以有效避免冷却带冷却风用不完的情况。

综上所述，提高助燃风温度的方式要根据辊道窑的结构及目前大多数设备的运行实际情况，可采取以下方式对助燃风升温：

（1）直接抽取冷却带热风作为助燃风，只需安装抽取冷却带热风的管道进入助燃风机入口（可设计成全部使用或部分使用冷却带热风，依靠风闸调节），可以使窑炉现用助燃风的温度提高至 200℃左右，如图 3-1 所示。此方式投资小，不过需注意以下两点：一是调节好原有抽热风到干燥窑的风量比例，以及确保烟气不倒流至窑炉冷却带，如果觉得抽热风量不足够，完全可以通过加大窑炉冷却风机风量的同时开大抽热风机风量来解决，这样将更有利于降低窑炉的出砖温度；二是将原使用的 A 传动方式的助燃风机更换为 D 传动方式风机，此方式已有部分企业在使用，但存在一些操作上的问题。

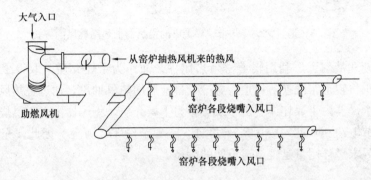

图 3-1　从窑炉冷却带抽取热风混合入助燃风的方式

（2）当窑炉排烟量供给干燥线过多而出现余热排空浪费的情况时，则可通过换热器将排烟的热量转化为助燃风的热。此方式需要按照实际传热量、排烟流量和热量、助燃风量等热工参数来设计一台适用的换热器，同时要布置好相关的风管系统，但不需要更换原有的助燃风机，具体装置如图 3-2 所示。

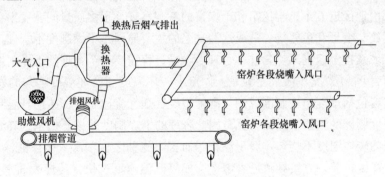

图 3-2　窑炉排烟通过换热器加热助燃风的方式

（3）可以将助燃风机的送风通过在窑内冷却带辊棒的上、下空间所设置的换热器，使助燃风提高至适当温度后，再进入助燃风管道系统。此方法需要按照实际所需的传热量、助燃风量等热工参数设计一台适合的换热器，同时也需布置好相关的风管系统，这种方式也不需要更换原有助燃风机，如图 3-3 所示。

以上三种方式均需要稍微改大助燃风的主送风管道及分支至每个喷枪的风管，并根据所提高的助燃风实际温度，选用适合于该助燃风温度的整个喷枪或枪芯选件。

利用冷却带余热，合理利用冷却带热风助燃，可增加入窑显热，明显改善燃料燃烧条件，提高燃烧温度，减少燃料的消耗量，也为利用劣质燃料创造了条件。另外，冷却带热风用作预热带气幕风，可减少窑内温差，有利于提高产品的产量和质量。将余热用于坯体的干

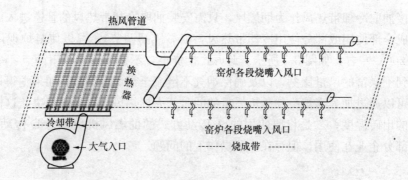

图 3-3　通过窑炉冷却带辊棒上下的换热器加热助燃风的方式

燥是可行的。湖北某陶瓷厂利用辊道窑余热代替柴油作为干燥介质，取得了明显的经济效益。由排热风机将辊道窑底换热风道、急冷气幕前后的热风抽出，通过主热风管道，经其上喷口喷入立式干燥器内干燥坯体。由于余热作为干燥介质，干燥器内无需燃烧，节省了助燃风机，一天可节电约 960 度，按 0.5 元/度计，一年节约 172 万元。因此，充分合理地利用冷却带热风、寻求最佳用量是辊道窑节能的途径之一。

3.1.2　作为干燥窑的热源

干燥是能耗大的单元操作之一。据资料记载，在工业发达国家，干燥操作消耗的能量约占全国总能耗的 13%～20%。统计表明，我国干燥操作所消耗的能量约占全国总能耗的 10%。所以干燥节能是十分重要的，尤其是在能源价格日益上涨的今天，能量消耗是直接关系到经济性操作的一个重要指标，在操作过程中应尽可能地降低能耗。

通过对佛山地区近五十条辊道窑和干燥窑的考察发现，很多质量问题发生在干燥窑的干燥阶段，如裂纹、变形和色差等。造成这些缺陷的主要原因是干燥制度不合理，即砖坯升温速度、排湿区域及排湿速度不均匀、不合理。干燥过程需要一个合理的干燥制度（尤其是对于大规格砖而言），干燥窑的发展史就是人们追求砖坯温度和砖坯湿度均匀的发展史。一个合理的干燥制度包括烟气温度制度、烟气湿度制度、烟气流速制度、砖坯升温制度和砖坯湿度制度等。温度制度的重要性显而易见，因此合理的干燥制度的核心仍是烟气温度制度。如果干燥窑出来的砖坯温度不均匀，对于渗花砖而言，施釉之后釉渗入砖体的深度就会不同，因此抛光之后产生色差，直接导致色号增多。如果升温速度过快，砖坯表面水分蒸发过快，内外水分排出的不一致即水分蒸发的内扩散速度跟不上外扩散速度，同时砖坯上下、左右、前后温差不同，坯体收缩不均匀都会产生应力，从而使得砖坯可能出现或大或小的裂纹。湿度与温度一样也是影响干燥制度的一个重要因素。利用干燥窑测试设备，可以测出干燥窑内部真实的温度、湿度情况。而要利用这些参数对窑炉进行调试就必须靠经验丰富的老专家根据产品的干燥制度进行适当的调整。而这些经验丰富的老专家的数量和精力都是有限的。

砖坯干燥的关键，在于干燥制度是否合理，干燥制度取决于被干坯体的干燥性能，即黏土的干燥特性。同时还与原料的处理、配比、泥料的制备、成型等工艺过程有关。如干燥敏感性高的黏土，在收缩阶段出现裂纹的倾向大，在干燥过程中干燥速度要控制在较低的程度。对于干燥敏感性低的黏土，可提高干燥介质的温度、流速，降低相对湿度，以缩短干燥周期。生产工艺中对黏土进行风化、陈化处理，在黏土中加入一定的瘠化料，可改善坯体的干燥性能，从而缩短干燥周期。

从 20 世纪 90 年代直至 21 世纪初，那时的干燥窑结构还比较落后，对把窑炉冷却余热风利用到生坯的干燥过程的这种余热利用率并不高，普遍存在单独使用热风炉来补充干燥热风量的现象。就算是当时引进的国外立式干燥器，也是单独设置有热风炉的。整体来说，当时余热利用效果很低。随着燃料价格的不断上涨，各陶瓷企业和窑炉公司才真正开始将节能降耗逐步摆上议事日程。干燥窑的分风管路结构、箱体内部结构以及保温结构均在这一时间段发生了很大的改进。干燥窑开始充分接收窑炉排烟段和冷却段分别送来的余热，使生坯完全达到干燥效果，已经不成问题。自然，原本配置的热风炉也就关掉不再使用。到后来墙地砖生产线上的单层或双层，甚至五层干燥窑设计时，都不再考虑热风炉的设计，甚至于余热风机进风口设计吸冷风口和余热风机出风口设计热风外排空烟囱。这一时间段的生产线节能效果取得了长足的进步。

因为砖坯在辊道窑的冷却段降温所释放的热和对应产生的热风，是比较干净的热源，所以将其尽可能输送到干燥窑，是比较好的节能方案。当然，这里的余热利用节能效率如何，取决于窑炉冷却段的保温蓄热能力、窑炉冷却段的气密性、窑炉的余热风机选型、余热风抽风点的选择、冷却段挡火墙挡火板的设置和调节、余热风管管径的大小、余热风管的气密性和保温隔热性、余热风管的沿程阻力大小、干燥窑接风落点、干燥窑的保温密封性等。

干燥窑对余热利用的节能方式，不仅只限于窑炉冷却段的散热过程中的余热利用，还可以将从窑炉前段排烟风机抽走的热烟气，送往干燥窑的前段和中前段进行使用。这类烟气温度比较高，早些年有些企业热工师傅担心烟气的含酸性物质具有腐蚀性，而且直接外排会造成严重的热能浪费。因为排烟风机的热烟气流量大，风温高，带走的热量比同条窑炉上的余热风机带走的热能更多。到后来随着节能降耗的需要和干燥窑设备结构技术的优化改良，排烟风机的绝大多数烟气热也是送到干燥窑去干燥生坯。因产品的生坯干燥特性需要和窑炉单位产量的提升，很多生产线上的干燥窑用不完窑炉排烟风机送来的热烟气。同理，由此在随后的窑炉设计时窑炉排烟风机的进风口设计有进冷风调节闸板和排烟风机的出风口设计有外排空烟囱，并有闸板加以控制。同样，这里的烟气余热利用节能效率如何，取决于窑炉预热段的保温蓄热能力、窑炉预热段的气密性、窑炉的排烟风机选型、热烟气抽风点的选择、预热段挡火墙挡火板的设置和调节、烟气风管管径的大小、烟气风管的气密性和保温隔热性、烟气风管的沿程阻力大小、干燥窑接风落点、干燥窑的保温密封性等。

总之，干燥窑尽可能地充分运用窑炉上的余热，不让排烟风机的热烟气和冷却段的余热风外排空，就会起到良好的节能作用。根据对一些较有代表的窑炉热平衡测定所取得的热工数据来看，大多数窑炉冷却带抽热和排烟带走的热量合计占窑炉输入热量的比例为 $50\% \sim 60\%$。由于受燃料成本比例增大的因素影响，并且配合陶瓷生产工艺改革和干燥设备技术的进一步完善，在业内技术人员的努力之下，在窑炉烧成中产生的这些余热大部分供给了坯体干燥使用。这在窑炉余热利用方面，确实取得了极大的进步。这一进步基本上使大多数企业在干燥工序不再需要使用燃料，成效是相当显著的。

3.1.3　作为喷雾干燥塔的热源

目前行业内使用的窑炉的余热利用情况仍存在某些因素影响着窑炉的余热未能完全被利用。特别是在夏季，往往存在余热用不完的情况。一是生产方面，部分企业窑炉排出的冷却带抽热和排烟带走的热量供给干燥线有多余时，多余部分只采取向天排空；二是设备方面，部分企业窑炉太短，而又不适当地加大产量，致使出砖温度在200℃以上，造成了冷却余热的浪费；三是操作方面，一些企业为加大产量，拼命地加大燃烧量从而不惜以加大排烟解决窑炉正压，造成排烟损失大大增加；四是意识方面，一些企业的产值与成本间仍有较大空间，不在乎燃料成本，不自觉节能。这种情况下，可以考虑将多余的热量作为喷雾干燥塔的热源之一。

喷雾干燥塔是陶瓷行业的耗能大户，其节能降耗一直是各用户最为关心的大事。但是，许多企业由于采取的措施不够妥当，节能效果甚微。一方面，窑炉的余热不能充分利用而排空，另一方面，又要消耗大量能源用于喷雾干燥塔的粉体干燥。因此，充分利用窑炉余热以达到喷雾干燥塔的节能是比较有效的途径。

一般喷雾干燥塔分为三种：压力式喷雾干燥塔、离心式喷雾干燥塔和气流式喷雾干燥塔。在陶瓷行业应用较多的是压力式喷雾干燥塔。将含水率为32%～40%的泥浆，由泥浆泵压送至雾化器，在塔内雾化成$50\sim300\mu m$的雾滴群与干燥介质接触，剧烈地进行热交换，泥浆雾滴脱水，干泥浆在雾化器的作用下迅速被雾化成雾滴，在干燥塔内与热风（由热风炉产生）相遇，发生剧烈的热交换，几秒或十几秒钟后雾滴被干燥成符合要求的颗粒状粉料，积聚在塔底并由卸料阀卸出。干燥成含水率为6%左右的空心球状粉料，在重力作用下聚集于塔底，由卸料装置（翻板下料器）卸出。含有微细粉尘的废气经旋风除尘器和水浴除尘器除尘，达到对空排放标准，由排风机经排风管道排入大气。

喷雾干燥塔是一种连续式的泥浆烘干设备，其工艺原理如图3-4所示。

对于陶瓷行业用的喷雾干燥塔，进塔热风温度一般控制在450～550℃，出塔排风温度为85～95℃。进塔热风温度越高，干燥的热效率就越高，但进塔热风温度不可过高（不超600℃），温度太高会烧坏塔顶分风器。出塔排风温度越低，喷雾干燥的热效率越高，但排风温度也不可过低，低于75℃时粉料太湿，影响正常干燥。排风温度也不可过高，温度过高粉料太干，不利于成形且浪费热能。

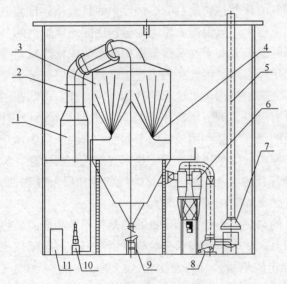

图3-4 喷雾干燥工艺原理图

1—热风炉；2—热风管道；3—干燥塔体；4—雾化喷嘴；
5—排风管道；6—旋风除尘器；7—水浴除尘器；8—排风
机；9—粉料振动器；10—柱塞泵；
11—电气控制系统

近几年来，我国陶瓷制造业取得了较快的发展，从产量上看，目前我国的日用陶瓷制品，以及卫生陶瓷制品已稳居世界首位，其中日用陶瓷品和建筑陶瓷砖更是占据世界总产量的一半以上。在陶瓷产业创造巨大经济效益的同时，也应认识到我国能源消耗严重的现状，油耗量及电耗量数额巨大。在陶瓷生产流程当中，喷雾干燥制粉是造成高耗能的重点环节之一。因此，为了提高能源利用效率，减少不必要的浪费，必须针对喷雾干燥制粉环节，采取切实可行的节能措施，从而合理控制生产成本，保证企业的竞争优势，使我国的陶瓷生产行业走上健康的发展道路。

结合陶瓷窑炉的工作特点，提高急冷段热风的温度，一部分可以用于喷雾干燥塔的干燥，以节省能源的消耗，充分利用优质优用、梯级利用的原则。另一方面，从干燥塔内，有大量的蒸汽出来，这些蒸汽中含有大量的汽化潜热，如果加以有效回收，生成干燥的热空气，对于产品干燥和烘干将会节省大量的能源。

3.2 抽湿烟气余热利用

对废烟气的余热利用，应明确的是：要充分利用燃料燃烧后产生的废烟气的能量。首先，要减少烟气排出所损耗的热能，主要有以下三条途径：① 改善燃料燃烧状况，尽量减少烟气中可燃物质（C、CO）的含量；② 采取各种有效措施，尽可能提高烟气在烟道内与制品之间的传热效率；③ 充分利用烟道内烟气的余热。预热带排除的烟气量往往有 10000 m^3/h 以上，温度均在 200～300℃，废烟气带走大量显热，热工人员应重视废烟气的余热利用。

对废烟气余热利用主要有以下几种形式：

（1）用锅炉引风机先把烟气抽送到各种间接传热干燥器上，干燥坯体后再引入烟囱排出。

（2）在烟道内安装金属空气换热器或砌空气换热道，空气经逆流预热后，供烧成、助燃或干燥坯体用。

（3）在预热带设置烟气循环扰动气幕。

这些余热利用的方法各有优缺点，各厂家应根据各自具体的情况分别加以选择利用。

由于烟气带走显热与烟气量和烟气温度成正比，因此减少出窑烟气带走显热可从两方面来考虑。第一，在保证燃料完全燃烧的基础上，应尽量采用较低的过剩空气系数，以减少烟气生成量，还需加强窑体的密封，防止冷空气的漏入；第二，降低出窑烟气温度，可考虑多种方法回收利用烟气余热，以提高窑炉的热效率。

3.2.1 作为干燥窑窑头热源

余热的利用方案不同，得到的效果也不同。以日用瓷的辊道窑为例，不少公司认为抽湿烟气中不仅含有大量的水气，还含有粉尘和其他有害物质。而且从窑头到加热段之间，设置了五到六个排烟管。从烧成段到窑头，各个排烟管的排烟温度逐渐降低。最高处的排烟温度可能在 300℃ 左右，而离窑门口最近的排烟管排烟的温度只有 60℃。几个排烟管道汇集后的混合温度一般在 110℃ 左右。温度不高，又含有粉尘和有害气体，因此，绝大多数的公司选择了直接排放。最近，由于环保要求进一步提高，不少公司选择了对这部分烟气进行除尘及无害化处理，但还是没有考虑到这部分余热的回收与利用。

对于日用瓷辊道窑窑头的抽湿烟气余热，最好的利用办法是在保证窑炉内温度场和速度场的前提下，将排烟管道区分开，保证高品质的余热不与低品质的余热掺混。这样，可以对高品质的余热加以利用。当烟气温度高于 200℃ 时，可以通过高效热管换热器将助燃风加热到 100℃ 以上，就这部分余热来说，可以实现节能 5% 左右。

对于陶瓷砖用辊道窑而言，由于窑体长，生产效率高，因此，从窑头出来的烟气量大。同时，不同的公司从窑头出来的烟气温度也有较大的区别，从 180℃ 到 350℃ 不等。如果生产过程中燃料较清洁，如天然气或 LPG 等，则大部分可直接将烟气引入干燥窑作为热源之一。只有当这部分余热不足以烘干生坯时，备用的燃烧器才投入工作。因为这部分烟气中的氧基本消耗完，不支持燃烧，不能用作助燃空气，如果换热后再用于助燃风，由于温度不高，节能效果也不会太明显。因此，抽湿烟气作为干燥窑窑头热源是最好的选择。

对隧道窑来说，利用抽热风带出的显热作为预热带的气幕风，一方面增加了气幕带入的显热；另一方面可减少窑内温差，有利于提高产品的产量和质量，从而降低单位产品的能耗，节约生产成本。

梭式窑的工作过程处于热不稳定状态，余热量一直在变化，较难利用。在窑升温与保温阶段，热烟气通过热交换器加热助燃空气；在窑冷却阶段，窑内排出的干净的热空气用于加热另一座处于升温阶段的梭式窑（梭式窑两窑成组，生产组织是一窑升温，另一座降温）是可以采取的余热利用措施。但增加的设施与回收（变化中的）余热量之间的经济性、自动控制的难度，是决定此余热是否回收利用的两大因素。

利用陶瓷窑炉余热如冷却带热风烘干制品时，由于生产安排的不同，往往会遇到余热多余的现象。大部分公司采取的措施是排空，而没有考虑进一步优化系统，在余热利用过程中优质优用，梯级利用。另外，就是热风过来后只是在干燥窑内走一遭，只要达到了产品的干燥效果，其他情况就不管了。比如，热空气的余热是不是充分利用，从干燥窑排出的烟气温度还有多少。如果能采用蓄热介质，将这部分热蓄存起来，那么，就不会存在余热多余或不够用的情况了。

3.2.2 作为余热发电的热源

余热发电中直接利用烟气余热，通过有机朗肯循环发电时，对烟气的要求是流量要大，至少在 $100000m^3/h$ 以上，且工况稳定。因为余热发电项目的投入较高，如果不能保证流量和稳定的工况，那么项目的投资回收期就会很长。在水泥回转窑上，烟气温度高，流量大，且工况稳定，因此，水泥回转窑上必须配备余热发电系统，可以满足系统部分用电需求。

在陶瓷行业，只有规模陶瓷公司在一个生产基地拥有 10 条以上的窑炉时，才可以考虑是否利用余热发电。以每条窑的排烟气量 $20000m^3/h$ 计，则总量可达 20 万 m^3 以上。此时的余热发电系统才会有较好的经济效益。

另一种余热发电是利用热电模块进行发电。这种技术可以使用在陶瓷窑炉上。但是目前这种技术没有普及的原因之一是发电量小，不能满足生产的需求。要想实现产业化普及，还有很多具体问题要解决。

佛山某公司设计生产的一条日产 $15000m^2$ 的 $600mm \times 600mm$ 的抛光砖辊道窑，采用辐射换热式余热发电技术，每小时可以利用余热量为 $12218760kJ$，发电量 $533kW \cdot h$，完全可以满足成型车间设备的用电量，可谓是一种"零"耗电窑炉。

3.2.3 利用余热制冷

佛山某制冷公司，于 2013 年 4 月将具有独立知识产权的吸收式热能制冷机应用于陶瓷行业，对陶瓷厂窑炉排放的烟气余热利用提供了良好的发展前景，开拓了窑炉余热利用新途径。

在窑炉急冷区后段约 400～550℃区间插入锅炉管进行取热，加入水后，吸收窑炉余热变为 180℃的蒸汽通过自身压力输送到主机，与主机冷媒进行热交换后，由泵将冷凝水蒸气输送回锅炉管，这个过程在全密闭的管路内循环，并不影响生产工艺和干燥窑的烟气回收。主机内的冷媒通过吸收热量蒸发制冷，制成冷冻液由泵输送到喷墨房、淋釉房、花机、窑头、窑尾等工作岗位，也可以输送到办公室、展厅、宿舍等场所。最后经蒸发器（盘管风机）送出冷风完成空间温度调节。

据了解，一台压缩式中央空调机，以制冷量 45kW、主机耗能 14kW 计算，中央空调的年耗电量（以每年运行 8 个月，每天 24 小时计）为 80640kW·h，电费（以 0.9 元/度计）为 7.26 万元；而吸收式热能制冷机的制冷量达到 46kW，辅助用电仅需 0.7kW，年耗电量 4032kW·h，电费仅 3603 元，节约电费成本高达 95%。

首个使用吸收式热能制冷机的是佛山某公司。该公司相关负责人表示，在没有增加能耗及余热得到充分利用的基础上，制冷机的使用改善了工作环境，达到清洁生产，保证了员工流失率处于较低的水平。

据报道，上述制冷公司的余热制冷设备不仅可用于空调制冷降温场合，同时亦可适合使用冰块降温习惯的陶瓷企业，利用窑炉余热制冰，每套系统每天可制冰 4～4.5t，按市场冰价加上运费约产生一千多元的经济效益，不到 4 个月就可以回收全部投资。

该技术也在强辉、金牌亚洲等企业应用，并得到了国家节能环保项目部门的认可。

3.3 出窑产品余热利用

出窑产品的余热利用可以进一步提高系统的综合热效率。对于出窑产品的余热回收进行的办法不多。一般都在缓冷段后延长输送轨道，对产品进行冷却以达到包装的温度。

从急冷段经过缓冷段，产品温度从 1000℃以上降低到 200℃以下，产品的大部分余热进入了急冷段和缓冷段的冷却风中。热量在干燥或助燃工序得到了使用。由于缓冷段冷却风流速低，对流换热系数低，冷却效果较差，从而要求缓冷段较长。为了高效回收出窑产品的余热，可以在缓冷段使用喷流式冷却方式，提高缓冷段的产品余热回收效果，进一步降低产品带走的余热。

从窑具和出窑产品带出的显热来看陶瓷工业窑炉节能技术与途径及发展方向，隧道窑和梭式窑较辊道窑多一项窑具带入和带出显热。在隧道窑中，这项热支出在预热带及平衡带中占较大比例，且它的性质与预热带及平衡带中的产品带出显热这项热支出相同，对缩短烧成周期，提高产量和降低窑炉能耗是不利的。这也正是这两种窑炉的总能耗较辊道窑大的原因之一。为了降低这项热耗比例，可使用的节能方法和技术主要是：隧道窑、梭式窑的卫生陶瓷烧成采用明焰裸烧技术。

采用低蓄热、密度小和强度高的窑具。目前采用这种窑具，其节能效果也是较好的。在其他条件不变的情况下，假设当窑具与产品质量比由 1.55 减小到 0.5 时，经过模拟仿真计算，窑具单位吸热由 1780kJ/kg 降低到 575kJ/kg。由于卫生陶瓷和日用陶瓷的生产不可能全部取消窑具，因此，对隧道窑和梭式窑来说，不断采用更蓄热、密度更小和强度更高的窑具依旧是今后降低这项热支出的方向。

从产品带出显热和物化反应耗热这两项热支出来看陶瓷工业窑炉节能技术与途径及发展方向，这两项热支出在隧道窑中的比例分别是 5.27% 和 1.98%，而在辊道窑中高达 53.6%

和16.6%。在前面已分析出现如此大差异的原因和对窑炉节能降耗的不利原因。目前在这方面采取节能的技术主要是低温快烧技术。这种技术主要通过改变陶瓷原料配方及制造工艺和优化传统窑炉结构来实现。通过热平衡计算知道,若烧成温度降低100℃,则单位产品热耗可降低10%以上,且烧成时间缩短10%,产量增加10%,热耗降低4%。目前,陶瓷窑炉普遍采用低温快烧技术后,其烧成周期从最初设计的50~70min,调整到二十多分钟,产量几乎翻了一倍,相应的单位产品能耗也降低到原来的70%左右,其能耗水平可以达到2177kJ/kg瓷以下,可见节能效果十分明显。因此,今后进一步研究采用新原料,改进现有生产工艺技术,进一步优化窑炉结构,是更好地实现低温快烧技术,进一步降低能耗的关键。

3.4 余热利用应用实例

3.4.1 隧道窑余热利用

关于余热利用的比较成功的例子是河南省焦作市陶瓷二厂69m明焰裸烧隧道窑。该厂技术人员在69m隧道窑余热利用方面确定的设计指导思想是:余热利用要作为改善隧道窑的热工性能,调整隧道窑各部(尤其是预热带)温度、压力的一个手段;在不影响隧道窑正常运转的情况下,要尽可能充分利用余热;余热利用方式应采用多渠道,反复利用的原则。该窑冷却带余热的高温部分(温度达350℃)用作助燃空气,可节能16%~18%;余热的低温部分用来干燥半成品。由于该窑采取了得力的措施,余热的利用率不仅达到84%,节约了大量的能源,而且借助余热利用的手段,窑炉热工制度的调节也得到了改善。

3.4.2 辊道窑余热利用

3.4.2.1 窑头抽湿烟气余热的利用

如图3-5所示,该系统可以有效地回收炉窑窑头出来的含有杂质的烟气余热。根据现在实际运行情况讲,以日用瓷的辊道窑为例,这部分烟气有粉尘、NO_x、SO_x及水蒸气等。虽然这部分烟气中也含有大量的余热,因为含有上述有害气体,这部分余热没法直接利用。另

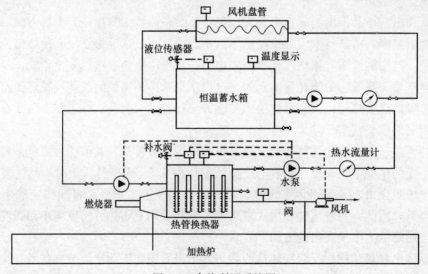

图 3-5 余热利用系统图

外，由于现在炉窑的排烟系统的设置导致了这部分烟气量大，温度低，余热品质低，温度只有 100℃ 左右。因此，大部分用户对这部分烟气没有进行余热回收而是直接排掉。由于环保要求的提高，这部分烟气排放前要进行脱硫、脱硝或去粉尘处理。利用上述系统，并对现行的炉窑排烟系统进行改造，提高部分排烟温度达 160℃ 左右，则通过这套系统可以方便地回收由窑头排出的烟气的余热，可以缓解或防止冬季因热量不够而影响生产的情况发生。某陶瓷企业的辊道窑采用这套系统后，每年可以节约天然气 70 万 m^3，节能效果明显。

3.4.2.2　辊道窑余热的综合利用

把烧成窑余热风管与烧成窑自身助燃进风管、干燥窑的热风进风管和喷雾塔的热风进风管组成余热风管系统，将预热带湿热烟气和冷却带干热气体分别送入喷雾塔和干燥窑与烧成窑助燃进风管，其中，冷却带干热气体送入烧成窑助燃进风管的管道全部布置在窑体内，预热带湿热烟气送入喷雾塔的管道全部布置在地道内。通过调节风管系统的各个闸阀、风机和各个设备的优化控制，使烧成窑余热得到最大化利用。余热风管系统示意图如图3-6 所示。

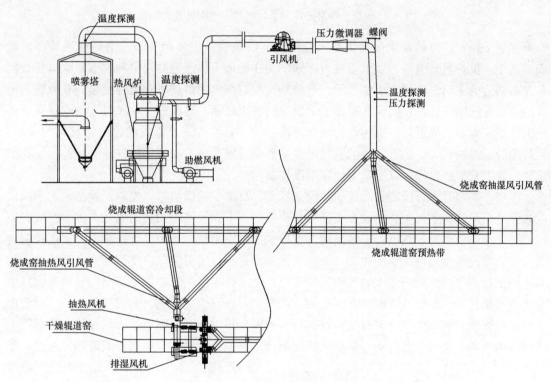

图 3-6　余热风管系统示意图

（1）干燥窑余热循环利用和多层强制对流快速干燥技术

干燥窑在工作时，砖坯与热风进行热交换，蒸发出坯体内的自由水。热交换后的潮湿低温气体通过干燥通道的辊上和辊下的排湿风盒组件、排湿调节阀、排湿连通管排出。其中小部分潮湿低温气体通过连通的排湿主管、排湿风机、排湿烟囱排出到设备外，大部分潮湿低温气体通过与循环风机入口连通的外来余热主管打入的外来高温余热混合，通过循环风机打入供热连通管、供热风盒组件，热风通过吹风管的吹风孔对砖坯强制对流干燥。并且循环热风在设备内反复循环，保持恒温、恒湿、定量小排放，充分利用能源，减少排放，实现陶瓷砖坯快速干燥。图 3-7 为多层干燥窑的排湿系统和余热循环利用示意图。

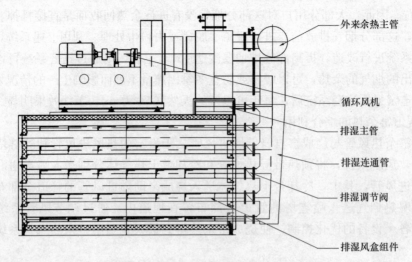

图 3-7 多层干燥窑的排湿系统和余热循环利用示意图

多层干燥窑的供热系统包括供热风盒组件、吹风管、供热调节阀、供热连通管、热电偶。其中，供热风盒组件为多组左右对称地安装在辊道干燥通道的辊上和辊下，吹风管装配在左右两边的多组供热风盒组件之间，且分别与左右两边的供热风盒组件相接；吹风管上设有均匀分布的吹风孔，且吹风孔覆盖了干燥窑的整个断面。热风通过吹风管上的吹风孔对砖坯上、下表面垂直喷射，实现砖坯的强制对流干燥，且实现了设备内的连续砖坯均匀受热，均匀干燥，温度均匀。还有一边的供热风盒组件通过供热调节阀与供热连通管相连，且在供热连通管上安装热电偶，以反馈干燥窑温度控制信号。

多层干燥窑是通过温度自动控制系统来检测、反馈、输出信号，控制干燥窑内的热风温度。温度自动控制系统主要由温度控制表、执行器调节阀、烧嘴和热电偶几个部分组成。当没有外来余热供入时，热电偶实测温度并把该温度的电阻信号送回温度控制表，温度控制表则自动将实测温度与设定温度比较，如果实测温度低于设定温度，温度控制表会输出一个信号，使执行器带动蝶阀向开大燃气的方向变化，使干燥温度上升；如果实测温度高于设定温度，电动执行器带动燃气蝶阀向开度小的方向变化，以减少烧嘴喷出的燃气量，使干燥温度下降，最终使实际温度与设定温度一致。当有外来余热供入时，则通过安装在排湿连通管上的冷风调节阀和烧嘴，且分别与循环风机相配合；其中，冷风调节阀用于调节热风温度，当潮湿低温气体与外来余热混合后温度超过干燥窑工艺设定温度时，冷风调节阀将开大配入冷风，以降低到设定温度；烧嘴用于补充热源，当潮湿低温气体与外来余热混合后温度达不到干燥窑工艺设定温度，烧嘴将开启提供热量，以补充到设定温度。图 3-8 为多层干燥窑的风机系统和控制机构。

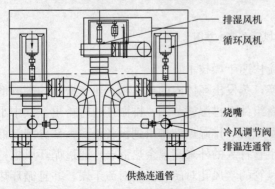

图 3-8 多层干燥窑的风机系统和控制机构

（2）喷雾塔余热利用控制系统

该系统需要监控的参数包括烧成窑出口压力 P_1、出口温度 T_1、压力微调压器前压力 P_2、烧成窑烟气鼓风机后温度 T_2、水煤浆热风炉内温度 T_s、喷雾塔顶温度 T_3、喷雾塔内压力 P_p、喷雾塔内温度 T_p 等，要求在保证烧成窑正常运作和喷雾塔正常运作的前提下，最大化地利用烧成窑预热带抽湿风的余热。采用的控制流程如图 3-9 所示。

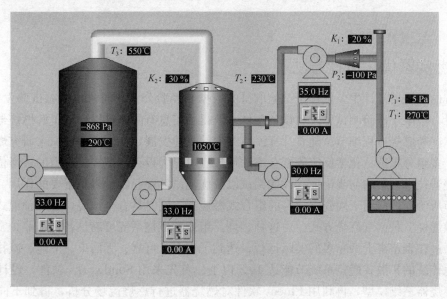

图 3-9 喷雾塔利用烧成窑余热的控制流程

参考文献

[1] 付海丹，冯青，汪和平，等. 一种辊道窑冷却带余热利用的新技术[J]. 中国陶瓷工业，2011，18(2)：33-35.

[2] 刘小云. 蓄热燃烧技术在陶瓷窑炉上的应用[J]. 陶瓷，2012 (1)：9-11.

[3] 谢炳豪，罗汉国. 提高辊道窑助燃风温度的探讨[J]. 佛山陶瓷，2007，17(11)：11-14.

[4] 徐婷. 高温空气燃烧技术在辊道窑中的应用[D]. 广州：华南理工大学，2011.

[5] 尹学志. 利用窑头窑尾余热发电的研究[D]. 长春：长春理工大学，2007.

[6] 柳丹. 一种建筑陶瓷辊道干燥设备. 中国，201120133575.2[P]. 2011.

[7] 刘文波. 辊道干燥窑生产技术改造方法研究[D]. 广州：广东工业大学，2009.

[8] 邹小芳，李真霖，程昭华. 影响辊道窑节能效果的十大因素之六——窑炉和干燥窑的余热利用方法与途径对能耗的影响[J]. 佛山陶瓷，2015，25(10)：35-37.

第4章 陶瓷窑炉的燃烧器优化

4.1 燃烧器优化设计方法

传统的燃烧器设计主要依赖于试验取得的数据和经验公式，同时也依靠试验发现问题，改进设计。但限于试验测试手段和设备条件，获得的信息有限，难以详细了解燃烧器内的三维流动状况和燃烧过程细节。随着计算流体力学的飞速发展，利用数值模拟来研究燃烧器内部湍流、多组分扩散、化学反应等复杂流动现象，可以为设计定型提供有力的参考依据，尤其在燃烧器技术方案的初步论证、性能调试以及优化设计中起着越来越重要的作用。

本节所研究的应用于陶瓷辊道窑的组合式燃烧器，同时具有全预混燃烧、预混式二次燃烧和扩散燃烧三种燃气燃烧方式。由这种燃烧器组成的燃烧系统可满足各种工业炉窑的燃烧工况，通过在辊道窑上两年多的实际运行，达到了安全、可靠、无回火、节能、减排的技术指标，比传统的扩散式燃烧系统节能达 10％以上。首先采用 Solidworks 软件，设计出结构复杂的燃烧器三维模型，再利用 Fluent 软件对燃烧器进行燃烧流场分析，得到不同工况下设计方案的流场、温度场、组分分布等详细信息，通过分析对比得出最佳燃烧状态，对优化该燃烧器的结构设计具有重要的指导意义。

4.1.1 燃烧器的三维模型设计

4.1.1.1 Solidworks 软件简介

Solidworks 是一个大型软件包，由多个功能模块组成，每一个功能模块都有自己独立的功能。设计人员可以根据需要调用其中的某一个模块进行设计。Solidworks 主要有草图绘制、零件模块、装配模块、工程图模块、钣金设计、模具设计、运动仿真等模块。下面就零件模块、装配模块两个模块作较详细介绍。

（1）零件模块

零件模块用于创建和编辑三维实体模型。在大多数情况下，创建三维实体模型是使用 Solidworks 软件进行产品设计和开发的主要目的，因此零件模块也是参数化实体造型最基本和最核心的模块。利用 Solidworks 软件进行三维实体造型的过程，实际上就是使用零件模块依次进行创建各种类型特征的过程。这些特征之间可以相互独立，也可以相互之间存在一定的参考关系，例如各特征之间存在的父子关系等。在产品的设计过程中，特征之间的相互关系是不可避免的，所以最好尽量减少特征之间复杂的参考关系，这样可以方便地对某一特征进行独立的编辑和修改，而不会发生意想不到的设计错误。

（2）装配模块

一个产品往往由多个零件组合而成，装配模块用来建立零件间的相对位置关系，从而形成复杂的装配体。装配模块具有以下特点：提供了方便的部件定位方法，轻松设置部件间的位置关系；系统提供了十几种配合方式，通过对部件添加多个配合，可以准确地把部件装配到位；提供了强大的爆炸图工具，可以方便生成装配体的爆炸视图。

4.1.1.2 Solidworks 建模一般过程

Solidworks 系统在绝大多数三维实体建模的过程中，均是首先从草图开始，绘制出二维草绘截面几何图形后，通过对草图截面的不同操作来生成三维实体。例如，将草绘截面沿法向拉伸一段距离即可生成拉伸实体特征，将草绘截面沿指定曲线做扫描运动即可生成扫描实体特征，将草图截面沿指定的中心轴线旋转则可以生成旋转实体特征。因此，按照对二维草绘截面的不同操作方式，Solidworks 创建三维实体特征的主要方法有拉伸实体特征、旋转实体特征、扫描实体特征、混合实体特征等。

Solidworks 系统可以在零件上创建多种特征，包括实体特征、曲面特征以及其他种类的具体应用特征等。Solidworks 零件建模的实质是创建实体特征和一些用户定义的特征。其中有些特征可以通过添加材料的方式创建，有些特征则是可以通过去除材料的方式创建。

利用 Solidworks 建模首先要从整体研究将要建模的零件，分析其特征组成，明确不同特征之间的关系和内在联系，确定零件特征的创建顺序，在此基础上进行建模、添加工程特征。通过二维平面草绘图的旋转、拉伸、扫描和混合等工具来实现三维实体模型的构建。

Solidworks 建模的一般过程如下：

（1）建立或选取基准特征作为模型空间定位的基准，如基准面、基准轴和基准坐标系等。建立每个实体特征时，都要利用基准特征作为参照。

（2）建立基础实体特征：拉伸、旋转、扫描、混合等。

（3）建立工程特征：孔、倒角、肋、拔模等。

（4）特征的修改：特征阵列、特征复制等编辑操作。

（5）添加材质和渲染处理。

4.1.1.3 Solidworks 装配的基本方法

一个产品往往由多个零件组合（装配）而成，装配模块用来建立零件间的相对位置关系，从而形成一个相对复杂的装配体。零件间的位置关系的确定主要通过添加配合实现。

装配设计一般有两种基本方法：自底向上装配和自顶向下装配。如果首先设计好全部零件，然后将零件作为部件添加到装配体中，则称之为自底向上装配；如果是首先设计好装配体模型，然后在装配体中组建模型，最后生成零件模型，则称之为自顶向下装配。

在产品的实际装配设计过程中，并不是只使用一种装配设计方法。更多情况下是根据实际产品的设计需要综合运用这两种设计方法以发挥各自的优点。

在进行装配设计的过程中，要首先明确设计方法是采用由底向上还是由顶向下。这就要求对所设计的产品必须有全局性的认识。其次还要分清各种零件的装配关系以及装配过程中的操作对象间的级别关系。

图 4-1 为利用 Solidworks 软件设计出的结构复杂的燃烧器三维模型。

图 4-2 为两种燃烧器喷头的三维模型。

4.1.2 组合式燃烧器的结构模型

组合式燃烧器由预混合装置、输送管道、扩散燃烧装置三大部件组成，如图 4-3 所示。当开一次风、关二次风时为全预混燃烧；当同时开一次风和二次风时为预混式二次燃烧；当关一次风、开二次风时为扩散燃烧。模型中一次风入口、二次风入口和燃气入口直径跟实物

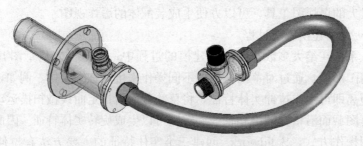

图 4-1 燃烧器三维模型

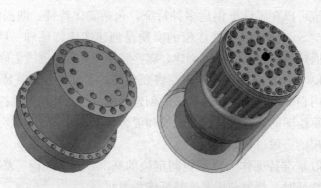

图 4-2 两种燃烧器喷头的三维模型

尺寸一致，所采用的燃气成分见表 4-1，燃气流量为 $22m^3/h$，设空气系数为 1.05，则一次风和二次风的总流量为 $28.93m^3/h$。选用的湍流模型是标准 k-ε（湍动能-湍动能耗散率）双方程模型。鉴于燃烧器几何结构的复杂性，若只采用结构化网格来离散计算区域十分困难，模型划分网格时采用非结构化四面体网格。

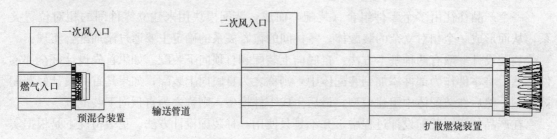

图 4-3 组合式燃烧器的结构

表 4-1 燃气成分的体积百分含量

燃气成分	CO	H_2	CH_4	O_2	N_2	H_2O	CO_2
含量（%）	26.6	12.8	3.3	0.2	53.1	2	2

4.1.3 数值计算结果及讨论

4.1.3.1 不同的一次风与二次风比例

利用 CFD（Computational Fluid Dynamics，即计算流体动力学）软件 Fluent 对上述模型进行了燃烧模拟。模拟一次风与二次风的比例分别为 1∶0、3∶1、1∶1、1∶3 和 0∶1 五种工况。模拟结果分别如图 4-4、图 4-6、图 4-7 及图 4-8 所示。

图 4-4 为火焰温度场分布图。由图 4-4 可以看出，随着一次风量的减少和二次风量的增加，火焰的长度逐渐增长。

图 4-5 为实际火焰图片。由图 4-5 可以看出，实际火焰的长度是随着一次风量的减少和二次风量的增加而逐渐增长的。这说明模拟的火焰温度场分布与实际的火焰是相符的。

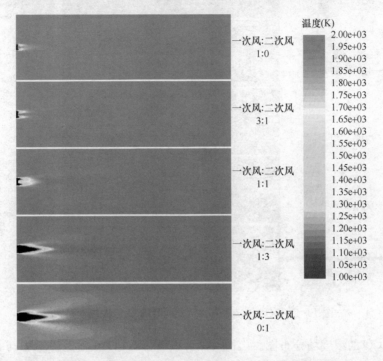

图 4-4　一次风与二次风比例不同时的火焰温度场分布图

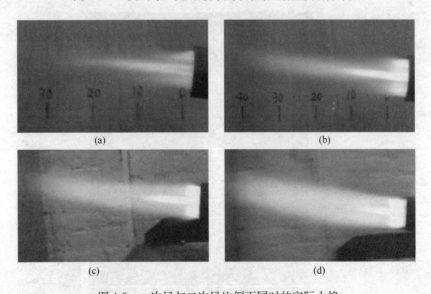

图 4-5　一次风与二次风比例不同时的实际火焰

（a）全预混燃烧；（b）预混较多；（c）扩散较多；（d）扩散燃烧

图 4-6 为 O_2 的浓度场分布图。由图 4-6 可以看出，O_2 在输送管道中与燃气混合，当到达喷口时，已经与燃气混合得非常均匀了。随着一次风量的减少和二次风量的增加，O_2 被

消耗的速度越来越慢。在火焰温度最高的区域，氧气的浓度接近零。

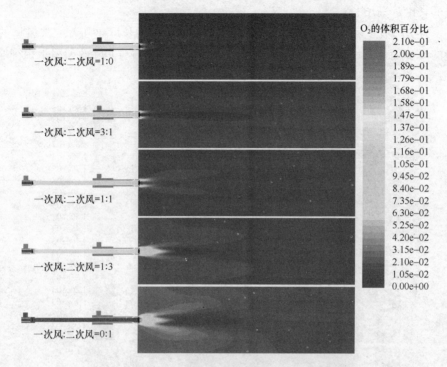

图 4-6　一次风与二次风比例不同时的 O_2 浓度场分布图

图 4-7 为 CO 的浓度场分布图。由图 4-7 可以看出，CO 在输送管道中与空气混合，当到达喷口时，已经与空气混合得非常均匀了。随着一次风量的减少和二次风量的增加，CO

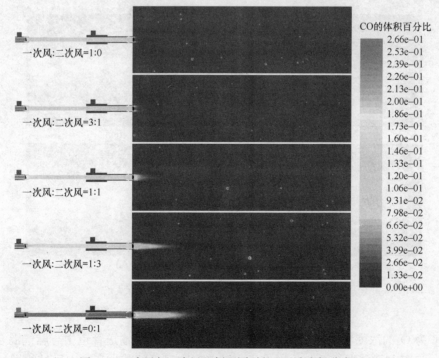

图 4-7　一次风与二次风比例不同时的 CO 浓度场分布图

被消耗的速度越来越慢。这与火焰温度场的分布是一一对应的。

　　图 4-8 为速度场分布图。由图 4-8 可以看出，随着一次风量的减少和二次风量的增加，喷口喷出的速度逐渐减小。在喷口处最高速度达到了 40m/s。

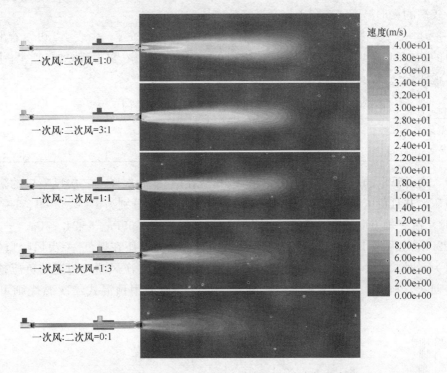

图 4-8　一次风与二次风比例不同时的速度场分布图

　　图 4-9 为温度在 Z 轴方向的分布情况。Z 轴即火焰中心轴，由图 4-9 可以看出，随着一次风量的减少和二次风量的增加，燃烧区域末端的温度越来越高。采用全预混燃烧时，温度

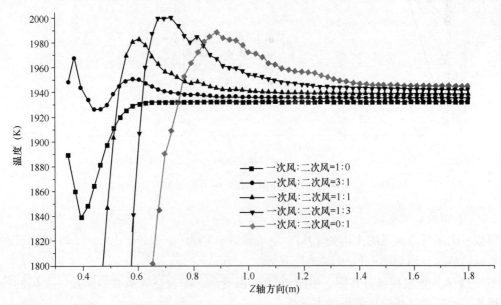

图 4-9　一次风与二次风比例不同时温度在 Z 轴方向的分布

由低直接到最高。而采用预混式二次燃烧和扩散式燃烧时，温度是由低到最高，再降低到末端温度，其中一次风与二次风的比例为 1：3 时，火焰产生的最高温度值最高。这说明燃烧区域末端的温度是随着燃气与 O_2 反应的时间增加而升高的，适量一次风和适量二次风配合可以产生较高的火焰温度，有利于提高燃烧效率。

表 4-2 为一次风与二次风比例不同时出口处 NO_x 的平均浓度。由表 4-2 可以看出，随着一次风量的减少和二次风量的增加，烟气出口处 NO_x 的平均浓度逐渐增加，这与速度场刚好相反。说明烟气流动越快，NO_x 的生成越少。

表 4-2 一次风与二次风比例不同时出口处 NO_x 的平均浓度

一次风与二次风比例	1：0	3：1	1：1	1：3	0：1
NO_x 浓度（mg/m³）	174	191	217	437	591

另外，由计算出的压力分布的结果，可以知道在燃气/一次风或二次风喷口的附近会产生最大负压，并且负压区域非常小。当一次风与二次风比例分别为 1：0、3：1、1：1、1：3 和 0：1 时，在 Z 轴方向的最大负压分别为 $-56.49Pa$、$-36.69Pa$、$-24.27Pa$、$-23.62Pa$ 和 $-23.22Pa$，如图 4-10 所示。当一次风不为 0 时，最大负压在燃气/一次风喷口的附近；当一次风为 0 时，最大负压在二次风喷口的附近。在燃气/一次风喷口附近的负压越大就越容易产生回火，所以，采用全预混时容易产生回火，而采用预混式二次燃烧则可以避免回火。

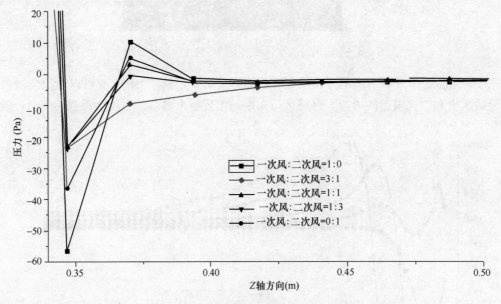

图 4-10 一次风与二次风比例不同时压力在 Z 轴方向的分布

4.1.3.2 不同的空气系数

模拟一次风与二次风的比例为 1：1，空气系数分别为 1、1.25、1.5、1.75 和 2 五种工况。模拟的结果分别如图 4-11 及图 4-12 所示。

图 4-11 为火焰温度场分布图。由图 4-11 可以看出，随着空气系数的增加，火焰的长度逐渐增长，火焰的最高温度值也越来越低。

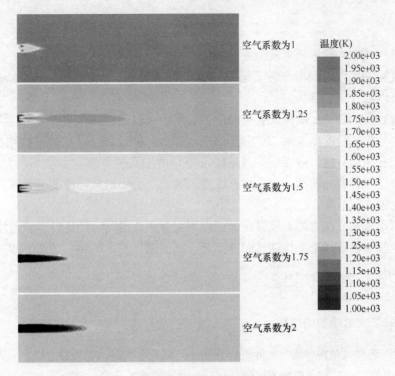

图 4-11　不同空气系数时的火焰温度场分布图

　　图 4-12 为温度在 Z 轴方向的分布情况。由图 4-12 可以看出，随着空气系数的增加，燃烧区域末端的温度越来越低。因此，在保证燃料充分燃烧的前提下，空气系数能够控制得越接近 1 越好。采用预混式二次燃烧，能够在保证燃料充分燃烧的同时，比较容易地控制好空气系数。

　　合理的空气系数有利于减少烟气的产生量，减少烟气带走的热。经理论计算，当排烟温度为 500℃时，空气系数由 2 降低到 1.5，则节能率可达到 10.36％，该组合式燃烧器就是根据这个原理而产生的节能减排效果。

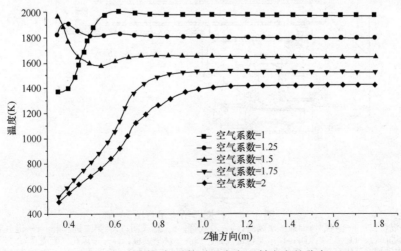

图 4-12　不同空气系数时温度在 Z 轴方向的分布

4.1.4 结论

本节对组合式燃烧器进行了较全面的数值模拟，得到如下几点主要结论：

（1）燃气和一次风由预混合装置通过输送管道的过程，经过了一段输送时间和输送距离，各气体可以混合得非常均匀。

（2）适量的一次风和二次风配合可以产生较高的火焰温度，有利于提高燃烧效率。

（3）随着一次风量的减少和二次风量的增加，烟气出口处 NO_x 的平均浓度逐渐增加，这与速度场刚好相反。这说明烟气流动越快，NO_x 的生成越少。

（4）随着空气系数的增加，火焰的长度逐渐增长，火焰的最高温度越来越低，燃烧区域末端的温度也越来越低。

（5）采用预混式二次燃烧，能够在保证燃料充分燃烧的同时，比较容易地控制好空气系数，合理的空气系数有利于减少烟气的产生量，减少烟气带走的热，达到节能减排效果。

4.2 预混式二次燃烧器

4.2.1 预混式二次燃烧器的结构

预混式二次燃烧器与现有燃气工业燃烧器相比，具有全预混、半预混二次助氧及扩散式等三种功能的燃气燃烧方式。它可根据不同燃气成分，改变喷嘴的孔径，调整鼓风进气量，可满足液化石油气、天然气、人工煤气、水煤气及发生炉煤气的使用，并具有明显的节能、环保效果。

燃烧器的结构是由混气管、燃气与鼓风管路、燃烧体三大部件组成，可满足陶瓷隧道窑、梭式窑、辊道窑、回转窑及熔化炉、加热炉、保温炉等各种工业炉、窑的加热要求，可应用于陶瓷、玻璃、石油、化工、钢铁、有色金属熔炼、锅炉等行业，结构如图 4-13 所示。

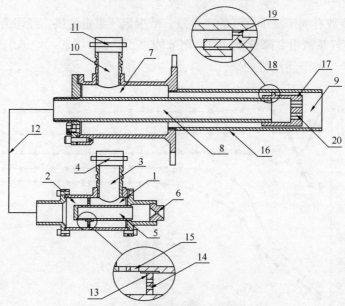

图 4-13　燃烧器结构示意图

1—进风腔；2—混合腔；3—进风管；4——次风阀；5—进气管；6—燃气阀；7—第二进风腔；8—混气管；9—扩散燃烧室；10—第二进风管；11—二次风阀；12—混合送气管；13——次进风板；14—进风孔（旋流孔）；15—混合气内腔；16—二次助燃空气隔套；17—喷气头；18—二次风孔；19—二次风套（旋流孔）；20—喷气孔（旋流孔）

4.2.2　预混式二次燃烧器的节能机理

预混式二次燃烧器的主要节能机理是根据火焰传热、热量的辐射和对流、烟气的利用以及物体对热量的吸收等因素之间的相互关系，采用可燃气体与空气进行一次预混后再高速喷射燃烧产生紫红色短的火焰的方法，短火焰在炉膛中形成炉气，它受二次助燃风喷射的推力，提高了炉气的喷射速度，在窑炉内沿着炉腔与火道形成旋流喷射，使热辐射能量及烟气在炉膛中形成螺旋式推进，延长热能量在炉膛中停留的时间，从而降低排烟速度和排烟温度，减少排烟浓度和烟气中的含氧量，节能效果十分明显，同时具有很好的环境效益。

（1）燃气燃烧器主要机理。本燃烧器的主要机理是根据火焰传热，热量的辐射、对流，烟气的利用与被物体热量吸收的相互关系，采用可燃气体与空气进行预混后的高速喷射燃烧，产生高温燃烧的紫红色短火焰，短火焰在炉膛中形成螺旋式推进，使热能量延长其在炉膛中停留的时间，并降低排烟速度，减少排烟浓度，减少排烟温度，减少烟气中的含氧量，改善环境污染。

（2）燃气烧嘴主要机理。预混燃气烧嘴的主要机理是采用水煤气与空气（鼓风）通过两条不同的输气管道进入混合腔进行预混。此时的可燃气体已含有按比例的空气含氧量，在受压条件下加速进入导向管，进一步混合形成高喷射可燃气体，产生强旋流的短火焰。此火焰中的含氧量较低。

（3）混气原理。其混气原理是边进风、边进可燃气体，它的助燃过剩空气系数可控制在1.05～1.15 系数之间，经过混合室混合后，可燃气体与助燃气体经过多次混合、碰撞后形成含氧的可燃气体，在受压条件下高速射入火孔导向管喷出，在火孔口燃烧。提高火焰燃烧速度，具有火焰温度高、加热速度快、炉气停留炉膛时间长的优点，起到有效节约燃料的作用。同时，这种技术使燃料充分燃烧，它与扩散式相比烟气中的含氧量低，空气系数小，可有效减少废气排放。而现在国内普遍使用的后混式燃气燃烧器的混合原理是边进风、边喷气、边混合、边燃烧，由于空气与可燃气体的比容、密度差异较大，因此，它的空气系数一般在 1.7～1.8 之间势必在燃烧中无法混好，造成烟气中的氧含量高，废烟气量大，热损失大。

4.2.3　预混式二次燃烧器的安装方式

根据各条辊道窑的结构特点和煤气管、助燃风管的走向，可采用一体式安装（送气管采用钢管硬连接）、分体式安装（送气管采用不锈钢软管连接）等方式。要求所有连接管件拧紧卡固，排列有序，气密性好，不能有燃气泄漏。

1. 一体式安装（图 4-14）

步骤如下：

（1）关闭燃气阀，并在燃气阀上挂"正在施工、严禁合阀"的警示标识牌。

（2）将燃烧器的扩散式燃烧装置和预混合装置使用钢管连接件连接成一体（连接时注意分清预混合装置的燃气进口和混气出口，不能接反），利用螺钉

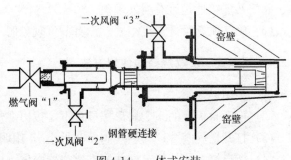

图 4-14　一体式安装

将燃烧器整体固定在窑炉烧嘴砖上。

（3）在助燃风管上安装三通与联接管件，连接管件两头各安装一个风阀，并分别用铝质风管连接到燃气燃烧器的一次风进口、二次风进口，用卡固固定。

（4）用燃气金属（不锈钢）软管，把燃气阀和燃烧器的燃气进口连接，并用管钳把螺钉拧紧，不能有燃气泄漏。

（5）所有管件连接完成，依次打开一次风阀、二次风阀用肥皂水或检漏仪逐点检查管道、阀门及连接处是否有漏气现象。

（6）确认所有管件连接牢固、没有漏气现象时，摘下燃气阀上挂着的警示标志牌。

2. 分体式安装（图 4-15）

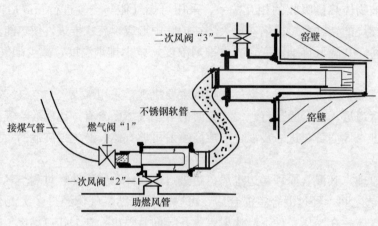

图 4-15　分体式安装

步骤如下：

（1）关闭燃气阀，并在燃气阀上挂"正在施工、严禁合阀"的警示标志牌。

（2）将燃烧器的扩散式燃烧装置利用螺钉固定在窑炉烧嘴砖上。

（3）在助燃风管上安装三通与连接管件，连接管件两头各安装一个风阀，利用管件通过一次风进口把预混合装置固定在其中的一个风阀上，另一个风阀通过铝质风管连接到二次风进口，用卡固固定。

（4）用燃气金属（不锈钢）软管，把燃气阀和燃烧器的预混合装置燃气进口连接；用燃气金属（不锈钢）软管，把预混合装置和扩散式燃烧装置连接（连接时注意分清预混合装置的燃气进口和混气出口，不能接反），并用管钳把螺钉拧紧，不能有燃气泄漏。

（5）所有管件连接完成，依次打开一次风阀、二次风阀用肥皂水或检漏仪逐点检查管道、阀门及连接处是否有漏气现象。

（6）确认所有管件连接牢固、没有漏气现象时，摘下燃气阀上挂着的警示标识牌。

4.2.4　预混式二次燃烧器的使用方法

（1）关闭燃气阀"1"。

（2）把后封板上的 4 个蝶形螺母拧下，拔出燃烧喷气板。

（3）打开燃气阀"1"（燃气阀要开得小），用明火焰对准喷气板上火孔点火。

（4）把点燃的喷气板对准并塞进燃烧器腔体（中间用陶瓷棉纸垫好），拧紧蝶形螺母。

（5）把燃气阀"1"全打开。

（6）配合一次风阀"2"和二次风阀"3"的不同开启顺序，能够实现全预混、半预混二次助氧及扩散式三种燃气燃烧方式。

（7）打开一次风阀"2"，始终关闭二次风阀"3"，燃气与空气从两条不同的管路进入混合腔，通过充分混合后喷出燃烧，实现全预混燃烧，由此产生的火焰短而硬，火焰辐射较强，火焰强度高。

（8）减少一次风阀"2"打开角度，从而减少一次风的供应量，同时打开二次风阀"3"一定角度，使燃气与空气在半预混的状态下进行二次助氧燃烧，实现二次助燃扩散式的燃烧；实际操作中，根据不同的燃烧要求，通过调整一次风阀"2"、二次风阀"3"的打开角度，改变风量，从而改变燃烧火焰长度，改变热烟气喷射速度与距离。

（9）始终关闭一次风阀"2"，打开二次风阀"3"，燃气与空气从两条不同的管路进入燃烧器，从喷气板喷出边混边烧，实现扩散式燃烧。

4.3　预混式二次燃烧系统的节能效果

4.3.1　燃烧系统的节能减排原理

4.3.1.1　燃烧过程与条件

燃烧时为使可燃成分与氧化剂能充分接触，需要经过一个物质的扩散、混合过程。通常将从扩散、混合到燃烧化学反应的整个过程称为燃烧过程。燃烧过程是一个复杂的化学和物理的综合过程。

为完成预定的燃烧过程，需要一定的时间和空间。燃烧所需时间包括：燃烧与空气混合达到分子间接触所需时间与燃烧化学反应所需时间。

为使燃料能均匀而完全地燃烧的必要条件是：

（1）要有一定的空气量。燃烧一定量的燃料，需要有一定量的空气。如空气供应不足，势必造成一部分可燃物因缺氧而未能进行燃烧反应，而随烟气离开燃烧室，造成燃烧损失；但如空气过量，也会使排烟量过大而引起损失增加。故燃烧所需的空气量，必须控制在合理的范围内。按工业炉的要求其空气过剩系数应控制在 $1.05 \sim 1.15$ 之间为宜。

（2）要有一定的温度。燃料只有达到一定温度（即燃料的着火点）时才能着火燃烧。炉内温度或燃烧室温度一般为 1000℃以上。

（3）燃料与空气的充分混合。燃料燃烧时，仅有足够的空气是不够的，还需要空气与燃料能充分接触与混合，才能使燃烧过程进行得完全彻底。

（4）当燃料燃烧时，需要一定的炉膛空间和时间以保证其完全燃烧。其空间是指炉膛的容积，与热负荷（煤气流量）的大小有关。

4.3.1.2　燃料与空气的混合燃烧过程

扩散式燃烧方式与预混式燃烧方式的不同在于燃料与空气的混合燃烧过程。

各种气体的密度不一致，比如天然气密度为 $0.58 \sim 0.62 kg/m^3$，液化气为 $1.5 \sim 2 kg/m^3$，焦炉煤气为 $0.3 \sim 0.4 kg/m^3$，空气为 $1.293 kg/m^3$；另外，各种气体压力也不同。当采用扩散式燃烧方式时，必然造成气体在边混、边烧的过程中，其喷射速度不同，影响燃烧效率，只有通过提高空气过剩系数，也就是增加空气量才能使燃气燃烧完全，否则会产生冒黑烟等现象。它的优点是安全、可靠。而当采用预混式燃烧方式时，燃料与空气在燃烧反应前已通过特有的混气结构充分混合，再通过喷嘴喷出燃烧，这样就可以提高燃烧效率，控制空气过剩系数。它的技术难点是如何克服回火问题。

预混式二次燃烧器克服了预混式燃烧的技术难点，它的混气过程是将空气与燃气通过两条不同的输气管道采用分流旋流输入混合管腔体，在混合管腔体内造成可燃气体分子与助燃气体分子强制碰撞混合，再通过撞击混合管腔体出口喷头内端后，从喷头分流旋流口中喷出，燃烧产生紫红色的短火焰，短火焰在炉膛中形成炉气，炉气再与若干个二次空气分流旋流碰撞燃烧，受二次空气喷射的推力，提高了炉气的喷射速度，并形成旋流，使烟气在炉膛中螺旋式推进，延长烟气在炉膛中停留的时间，从而降低排烟速度和排烟温度，减少排烟量和烟气中的含氧量，从而到达节能减排的目的。

4.3.1.3 节能减排原理

在燃气陶瓷窑炉、熔铝炉、保温炉及加热炉的燃烧系统中，燃料在炉膛或燃烧室中燃烧，如果没有过量空气（即空气过剩系数 $a=1$），则随着燃烧过程的进行，氧浓度将越来越小；但欲使燃烧室出口氧浓度趋近于零，则燃烧时间将趋近于无穷大，然而，由于燃料在炉膛或燃烧室中的实际燃烧过程非常迅速，这样就会出现不完全燃烧损失。因此，为了弥补各种因素的影响，使空气与燃料充分反应，缩短燃烧过程，提高理论燃烧温度，供入的空气量就必须大于理论空气量，即 $a>1$。但是，如果供入的空气量过多，则会降低燃烧温度，不利于燃烧，同时由于产生的烟气量过多，也会增加窑炉的排烟损失。因而，准确适当地供入过剩空气，即有效合理地控制空气过剩系数，对于窑炉的可靠性及经济运行至关重要。图 4-16 为某窑炉空气过剩系数、排烟温度与热效率的关系。

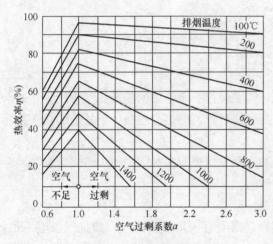

图 4-16 空气过剩系数、排烟温度与热效率的关系

由图 4-16 可以看出排烟温度越高，其热效率越低；空气过剩系数过大，其热效率越低；空气过剩系数过小，其热效率也越低。

预混式二次燃烧系统就是让一部分空气与燃气在预混合腔内进行预混和碰撞，形成含氧的可燃气体后喷出燃烧，二次空气可以调节热气流的射程，同时也可以使未燃尽的燃气完全燃烧。这种燃烧系统可以将空气过剩系数控制在 1.05～1.15 的范围内，而传统的扩散式燃烧系统的空气过剩系数一般在 1.6～1.8 的范围内，因此，其节能减排效果是显而易见的。

在传统的扩散式燃烧过程中，烟气在约 1200℃ 高温的炉膛内，而烟气含有约 10%～16% 的氧气，这样就比较容易生成大量的有害气体（CO、SO_2、NO_x），CO 的产生是由于其本身在燃烧过程中与氧气混合不好，不能完全燃烧或者来不及燃烧就随废气带出窑炉所致。而采用预混式二次燃烧系统，由于有效控制了空气过剩系数，烟气中的氧气含量只有 2%～8%，在同样高温下，因为低氧使得烟气中的有害气体的生成较难，烟气排放的有害气体相应大量减少，从而达到既节能又减排的目的。

4.3.2　燃烧系统在陶瓷窑炉与熔铝炉中的节能减排效果

通过在广东蒙娜丽莎陶瓷有限公司 J 线辊道窑和苏州渭塘压铸有限公司熔铝炉的生产工况进行实测，并对实测数据进行分析，在全面采用预混式二次燃烧工业燃烧器后，通过优化工艺过程控制，节能率分别可达到 9.41% 和 20.54%，数据统计结果见表 4-3。

表 4-3　燃烧系统改造前后耗气量实测数据统计结果

系统/应用	改造前耗气量	改造后耗气量	有效节能量
陶瓷窑炉 （气耗-发生炉煤气） （蒙娜丽莎陶瓷公司）	$8.83m^3/m^2$ （$1.875kgce/m^2$、 $118.13kgce/t$ 瓷）	$8.00m^3/m^2$ （$1.676kgce/m^2$、 $107.01kgce/t$ 瓷）	$0.831m^3/m^2$ （$0.199kgce/m^2$） 节能率可达 9.41%
熔铝炉 （气耗-天然气） （渭塘压铸公司）	$73m^3/d$ （$88.33kgce/d$）	$58m^3/d$ （$70.18kgce/d$）	$15m^3/d$ （$18.15kgce/d$） 节能率可达 20.54%

对广东蒙娜丽莎陶瓷有限公司 J 线辊道窑改造前后的 SO_2 和 CO_2 的排放量和烟气流速做了检测，结果发现 SO_2 排放量大幅减少，CO_2 排放量也稍有减少，烟气流速降低，SO_2 和 CO_2 的减排率分别可达到 55.97% 和 27.31%，数据统计结果见表 4-4。对于熔铝炉，其减排的效果也是非常明显的。

表 4-4　燃烧系统改造前后污染排放量实测数据统计结果

项目	燃烧器改造前	燃烧器改造后	改造前后对比	
SO_2 含量（mg/m^3）	387	233	SO_2减排率：$\dfrac{387 \times 16.0 - 233 \times 11.7}{387 \times 16.0} = 55.97\%$	
CO_2 含量（%）	6.79	6.75	CO_2减排率：$\dfrac{6.79 \times 16.0 - 6.75 \times 11.7}{6.79 \times 16.0} = 27.31\%$	
烟气流速（m/s）	16.0	11.7		

因此，预混式二次燃烧系统节能减排技术，可以降低能源的消耗，减少废气的排放，具有明显的经济社会效益。

4.4　连续蓄热燃烧器

蓄热燃烧技术是一种可以实现高温烟气余热"极限回收"的先进燃烧技术。目前工业炉上多采用火焰切换式蓄热燃烧系统即燃烧器成对布置，一台在燃烧时另一台作为排烟装置，但存在燃烧器堵塞、结焦、断火等问题。连续式蓄热燃烧系统作为一种新的蓄热燃烧技术，具有连续供应高温空气、燃烧器连续工作、燃烧气氛可控制、整机热效率高等优点，能够有效克服传统火焰切换式系统在陶瓷梭式窑上应用中遇到的诸多问题，对回收高温烟气余热从而提高陶瓷梭式窑的能源利用率具有重要的意义。

4.4.1　实验测试系统

4.4.1.1　实验系统

实验装置主要包括一台容量为 $1m^3$ 的实验用液化石油气陶瓷梭式窑和一套连续式蓄热燃烧系统。连续式蓄热燃烧系统包括蓄热室、高温端四通换向阀、低温端四通换向阀、热空气管道、排烟管道、辅助风管、辅助排烟管、鼓风机、引风机、控制系统。图 4-17 为实验系统示意图。由于陶瓷梭式窑在升温开始阶段,烟气温度较低,可回收的余热少,且烟气中含有大量粉尘杂质,容易堵塞蓄热蜂窝陶瓷,因而在加热开始阶段,关闭闸板阀 18 和 21,打开闸板阀 11 和 20,助燃空气通过辅助空气管道 12 进入到燃烧器,烟气通过辅助排烟管 19 直接排出。待炉膛温度加热到 750℃,关闭闸板阀 11 和 20,打开闸板阀 18 和 21,高温端换向阀 2 和低温端换向阀 6 同时进行换向,炉膛烟气和助燃空气交替进入到蓄热室 4 和 5 进行换热,高温端助燃空气管道 3 持续向燃烧器供应热助燃空气。

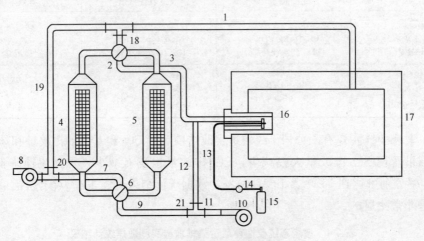

图 4-17　实验系统示意图

1—高温烟气进口管道;2—高温端四通换向阀;3—高温助燃空气管道;4—蓄热室 A;5—蓄热室 B;6—低温端四通换向阀;7—排烟管道;8—引风机;9—助燃空气进口管道;10—鼓风机;11、18、20、21—闸板阀;12—辅助空气管道;13—燃气管道;14—燃气流量计;15—液态石油气罐;16—燃烧器;17—陶瓷梭式窑;19—辅助排烟管

4.4.1.2　测试仪器及方案

　　图 4-18 为实验测试系统现场图。实验中主要测量温度、燃气流量和烟气流量。K 型铠装热电偶布置在炉膛烟气出口、高温烟气进口、蓄热室上下两端、热空气出口、排烟管道,R 型热电偶布置在梭式窑炉膛内。温度的测量数据通过数据采集仪进行记录,数据采集的时间间隔为 2s。燃气流量、空气流量以及烟气流量由安装在管道上的流量计进行测量。

4.4.2　实验结果与分析

4.4.2.1　陶瓷梭式窑升温阶段的热空气温度波动

　　实验过程中,陶瓷梭式窑的炉膛温度由 750℃上升到 900℃。图 4-19 为不同换向时间下连续式蓄热燃烧系统预热的热空气温度波动。由实验数据可知在陶瓷梭式窑升温过

图 4-18　实验测试系统现场

程中，连续式蓄热燃烧系统的换向时间为 30s、45s、60s、90s、和 120s 时，热空气温度的波动幅度分别为 19.7℃、26.1℃、36.1℃、43.7℃及 53.6℃。

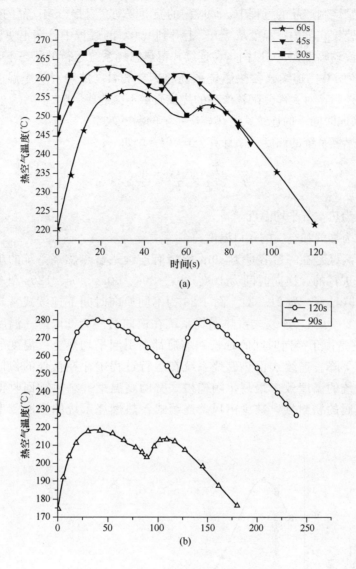

图 4-19　不同换向时间下热空气温度波动

（a）换向时间 60s、45s 和 30s；（b）换向时间 120s 和 90s

由图 4-19 及实验数据可知，随着连续式蓄热燃烧系统换向时间的延长，热空气温度波动幅度逐渐加大。这是由于当换向时间过长时，蓄热蜂窝陶瓷存在热饱和，随着换向时间的延长，每个周期内进入到蓄热室的空气量增加，在每个周期的末端进入到蓄热室的空气被预热的温度降低，致使热空气温度波动幅度加大。在连续式蓄热燃烧系统运行的过程中，过大的热空气温度波动会对炉膛温度造成影响，引起波动，因此换向时间不能过大。然而当换向时间减小时，虽然热空气温度波动减小，但是过短的换向时间会致使蓄热蜂窝陶瓷没有完全蓄热，造成蓄热体的浪费，蓄热室的容积效应显现，被预热的空气在换向的瞬间被反向吹回直接进入烟道排放出去，降低连续式蓄热燃烧系统的效率，同时换向时间过短使换向阀动作频繁，缩短系统的寿命。在系统运行过程中需要选择合适的换向时间控制热空气温度波动并保证系统高效持久。

在陶瓷梭式窑烧制产品的过程中，炉膛内的温度波动会直接影响产品的烧成质量。通过实验测得，在陶瓷梭式窑炉膛温度从750℃上升到900℃的过程中，在不使用蓄热燃烧时炉膛测温点的温度波动幅度在1℃以内，在连续式蓄热燃烧系统运行的状态下，炉膛测温点处的最大波动幅度为2℃。连续式蓄热燃烧系统的热空气温度波动对炉膛温度波动的影响较小，炉膛气氛可控制，对大部分陶瓷产品的烧成质量不会造成影响。

4.4.2.2 不同换向时间下的连续式蓄热燃烧系统的温度效率

连续式蓄热燃烧系统的温度效率计算公式（4-1）如下：

$$\eta = \frac{\overline{T}_{a,0} - T_{a,i}}{T_{f,i} - T_{a,i}} \times 100\% \tag{4-1}$$

式中　　$\overline{T}_{a,0}$——为热空气平均温度，℃；

　　$T_{f,i}$、$T_{a,i}$——为烟气和空气的入口温度，℃。

温度效率的测试是在一台容量为30m³安装有连续式蓄热燃烧系统的工业用液化石油气陶瓷梭式窑上进行的，换向时间为10s、20s、30s、60s、90s、120s和180s。实验过程中，$T_{f,i}$为315.1℃，$T_{a,i}$为21.8℃。图4-20为不同换向时间下连续式蓄热燃烧系统的温度效率。由图4-20可知，连续式蓄热燃烧系统在换向时间为30s时，温度效率达到了最大的77.9%。这是由于换向时间的延长和缩短都会引起平均热空气温度的降低，从而使系统的温度效率下降。连续式蓄热燃烧系统在运行过程中存在最佳的换向时间。在最佳换向时间下，系统的温度效率最高，陶瓷梭式窑的高温烟气余热被回收得最充分。如果再提高四通换向阀的密封性，减少窜风，连续式蓄热燃烧系统的温度效率会更高，节能效果更加明显。

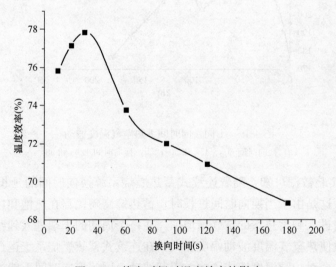

图4-20　换向时间对温度效率的影响

4.4.2.3 陶瓷梭式窑升温阶段连续式蓄热燃烧系统的节能率

使用连续式蓄热燃烧技术后陶瓷梭式窑的理论节能率为式（4-2）：

$$\eta = \frac{G_a(C_{a,0}\,\overline{T}_{a,0} - C_{a,i}T_{a,i})}{G_fC_{f,i}T_{f,i} - G_aC_{a,i}T_{a,i}} \times 100\%$$ （4-2）

式中　η——理论节能率，%；

　　G_a，G_f——空气、烟气的质量流量，kg/s；

$C_{a,0}$，$C_{a,i}$——预热前、预热后的空气比热容，kJ/(kg·℃)；

　　$C_{f,i}$——梭式窑内烟气的比热容，kJ/(kg·℃)。

通过实验测试数据计算出，陶瓷梭式窑在炉膛温度由 755℃升高到 867℃的过程中，连续式蓄热燃烧系统的理论节能率为 27.5%。燃气流量计测得的实际节能效果是：在不采用连续式蓄热燃烧时，炉膛从 755℃升到 867℃所用时间为 88min，燃料消耗为 4.15m³ 液化石油气；采用连续式蓄热燃烧时，升温时间为 60min，燃料消耗约为 3.16m³ 液化石油气，节约燃料量为 23.9%，与理论节能率相近。由此可见，连续式蓄热燃烧系统在陶瓷梭式窑上的节能效果明显。

4.4.2.4　小结

实验通过在陶瓷梭式窑的炉膛温度达到 750℃以后，使连续式蓄热燃烧系统回收陶瓷炉窑的高温烟气余热，预热助燃空气，验证了连续式蓄热燃烧技术可以较好地应用在陶瓷梭式窑上，且节能效果明显。结论如下：

（1）连续式蓄热燃烧系统在陶瓷梭式窑上运行时，炉膛内测点温度最大波动幅度为 2℃，热空气温度波动对炉膛温度影响较小，燃烧气氛可控，对大部分陶瓷梭式产品的烧制质量不会造成影响。

（2）连续式蓄热燃烧系统在运行过程中存在最佳换向时间。实验在最佳换向时间 30s 下，系统达到最高的温度效率 77.9%。

（3）随着换向时间的延长，连续式蓄热燃烧系统的热空气温度波动明显增大。

（4）实验得出陶瓷梭式窑的理论节能率为 27.5%，实际测得的节能量为 23.9%，实际节能效果与理论节能效果相差 3.6%，节能效果明显。

4.5　几种典型燃烧器结构及节能效果

4.5.1　陶瓷高效空气自身预热式燃烧器

4.5.1.1　结构组成

由广州思能燃烧技术有限公司研发的陶瓷高效空气自身预热式燃烧器，包括陶瓷空气导管和安装在其内的燃气管、点火电极、陶瓷燃烧腔室，陶瓷燃烧腔室置于陶瓷空气导管前端开口处，燃气管和点火电极前端伸入至陶瓷燃烧腔室内，陶瓷空气导管后端外部套装有带空气进气口的进空气壳体，位于陶瓷空气导管外套装有陶瓷换热器，该陶瓷换热器外表面设有多个凹凸状小球面或多组凹凸状翅片，其内壁与陶瓷空气导管外壁之间的间隙同空气壳体相通，位于陶瓷换热器外还套装有陶瓷烟气导管，陶瓷烟气导管后端开有烟气出口。该结构合理、能耗小、燃烧时有害气体排放小且耐高温。其结构如图 4-21 所示，其外观如图 4-22 所示。

4.5.1.2　工作原理

在使用陶瓷高效空气自身预热式燃烧器时，燃气从燃气管 2 的燃气进气口进入其内；同

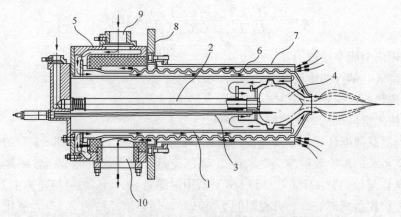

图 4-21　陶瓷高效空气自身预热式燃烧器结构

1—陶瓷空气导管；2—燃气管；3—点火电极；4—陶瓷燃烧腔室；5—空气壳体；

6—陶瓷换热器；7—陶瓷烟气导管；8—法兰；9—空气进气口；10—烟气出口

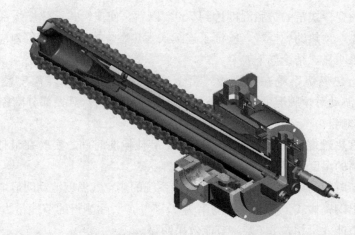

图 4-22　陶瓷高效空气自身预热式燃烧器外观

时，助燃空气从空气进气口 9 沿陶瓷换热器 6 内壁与陶瓷空气导管 1 外壁之间的间隙进入陶瓷空气导管 1 中，而此时窑炉内的高温烟气也从陶瓷烟气导管 7 开口沿陶瓷换热器 6 外壁与陶瓷烟气导管 7 内壁回流并从烟气出口流出，两种气体在流动过程中发生热交换，加热后的助燃空气产生两股气流，一股气流流进陶瓷燃烧腔室 4，通过点火电极点火在陶瓷燃烧腔室 4 内与燃气进行一次燃烧，燃烧后的火焰从陶瓷燃烧腔室 4 喷出，另一股加热后的助燃空气在陶瓷燃烧腔室 4 的出口处参与火焰的二次燃烧，这种结构一方面使得燃烧器实现了对助燃空气的自身式预热，极大地降低了燃烧器燃烧时的能耗，另一方面采用了空气多级燃烧技术和高温烟气通过二次回流技术降低燃烧器出口的温度，改善了燃烧过程中的气体混合状态，提高了加热温度的均匀性，从而减少了燃烧时有害气体的排放。其工作系统如图 4-23 所示。

4.5.1.3　节能效果

　　2010 年初，采用自身预热式烧嘴首次在国外的一个天然气烧无釉瓷质砖窑炉上改造应用。初期改造 12 台烧嘴，确认对产品无影响后，将整线 200 台烧嘴全部改成该类型烧嘴。据测试，改造后可比改造前节能 28.7%，节能效果显著。

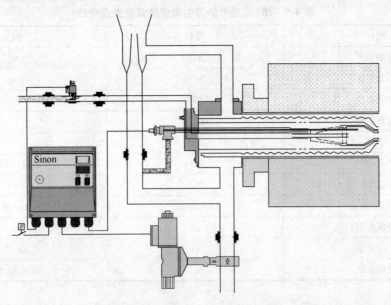

图 4-23　陶瓷高效空气自身预热式燃烧器工作系统

4.5.2　IBS 超级节能烧嘴

由广东摩德娜科技股份有限公司与巴西 ASTC 公司联合研制的 MTX 型节能隧道窑，主要应用于卫生陶瓷烧成。其核心技术除了优化保温系统、助燃风加热和轻质窑车等常规节能技术外，还有最关键核心技术——IBS 超级节能烧嘴。常规卫生陶瓷隧道窑使用室温空气或加热到一定温度（100℃左右）的空气助燃；而 IBS 超级节能烧嘴是一种利用窑内高温烟气助燃的文丘里自吸式烧嘴，通过火焰喷出形成的负压将窑内高温区 1200℃左右的烟气吸入，并直接在燃烧室出口与燃气混合进行循环助燃，如图 4-24 所示。经生产验证，燃烧效果好，烟气排放量减少，节能效果非常明显。此项技术已经在中国、意大利等全球主要卫生陶瓷生产国获得授权专利。

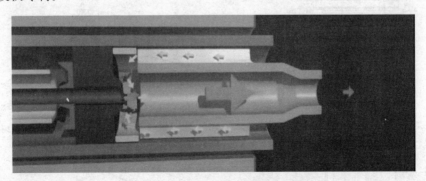

图 4-24　吸入窑内高温烟气混合燃烧示意图

以土耳其 TURKUAZ 公司已投产的 IBS 超级节能卫生陶瓷隧道窑为例，该窑烧成周期长达 16h，烧成温度为 1230℃，燃耗仅为 650kcal/kg 瓷，与国内同等条件下的烧成产品相比，节能超过 35%（同样周期、相同烧成温度至少 1000kcal/kg 瓷）。该窑主要参数见表 4-5。

表 4-5　IBS 超级节能卫生陶瓷隧道窑主要参数

项目	参数	单位
窑炉长度	118	m
有效宽度	3000	mm
有效高度	950	mm
运行温度	1230	℃
燃料	天然气	
产量	3050	件/d
每年工作时间	330	d
年产量	1000000	件/年
烧成周期	16	h
产品单重	24	kg/件
燃耗数值	650	kcal/kg 瓷

4.5.3　Titanium 燃烧器

由 SITI B&T 集团股份公司研发的 Titanium 燃烧器，包括燃气管、点火电极、火焰探测装置、抽吸装置等。该燃烧器的优点有：①与同类型的燃烧器比较，其能从燃烧区域的废气中回收更大量的热能，然后再利用这些热能以便更大程度上在入口中预热通向燃烧器的空气；②使燃烧区域内能够获得更均衡的温度；③通过直接的再循环系统可大大地减少从窑炉排出的废气量；④使存在于烟尘中的污染物（如磷化合物）能够再导入燃烧室内，污染物能够被陶瓷材料重吸收，否则现有类型的窑炉中这些污染物连同烟尘全部抽到烟囱内。该燃烧器的结构如图 4-25 所示，装配图如图 4-26 所示。

据资料报道，利用该燃烧器的这种热回收系统的混合调节技术可节省能源高达 30%。

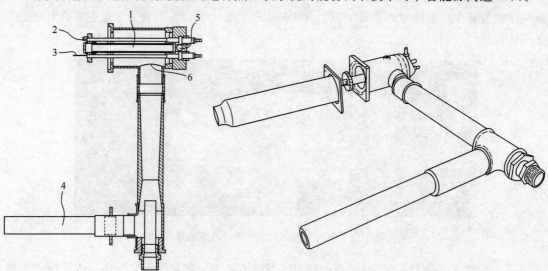

图 4-25　Titanium 燃烧器结构图　　　　图 4-26　Titanium 燃烧器装配图

1—燃气管；2—点火电极；3—火焰探测装置；
4—抽吸装置；5—燃气入口；6—助燃气体入口

参考文献

[1]　北京兆迪科技有限公司．SolidWorks 快速入门教程[M]．北京：电子工业出版社，2015.

[2]　李萍，曾令可，邓毅坚．预混燃烧数值模拟与结构改进[J]．工业加热，2008，37(2)：33-36.

[3]　刘明明，郑洪涛．燃烧器燃烧流场与污染物排放的数值模拟[J]．燃气轮机技术，2008，21(2)：41-46.

[4]　王应时．燃烧过程数值计算[M]．北京：科学出版社，1986.

[5]　王家楣，彭峰．燃烧器三维流动和燃烧的数值模拟及优化结果[J]．武汉理工大学学报，2004，26(3)：79-82.

[6]　李萍，曾令可，程小苏，等．预混式二次燃烧系统的节能减排效果[J]．中国陶瓷工业，2010，17(4)：42-45.

[7]　张旭，张建军，冯自平，等．陶瓷梭式窑上连续式蓄热燃烧技术的应用研究[J]．中国陶瓷，2014，50(2)：44-46.

[8]　叶青．陶瓷高效空气自身预热式燃烧器：中国，200910192471.6[P]．2009.

[9]　管火金．技术创新助推卫生陶瓷行业转型升级[J]．陶瓷，2016(2)：9-13.

[10]　F·塔罗齐．用于工业窑炉的燃烧器：中国，201010202711.9[P]．2010.

第5章 陶瓷窑炉的燃烧技术

5.1 燃料的合理利用

本节介绍燃料燃烧的具体计算方法，对几种常见的燃料进行了理论计算比较，并对二甲醚代替液化石油气进行陶瓷烧成的节能分析，说明二甲醚只要在正确使用的前提下，就能对陶瓷烧成中的节能减排工作作出贡献。

5.1.1 燃料的燃烧计算

5.1.1.1 几种常见气体的焓

几种常见气体在 298.15K 时的焓见表 5-1。

表 5-1 几种常见气体在 298.15K 时的焓

气体名称	分子式	298.15K 时的焓 H (kJ/mol)
一氧化碳	CO	-110.541
氢气	H_2	0
甲烷	CH_4	-74.873
乙烷	C_2H_6	-84.684
乙烯	C_2H_4	52.467
二甲醚	CH_3OCH_3	-146
丙烷	C_3H_8	-103.847
丙烯	C_3H_6	20.418
丁烷	C_4H_{10}	-126.148
氧气	O_2	0
氮气	N_2	0
水（气）	H_2O	-241.826
二氧化碳	CO_2	-393.505

5.1.1.2 燃料低发热量的计算

低发热量是指单位燃料完全燃烧后，燃烧生成气中水蒸气冷却为 20℃ 气态时燃料所放出的全部热量。

首先，计算燃料是单组分时，燃料的低发热值，以丙烷（C_3H_8）为例，见表 5-2。

表 5-2　单组分燃料低发热值计算

物质		摩尔量 n（mol）	298.15K 时的焓 H（kJ/mol）
反应物	C_3H_8	1	-103.847
	O_2	5	0
$\sum n_iH_i$（反应物）			-103.847
生成物	CO_2	3	-393.505
	H_2O（gas）	4	-241.826
$\sum n_iH_i$（生成物）			-2147.819
C_3H_8 的低发热值（$Q_d^{C_3H_8}$）		$\dfrac{-103.847-(-2147.819)}{22.4\times10^{-3}}=91248.751$（kJ/m³）	

反应式为：

$$C_3H_8+5O_2=\!=\!=3CO_2+4H_2O$$

同理：

$$Q_d^{C_3H_6}=86000.492（kJ/m^3），Q_d^{C_4H_{10}}=118616.162（kJ/m^3）。$$

第二步，计算燃料是多组分时，计算燃料的低发热值，以液化石油气为例，液化石油气的组成见表 5-3。液化气的低发热量由式（5-1）计算为：

表 5-3　液化石油气的组成

组成成分	丙烷（C_3H_8）	丙烯（C_3H_6）	丁烷（C_4H_{10}）
体积百分含量（％）	40	50	10

$$Q_d=Q_d^{C_3H_8}\cdot\varphi_{C_3H_8}+Q_d^{C_3H_6}\cdot\varphi_{C_3H_6}+Q_d^{C_4H_{10}}\cdot\varphi_{C_4H_{10}}$$
$$=91361.363（kJ/m^3）\tag{5-1}$$

式中　$\varphi_{C_3H_8}$、$\varphi_{C_3H_6}$、$\varphi_{C_4H_{10}}$——分别为燃料中 C_3H_8、C_3H_6、C_4H_{10} 的体积百分数。

5.1.1.3　燃烧计算

燃烧反应及计算方法见表 5-4。

表 5-4　燃料燃烧计算表

燃料成分	体积含量（％）	燃烧反应（体积比）	需 O_2 体积	100m³ 燃料燃烧产物体积			
				CO_2	H_2O	N_2	O_2
C_3H_8	40	$C_3H_8+5O_2=\!=\!=3CO_2+4H_2O$ $1:5:3:4$	5×40	3×40	4×40	—	—
C_3H_6	50	$2C_3H_6+9O_2=\!=\!=6CO_2+6H_2O$ $2:9:6:6$	4.5×50	3×50	3×50	—	—
C_4H_{10}	10	$2C_4H_{10}+13O_2=\!=\!=8CO_2+10H_2O$ $2:13:8:10$	6.5×10	4×10	5×10	—	—
每立方米燃料燃烧所需理论空气量 V_a^0（23.33m³） $\dfrac{100}{21\times100}\times(5\times40+4.5\times50+6.5\times10)$				—	—	79×23.33	

燃料成分	体积含量（%）	燃烧反应（体积比）	需 O_2 体积	100m³燃料燃烧产物体积			
				CO_2	H_2O	N_2	O_2
每立方米燃料燃烧所需实际空气量 V_a（26.83m³） $V_a = a \cdot V_a^0$ （取 $a=1.15$）				—	—	—	—
每立方米燃料燃烧的过剩空气量 ΔV（3.50m³） $\Delta V = V_a - V_a^0 = (a-1) \cdot V_a^0$				—	—	79×3.50	21×3.50
每立方米燃料燃烧产生烟气量 V_y（28.6333m³） $\frac{1}{100} \times$ （310+360+2119.83+73.50）				310	360	2119.83	73.50
燃烧所产生烟气的组成（%）				10.83	12.57	74.03	2.57

燃料的一些重要性能指标的计算结果见表 5-5。

表 5-5　液化石油气的重要性能指标

项目	数值	单位
理论空气量	23.333	m³/m³
理论烟气量	25.133	m³/m³
单位热值所需空气量	0.2554	m³/MJ
单位热值产生烟气量	0.2751	m³/MJ
单位热值所需空气量或单位热值产生烟气量随空气过剩系数变化的速率	1.068	m³/Mcal
标况密度	1.982	kg/m³

燃料的实际空气量和实际烟气量及燃烧产物组成随空气过剩系数变化的计算结果见表 5-6。空气量和烟气量随空气过剩系数变化的关系如图 5-1 所示。

表 5-6　实际空气量和实际烟气量及燃烧产物组成随空气过剩系数的变化

空气过剩系数	实际空气量（m³/m³）	实际烟气量（m³/m³）	O_2（m³/m³）	N_2（m³/m³）	H_2O（m³/m³）	CO_2（m³/m³）
1	23.333	25.133	0	18.433	3.6	3.1
1.1	25.667	27.467	0.49	20.277	3.6	3.1
1.2	28	29.8	0.98	22.12	3.6	3.1
1.3	30.333	32.133	1.47	23.963	3.6	3.1
1.4	32.667	34.467	1.96	25.807	3.6	3.1
1.5	35	36.8	2.45	27.65	3.6	3.1
1.6	37.333	39.133	2.94	29.493	3.6	3.1
1.7	39.667	41.467	3.43	31.337	3.6	3.1
1.8	42	43.8	3.92	33.18	3.6	3.1
1.9	44.333	46.133	4.41	35.023	3.6	3.1
2	46.667	48.467	4.9	36.867	3.6	3.1
2.1	49	50.8	5.39	38.71	3.6	3.1

续表

空气过剩系数	实际空气量（m³/m³）	实际烟气量（m³/m³）	O₂（m³/m³）	N₂（m³/m³）	H₂O（m³/m³）	CO₂（m³/m³）
2.2	51.333	53.133	5.88	40.553	3.6	3.1
2.3	53.667	55.467	6.37	42.397	3.6	3.1
2.4	56	57.8	6.86	44.24	3.6	3.1
2.5	58.333	60.133	7.35	46.083	3.6	3.1
2.6	60.667	62.467	7.84	47.927	3.6	3.1
2.7	63	64.8	8.33	49.77	3.6	3.1
2.8	65.333	67.133	8.82	51.613	3.6	3.1
2.9	67.667	69.467	9.31	53.457	3.6	3.1
3	70	71.8	9.8	55.3	3.6	3.1

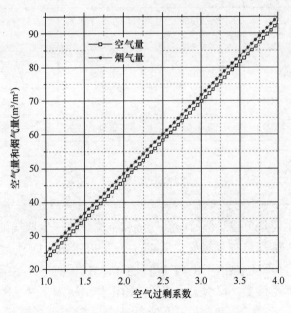

图 5-1 空气量和烟气量随空气过剩系数变化

5.1.2 几种燃料的理论计算比较

5.1.2.1 几种燃料的组成

天然气的组成见表 5-7。

表 5-7 天然气的组成

组成成分	CH₄	C₃H₈	C₃H₆	C₄H₁₀	N₂
百分量（%）	98	0.4	0.3	0.3	1

水煤气的组成见表 5-8。

表 5-8　水煤气的组成

组成成分	CO	H_2	CH_4	O_2	N_2	CO_2
百分量（%）	32	15.1	2	0.2	47.7	3

二甲醚的组成见表 5-9。

表 5-9　二甲醚的组成

组成成分	C_2H_6O	H_2O
百分量（%）	99	1

5.1.2.2　几种燃料的比较

几种燃料的比较见表 5-10。

表 5-10　几种燃料的比较

燃料名称	液化石油气	天然气	水煤气	二甲醚
低发热量（kJ/m^3）	91361.363	36078.770	6388.834	60393.890
理论空气量（m^3/m^3）	23.333	9.586	1.302	14.143
理论烟气量（m^3/m^3）	25.133	10.596	2.067	16.133
单位热值所需空气量（m^3/MJ）	0.2554	0.266	0.2039	0.2342
单位热值产生烟气量（m^3/MJ）	0.2751	0.294	0.3235	0.2671
单位热值所需空气量随空气过剩系数变化的速率（$m^3/Mcal$）	1.068	1.111	0.852	0.979
标况密度（kg/m^3）	1.982	0.734	1.086	2.041

燃气的性能指标主要是单位热值所需空气量和单位热值产生烟气量，单位热值所需空气量和单位热值产生烟气量都是越少越好。从表 5-10 可以看出，四种燃料中，水煤气的单位热值所需空气量最少，但单位热值产生烟气量最多；而二甲醚单位热值产生烟气量最少，单位热值所需空气量也不是很多，仅次于水煤气。单位热值所需空气量随空气过剩系数变化的速率，表示单位热值所需空气量和单位热值产生烟气量随空气过剩系数的增大而增大的速度。该值越大，则增加相同的空气过剩系数，燃料需消耗更多的能源。

5.1.2.3　二甲醚代替液化石油气烧成陶瓷的节能分析

经过在东莞市石排陶宝陶艺制品厂的 $4m^3$ 陶瓷梭式窑的现场试验测试，测得烟气中 O_2 的百分含量为 14.1%～16.2%，经理论计算可得空气过剩系数为 3.3～4.8。设空气过剩系数为 3.5，经理论计算，二甲醚和液化石油气在空气过剩系数为 3.5 时，单位热值产生的实际烟气量分别 $0.853m^3/MJ$ 和 $0.914m^3/MJ$。设环境温度为 30℃，排烟平均温度为 400℃ 时，烟气的比热为 1.35kJ/（m^3·℃），再假设采用二甲醚和液化石油气烧制同样一批制品消耗的燃料热值分别为 x_1（MJ）和 x_2（MJ），则烟气带走的热量分别为 $x_1 \times 0.853 \times 1.35 \times$（$400-30$）/1000（MJ）和 $x_2 \times 0.914 \times 1.35 \times$（$400-30$）/1000（MJ），由于烧制同样的制品，所以除了烟气带走的热量，其余的能量消耗是相等的，因此得到如下方程：

$$x_1 - x_1 \cdot 0.853 \times 1.35 \times (400 - 30)/1000 = x_2 - x_2 \cdot 0.914 \times 1.35 \times (400 - 30)/1000$$

由上式可以得到采用二甲醚后的节能率为：

$$\frac{x_2 - x_1}{x_2} \times 100\% = \left(1 - \frac{x_1}{x_2}\right) \times 100\% = 5.33\%$$

因此，单以二甲醚替代液化石油气，从理论上分析，其节能率可达到 5.33%。经广州市能源检测研究院对该陶瓷梭式窑进行二甲醚替代液化石油气烧成陶瓷的测试对比，当使用液化石油气时，烧成单耗为 0.502kgce/kg 瓷；当使用二甲醚时，烧成单耗为 0.476kgce/kg 瓷。以二甲醚替代液化石油气后单位产品耗能量减少 0.026kgce/kg 瓷，单位产品耗能量下降了 5.17%，这与理论计算结果是非常相符的。

5.2　低温快烧技术

低温快烧技术是当今陶瓷行业一项新的先进的烧成技术，在节能降耗和提高生产效率等方面具有重要意义。一般来说，凡烧成温度有较大幅度降低（如降低幅度在 80～100℃ 以上），烧成时间相应缩短，且产品性能与通常烧成的性能相近的烧成方法都可称为低温快烧。

在陶瓷生产中，烧成温度越高，烧成时间越长，能耗就越高。据热平衡计算，若烧成温度降低 100℃，则单位产品热耗可降低 10% 以上；烧成时间缩短 10%，则产量增加 10%，热耗降低 4%。因此，在陶瓷行业中采用低温快烧技术，可以显著增加产量、节约能耗。此外，温度过高不仅会使制品发生变形，而且釉中的着色剂如氧化钴在高温下会出现挥发现象，青花料色趋于灰黑色，这样必然造成陶瓷成品率和质量的下降。因此，降低烧成温度也有利于提高陶瓷成品率、质量和档次，以及延长窑炉和窑具的使用寿命。

5.2.1　实现低温快烧的影响因素

从热力学观点来看，陶瓷烧结是系统总能量减少的过程，主要发生在晶粒尺寸及外形的变化、气孔率下降和烧结体致密度增加方面。烧结前坯体颗粒之间有的以点接触，有的则相互分开，保留着较多的空隙，此时气孔率较高。在烧结温度下，以表面能的减少为驱动力，颗粒间由点接触逐渐扩大为面接触，随着传质的继续，粒界进一步发育扩大，气孔则缩小和变形，逐渐迁移到粒界上，最终转变成孤立的闭气孔或消失；与此同时，颗粒界面开始移动，颗粒长大，气孔率降低，烧结体致密度增加。由陶瓷烧结过程中的机理可知，烧结过程复杂且受坯釉料、助熔剂、烧结方法和热工设备等的影响。

5.2.1.1　坯、釉料的选择

坯体要实现低温快烧，首先其坯、釉原料必须符合低温快烧的性能要求。一般坯料只能适应 100～300℃/h 的升温速度，而快速烧成时的升温速度可达 800～1000℃/h。由于升温速度快，坯体容易产生变形、开裂等缺陷，所以配制的坯料应满足以下性能要求：

（1）干燥收缩和烧成收缩小，热膨胀系数小，随温度变化呈直线关系。

（2）导热性能好，烧成时能迅速进行物理化学变化。

（3）在烧成中易引起体积变化的游离石英等矿物含量少。

（4）有害杂质含量少，烧失量少。

（5）熔融性能强，高温黏度低，但又不会大幅度降低烧成范围等。

硅灰石是几种最为常用的低温快烧原料之一，其分子式是 $CaSiO_3$，不含结晶水，其理

论化学组成为 CaO 占 48.25%，SiO_2 占 51.75%；硅灰石呈针状晶形，甚至细小的颗粒也呈纤维状，纤维的长与其直径之比通常为（7～8）∶1，有的可达（15～20）∶1；具有内在的助熔性质，是一种天然低温助熔剂；不含化学结晶水和碳酸盐，烧失量小，在焙烧过程中可减少排气现象，可实现快烧。有报道指出，硅灰石质坯料可以实现低温快烧的关键是其与高岭石在 1000℃ 左右生成钙长石，也可与滑石在 1080℃ 下生成透辉石。目前其他工业应用低温快烧技术的原料有：叶蜡石（$Al_2O_3 \cdot SiO_2 \cdot H_2O$，理论组成为 Al_2O_3 28.3%、SiO_2 66.7%、H_2O 5%）、透辉石（$CaMgSi_2O_6$，理论组成为 CaO 25.9%、MgO 18.5%、SiO_2 55.6%）、锂辉石 $[LiAl(SiO_3)_2]$ 等。

坯料颗粒细度及其分散均匀性对坯体的烧结活性也有很大的影响：在日用瓷行业中，坯料颗粒越细，分散性越好，则烧结活性越大、烧结温度越低，烧结体致密且不易形成颗粒异常长大，坯体力学性能良好。

5.2.1.2 助熔剂的选择

一般来说，在坯体中添加助熔剂会增加晶格缺陷，可以降低坯体出现液相的温度和促进坯体中莫来石的形成，多元的复合熔剂组分对促进坯体低温烧结有更好的效果。常用的助熔剂有碱金属氧化物（Li_2O、Na_2O 和 K_2O）和碱土金属氧化物（CaO 及 MgO）。

陶瓷工业上应用的 Na_2O 和 K_2O 一般分别通过添加钠长石和钾长石来引入。钾长石使石英熔融温度下降比钠长石更为强烈，在 990℃，钾长石和石英颗粒接触的部位上已能形成点状低共熔体，熔融的温度范围可达几百摄氏度，且有较高的黏度；钠长石与石英的共熔温度为 1070℃，熔融温度范围仅有 50℃ 左右，形成的熔融体黏度小且随温度变化速度快，利于快速烧成。陈史民等在日用细瓷低温快烧工艺的研究中，表明在坯料中添加 10%～30% 的钠长石，通过辊道窑一次烧成，烧成温度可控制在 1200～1250℃，烧成周期 70～120min。比原烧成温度降低了 100℃ 以上，烧成周期缩短两倍以上，低温快烧的节能降耗效果明显。而张玉珍等在浙江长石的应用研究中表明，钾钠混合型长石（钾钠长石摩尔比接近 1∶1，总量占 80%）相比低钾钠含量的长石，提前 60℃ 出现液相，更加适合于低温快烧。

锂的原子量低，Li^+ 表面电荷密度高，使其具有很高的静电场，故 Li_2O 有非常强的助熔效果，能显著降低材料的烧结和熔融温度，并能够降低熔体的热膨胀系数，可缩短烧成时间。由于 Li_2O 熔体的表面张力小，形成的液相黏度小，流动性好，能更充分润湿和溶解坯体颗粒，这对陶瓷的烧结非常有利。但熔体的表面张力小，产生的毛细管力也较小，不利于坯体颗粒拉紧，也不利于瓷化反应的进行，使坯体烧后综合性能较差。

与碱金属氧化物相似，碱土金属氧化物（CaO 及 MgO）也会对液相出现温度及晶相的形成有强烈的影响，通常由添加钙长石、滑石等引入。李微等通过加入少量的长石和 CaO 等添加剂来制备莫来石陶瓷，长石和 CaO 在较低温度下可形成多种共熔物，并产生大量低黏度的液相，这些液相使莫来石颗粒分散于其中，并且通过液相的毛细管作用重新排列，成为紧密的堆积物，有部分小颗粒被溶解进入液相并通过液相转移在粗颗粒表面析出，使坯体进一步致密化，促进坯体的低温快速烧结。滑石是性能优良的熔剂，在 850℃ 开始分解，约 1170～1180℃ 时，滑石能与钾长石共熔。坯料中加入少量滑石，可降低液相黏度，增进尖晶石分解成的斜顽辉石（$MgSiO_3$）与游离石英和长石的低温共熔，在较低的温度下形成液相，从而降低烧成温度；同时镁离子进入玻璃有利于提高玻璃的表面张力，促进瓷化反应，可以弥补 Li_2O 的不足。黄惠宁通过在高岭土-石英-钠钾长石的配料中引入 10% 以上的滑石黏土，

使配方组成趋于 R_2O-Al_2O_3-SiO_2-MgO 系统，坯体在 1170℃下经 45min 烧结致密，各项性能指标均符合国家标准。

采用低温快烧技术不仅可以增加产量、节约能耗，而且可以降低成本。如佛山某企业通过与华南理工大学合作开发的超低温配方，添加碎玻璃作为助熔剂，将现有的建筑陶瓷产品的烧成温度降低约 200℃，达到在 1000℃ 以下可以烧成，使得单位制品的燃耗降低 25％，即每千克瓷能耗仅为 3～5MJ，是原来普通烧成技术的 75％ 左右，大大地降低了成本，产品质量符合标准的要求。

综上所述，就陶瓷的烧结工艺，选用陶瓷的烧结助熔剂时，应选择强助熔剂，如 Li_2O、Na_2O 和 K_2O，辅助碱土金属氧化物（CaO、MgO）熔剂，多元熔剂组分对促进坯体低温烧结有更好的效果。

5.2.1.3　烧成过程

烧成是陶瓷产品生产工艺过程中最为重要的一环，直接影响产品产量和质量，也是研究降低陶瓷行业能耗的主要环节。

（1）烧成方法

在整个烧成过程中，采用不同的烧成方法，实现低温快烧的效果也就不同，这里重点介绍微波烧结工艺。

微波是一种波长为 1～1000mm、频率范围为 0.3～300GHz 的电磁波，与物质相互作用，会产生穿透、吸收或反射现象。陶瓷等电介质材料吸收微波并被加热是在材料内部整体进行，再由内部传到外部，这与传统的加热方式不同。传统加热是从材料外部开始加热，再通过材料的热辐射、热对流和热传导等传热方式，把热量传到内部。微波烧结就是利用在微波电磁场中材料的介电损耗使陶瓷及其复合材料整体加热至烧结温度，并最终实现致密化的快速烧结的新技术。微波烧结可以实现快速均匀加热而不会引起试样开裂或在试样内形成热应力，且可使材料内部形成均匀的细晶结构和较高的致密性，这都是常规烧结所不能比拟的。同时微波使粒子的活性提高，易于迁移，有利于陶瓷的低温烧结。据报道，微波烧结可实现低介质损耗 ZTA 陶瓷的快速致密化，烧结温度比常规烧结降低 100～150℃，烧结时间减少了近一个数量级。

（2）热工设备

窑炉是陶瓷行业最为关键的也是能耗最大的热工设备，因此选择和设计先进的窑炉对节能降耗至关重要。目前，我国的日用陶瓷工业中使用较多的间歇窑炉有梭式窑，连续窑炉有隧道窑和辊道窑。在节能方面，相比于马弗式多孔推板窑、老式隧道窑等落后的热工设备，梭式窑和隧道窑已经取得很大的进步，但能耗仍然相当高。

以石油气和天然气为燃料的辊道窑，单位能耗大为降低，生产每千克日用陶瓷需耗能约仅为 3500×4.18kJ。因其窑内截面温差小、生产周期短，利于低温快烧。贾香义等研究利用辊道窑低温快烧耐酸砖，烧成温度范围是 1210～1220℃，烧成周期 4h，相比于隧道窑等窑炉节能效果明显。此外，辊道窑有产量大、产品质量稳定、自动化程度高、操作方便、劳动强度低、占地面积少等优点，已成为当今陶瓷窑炉的发展方向。

5.2.2　低温快烧技术相关成果

低温快烧技术相关成果见表 5-11。

表 5-11　低温快烧技术相关成果

成果名称	完成单位	成果介绍
日用细瓷低温快烧工艺	广东四通集团有限公司、广东省枫溪陶瓷工业研究所	该项目主要从坯料、釉料及烧成温度三方面开展研究，大幅度地降低日用细瓷的烧成温度，缩短烧成周期，达到节能降耗、提高生产效率的目的。具体为：在坯料研究上，该项目在长石瓷的基础上引入 20%～30% 的钠长石，通过控制石英矿物含量，提高坯料细度等措施，提高坯料在烧成过程的反应速度，减少残余石英晶型转变带来的破坏作用，保证在低温快烧时，各组分充分反应熔融，形成致密细腻的瓷质，避免瓷坯急冷炸裂；在釉料上，采用生料釉，通过对复合助熔剂调整配比，使之既有较高的始熔温度，又具有良好的高温流动性；保证在低温快烧条件下有良好的釉面质量，且成本低廉，并确定了在辊道窑上的最佳烧成温度等。与现有梭式窑烧成工艺对比，该项目将日用细瓷的烧成温度从 1320℃ 降至 1230℃，烧成时间从 12h 缩短到 2h，比传统工艺节能 50% 以上，可明显降低日用瓷的生产成本。该项目所研制的坯、釉配方及工艺参数稳定可靠，可供工业化生产应用
超低温薄体快烧玻化砖生产技术	佛山石湾鹰牌陶瓷有限公司	在总结分析国内外研究低温烧结玻化砖试验研究结果和课题组可行性试验结果的基础上，针对超低温玻化砖生产过程中可能出现的问题，在研究中发现：要实现玻化砖在超低温下快速烧结而不变形，熔剂原料需选择多元化，科学地组合熔剂原料，使得坯体能在一个较宽的烧成温度范围内逐渐烧结，因此提出了复合熔剂及梯度熔融烧结的技术路线。项目采用多种系统的复合熔剂，分别研究了不同碱金属氧化物用量，以及多元复合熔剂对低温烧成产品性能的影响规律，利用多元复合熔剂梯度出现液相，来降低产品烧成温度，保证产品性能，取得较满意效果 该项目技术的开展较大地促进了陶瓷企业的节能减排，普通瓷质砖的烧成温度为 1220～1250℃ 之间，烧成周期 60～100min，项目最终实现烧成温度（1100±20℃），烧成周期 55～60min，在保证产品性能指标不变的前提下，降低烧成温度 160～180℃，烧成周期缩短了 5～40min，该项目产品的技术指标，吸水率≤1%；抗折强度≥35MPa；莫氏硬度≥7；白度≥40 度；耐急冷急热性：145～15℃，10 次交换未出现裂纹

5.3　高温空气燃烧技术

5.3.1　高温空气燃烧技术概述

5.3.1.1　高温空气燃烧技术的各种称谓

20 世纪 80 年代末，田中良一等人提出一种新概念燃烧技术——高温空气燃烧技术（High Temperature Air Combustion，简写为 HTAC）。经过近年的发展，目前国际上对高温空气燃烧形成了多种技术概念和称谓，归纳起来主要有：

（1）低氧燃烧（Low oxygen combustion）。

（2）无焰燃烧（Flameless combustion）。

（3）蓄热燃烧（Regenerative combustion）。

（4）高温空气预热燃烧（Highly preheated air combustion）。

（5）稀释燃烧（Dilution combustion）。

（6）低氮氧化物燃烧（Low NO$_x$ emission combustion）。

这些概念分别从燃烧原理、火焰形态、所采取的技术措施或污染物排放等方面归纳了高温空气燃烧的主要技术特征。

5.3.1.2　高温空气燃烧技术的特点

通常，单纯依靠提高预热空气温度来实现高温燃烧，必然会导致大量 NO_x 生成。高温空气燃烧技术完全突破了几百年来人们对燃烧的传统认识，它的理论意义在于拓宽了人们对温度和氧气浓度关系的认识范围，并从技术上实现了高温条件下大幅度降低氧气浓度的燃烧过程，解决了高温燃烧与 NO_x 生成的矛盾。通过"极限"回收烟气余热并高效预热燃烧空气，实现高温和低氧浓度条件下的燃烧，因而具有大幅度节能和显著降低烟气中 NO_x 排放的双重优越性。

高温空气燃烧技术包含两项基本技术措施：一是"高效蓄热式热交换技术"采用高效蓄热式余热回收装置，通过切换开关使高温烟气和冷空气交替流经蓄热体并进行换热，从而把原来上千摄氏度的排烟温度降低到 250℃ 甚至更低的水平，最大限度地回收燃烧产物中的余热，用于预热助燃空气，以获得温度为 800～1000℃ 甚至更高的高温助燃空气；另一项是"高温助燃空气燃烧技术"采取燃料分级燃烧和高速气流卷吸炉内燃烧产物，稀释反应区的含氧浓度，获得浓度为 2%～15%（体积）的低氧气氛。燃料在这种高温低氧气氛中，获得与传统燃烧过程完全不同的热力学条件，不再存在传统燃烧过程中出现的局部高温高氧区，形成一种与传统发光火焰迥然不同的新火焰类型，这种燃烧是一种动态反应，不具有静态火焰。

5.3.1.3　高温空气燃烧技术的基本原理

图 5-2 为高温空气燃烧技术的原理图。炉膛两侧成对安装蓄热体 A，B 和燃烧器 A，B；两侧的蓄热体交替进行蓄热和放热，把高温烟气中的余热转移到助燃空气中，两个燃烧器则交替进入燃烧状态。

系统工作时，由鼓风机送入的助燃空气经四通换向阀进入蓄热体 A，蓄热体 A 把所蓄的热量传递给助燃空气，其自身温度降低，助燃空气被预热，然后流经燃烧器 A 进入炉膛与燃料混合燃烧；此时燃烧器 B 作为烟道使用，高温烟气流经燃烧器 B 进入蓄热体 B，把其热量传递给蓄热体 B，蓄热体 B 获得热量温度升高，而烟气温度则下降后经排烟机排出大气。经过一个换向时间后，四通阀换向使助燃空气由原来流经蓄热体 A 变为流经蓄热体 B，被加热后经燃烧器 B 进入炉膛与燃料混合燃烧，产生的烟气经燃烧器 A 进入蓄热体 A，蓄热体 A 获得热量温度升高，烟气温度降低后经排烟机排入大气。经过

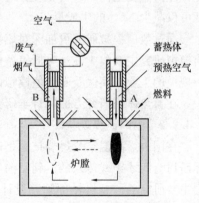

图 5-2　高温空气燃烧技术的原理

相同的换向时间后四通阀再换向，助燃空气再次流向蜂窝体 A 和燃烧器 A，回到开始描述的状态，此称为一个换热周期。

运行时炉膛两侧的蓄热体和燃烧器只有一侧处于燃烧状态，而另一侧则作为烟道使用，经过一个换向时间后原来处于燃烧状态的一侧作为烟道使用，原来作为烟道使用的另一侧处于燃烧状态，如此反复，交替工作。

预热后的空气进入炉膛后，由于高速喷射，形成一个低压区，抽引周围低速或静止的燃

烧产物形成一股含氧体积浓度大大低于 21% 的贫氧高温气流；气体燃料（或雾化液体燃料）经喷嘴喷入炉内后，与此高温低氧气流扩散混合，发生与传统燃烧完全不同的高温低氧燃烧，从而达到了余热高效回收，NO_x 低排放的双重效果。

5.3.2　高温空气燃烧技术的研究现状

高温空气燃烧技术的发展和推动主要在发达国家中进行，基本上是按照英国、日本、美国、德国、意大利、荷兰等的先后顺序加入到这项技术领域中。在日本政府的积极支持下，这项技术在日本和其周边的亚洲国家得到了很好的传播，我国也已经加入到这个行列中来。

到目前为止，国际上所开展的研究主要集中在：（1）燃烧机理的研究；（2）蓄热技术的研究；（3）降低与减少污染物排放等三方面。高温空气燃烧技术开创了革命性的燃烧器和炉窑设计，在钢铁加热领域的节能和清洁燃烧的成果尤为显著。

5.3.2.1　国外研究现状

国际上十分重视高温空气燃烧技术的开发研究工作，从 1993 年起至 1999 年，日本通产省就将高温空气燃烧技术列为国家级"高性能工业炉开发"项目。从 1999 年起，日本政府每年又提供 38 亿日元用于其工业推广应用。到目前为止，国际上已连续举办了五届高温空气燃烧（HTAC）国际会议，使该技术迅速地向全世界传播。高温空气燃烧技术在日本、美国和欧洲都得到了政府、工业界和学术界的高度重视。日本东京大学、大阪大学，美国马里兰大学，荷兰火焰研究基金会，瑞典皇家工学院等已进行了相当规模的基础研究和新技术开发工作。

高温空气燃烧技术在实验研究方面有较多的文章发表。其重点是装置的几何结构、空气预热程度和氧含量对燃烧性能和污染排放行为的影响，研究者们得出的结论都基本一致：助燃气体的温度越高，NO_x 的生成量越大；当助燃空气的预热温度一定，降低空气中的氧浓度可以减少 NO_x 的生成量。

通过数值模拟研究可加深对燃烧过程及其机理的认识，优化燃烧设备的设计。国外的数值模拟研究主要集中在高温低氧条件下燃烧机理的模拟、实验炉内燃烧过程的数值模拟、生产规模的工业炉实验及其数值模拟以及燃烧设备的优化设计等四个方面。

在蓄热体的研究方面，日本研究与应用蜂窝状蓄热体为多，欧美研究球状蓄热体为多。

5.3.2.2　国内研究现状

在国内，高温空气燃烧技术是通过 1999 年 10 月于北京举办的"高温空气燃烧新技术国际研讨会"才正式传入的。到目前为止，很多大专院校和科研院所都在做这方面的工作。国内主要研究单位有机械部第五设计院、清华大学、北京科技大学、中南大学、北京工业大学、华南理工大学、大连高新园区北岛能源技术发展有限公司、北京神雾热能技术有限公司、宝钢技术中心设备所等。

目前，国内的研究者基本上都采用 CFD 软件对已有的高温空气燃烧装置和实验进行数值模拟研究和对比。有文献就实验装置的几何结构对高温空气燃烧特性的影响进行过分析，也有研究者在进行实验装置的设计时参考了计算机模拟的结果，这些数值模拟研究都是针对具体的实验室规模的高温空气燃烧装置而进行的。

蓄热体的研究方面，在中国由于燃料的多元化，各种燃料对蓄热体的要求不一样，对蜂窝体和陶瓷小球这两种蓄热体都进行了深入的研究，已经取得了一定的成果。研究者们对陶瓷蓄热体的温度特性、蓄热时间、阻力特性、寿命等进行了大量的实验测试和数值模拟。有研究者根据结果，对蜂窝状和小球状陶瓷蓄热体进行了优化设计。

综上所述，我国在高温空气燃烧技术方面虽然起步较晚，但研究进展很快，研究者们做了大量的工作，也取得了很多的成果。但高温空气燃烧技术的应用主要还是集中在冶金窑炉、钢包/中间包烘烤器、固体废弃物气化技术等方面，而对于不同蓄热体结构参数和不同操作参数下的温度特性、热回收率和压力损失的变化规律研究很少，同时对陶瓷窑炉应用高温空气燃烧技术研究仍较少。

5.3.3　梭式窑高温空气燃烧系统的设计

梭式窑是一种以窑车作窑底的倒焰（或半倒焰）间歇式生产的热工设备，也称车底式倒焰窑，因窑车从窑的一端进出也称抽屉窑。梭式窑除具有一般倒焰窑操作灵活性大、能满足多品种生产等优点外，其装窑、出窑和制品的部分冷却可以在窑外进行，既改善了劳动条件，又可以缩短窑的周转时间，是国内近十年来发展最为迅速的窑型之一。但由于间歇烧成，窑的蓄热损失和散热损失大，烟气温度高，热耗量较高，因此将高温空气燃烧技术应用到梭式窑是十分有意义的。由于对窑内温度场的均匀度要求较高，因此不能采用目前大部分冶金行业所用工业窑炉中烧嘴分布在窑炉两侧交替进行燃烧和排烟的结构，需要对高温空气燃烧系统重新设计。

5.3.3.1　梭式窑高温空气燃烧系统的原理

该设计的梭式窑高温空气燃烧系统如图 5-3 所示，蜂窝陶瓷与烧嘴是分离的，设计成了 A，B 两个蓄热室；梭式窑的两只烧嘴始终是作为燃烧器，而不是像目前大部分工业窑炉中分布在窑炉两侧交替作为燃烧器和烟道进行燃烧和排烟。

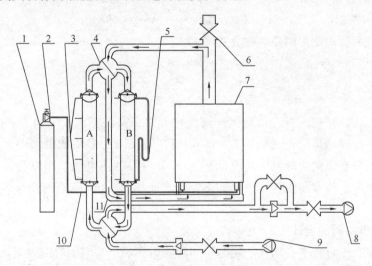

图 5-3　梭式窑的高温空气燃烧系统原理图

1—液化气瓶（1）；2—流量计（3）；3—热电偶（7）；4—四通阀（2）；5—U 形管（1）；6—阀门（2）；
7—梭式窑（1）；8—排烟机（1）；9—鼓风机（1）；10—液化气管道（1）；11—热风管道（1）

系统工作时，由鼓风机 9 送入的助燃空气经四通换向阀进入蓄热室 A，蓄热室 A 内蜂窝陶瓷把所蓄的热量传递给助燃空气，其自身温度降低，助燃空气被预热，然后由热风管道 11 进入梭式窑内与燃料混合燃烧；此时高温烟气流入蓄热室 B 将其热量传递给蓄热室 B 内的蜂窝陶瓷，蜂窝陶瓷获得热量温度升高，烟气温度降低后经排烟机 8 排入大气；经过一个换向时间后，四通阀换向使助燃空气由原来流经蓄热室 A 变为流经蓄热室 B，被加热后由热风管道 11 进入梭式窑内与燃料混合燃烧，产生的烟气进入蓄热室 A，蓄热室 A 内的蜂窝陶瓷获得热量温度升高，烟气温度降低后经排烟机 8 排入大气。经过相同的换向时间后四通换向，助燃空气再次流向蓄热室 A，回到开始描述的状态，完成一个换热周期。

5.3.3.2　蓄热室的结构及尺寸设计

设计采用的蜂窝陶瓷材质为堇青石，其规格为 $100mm \times 100mm \times 100mm$，26 孔 $\times$ 26 孔，孔尺寸为 $3mm \times 3mm$，壁厚为 $0.8mm$。烟气流量最大为 $690m^3/h$（风机的最大功率 370W），蓄热室横截面积通过式（5-2）计算：

$$S = \frac{G_f}{V_f} \tag{5-2}$$

式中　S——蓄热室横截面积，m^2；

G_f——进口烟气的流量，m^3/s；

V_f——进口烟气的流速，m/s。

因为烟气在蓄热室内的流速在 $8 \sim 12m/s$ 之间为合理，则：

$$0.01598 < S < 0.02396$$

单块蜂窝体的流通截面积为式（5-3）：

$$S_h = n \times d^2 \tag{5-3}$$

式中　S_h——单块蜂窝体的流通截面积，m^2；

n——单块蜂窝体的孔个数；

d——孔的边长，m。

$$S_h = 26 \times 26 \times (0.003)^2 = 0.006084m^2$$

蓄热室横截面所用蜂窝陶瓷块数为式（5-4）：

$$N = \frac{S}{S_h} \tag{5-4}$$

$$2.6257 < N < 3.9386$$

该设计取 4 块，排列成正方形截面；按优化方案蜂窝陶瓷总长度为 800mm，采用 8 块蜂窝陶瓷堆砌；每块蜂窝陶瓷之间留 30mm 距离，防止因为多块堆砌偏差导致孔通道对不齐而产生堵塞；并在每两块蜂窝陶瓷之间插入 K 分度号的热电偶，用以测量通过每块蜂窝陶瓷后的烟气温度；蜂窝陶瓷与不锈钢蓄热室壁之间填充 5mm 厚的陶瓷纤维，整个设计如图 5-4 所示。

5.3.3.3　四通换向阀的设计

由于蓄热室工作过程中必须在一定的时间间隔内实现空气与烟气的频繁切换，因此四通换向阀是其关键部件之一。

梭式窑产生的烟气在进入蓄热室之前温度较高，加之换向次数频繁，切换周期短，烟气中含有的微小粉尘会对频繁动作的部件构成磨损，对四通换向阀的材料有较高的要求，四通换向阀宜采用旋转式设计。

根据前面的设计计算，四通阀的四个进出口的圆外径为 $D = 89mm$，两个四通阀均采用金属密封技术。烟气换热前进入的四通阀需耐高温，选用不锈钢材料为 316L，18Cr-12Ni-2.5Mo。

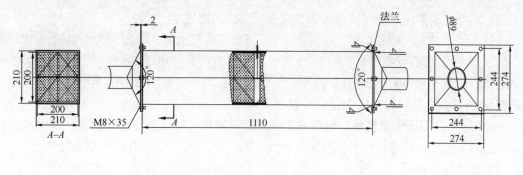

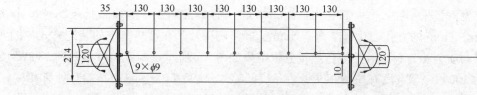

图 5-4　蓄热室的三视图及局部剖面图（mm）

实现四通阀的切换控制方式有几种，可以采用气动控制、电动控制、机械控制等。

5.3.4　梭式窑高温空气燃烧实验

5.3.4.1　实验装置及方法简介

按照设计构建的实验用梭式窑高温空气燃烧系统如图 5-5 所示。

图 5-5　梭式窑高温空气燃烧系统实物图

（1）温度记录系统、烟气成分分析系统及压力损失测试

各热电偶的排布与编号如图 5-5 所示，0 号测温点的热电偶是分度号为 S 的铂铑-铂热电偶，插入窑内用于测量梭式窑内温度；1 号、2 号测温点的热电偶是分度号为 K 的镍铬-镍硅热电偶，用于测量蜂窝陶瓷热端与冷端的气体温度；3～7 号测温点的热电偶是分度号为 K 的镍铬-镍硅热电偶，与蜂窝陶瓷体接触用于测量蜂窝陶瓷体的温度。采用 ADAM-4520、ADAM-4018A/D 温度采集模块，由组态王测温程序采集、记录各测温点温度。使用德国产 Testo300M-1 烟气成分分析仪对烟气成分进行分析。气体压力损失用 U 形管测量。

（2）蓄热体参数

蜂窝陶瓷采用长、宽、高均为 100mm 的立方体蜂窝陶瓷，横截面上有 26×26 个，尺寸为 3mm×3mm 的方孔，孔壁厚为 0.8mm。蜂窝陶瓷及其在蓄热室中的装配方式如图 5-6 所示。其材质为堇青石，对其进行热重分析结果如图 5-7 所示，温度从室温升到 1300℃ 质量残留量为 100％，基本没有质量损失；在 817.55℃，1195.51℃ 和 1247.82℃ 处有相变，在实验过程中其蓄热方式为显热蓄热，样品性能满足实验要求。

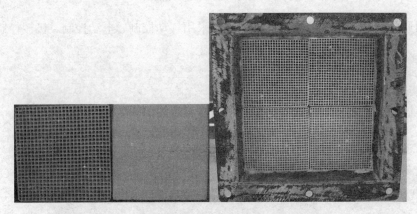

图 5-6　堇青石蜂窝陶瓷及其在蓄热室中的装配方式

（3）鼓风与排烟系统

鼓风机为佛山市南海九州风机厂生产的 CER-370 离心式中压风机，其参数为：功率 370W，风量 690m³/h，风压 1800Pa。排烟机是上海金锣电器有限公司生产的 CER76-370 低噪声强力中压风机，其参数为：功率 370W，风量 780m³/h，风压 1500Pa，风量由风阀控制。系统应保持排烟量略微大于鼓风量，使窑内略微呈负压。

5.3.4.2　实验结果及分析

（1）实验时环境温度为 10℃ 左右，将四通换向阀调到如图 5-5 所示位置，启动鼓风机与排烟机，烟气经过左侧的蓄热室排出，空气经过右侧的蓄热室进入梭式窑内。点火开机，通过调节燃料量将窑内温度控制在 800℃ 到 900℃ 之间，实验鼓风量为 517.6m³/h。当左侧蓄热室内的蜂窝陶瓷蓄热能力达到饱和，即 3～7 号测温点温度基本一致后，开始以 30s 为一个周期进行换向操作，从启动到蓄热室稳定工作各测温点的温度曲线如图 5-8、图 5-9 所示。

右侧蓄热室作为空气通道，空气从其中通过进入梭式窑内，换向后它变为烟气通道开始蓄热。测温点 1 测量蜂窝陶瓷热端气体温度，测温点 2 测量蜂窝陶瓷冷端气体温度，换向的瞬间测温点 1 与点 2 测量的均为空气温度，分别为 16.8℃ 和 18.0℃。其后烟气进入右侧蓄热室，测温点 1 所测温度开始急剧上升，而测温点 2 所测为烟气出口温度，由于烟气热量被

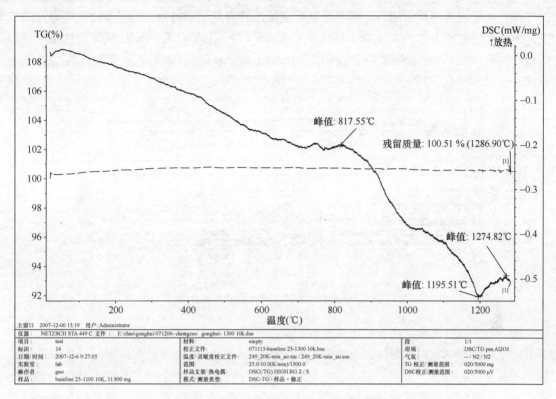

图 5-7　董青石蜂窝陶瓷的 TG/DSC 分析

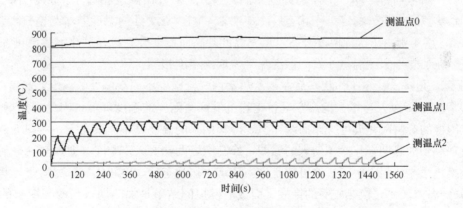

图 5-8　测温点 1、点 2 所测的温度曲线

蜂窝陶瓷所吸收，烟气出口温度几乎接近室温。30s 后换向，空气由冷端进入，被蜂窝陶瓷预热经热端通入窑内，由于蜂窝陶瓷所蓄热量较少，开始阶段空气被预热后温度不高，而且冷却期初与冷却期末的温差较大，随后随着蜂窝陶瓷所蓄热量逐渐增多，空气被预热，温度逐渐升高，冷却期初与冷却期末的温差也随之变小。如此循环换向，蓄热室逐渐进入稳定工作状态。整个启动过程与模拟结果十分相近。待到蓄热室稳定工作后，加热期与冷却期的温度效率分别为 92.0%、93.2%，测量压力损失分别为 126.3Pa、107.8Pa。

　　对比优化方案模拟结果（入口烟气温度 1000℃），加热期温度效率为 94.6%，冷却期温度效率为 93.7%，压力损失为 457.7Pa，结果的误差分别为 2.7%、0.5%、72.4%。实验与模拟的加热期与冷却期温度效率误差较小，对于实验结果中加热期温度效率比冷却期温度效率低，很可能是测试所用热电偶对降温反应较慢使得冷却期所测空气温度比其实际高造成的。所测加热期压力损失 126.3Pa 较模拟结果 457.7Pa 误差较大，是因为烟气温度较模拟的低，实验中 800mm 的蜂窝陶瓷每隔 100mm 有 30mm 的间隔以及测量工具的精度等造成的。

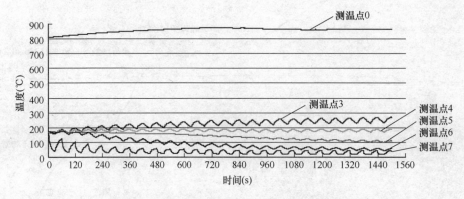

图 5-9　测温点 3 到点 7 所测的温度曲线

图 5-9 中的曲线从上往下依次是测温点 0，测温点 3～7 测得的温度曲线。测温点 3～7 测量的是左侧蓄热室内蜂窝陶瓷体从热端到冷端每隔 200mm 处的温度，测温点 3 测量的是热端的温度，测温点 7 测量的是冷端的温度。由于左侧蓄热室内的蜂窝陶瓷蓄热能力达到饱和后才开始换向，所以换向瞬间各点温度基本一致，在 180℃左右。此后随着加热期、冷却期的变换开始呈周期变动，整体趋势上测温点 6、点 7 处的温度相对于饱和蓄热时逐渐下降，在蓄热室逐渐进入稳定工作状态后冷却期末，测温点 7 处的温度基本与空气温度相等；测温点 3、点 4 则由于窑内温度升高，烟气温度升高而逐渐升高，在蓄热室逐渐进入稳定工作状态后在加热期末测温点 3 处的温度几乎与烟气温度相等。

图 5-10 是进入稳定工作状态后左侧蓄热室内蜂窝陶瓷不同高度处的温度，高度 0mm 处为热端，800mm 处是冷端。助燃空气带走热量后蜂窝陶瓷的温度降低，因此加热期末 3～7 测温点测得的蜂窝陶瓷温度分布曲线在上，冷却期末的温度分布曲线在下。对图 5-10 分析，可以发现对于加热期末与冷却期末的温差，蜂窝陶瓷两端要大于中间，即烟气（空气）与蜂窝陶瓷换热两端要强于中间，这可能是进入稳定工作状态后，中间位置蜂窝陶瓷与此处烟气（空气）的温差较小，换热较弱的缘故。而数值模拟的结果是加热期末与冷却期末的温差从

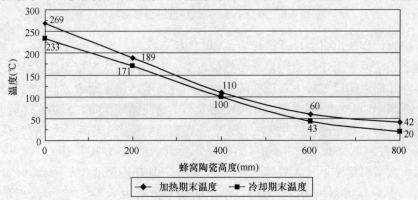

图 5-10　加热期末、冷却期末蜂窝陶瓷高度方向上的温度分布

蜂窝陶瓷冷端到热端逐渐增大，如图 5-11 所示，这可能是因为实验时蜂窝陶瓷是由饱和蓄热状态进入稳定工作状态，而数值模拟则是蜂窝陶瓷由环境温度进入稳定工作状态的。

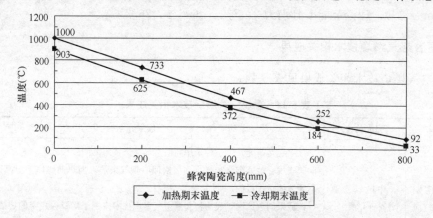

图 5-11　数值模拟加热期末、冷却期末蜂窝陶瓷高度方向上的温度分布

（2）随后在保持其他条件不变的情况下，进行换向时间为 50s、70s 的实验，将它们的结果统计于表 5-12。

表 5-12　不同换向时间的温度效率

换向时间 （s）	窑内温度 （℃）	烟气进口 平均温度 （℃）	烟气出口 平均温度 （℃）	空气进口 平均温度 （℃）	空气出口 平均温度 （℃）	加热期温 度效率 （%）	冷却期温 度效率 （%）
30s	871	300.3	39.2	16.5	281.1	92.0	93.2
50s	895	305.0	40.5	17.1	279.5	91.8	91.1
70s	905	309.4	42.5	17.2	279.0	91.3	89.6

对表 5-12 进行分析可以发现，随着换向时间的延长，加热期温度效率与冷却期温度效率均降低，但是变化的幅度并不大。不同换向时间排烟机出口处烟气成分分析的结果统计于表 5-13。

表 5-13　不同换向时间排烟机出口处烟气成分的测试结果

换向时间 （s）	烟气温度 （℃）	O_2 的体积 分数 （%）	CO_2 的体积 分数 （%）	CO 的生成量 （mg/m³）	NO 的生成量 （mg/m³）	NO_x 生成量 （mg/m³）
30s	21.2	20.8	0	1	0	0
50	23.8	19.6	0.8	4	0	0
70	21.9	19.6	0.8	5	0	0

对表 5-13 分析，发现 NO_x 的生成量均为为 0。因为 NO_x 的生成与温度有关，在 1300℃以下很难生成 NO_x；换向时间对烟气中的 O_2 含量和 CO 量有影响，换向时间延长烟气中的 O_2 含量降低，CO 量增加。

5.3.4.3　总结

按照设计构建了实体模型进行实验，使用烟气分析仪对烟气成分进行了分析，对蜂窝陶瓷换热性能进行了计算。通过实验得到在窑内温度分别为 871℃、895℃、905℃，换向时间分别为 30s、50、70s 的加热期温度效率、冷却期温度效率分别为 92.0％和 93.2％，91.8％和 91.1％，91.3％和 89.6％，总换热系数分别为 28.8W/(m² · ℃)，28.9W/(m² · ℃)、28.9W/(m² · ℃)，理论节能率分别为 27.7％、26.6％、26.2％。

5.3.5 高温空气燃烧技术相关成果

高温空气燃烧技术相关成果见表 5-14。

表 5-14 高温空气燃烧技术相关成果

成果名称	完成单位	成果介绍
高温空气燃烧技术在陶瓷梭式窑上的应用研究	中国轻工业陶瓷研究所	该项目是研究开发一种采用高温空气燃烧技术的陶瓷梭式窑，它是通过四通换向阀实现交替式燃烧和排烟，极限回收烟气余热，加热助燃风，提高燃烧效率，达到节能减排目的。 该成果的创造性：成功将高温空气燃烧技术应用于陶瓷梭式窑的烧成，满足了陶瓷窑炉氧化焰、还原焰的烧成工艺要求。 该成果与传统梭式窑相比，可节省燃料 30.6％；助燃空气温度≥800℃
高效节能低污染高温空气燃烧系统	北京神雾热能技术有限公司	该技术通过极限回收工业炉窑或锅炉烟气预热助燃空气或燃气，实现高预热温度空气或燃气（＞800℃）和低氧浓度（2％～15％O₂）条件下的稳定燃烧，具有大幅度节能（节能 30％～60％）和大幅度降低烟气中 NOₓ 排放量（NOₓ＜130×10⁻⁶）及 CO₂ 排放量减少 30％～60％以上的双重优越性。高温空气燃烧系统由一对高效蓄热室（内装蜂窝陶瓷蓄热体或陶瓷小球）、一对燃烧器（烧嘴）、一组换向机构和一套控制系统组成。主要关键技术为：蓄热体、四通换向阀等换向机构、燃烧器及烧嘴、燃烧和换向自动控制系统、炉型和炉体结构、燃烧系统设计六部分。HTAC 技术及产品在工业炉窑的应用使国内燃烧技术领域的许多疑难问题获得重大突破，如工业炉窑和锅炉炉膛内温度分布均匀化问题、炉膛内温度自动控制方法问题、炉膛内强化传热问题、炉膛内火焰燃烧范围的扩展问题、炉膛内火焰燃烧机理的改变问题等。项目完成时达到的产品性能指标具有国内领先、世界先进水平，具体如下： 能耗指标：采用高温空气燃烧技术的工业炉，根据不同的炉型，其燃耗指标比国家规定指标降低 20％～40％； CO₂、SO₂ 排放量：采用 HATC 技术的工业炉，CO₂、SO₂ 等有害气体的排放量比原来减少 20％～50％； NOₓ 排放量：采用 HATC 技术的工业炉，烟气中 NOₓ 含量＜130mg/m³

5.4 富氧燃烧技术

5.4.1 富氧燃烧技术在陶瓷窑炉中的应用分析

5.4.1.1 富氧燃烧技术概况

众所周知，空气主要成分中氧气占 20.94％，氮气占 78.09％。在陶瓷窑炉烧成过程中，只有氧气与燃料参与反应，而氮气只是作为稀释剂存在空气中。在烧成过程中，由于氮气的存在，使得氧气与燃料接触面减少，造成燃烧不完全，受热不均匀，并且容易产生局部高温，这将有利于氮气在高温下与氧气反应生成大量的 NOₓ，从而导致氧气与燃料发生碰撞反应的几率大大减少。所产生的烟气携带大量的热量排出窑炉体外，造成大量的热量损失，从而降低了陶瓷窑炉的热效率，如各种间歇窑炉排烟热损失超过了总供入热量的 50％，各种马弗式隧道窑排烟热损失超过了总供入热量的 40％。针对以上存在的问题，富氧燃烧技术是一个很好的解决办法。

富氧燃烧技术在不同的行业都有其内在的含义。而针对陶瓷烧成的燃烧技术，一般认为，助燃空气中的氧气含量大于 21％所采取的燃烧技术，简称为富氧燃烧技术。富氧燃烧技术分为整体增氧和局部增氧两大类，前者特点是整个助燃风均用富氧替代，不过，其投资大、成本高，因而一般应用于高附加值的特种陶瓷中；而后者是局部增氧技术和助燃技术两者的有机结合，其特点是用于各种窑炉的节能与环保。在有色金属的冶炼、玻璃窑炉中玻璃的熔化、化铁炉和铸造炉、内燃机的增氧燃烧、煤气发生炉以及生成物质利用、废弃物焚烧、低热值可燃气的利用等行业多采用富氧燃烧技术。

富氧燃烧技术在陶瓷窑炉中的应用，在我国目前还处于初级阶段，其原因是所产生的大量 NO_x 和富氧制备技术的不成熟阻碍了这项技术在我国的推广。随着近年我国富氧制备技术的发展以及富氧燃烧技术在部分工业炉窑中的成功应用，才得以逐渐向多领域推广。如膜法富氧燃烧技术就是膜法富氧技术和富氧燃烧技术两者的有机结合，不仅设备简单、操作方便和安全、规模可以根据情况而定、不污染环境，而且具有投资少、见效快、用途广阔等优点，被西方称为"资源的创造性技术"。在美国、日本、德国等发达国家已经大量采用此技术，效果显著。

据报道意达陶瓷公司利用空气中各组分透过膜时的渗透率不同，在压力差的驱动下使氧气优先通过膜，使气体氧浓度增高达到富氧空气，使燃烧更充分，提高了燃烧效率。按年产 400 万 m^2 建筑陶瓷年耗煤 1.5 万 t 计，采用 25％富氧助燃技术，每年可减少煤耗三百多吨，减低生产成本三百多万元。

5.4.1.2　富氧燃烧的热工特性分析

（1）提高火焰温度

在燃料量和空气过剩系数一定时，富氧燃烧可以提高燃烧的火焰温度。如图 5-12 所示，当氧浓度为 30％时，其火焰温度为 2500K；当氧浓度为 50％时，其火焰温度为 2800K。因此，火焰温度随着燃料空气中氧浓度的增加而显著提高。

（2）降低燃点温度

燃料的燃点温度不是常数，氧浓度的增加将导致燃料的燃点温度下降，如天然气在空气中的燃点为 632℃，在纯氧中为 556℃；CO 在空气中为 609℃，在纯氧中仅为 388℃。

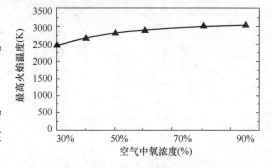

图 5-12　火焰温度与氧浓度的关系

（3）加速燃烧完全

燃料在空气和在纯氧中的燃烧速度相差很大，如氢气和天然气分别在纯氧中的燃烧速度是空气中的 4.2 倍和 10.7 倍。这是由于在陶瓷窑炉有限的空间里，增加空气中的氧浓度，势必会稀释氮气浓度，增加氧气与燃料接触面，使得其充分接触混合均匀，从而加快了燃烧速度，促进了燃料的完全燃烧，可获得较好的热传导效果。

（4）减少烟气量，节约能源

　　一般认为氧浓度每增加 1%，烟气量约下降 3%～5%，在高浓度氧空气的助燃下，可使鼓引风量下降 10%～50%。由于氧浓度的增加，使得燃料得到充分的接触并且反应完全，从而减少了二次风的需用量，相应地减少了鼓引风机的数量和节约了大量的电能，也减少了大量烟气和由烟气所带走热量的损失，提高了热效率。

　　（5）提高热利用率

　　随着空气中氧浓度的增加，其热利用率显著提高。当采用普通空气助燃时，加热温度在 1300℃时可利用的热量为 42%；而当采用 26% 富氧空气时，可利用的热量为 56%，同比热利用率增长了 33%。因此，可以认为氧浓度的增加与热利用率成正比的关系。

5.4.1.3　富氧燃烧技术对陶瓷窑炉的影响

　　（1）富氧燃烧技术对 NOx 生成的影响

　　Beltrame 和 Zhao 等人指出，在氧浓度大于 30% 的富氧火焰中，总的 NOx 生成来源于高温区的热力型 NO 生成的贡献，而快速型 NO 生成对总的 NOx 生成的贡献为负，控制热力型 NO 的生成是抑制富氧火焰 NOx 生成总量的关键。热力型 NOx 的降低有效途径之一就是降低火焰温度，但是，对于富氧燃烧来说，降低火焰温度与其高温燃烧的特点是很难协调的。

　　据文献报道，对于甲烷燃料而言，不同的氧浓度其燃烧所产生的氮氧化物浓度也不同。当氧浓度分别为 30% 和 80% 时，其燃烧产生的氮氧化物浓度分别是普通空气燃烧的 3 倍和 100 倍，即使氧浓度达到 99%，其氮氧化物浓度也只是普通空气燃烧的 7 倍。若不考虑过量空气，烟气量最多只能降低为普通空气燃烧的 1/4 左右。在陶瓷烧成中，随着氧浓度的增加，火焰温度的升高，促进了燃料更加完全反应，而窑炉的"死角"和料垛之间的紧密排布降低了烟气流速，增加了高温烟气的滞留时间，也将有助于 NO 生成的可逆反应进一步向生成 NO 的方向进行，导致大量 NO 生成。因此，在工业窑炉上采用富氧燃烧技术，排放的氮氧化物总量是成倍增加的。

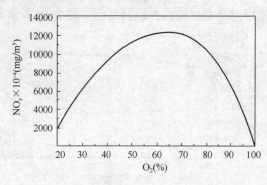

图 5-13　NOx 与氧浓度的关系

　　图 5-13 表示的是 NOx 生成与氧浓度的关系。从图中可以看出，随着氧浓度的增加，NOx 生成量先快速上升，而后快速下降。当氧浓度在 65% 左右时，存在 NOx 生成最大值，因此，并非氧浓度越大越好。

　　（2）富氧燃烧技术对温度的影响

　　火焰温度随着助燃空气中氧浓度的增加而显著上升，之后趋于稳定。图 5-14 是火焰温度与燃烧空气中氧浓度的关系。实验表明，火焰温度随着燃烧空气中氧浓度的增加而快速增加，不过，火焰温度上升到 30% 左右时较为显著，之后趋于稳定，增加氧浓度对其影响不大。实验还表明，过剩空气系数越大，其火焰温度初始点越低；同一过剩空气系数，氧浓度开始增加时，其效果最为明显，而后逐渐趋于稳定。如 $a=1$，当氧浓度在 21%～23% 时，火焰温度增加 200℃；在 23%～25% 时，火焰温度增加 100℃；在 25%～27% 时，火焰温度增加只有 30℃。因此，为了更好地利用富氧燃烧技术，应适当选取过剩空气系数和燃烧空气中的氧浓度，以至达到最佳使用效果。一般认为，过剩空气系数 $a=1.0～1.2$，燃烧空气中的氧浓度则应在 23%～30% 之间，因为这是膜法富氧的最佳浓度范围，超出此范围，虽然火焰温度增加缓慢，但是相应的制氧投资等费用则显著增加。

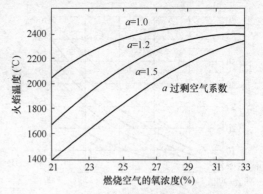

图 5-14　火焰温度与燃烧空气中氧浓度的关系

日本的有关研究也表明，欲使燃料在富氧状态下燃烧，其富氧空气的浓度一般为 30% 左右。过度提高富氧空气中氧的浓度，只不过使火焰温度处于饱和状态，而不会继续使火焰温度提高。因为随着富氧空气中氧浓度的增加，使其火焰温度上升，其速度最快的一段，是发生在富氧空气中氧的浓度刚开始增加的一段时间内。

在实际的加热应用中，只考虑燃烧效率而忽略了传热效果是不合理的。氧浓度的增加，也增加了反应产物 CO_2 和 H_2O 的浓度。CO_2 和 H_2O（蒸汽）三原子气体的辐射力随着温度升高，气体的浓度（或分压）提高和气体层厚度的增加得到加强，提高了热传导率和热容，从而提高了传热能力。还有受热物质（如陶瓷）在高温区主要靠热辐射获得热能，辐射强度与温度的四次方成正比关系。虽然炉膛温度上升不大，但是热辐射强度大幅提升，受热物质更容易获得热量，使得热效率大幅提高，所以提高燃烧温度将会大大增加热传递。例如，某陶瓷厂以焦炉煤气为燃料和分别以 25% 的富氧空气和普通空气为助燃剂，对其产生的成分及其黑度进行了分析比较见表 5-15。表 5-15 说明的是在燃烧火焰温度一定的情况下，富氧空气和普通空气对其所产生成分和黑度的影响关系。从表 5-15 可以看出，在燃烧火焰温度一定的情况下，富氧空气中三原子气体 CO_2、H_2O（蒸汽）在陶瓷窑炉中的成分明显比普通空气多，CO_2、H_2O、N_2 分别比普通空气增长了 25.92%、25.84% 和 −16%；而其相应的黑度增长分别是 CO_2 92%、H_2O 5.3% 和 N_2 0%，其总的黑度增长为 9.6%。从表中 5-15 还可以明显看出，CO_2 的黑度增长远远大于 H_2O 蒸汽的黑度增长，并且是 H_2O（蒸汽）的 17 倍。随着燃烧火焰温度的上升，导致 CO_2 和 H_2O 三原子分子辐射能力增强，以及受热物质陶瓷靠热辐射获得更多热能，使热辐射强度大幅提升，热效率大幅提高。

表 5-15　富氧空气和普通空气对黑度的影响

助燃剂	CO_2	εCO_2	H_2O	εH_2O	N_2	ε
普通空气	8.49	0.008	22.96	0.18	68.55	0.288
富氧空气	11.46	0.1	30.96	0.19	57.58	0.3185
增长率（%）	25.92	92	25.84	5.3	−16	9.6

（3）富氧燃烧技术对节能的影响

一般认为，节能效果与富氧空气中氧浓度的大小成正比，即在同一燃烧温度，氧浓度越大，越有利于燃料充分燃烧，节能效果越明显。事实上，节能效果显著的条件是在氧浓度为 30% 左右，之后氧浓度的增加对节能影响幅度不大。如 1982 年日本研制成功氧气浓度达 40%（体积分数，下同）的富氧空气及有关燃烧的全套技术。实验证明，在一定温度下，23% 富氧空气助燃可节能 10%～25%；25% 富氧空气助燃可节能 20%～40%；27% 富氧空气助燃可节能 30%～50%；大于 30% 富氧空气助燃节能影响幅度不大。图 5-15 呈的是降

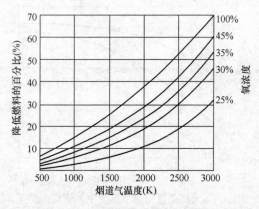

图 5-15　降低燃料的百分比与烟道
气温度和氧浓度关系

低燃料的百分比与烟道气温度和氧浓度关系。实验表明在烟道气温度一定的情况下，降低燃料百分比与氧浓度的增加成正比关系，即氧浓度增加，降低燃料百分比增加。如 25％富氧空气时，降低燃料百分比最为显著为 32％；30％富氧空气时，降低燃料百分比为 47％，后者比前者增长 46.875％。不过，氧浓度在空气中大于 30％时，对于降低燃料百分比并不显著，增长缓慢。在富氧浓度一定时，降低燃料百分比与烟道气温度成正比关系，即烟道气温度越高，降低燃料百分比就越大。如 45％富氧空气在烟道气温度分别为 1000K，2000K 和 3000K

时，其降低燃料百分比分别为 11％、29％和 61％；在降低燃料百分比一定时，氧浓度与烟道气温度成反比关系，即氧浓度越大，其烟道气温度就越低。如降低燃料百分比为 20％时，100％、45％、35％、30％和 25％富氧空气对应的烟道气温度是 1300K、1600K、1850K、2150K 和 2650K。从图中还可以看出，氧浓度相差越大，其降低燃料百分比越明显。

　　（4）富氧燃烧技术对窑炉结构的影响

　　富氧燃烧对窑炉结构产生了很大的影响。图 5-16 是窑炉烧嘴采用富氧燃烧示意图。由于采用了富氧燃烧，火焰结构清晰可见，并且火焰长度明显比较短，其宽度有所增加。在 D. Zhao 的数值研究中也发现随着氧浓度的增加，扩散火焰中两个发热峰之间的区别越来越明显，从而证实了火焰的分层现象也越来越明显。图 5-17 呈现的是最高火焰温度与空气中氧浓度和火焰传播速度的关系。实验表明，尽管烧嘴火焰变短，但是，随着氧浓度的逐渐增加，其最高火焰温度也在逐渐增加，增加到 80％富氧空气时趋于平缓。如 30％富氧空气时的最高火焰温度为 2500K；80％富氧空气时的火焰温度接近 3000K，比前者高出 500K，增长了 20％，之后增长缓慢。而火焰传播速度则从 30％富氧空气的 0.55m/s 增加到 95％富氧空气的 3.24m/s，增长了大约 4.89 倍。从中可以看出，在窑炉中氧浓度的逐渐增加，有利于增加烟气在窑炉中的流通速度，加强烟气与坯体之间换热能力和增加烟气黑度辐射，提高热量利用率，并减少高温烟气的滞留时间，能有效地抑制 NO_x 生成的可逆反应进一步向生成 NO_x 的方向进行，导致大量 NO_x 生成。为了减少 NO_x 的生成量和提高燃烧效率，应该保持料垛之间适当的间距，避免由于料垛之间的紧

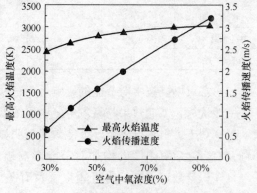

图 5-17　最高火焰温度与空气中氧
浓度和火焰传播速度的关系

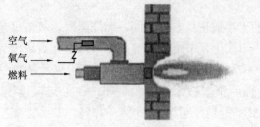

图 5-16　窑炉烧嘴富氧燃烧示意图

密度而降低火焰传播速度所带动的烟气流场的变化，最终影响到温度的均匀性。由于富氧燃烧的采用，势必对烧嘴产生一定的影响。有文献报道，采用富氧燃烧后，火焰的长度将会变短、变急，会造成炉内温度不均匀，影响燃烧效果。为此，必须将烧嘴改装为可调节式的烧嘴，以满足不同富氧程度下的燃烧要求。有文献报道富氧燃烧也有可能导致燃烧出现失控现象，过剩的氧气与燃料相遇，特别是重油类燃料出现雾化效果欠佳时，很有可能出现燃烧失控，造成窑炉烧损加剧现象。

5.4.2　富氧燃烧技术在梭式窑中的应用

在陶瓷生产工艺中，直接对空气产生废气污染的是喷雾塔制粉及陶瓷窑炉燃烧废气，陶瓷窑炉是陶瓷生产过程中的关键设备。能否控制好窑炉燃烧直接关系到产品质量，也影响到周围环境的空气质量。因此，窑炉的燃烧技术已经成为人们普遍关注的话题。富氧燃烧技术具有可以减少二次风的需求量，以至减少烟气的排放量，并可大大增加火焰的温度，提高燃烧效率和热利用率，以及能有效地节约能源消耗等优势。随着近年我国富氧制备技术的发展以及富氧燃烧技术在部分工业炉窑中的成功应用，才得以逐渐向多领域推广。如果富氧燃烧技术在我国陶瓷窑炉中能得到推广，将节约大量的燃料和减少空气污染，具有很重要的意义。而在美国、日本、德国等发达国家已经大量采用此技术，效果显著。本节以梭式窑为研究对象，探讨富氧燃烧技术对陶瓷烧成的影响，并从减少空气污染和节能性来探讨富氧燃烧在梭式窑中应用的可行性。

5.4.2.1　实验方法

（1）实验设备

本实验采用梭式窑作为研究对象，梭式窑内尺寸为长×宽×高＝720mm×510mm×510mm，在整个烧成过程中窑炉只采用两个烧嘴，同时需要工业氧气和液化石油气、鼓风机等，实验流程如图5-18所示。此外还需要一台烟气分析仪用于测量烟气成分。

（2）实验方案的确定

一般在富氧燃烧中，氧浓度都在21％～30％之间，超出此范围，会存在一定的危险性。文献也表明，富氧燃烧技术节能效果最好的是在富氧空气中氧浓度刚开始增加的一段时间里，

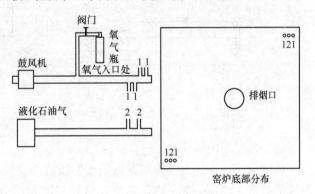

图 5-18　实验流程图

1—空气；2—燃料

因此，选择氧浓度在 21％～30％之间做实验。将分别考察氧浓度为 21％、24％、27％和30％时对窑炉烟气和节能的影响。

（3）升温曲线的确定

为了减少干燥水分、有机物含量及生坯在烧成中因化学成分不同而引起的化学反应热的影响，根据某工厂原烧成工艺要求采用已烧过样品进行第二次烧成，如图5-19所示。

（4）燃料的组成

本实验以液化石油气为燃料，其化学组成成分见表5-16。

199

表 5-16   液化石油气的组成（体积%）

C_3H_8	C_3H_6	C_4H_{10}	C_4H_8	C_5H_{12}	其他
90.7	3.5	3.8	0.1	0.5	1.4

（5）烧嘴的改造

梭式窑原来的烧嘴为自吸式，为了便于富氧燃烧技术的实施，必须将其结构进行改造。改造后的实物图如图 5-20 所示，其改造前后原理如图 5-21，图 5-22 所示。

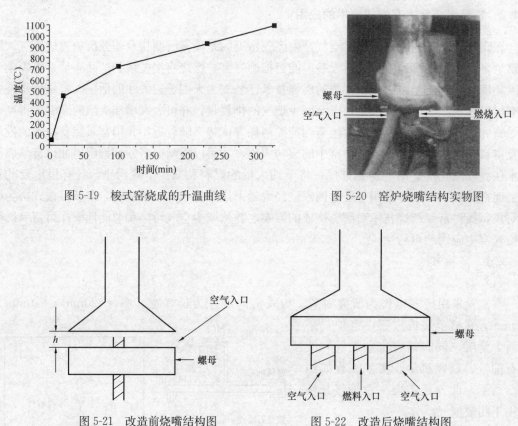

图 5-19 梭式窑烧成的升温曲线   图 5-20   窑炉烧嘴结构实物图

图 5-21 改造前烧嘴结构图   图 5-22   改造后烧嘴结构图

（6）测量系统的改造

原窑只有一支热电偶检测窑内温度并用数字仪表进行温度数字显示，为了全面了解窑内温度的分布，增加了五个测温系统，分布如图 5-23 所示。依次分布是：①排烟管处；②远离烧嘴处；③窑内中间处；④烧嘴处；⑤窑内上层。

5.4.2.2 实验结果与分析

（1）富氧燃烧对 CO 和 NO 的影响

从图 5-24 可以看出，燃烧过程中，CO 平均浓度在 700℃前都比较稳定，之后除了在含 21%氧气条件下所产生的 CO 平均浓度有快速增加的趋势外，其余三种条件下所产生的 CO 量都是先升后降。产生原因是，200～600℃为快速升温区，之后升温速率逐渐减缓，以至于升温速率相对升温曲线而言偏低，因此，在窑内温度快达到 700℃时为了加快升温而增加燃料量，以提高升温速率。而在 700℃时通过实测进入窑内空气在含 21%氧气、24%氧气、27%氧气和 30%氧气情况下各对应的窑内实际的氧浓度分别为 13.8%、20.9%、19.3%和

19.8％。当窑内燃料量突然增加期间，势必造成氧气瞬时不足，会产生大量的 CO。随着燃烧反应的进行，燃料与窑内氧气逐渐混合均匀，燃烧比较完全以至于 CO 逐渐减少。含 21％氧气时所产生的 CO 则快速增加，原因是其所对应的窑内氧浓度为 13.8％，属于贫氧条件，以至于燃料一直没有足够的氧气使其得到充分燃烧，造成 CO 浓度继续不断地增加。

从图 5-25 可以看出，在含 21％氧气条件下所产生的 NO 平均浓度比其他条件下氧浓度多，并呈波浪上升趋势，而其他条件下氧浓度所产生的 NO 平均浓度则是存在小的波峰。即是说，富氧对 NO 平均浓度的减少有明显的效果。采用富氧燃烧后，NO 平均浓度减少是由于在富氧状态下，燃料有机会尽可能地完全燃

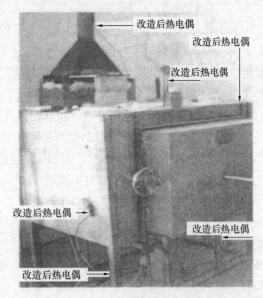

图 5-23　窑炉热电偶分布图

烧，同时也易形成窑内的局部高温点（区），从而会产生少量的热力型 NO_x。燃料在燃烧过程中，由于燃料所产生的大量 HCN 和 NH_3 等中间产物，较易被火焰中大量的活性氧等自由基所氧化为 NO，形成燃料型 NO。由于燃料中氮含量很少，因此主要形成的 NO 来源于空气中的氮成分。在空气中，氧浓度比率上升，氮气比重下降，或多或少也影响到空气中的氮与活性氧的结合。当氮和碳氢化合物共同竞争大量活性氧自由基时，大量活性氧自由基先与碳氢化合物反应，而后才与氮反应。

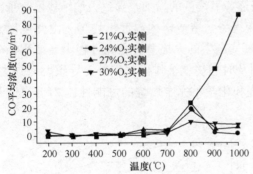

图 5-24　CO 平均浓度与温度和氧浓度的关系

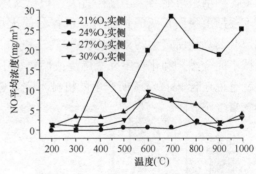

图 5-25　NO 总浓度与温度的关系

表 5-17 为实测氧浓度与 CO 和 NO 总浓度的关系，从表可以看出，采用 24％氧气浓度条件下燃烧，所产生的 CO 总浓度最低。21％、27％和 30％所产生的 CO 总浓度分别是 24％的 5.17 倍、1.04 倍和 1.16 倍。而含 27％和 30％氧气条件下产生的 NO 总浓度比 24％氧气高，原因可能在于多余的氧气分别与空气中的 N_2 在高温下反应，生成热力型 NO_x。

表 5-17　氧浓度与 CO 和 NO 总浓度的关系

氧浓度	21％	24％	27％	30％
CO 总浓度（mg/m³）	164.395	31.77	33.1	36.737
NO 总浓度（mg/m³）	135.245	5.62	30.1195	40.535

（2）富氧燃烧对节能的影响

为了考察富氧燃烧技术在不同氧浓度下的节能效果，分析其节能效果规律，分别做了四次实验。实验结果表明，采用富氧燃烧后，节能效果明显，如图 5-26 所示。在采用相同升温曲线条件下（即烟气分析仪所测得温度达到 1100℃时），实测得空气中含 24％氧气、27％氧气和 30％氧气比含 21％氧气条件下节约了 0.75kg，0.62kg 和 0.36kg 燃料（也即节约了 7.24％，5.98％和 3.47％燃料），这只是计算燃料的消耗量，还没有包括废气带走的热量及窑壁因升温快慢而散失的热量。燃料的减少主要原因是燃料在富氧中燃烧时有充足的氧气使之较完全燃烧，产生的热量继续维持现有温度或使温度升温；而在含 21％氧的空气中燃烧时，燃料燃烧不均匀，容易产生局部温差，直接影响燃料的燃烧效果，或者燃料不足或者燃料过量，造成燃料浪费。

一般认为，节能效果与空气中氧浓度的大小成正比，即在同一燃烧温度下，氧浓度越大，越有利于燃料充分燃烧，节能效果越明显。事实上并非如此，如图 5-26 所示。氧浓度初始段节能效果显著，如 24％条件下之后节能效果不明显。这与 1982 日本在这方面所做的大量实验结果相一致，只是节能幅度不同。之所以会出现初始段节能效果显著，之后节能效果不明显的结果，并且节能幅度不同，其原因有很多。其中最主要的原因是窑内燃料是否有充足氧气使之完全燃烧。从图 5-27 可以看出，在相同的升温曲线情况下，窑内平均氧浓度含量在各个温度段都不同。如图 21％氧气在整个升温过程中，窑内平均氧浓度是逐渐下降的，没有足够的氧气使得燃料完全燃烧，以至没有完全燃烧的燃料会随同烟气一同排出窑炉体外，造成燃料大量浪费。而 24％氧气、27％氧气和 30％氧气的窑内平均氧浓度相比，24％氧气在整个升温过程中，窑内平均氧浓度都在 21％左右，因此可以说明相对其他氧浓度而言，24％氧气与燃料燃烧效率最高，其次是 27％氧气，最后才是 30％氧气。之所以会产生这种结果可能与火焰结构有关。根据文献报道，氧浓度的增加，导致火焰结构发生了变化，逐渐由窄而长变成宽而短，也容易使火焰变得急，造成窑内温度不均匀。由此可以判定，30％氧气所产生的火焰比 24％氧气和 27％氧气产生的火焰急。燃烧过程中会产生部分机械不完全燃烧和化学不完全燃烧或燃料得不到及时燃烧就被排出窑炉外，导致燃料损失。也就是说在含 24％氧气所产生的机械不完全燃烧和化学不完全燃烧的可能性比 27％氧气和 30％氧气小。

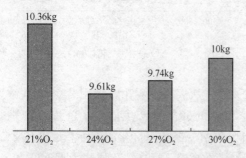

图 5-26　燃料消耗量与氧浓度的关系

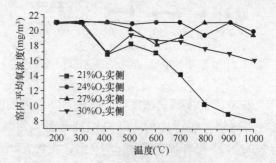

图 5-27　窑内平均氧浓度与温度的关系

（3）富氧燃烧对窑炉烟气的影响

图 5-28 显示在同一升温曲线下，烟气量的总和与氧浓度的变化关系。从图 5-28 中可以看出，随着氧浓度的逐渐增加，烟气量逐渐减少，并存在一个最小值。

当 $a > 1$ 时，

$$V = V^0 + (a-1)V_a^0 \tag{5-5}$$

式中　V^0——理论烟气量；

　　　V_a^0——理论空气量；

　　　a——过剩空气系数。

理论空气量公式为式（5-6）：

$$V_a^0 = 0.0238(CO+H_2) + 0.0952CH_4 + 0.0476(m+n/4)$$
$$C_mH_n + 0.0714H_2S - 0.0476O_2 \tag{5-6}$$

式中　CO、H_2、CH_4、C_mH_n、H_2S、O_2——燃料中各组成的百分含量。

由于燃料成分已确定，因此，理论空气量也随之确定。经计算 $V_a^0 = 23.73\,m^3/m^3$ 燃料。

理论烟气量：

$$V^0 = [CO_2+CO+H_2+H_2O+3CH_4+(m+n/2)C_mH_n+2H_2S+N_2+SO_2]\times1100+$$
$$V_{O_2}^0\times(100-x)/x \tag{5-7}$$

$$V_a^0 = [0.5CO+0.5H_2+2CH_4+(m+n/2)C_mH_n+1.5H_2S-O_2]\times1/100 \tag{5-8}$$

式中　x——氧浓度（在公式中 x 分别取 21、24、27、30）。

将燃料成分数据代入并整理得：

$$V^0 = 6.964 + 4.9855\times(100-x)/x \tag{5-9}$$

实际烟气量：

$$V = V^0 + (a-1)V_a^0 \tag{5-10}$$

整理得：

$$V = 498.55x + 23.73a - 21.7515 \tag{5-11}$$

由公式（5-11）可知，实际烟气量与氧浓度成反比，与过剩空气系数成正比。由此可知，氧浓度逐渐增加，将导致实际烟气量减少。由于 21％氧气、24％氧气、27％氧气和 30％氧气之间的差值是固定的，而且差值比对应的过剩空气系数（1.2、1.15、1.13 和 1.15）之间的差值大，因此，氧浓度比过剩空气系数对实际烟气量更具有影响。经计算，得出实际烟气量分别为 30.47m^3/m^3 燃料、26.31m^3/m^3 燃料、23.53m^3/m^3 燃料、22.16m^3/m^3 燃料。而实测烟气量却是

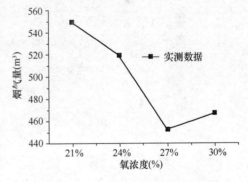

图 5-28　总烟气量与氧浓度的变化

先降后升，与计算出来的实际烟气量逐渐减少不一致（图 5-28）。这说明含 30％氧气得不到完全燃烧，或许是因为机械不完全燃烧和化学不完全燃烧或燃料来不及燃烧就被排出窑炉体外引起的。由图中还可以看出，24％、27％和 30％氧浓度所产生的烟气量分别比 21％氧气浓度条件下减少 5.88％、18.59％和 15.01％。

5.4.2.3　结论

（1）根据相同的升温曲线，随着氧浓度的逐渐增加，CO 总浓度和 NO 总浓度都先明显下降，后缓慢上升，说明存在一个最佳值可以明显减少烟气中的有害气体成分 NO_x 和 CO。

（2）采用富氧燃烧技术，可以起到节能降耗作用，实验结果表明，在相同的操作条件

下，节能效果在氧浓度为 24%～27%较为明显，而在 30%效果不明显，说明并非氧浓度越大，节能效果越明显。

（3）在同一升温曲线下，实际烟气量与氧浓度成反比，与过剩空气系数成正比。

参考文献

[1] 李萍，曾令可，吴波，等．几种燃气的理论计算分析[J]．工业炉，2011，33(2)：31-33.

[2] 秦朝葵，吴念劬，章成骏．燃气节能技术[M]．上海：同济大学出版社，1998.

[3] 伊赫桑·巴伦．程乃良，牛四通，等(译)．纯物质热化学数据手册[M]．第一版．科学出版社，2003.

[4] 韩昭沧，郭伯伟．燃料及燃烧[M]．第二版．北京：冶金工业出版社，2005.

[5] 林衡，饶平根，吕明．日用陶瓷低温快烧技术的发展现状[J]．佛山陶瓷，2008，18(9)：39-42.

[6] 广东四通集团有限公司，广东省枫溪陶瓷工业研究所．日用细瓷低温快烧工艺[J]．科技成果，2004.

[7] 佛山石湾鹰牌陶瓷有限公司．超低温薄体快烧玻化砖生产技术．科技成果，2015.

[8] 龚晖．陶瓷窑炉余热利用的高温空气燃烧技术研究[D]．广州：华南理工大学，2009.

[9] 中国轻工业陶瓷研究所．高温空气燃烧技术在陶瓷梭式窑上的应用研究．科技成果，2015.

[10] 北京神雾热能技术有限公司．高效节能低污染高温空气燃烧系统．科技成果，2005.

[11] 邓伟强．富氧燃烧技术在陶瓷窑炉中的应用及数值模拟[D]．广州：华南理工大学，2007.

第6章 陶瓷窑炉的控制技术

6.1 陶瓷窑炉监控传感器

6.1.1 温度及温度传感器

温度作为国际单位制的七个基本量之一，是陶瓷窑炉需要控制的最主要的参数。温度传感器是指能感受温度并转换成可用输出信号的传感器，是使用范围最广、数量最多的传感器，在日常生活、工业生产等领域扮演着十分重要的角色。从17世纪温度传感器首次应用以来，依次诞生了接触式温度传感器、非接触式温度传感器、集成温度传感器。近年来在半导体技术的支持下，相继开发了半导体热电偶传感器、PN结温度传感器和集成温度传感器，在材料技术的支持下，陶瓷、有机、纳米等新材料用于温度传感器中可以使温度的测量和控制更加科学和精确，智能温度传感器得到迅速发展。由于智能温度传感器的软件和硬件的合理配合既可以大大增强传感器的功能、提高传感器的精度，又可以使温度传感器的结构更为简单和紧凑，使用更加方便，因此智能温度传感器是当今的一个研究热点。微处理器的引入，使得温度信号的采集、记忆、存储、综合、处理与控制一体化，使温度传感器向智能化方向发展。

温度传感器按测量方式可分为接触式和非接触式两大类，按照传感器材料及电子元件特性分为热电阻和热电偶两类。总体可分为热电偶、热敏电阻、电阻温度检测器（RTD）和IC温度传感器，IC温度传感器又包括模拟输出和数字输出两种类型。

6.1.1.1 根据测量方式分类

1. 接触式温度传感器

接触式温度传感器的测温元件与被测对象要有良好的热接触，又称温度计。通过热传导及对流原理达到热平衡，这时的示值即被测对象的温度。这种测温方法精度比较高，并可测量物体内部的温度分布。但对于运动的、热容量比较小的及对感温元件有腐蚀作用的对象，这种方法将会产生很大的误差。

常用的接触式温度计有双金属温度计、玻璃液体温度计、压力式温度计、电阻温度计、热敏电阻和温差电偶等。它们广泛应用于工业、农业、商业等部门。在日常生活中人们也常常使用这些温度计。随着低温技术在国防工程、空间技术、冶金、电子、食品、医药和石油化工等部门的广泛应用和超导技术的研究，测量120K以下温度的低温温度计得到了发展，如低温气体温度计、蒸汽压温度计、声学温度计、顺磁盐温度计、量子温度计、低温热电阻和低温温差电偶等。低温温度计要求感温元件体积小、准确度高、复现性和稳定性好。利用多孔高硅氧玻璃渗碳烧结而成的渗碳玻璃热电阻就是低温温度计的一种感温元件，可用于测量1.6～300K范围内的温度。

2. 非接触式温度传感器

非接触式温度传感器的敏感元件与被测对象互不接触，又称非接触式测温仪表。这种仪表可用来测量运动物体、小目标和热容量小或温度变化迅速的对象的表面温度，也可用于测量温度场的温度分布，但受环境的影响比较大。最常用的非接触式测温仪表基于黑体辐射的基本定律，称为辐射测温仪表。非接触温度传感器的测量上限不受感温元件耐温程度的限制，因而对最高可测温度原则上没有限制。对于1800℃以上的高温，主要采用非接触测温方法。随着红外技术的发展，辐射测温逐渐由可见光向红外线扩展，700℃以下直至常温都已采用，且分辨率很高。

辐射测温法包括亮度法（光学高温计）、辐射法（辐射高温计）和比色法（比色温度计）。各类辐射测温方法只能测出对应的光度温度、辐射温度或比色温度。只有对黑体（吸收全部辐射并不反射光的物体）所测温度才是真实温度。如欲测定物体的真实温度，则必须进行材料表面发射率的修正。而材料表面发射率不仅取决于温度和波长，而且还与表面状态、涂膜和微观组织等有关，因此很难精确测量。在自动化生产中往往需要利用辐射测温法来测量或控制某些物体的表面温度，如冶金中的钢带轧制温度、轧辊温度、锻件温度和各种熔融金属在冶炼炉或坩埚中的温度。在这些具体情况下，物体表面发射率的测量是相当困难的。对于固体表面温度自动测量和控制，可以采用附加的反射镜使与被测表面一起组成黑体空腔。附加辐射的影响能提高被测表面的有效辐射和有效发射系数。利用有效发射系数通过仪表对实测温度进行相应的修正，最终可得到被测表面的真实温度。最为典型的附加反射镜是半球反射镜。球中心附近被测表面的漫射辐射能受半球镜反射回到表面而形成附加辐射，从而提高有效发射系数。至于气体和液体介质真实温度的辐射测量，则可以用插入耐热材料管至一定深度以形成黑体空腔的方法。通过计算求出与介质达到热平衡后的圆筒空腔的有效发射系数。在自动测量和控制中就可以用此值对所测腔底温度，即介质温度，进行修正而得到介质的真实温度。

6.1.1.2　按照传感器材料及电子元件特性分类

1. 热电阻传感器

其工作原理是金属随着温度变化，电阻值也发生变化。对于不同金属来说，温度每变化一摄氏度，电阻值变化是不同的，而电阻值又可以直接作为输出信号。电阻的变化有正温度系数和负温度系数两种类型。

2. 热电偶传感器

热电偶是传统的分立式传感器，是工业测量中应用最广泛的一种温度传感器，其工作原理是根据物理学中的塞贝克效应，即在两种金属的导线构成的回路中，若其接点保持不同的温度，则在回路中产生与此温差相对应的电动势，热电偶的结构简单、使用温度范围广、响应快、测量准确、复现性好，使用细偶丝还可测微区温度，并且无需电源。它与被测对象直接接触，不受中间介质的影响，具有较高的精确度，测量范围广，可从−50～1600℃进行连续测量，特殊的热电偶，如金铁-镍铬，最低可测−269℃，钨-铼最高可达2800℃。热电偶由两个不同材料的金属线组成，在末端焊接在一起。再测出不加热部位的环境温度，就可以准确知道加热点的温度。由于它必须有两种不同材质的导体，所以称之为热电偶。不同材质做出的热电偶使用于不同的温度范围，它们的灵敏度也各不相同。热电偶的灵敏度是指加热点温度变化1℃时，输出电位差的变化量。对于大多数金属材料支撑的热电偶而言，这个数值大约在$540\mu V/℃$之间。由于热电偶温度传感器的灵敏度与材料的粗细无关，用非常细的材料也能够做成温度传感器。也由于制作热电偶的金属材料具有很好的延展性，这种细微的测温元件有极高的响应速度，可以测量快速变化的过程。

6.1.1.3　按讯号输出方式分类

1. 模拟温度传感器

模拟温度传感器有多种输出形式（绝对温度、摄氏温度和华氏温度）以及电压偏移值。后者让组件在使用单电源的情形下就能对负温度值进行监测。模拟温度传感器的输出还可以送到比较器来产生超温指示信号，或直接送到模拟数字转换器的输入，用来显示实时温度数据。模拟温度传感器适合需要低成本、小体积和低功耗的应用。

2. 数字温度传感器

对于更紧密控制能力、更高精度和更大分辨率的需求带动了数字温度传感器的发展。被测温度信号从敏感元件接收的非电量到转换为微处理器可处理的数字信号，环节较多，而且模拟信号在长距离传输的过程中，受到的干扰较多，误差较大。因此，从非电量转换成数字信号，一般将其处理过程集在单片 IC 器件体内部，这样就形成了功能强大、精确的数字传感器。数字式传感器与模拟传感器相比，由于采取高集成度设计和数字化处理，在可靠性、抗干扰能力以及器件微小化方面都有明显的优点，但受半导体器件本身限制，数字式传感器还存在以下不够理想的地方：

（1）数字式传感器测量的是其自身管芯的温度，并且管芯温度接近于引线温度，所以每个传感器必须安置在与被监视环境有良好热耦合的位置。实际应用时会出现传感器所测温度值小于环境温度，需要加修正值。

（2）数字式传感器对温度转换为数字量的时间都较长。

（3）测温范围不宽，均在 $-55 \sim 125℃$。

（4）数字式传感器的传递函数存在一定的非线性，可由软件校正，不过数字式传感器最好在常温下应用，超过常温范围它的误差较大。所以数字式传感器目前还不适用于对温度变化敏感、环境恶劣的行业。

（5）数字式传感器的价格比模拟传感器的高，做大范围推广应用时有一定的难度。

6.1.2　压力及压力测量

压力是指均匀垂直作用于单位面积上的力，也可把它叫作压力强度，或简称压强。国际单位制（SI）用帕斯卡作为通用的压力单位，以 Pa 或帕表示。当作用于 $1m^2$ 面积上的力为 1N 时就是 1Pa。压力是用来描述体系状态的一个重要参数。许多物理、化学性质，例如熔点、沸点、蒸气压几乎都与压力有关。压力可以影响陶瓷窑内空气的流动和烧成气氛，同时压力还能影响温度，从而影响烧成。在化学热力学和化学动力学研究中，压力也是一个很重要的因素。因此，压力的测量具有重要的意义。

就物理化学实验来说，压力的应用范围高至气体钢瓶的压力，低至真空系统的真空度。压力通常可分为高压、中压、常压和负压。压力范围不同，测量方法不一样，精确度要求不同，所使用的单位也各有不同的传统习惯。例如，1atm 可以定义为：在 0℃、重力加速度等于 9.80665 时，760mm 高的汞柱垂直作用于底面积上的压力。此时汞的密度为 13.5951g/cm^3。因此，1atm 又等于 $1.03323kg/cm^2$。相关压力单位之间的换算关系如下：

$1kg/cm^2 = 9.800665 \times 10^4 Pa$

$1atm = 1.01325 \times 10^5 Pa$

$1bar＝1×10^5Pa$

$1mmHg＝133.3224Pa$

$1psi≈6894.76Pa$

除了所用单位不同之外，压力还可用绝对压力、表压和真空度来表示。在压力高于大气压的时候：

绝对压＝大气压＋表压 　　或　　 表压＝绝对压－大气压

在压力低于大气压的时候：

绝对压＝大气压－真空度 　　或　　 真空度＝大气压－绝对压

目前，压力测量的方法很多，按照信号转换原理的不同，一般可分为四类：

1. 液柱式压力测量

该方法是根据流体静力学原理，把被测压力转换成液柱高度差进行测量。一般采用充有水或水银等液体的玻璃 U 形管或单管进行小压力、负压和差压的测量。

2. 弹性式压力测量

该方法是根据弹性元件受力变形的原理，将被测压力转换成弹性元件的位移或力进行测量。常用的弹性元件有弹簧管、弹性膜片和波纹管。

3. 电气式压力测量

该方法是利用敏感元件将被测压力直接转换成各种电量进行测量，如电阻、电容量、电流及电压等。其主要有以下两种测量方法：

（1）电容式压力测量

电容式压力测量的原理是把被测压力信号变化转换成电容量的变化，目前广泛采用的是以测压弹性膜片作为可变电容器的动极板，它与固定极板之间形成一个可变电容器。被测压力作用于弹性膜片上，当被测压力变化，弹性膜片产生位移，使电容器的可动极板与固定极板之间的距离改变，从而改变电容器的电容值，通过测量电容的变化量可间接获得被测压力的大小。

由于电容式压力测量的范围宽、准确度高、灵敏度高、过载能力强，尤其适应测高静压下的微小差压变化。

（2）压电式压力测量

压电式压力测量的原理是利用压电材料的压电效应，即压电材料受压时会在其表面产生电荷，其电荷量与所受压力成正比。

为了适应各种不同要求的使用场所，压电式压力传感器的结构很多，但其工作原理都相同，下面以图 6-1 所示结构形式的压电式压力传感器为例作一简单介绍。

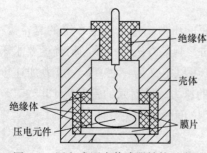

图 6-1　压电式压力传感器结构示意图

压电元件被夹在两块弹性膜片之间，当被侧压力 P_x 作用于弹性膜片时，压电元件的上、下表面产生电荷，电荷量与压力 P_x 成正比，即 $q_x＝KAP_x$，压电传感器输出的电荷与被测压力 P_x 成正比，然后将产生的电荷由引线插件输出给电荷或电压放大器，转换成电压或电流输出。由于压电材料上产生的电荷量非常小，属于皮库仑数量级，因此需要增加高阻抗的直流放大器（电荷或电压放大器），放大传感器输出的微弱电信号，并将传感器的高阻抗输入变换成低阻抗输出，提高测量精度。

由于外力作用而在压电材料上产生的电荷只有在无泄漏的情况下才能够长期保存，因此需要相应的测量电路具有无限大的输入阻抗，而实际上这是不可能的，所以压电式压力传感器不宜做静态测量，只有在其上施加交变力，电荷才能够不断得到补充，可以供给测量电路一定的电流，故压电式压力传感器只适宜做动态测量。

压电式压力传感器的特点是：结构简单、紧凑，小巧轻便，工作可靠，具有线性度好、频率响应高、量程范围大等优点。

4. 活塞式压力测量

该方法是根据液压机液体传送压力的原理，将被测压力转换成活塞面积上所加平衡砝码的重力进行测量。它普遍被用作标准仪器对压力测量仪表进行检定，如压力校验台。

在工业生产过程中，常使用弹性式压力仪表进行就地显示，使用电气式压力仪表进行压力信号的远程传输。

6.1.3　燃气流量计

目前，陶瓷窑炉所使用的燃气主要是煤气和天然气。真实可靠地对能源进行计量是每一个耗能企业都要研究的课题。只有将能源计量工作搞好了，能源管理才能科学、有序、可持续性的发展。煤气流量的检测是陶瓷厂能源计量工作的重点。陶瓷厂使用的煤气主要是发生炉煤气。常用的测量仪表主要有孔板式流量计、靶式流量计及毕托巴差压式流量计。

6.1.3.1　孔板式流量计

孔板式流量计是一种节流式流量计，其利用流体经过节流件装置产生压力差的原理，实现流量的测量。孔板式流量计由四部分组成：节流装置、差压变送器、显示仪及信号管路。其优点是：节流装置采用标准节流件，有国际标准组织的认可，我国于 1981 年出版了流量测量节流装置的国家标准 GB2624，因此无需实流校准，即可投用，在流量传感器中也是唯一的；其结构简单、牢固、性能稳定、价格低廉；可以测量包括全部单相流体（液、气、蒸汽）、部分混相流；差压显示仪表可供选择型号多，生产厂家多，因此日后维护也较方便。

由于其为节流式流量计，对其节流件造成较大压损，取压孔较小，孔径一般在 3mm，当煤气中杂质较多时易发生取压孔堵塞，压力差发生改变，影响测量精度；孔板式流量计安装时需要截断管道，费时费力，孔板密封垫易发生泄漏，计量可靠性降低。

6.1.3.2　靶式流量计

靶式流量计具有结构简单牢固、安装维护方便、不易堵塞、可以测量含有固体颗粒的浆液以及低雷诺数流量等优点。较孔板式流量计，靶式流量计的压力损失较低，约为标准孔板的一半，因此经济效益较孔板式流量计好。在日常仪表维护校验时，它可采取干式校验（如挂重法），给用户周期校验带来方便，同时保证仪表的测量准确性。由于靶式流量计的靶片及靶杆有自重，安装好后必须重新设置零点；精度不是很高，一般作为过程控制类计量仪表，贸易类结算慎用；不适合流体开关非常频繁的工况，持续工作的情况下应用较好；量程窄，一般仪表均为 10∶1 的范围度。

6.1.3.3　毕托巴差压式流量计

毕托巴差压式流量计是一种新型的差压式流量计，它是由传感器、差压变送器、二次仪表等组成。一次元件智能探针材质选用 1Cr18Ni9Ti 不锈钢（根据不同介质选用特种钢），可耐介质最高温度 650℃，介质最高压力 32MPa。因探针构造简单结构，在导压管内介质不流动，杂物不容易进入导压管，较孔板入流量计不易发生阻塞现象，能长时间保持测量精度。精度等级达到 0.2 级、量程比 30：1；介质管道界面适应度高，安装简便，可进行在线安装；传感器运行可靠；一次测量元件毕托巴传感器本身无需维护，只需按计量器具定期检定要求对差压变送器进行零点和满度的校验以及二次表输入相应的 4～20mA 标准电流信号进行校验。

毕托巴差压式流量计是一种测介质管道中心流速的皮托管原理的流量计，其前身是清华大学教授徐向东发明的智能探针式流量计。采用很早就广泛应用在航天航空业中的皮托管原理，通过获取管道中心流体流速，再换算成流体体积流量与质量流量的差压。在实际工作中，需要将毕托巴差压式流量计的探针插入管道中心，总压孔对正流体的来流方向，静压孔对正流体的去流方向，总压与静压之差即为管道中心的实测差压，再由该探针的风洞标定曲线拟合出该点的标准差压，根据标准差压来计算流体的流量。在温度压力波动较大的场合，同时还需用压力变送器测出流体压力，用热电阻温度计（pt100）测出流体温度，把标准差压信号、压力信号、温度信号同时引入流量积算仪或直接接入 DCS 系统，对流体进行压力、温度补偿，以保证测量精度。最后通过流量积算仪或 DCS 系统显示出瞬时流量、累积流量、流体温度、压力等参数。相较于其他类型的流量计，其优势较为明显，其成功在于逐台检定，分段修正，以及来自清华大学多年积累的庞大数据库，使毕托巴差压式流量计能够适应不同介质的测量，应用范围广阔；相较于其他流量计，其在煤气测量领域具有强大的优势，很好地解决了不同行业不同介质的计量难题，为企业实现能源管理科学化提供了强大保证。

6.1.4　氧传感器

氧不仅与人的生存息息相关，而且也是与化学、生化反应与物理现象关系最密切的一种化学元素。无论是在工业、农业、能源、交通、医疗、生态环境等各个方面，还是在日常生活中，氧是需要控制与测量最多的一种物质元素。近年来，随着城市汽车拥有量大大增加，未达排放标准汽车的废气污染已成为城市环保的一大公害。在大城市中，汽车排放一氧化碳对空气污染的分担率达到 80%，氮氧化合物达到 40%。降低汽车废气排放是城市环保的首要任务，而控制发动机的空燃比已成为降低汽车废气排放的有效手段。

6.1.4.1　氧化物半导体型氧传感器

氧化物半导体型氧传感器的工作原理，是基于外界大气中氧分压的变化会引起氧化物半导体表面的氧化或还原而引起氧化物半导体电阻的变化。氧化物半导体型氧传感器可根据其结构分为：烧结体型、薄膜型、厚膜型。能用于制造氧化物半导体型氧传感器的材料很多，其结构也有所不同，见表 6-1。其中，TiO_2 是一种典型的氧化物半导体型氧传感器材料。TiO_2 还可作为多种传感器材料，不仅可以用于湿敏元件和压敏元件，也可用于检测多种气体，如 H_2、CO 等可燃气体和 O_2。

表 6-1　氧化物半导体型氧传感器类型

材料	样式	特征
TiO_2	陶瓷型	已应用
	厚膜型	响应速度快

续表

材料	样式	特征
Nb$_2$O$_5$	薄膜型	响应迅速非常快
	陶瓷型	—
CoO	薄膜型	温度范围广
SrMg$_r$Ti$_{1-r}$O$_3$	陶瓷型	实际应用
SrTiO$_3$	陶瓷型	电流型
(MgCoNi) O	薄膜型	溅射法
	厚膜型	—

6.1.4.2　浓差电池型氧传感器

　　浓差电池型氧传感器是基于固体电解质两边氧分压的差异而产生浓差电势，其基本结构如图 6-2 所示，浓差电势大小利用能斯脱公式 (6-1) 可得：

$$E = \frac{RT}{4F} \cdot \ln \frac{P_{O_2}(\mathrm{I})}{P_{O_2}(\mathrm{II})} \qquad (6\text{-}1)$$

式中　　E——传感器浓差电势，V；

　　　　R——气体常数，8.314J/(mol·K)；

　　　　T——工作温度，℃；

　　　　F——法拉第常数，96485J/(mol·V)；

$P_{O_2}(\mathrm{I})$——气体参比氧分压值，Pa；

$P_{O_2}(\mathrm{II})$——气体被测氧分压值，Pa。

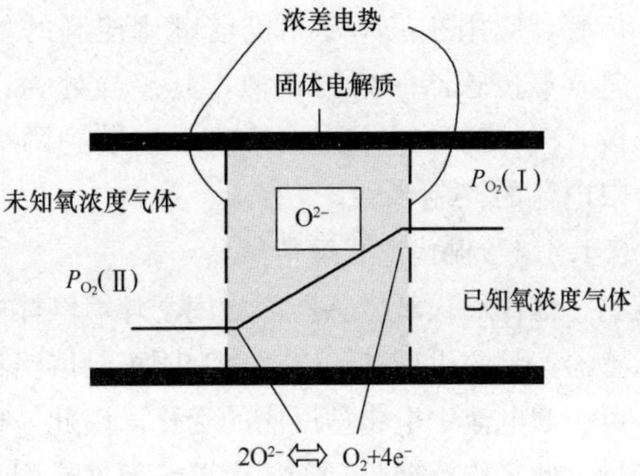

　　若参比气体为空气（即氧分压为已知），工作温度 $T = 700℃$ 时，$E = 42.261 \cdot \lg \dfrac{20.6}{P_{O_2}(\mathrm{II})}$。

图 6-2　浓差电池型氧传感器的基本结构

　　浓差式 ZrO$_2$ 氧传感器是比较成熟的产品，已被广泛应用于许多领域，特别是汽车发动机的空燃比控制方面。对于汽车用浓差式 ZrO$_2$ 氧传感器，其结构一般由产生浓差电势 ZrO$_2$ 电解质管、内外电极层以及防止 ZrO$_2$ 管损坏的不锈钢套筒组成。ZrO$_2$ 管的内外表面均涂覆一层金属铂，铂既可以作为电极又具有催化作用。

6.1.4.3　极限型氧传感器

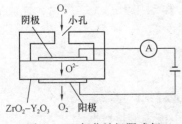

图 6-3　二氧化锆极限式氧传感器的结构示意

　　二氧化锆极限式氧传感器是典型的极限型传感器，这是近年来研究开发很活跃的一种新型氧传感器，其结构和特性如图 6-3 所示。这种传感器是在 ZrO$_2$ 固体电解质施加适当电压时，与待测气体有小孔相连的小室内氧形成的氧离子（O^{2-}）被抽到另一侧，这时在电极电路中有电流通过。增大电压流经回路的电流随之增大，待电压超过某一数值时，电流不再增大而达到极限值，该极限电流大小与继续增加的电压无关，而与被测环境中氧分压成正比，且

该极限电流值 I_L 完全决定于氧向小室扩散的速率，并由式（6-2）决定。

$$I_L = -\frac{4FSD_{O_2}}{RTL} \cdot P_{O_2} \tag{6-2}$$

式中　　D_{O_2}——氧气的扩散系数；

　　　　R——气体常数，8.314J/（mol·K）；

　　　　S——小孔截面积，mm^2；

　　　　L——小孔长度，mm；

　　　　P_{O_2}——待测氧分压，Pa；

　　　　T——工作温度，℃。

由式（6-2）可看出极限电流值的大小很好地反映了氧分压的大小。氧化锆极限式氧传感器应用在汽车发动机空燃比控制的稀薄燃烧系统中已见报道。它的结构和氧化锆浓差式氧传感器的结构相似，其差异处为：用一带孔的陶瓷帽（扩散障）罩住泵电池的阴极，气体需通过小孔从环境中扩散到阴极，由于空隙足够小，氧气在孔中的扩散成为极限电流的控制步骤。

6.1.4.4　伽伐尼式氧传感器

伽伐尼式氧传感器广泛用于环境气体中氧含量的检测。目前使用最广泛的伽伐尼式氧传感器产品的机理是：以银作为阴极，以铅作为阳极，采用碱性电解液，当氧浓度发生变化时可引起电池中电化学反应的变化。因此，根据电化学反应电流的变化，即可实现氧浓度的测量。此氧传感器具有工艺简单、便携易用和适于常温条件下使用等特点。

6.2　陶瓷辊道窑控制系统设计

本节主要介绍陶瓷辊道窑智能控制系统设计的具体功能和使用。该系统可以与中控室的上位机对接，实现远程信息化管理。

6.2.1　系统功能简介

陶瓷辊道窑智能控制系统包括主画面、报警记录、历史报表、空窑记录、产量记录、通信检测、产量报表、参数设置、系统参数等模块，具有的主要功能如下：

（1）显示窑炉工作设定温度和温度曲线。

（2）显示动态温度、执行器开度、窑炉故障智能诊断、温度报警，并有温度报警记录。

（3）设定温控表的 PID 参数，并有系统密码保护。

（4）显示动态窑炉全画面的流程图，显示温度、燃气、传动压力开关、风机、烧成周期，并作记录。

（5）显示动态走砖空窑的情况，并记录空窑时间。

（6）产品试烧跟踪。

（7）分别显示时产量、日产量、月产量、年产量，并记录详细产量数据。

（8）显示燃气消耗量、电量、各风机电流、各传动电机电流等能耗数据。

运行系统后将进入主画面，如图 6-4 所示，本文将具体介绍系统的功能使用。

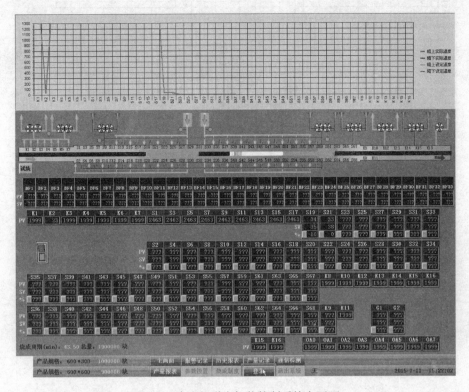

图 6-4 陶瓷辊道窑智能控制系统主画面

6.2.2 主画面

在主画面的最上方用不同的颜色显示了辊道窑各区辊上和辊下的实际温度曲线和设定温度曲线。在该控件下方，动态显示了窑炉全画面的流程图，包括风机状态、压力开关、燃气阀门、产品试烧跟踪、入砖监测、动态走砖空窑状态、出砖计数等。第三行，动态显示了各传动变频器和风机变频器的运行状态，包括运行频率、设定频率和正反转状态等。第四行，动态显示了各温控表动态温度、设定温度、执行器开度、温度报警等。在主画面中还显示了烧成周期、各种产品产量计数和最新报警等。

点击"登录"，将弹出登录窗口，如图 6-5 所示，用户名可以是系统管理员或企业管理员。登录成功后系统中受密码保护的功能将会解锁（图 6-6），否则，用户只能浏览或查看系统的部分参数或数据，不能对系统中任何参数做修改。

点击"温控表"或窑炉全画面对应的温控表编号，将弹出温控表设定窗口（图 6-7），单击向上或向下的按

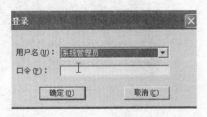

图 6-5 登录窗口

钮，设定值将每次增加或减少 0.1，当按住向上或向下按钮时，设定值将会连续增加或减少，当连续增加或减少 10 次后温控表将增加或减少更高一个数量级的数字。

图 6-6　登录成功后的主画面

图 6-7　温控表设定窗口

6.2.3　警报记录

警报记录包括当前警报和历史警报记录，当前警报会显示最新产生的警报，历史警报记录会显示以往产生或恢复的警报记录，并可以按照温度报警、压力报警、传动报警、风机报警等类型进行查看，如图 6-8 所示。

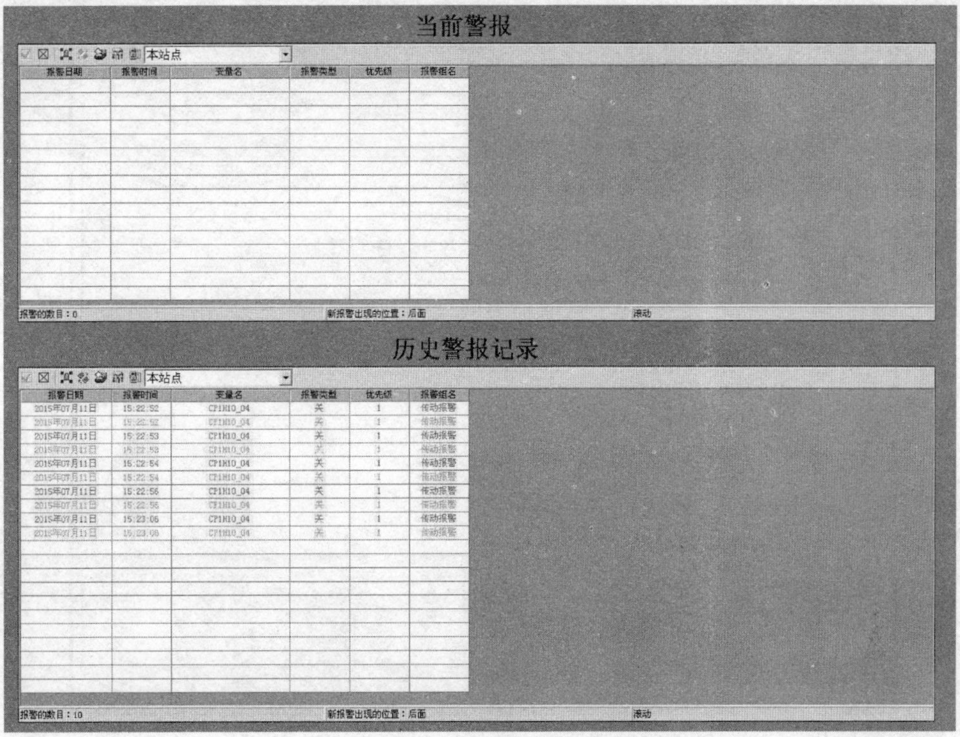

图 6-8　警报记录

6.2.4　历史报表

历史报表（图 6-9）可以查看不同时间属性（图 6-10）和不同变量（图 6-11）的历史记录，只要系统在查询的时间范围内有运行，系统就能查看到所有变量的历史记录。

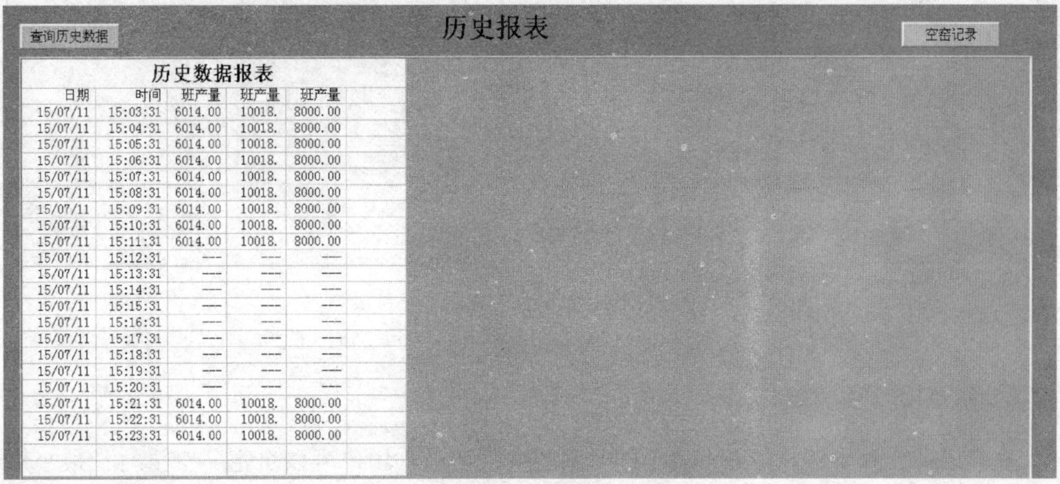

图 6-9　历史报表

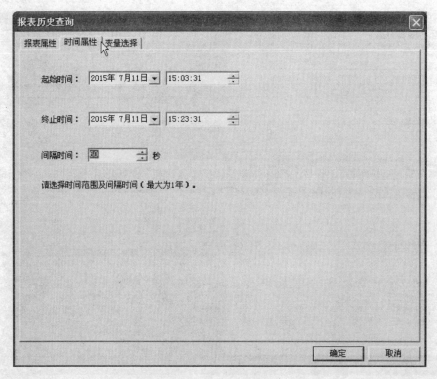

图 6-10　时间属性

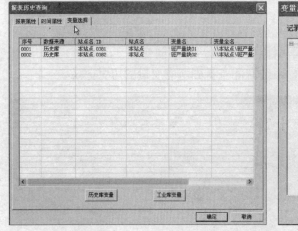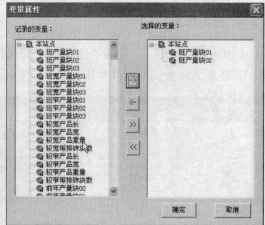

图 6-11　变量选择

6.2.5　空窑记录

空窑记录（图 6-12）可以查看不同时间的空窑记录，用户可以自定义空窑时长最小值，并且可以将查询的结果保存成 excel 文档。

6.2.6　产量记录

产量记录包括时数量产量（图 6-13）、日数量产量（图 6-14）、月数量产量（图 6-15）。

216

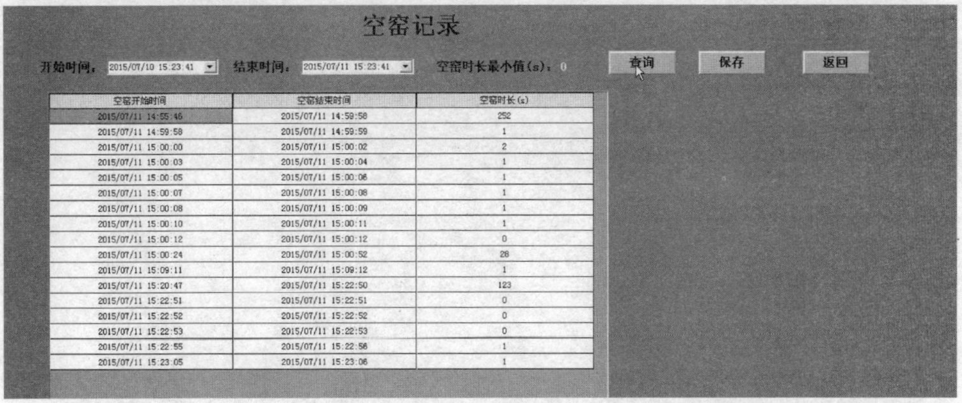

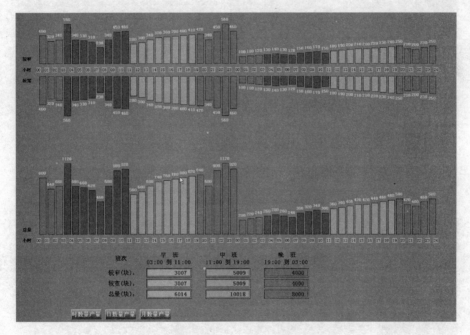

图 6-12　空窑记录

图 6-13　时数量产量

时数量产量中显示了前 48h 的产量数据，并统计了各班次的产量，而且根据班次的不同用不同的颜色显示；日数量产量中显示了当前月份每天的产量数据；月数量产量中显示当前年每个月的产量数据，并统计了以往 15 年的年产量数据。

6.2.7　通信检测

通信监测显示了计算机与通信仪表的通信状态，绿色表示正常，红色表示异常，如图6-16 所示。

6.2.8　产量报表

产量报表可以统计不同时间不同产品编号各个产品规格的产量，并且可将报表保存成

217

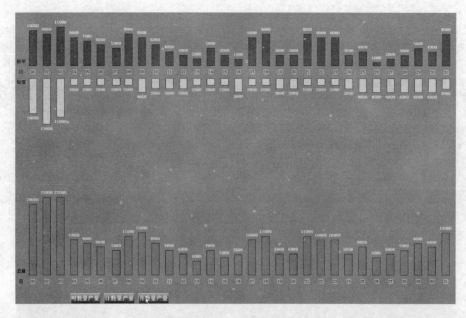

图 6-14　日数量产量

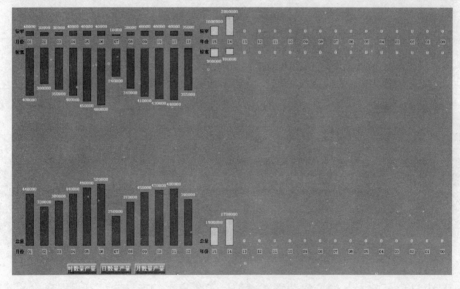

图 6-15　月数量产量

excel 表格，还可以统计出不同时间段产量的趋势图，包括时数量趋势、时面积趋势、时质量趋势，月数量趋势、月面积趋势、月质量趋势，年数量趋势、年面积趋势、年质量趋势，如图 6-17 所示。

6.2.9　参数设置

参数设置包括产品规格、班次时间等的设置，如图 6-18 所示。

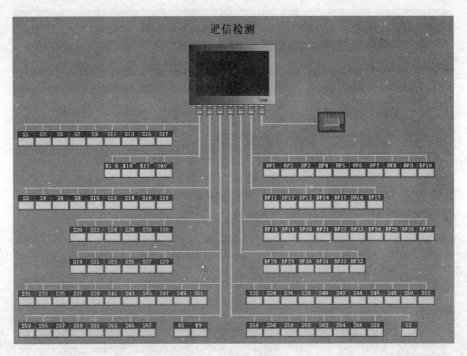

图 6-16　通信检测

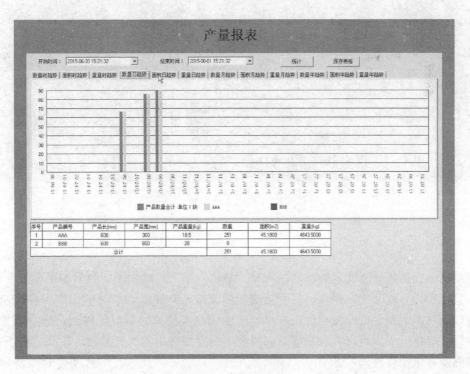

图 6-17　产量报表

图 6-18　参数设置

6.2.10　系统参数

系统参数包括温控仪表的修正值、报警方式、报警上下限等的设置和产量清零、模拟产量等。系统参数只有以系统管理员的身份登录才能设置，如图 6-19 所示。

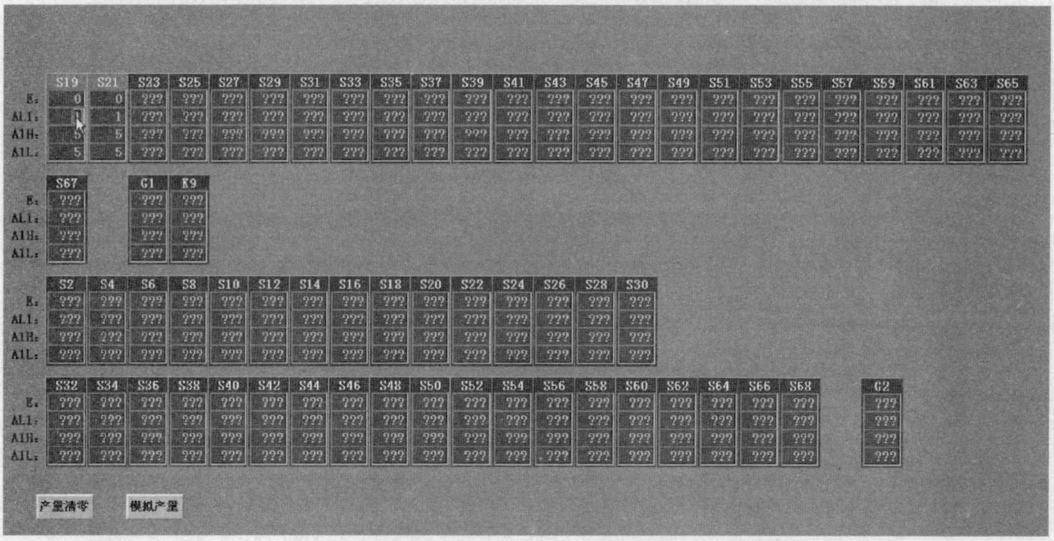

图 6-19　系统参数

6.2.11　烧成制度

烧成制度包括烧成制度名称、产品规格、烧成周期、传动频率、温度制度和温度制度曲线等信息，用户可以新建、保存、打开烧成制度文件，文件以 .lip 为后缀名保存在电脑中，用户可以随时上载制度，即将当前正在执行的烧成制度相关的参数传输到烧成制度控件中，用户在转产等情况下也可以下载制度，即将烧成制度控件中的所有参数传输到当前正在执行的烧成制度（也即修改温控表和传动频率等设定参数），因此，在下载制度时要特别谨慎，如图 6-20 所示。

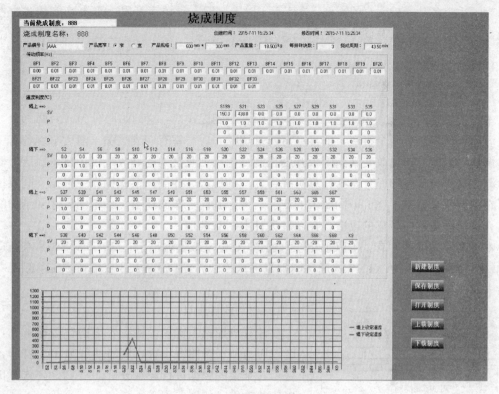

图 6-20　烧成制度

6.2.12　小结

陶瓷辊道窑智能控制系统只是陶瓷烧成过程的控制系统。在陶瓷生产的过程中，还涉及原料采购、原料配料、原料球磨、制粉造粒、压机制块、干燥、施釉、抛光、磨边、包装等工序，这些过程均可以实现智能控制，并采用统一的数据接口，将所有信息上传到中控室，最终实现数字化和信息化的管理，优化整个陶瓷生产线的过程。

6.3　多功能梭式窑控制系统设计

国内陶瓷行业使用的梭式窑烧成控制主要有三种形式：①手工操作控制。该控制方式目前使用最广泛，其特点是初始投资较少，依赖人工，精度低，全凭经验，控制的重复性不高，造成产品质量不稳定。②单元仪表或智能仪表控制。其特点是价钱便宜，精度较高，能实现程序控制，但某些仪表特别是单元仪表，对于数据采集、分析比较、数据储存、推断等显得无能为力。③计算机控制。计算机的应用，可以增强数据采集功能，从并行的多种传感器上测出生产过程的状态信息，并方便地进行比较和分析，从而可以在线进行对传感器信息的校正，及时地识别传感器性能的变化。计算机也可以大大地扩展和改进生产过程的控制模型和优化操作，可以替代许多个常规模拟控制系统。计算机的应用可以有效增加数据分析、推断等处理的能力，将一系列生产过程的测量结果用有关算式关联起来，从而很快地计算出重要的有关状态和参数。另外，体积小、结构简单、价格便宜、可靠性高、灵活性大等优点也是其他控制方法所不可替代的，还可以连成网络，进行网络化控制，或者组成 CIMS。

为了适应多功能梭式窑的需要，本节运用 Visual Basic 语言开发一个多功能梭式窑控制系统，介绍软件的组成及设计特点。

6.3.1　设计思路

6.3.1.1　硬件设计

本系统研究对象是 $0.5m^3$ 烧工艺美术瓷用多功能梭式窑，窑内炉膛分为前后两部分，采用高温陶瓷毡相隔成两个窑室，前窑室有两支烧嘴，后窑室有四支烧嘴，前后窑室各有一个热电偶检测温度。通过改变烟囱闸板开度控制窑内压力及窑内的烧成气氛，窑压由压力变送器检测。这样设计能够充分发挥计算机并行处理的优势，在同一窑次操作中根据不同温控曲线可在前后两个窑室中烧成不同要求的产品。考虑到同一车间还有三条不同尺寸和结构的梭式窑，为了适应这三条窑的改造，在硬件设计上留有余地。

本方案使用的硬件有：①PCL-726 六通道 12 位模拟量输出卡；②ADAN4018 八通道热电偶输入模块；③ADAN4017 八通道模拟量输入模块；④PCL-745B 双端口 RS-232/RS-485 接口卡；⑤研样工业计算机。

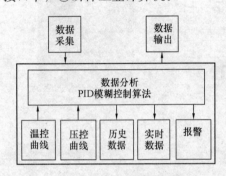

图 6-21　计算机控制系统程序的组成

6.3.1.2　软件设计

计算机控制系统的设计主要集中在数据采集，温度、压力和气氛曲线设置，实时曲线显示，打印，报警，对采集的数据进行记录分析，用 PID 公式算出输出值并输出，如图 6-21 所示。

（1）程序设计

编程的主要工作集中在大方框以内，包括数据的采集和输出，而 PID 模糊控制算法又是整个自动控制系统的核心。程序把采集到的数据经过变换，成为温度数据和压力数据，再和各点设定的温度数值与压力数值比较后，通过计算得到输出的空气流量等数值。根据实时温度与温控曲线中的偏差值判断是否需要报警。与此同时，把实时采集的数据存放在文件中，供以后调用和查看。本系统使用的是增量式 PID 算法，即式（6-3）：

$$\Delta P_n = K_{\mathrm{p}} \cdot (e_n - e_{n-1}) + K_i \cdot e_n + K_{\mathrm{d}} \cdot (e_n - 2e_{n-1} + e_{n-2}) \qquad (6\text{-}3)$$

式中　ΔP_n——第 n 次采样时计算机的输出量；

　　　K_{p}——比例放大系数；

　　　e_n——第 n 次采样时设定值与实际值的偏差量；

　　　K_i——积分常数；

　　　K_{d}——微分常数。

（2）输入输出处理

对于输入部分，本系统使用 ADAN4017、ADAN4018 智能模块（其中 ADAN4017 处理压力信号，ADAN4018 处理温度信号）。通过热电偶及压力变送器采集出来的温度、压力数据是模拟信号，使用 ADAN4018 和 ADAN4017 进行 A/D 转换，变成数字信号。但由于 ADAN 模块遵循 RS-485 协议，而计算机使用 RS-232 协议，所以在主机与模块之间使用了板卡进行转换。直接利用智能模块提供的 BAS 文件，对对应的 DLL 文件进行调用，由

DLL 文件管理初始化、命令的传送、数据的采集发送等，并使用 TIMER 控件对 ADAN 模块进行检测值的轮询。数据经过上述处理后，通过 726 板卡所带的 BAS 文件调用 DLL 文件，使用 TIMER 控件周期性地输出数值，达到对梭式窑进行控制的目的。

（3）程序扩展

在取得输入值的同时，增加记录历史曲线、报警提示、实时曲线显示、实时值显示、观察历史曲线、打印等实用功能。这为分析数据提供了坚实的基础，为下次烧窑提供了全方位的数据，使良好的烧窑过程得以复现。另外，工艺美术瓷为了达到其艺术效果，需要的温度、压力、气氛各不相同。为了使本系统适应各种美术陶瓷的工艺要求，提供了修改、保存、调出温度曲线和系统参数等功能。

（4）系统保密

工艺美术瓷成品价值很高，其烧成过程的工艺参数是关键，因此对进入系统及系统操作过程中的保密提出较高的要求，以防非法用户破坏或盗取相关信息。重要资料要求能够脱离系统将它带到安全环境，并能够对其进行分析、优化。

（5）编程平台

程序的编写工具是 Visual Basic（VB）。VB 属于 Windows 应用程序，在此环境之下，可同时执行多个任务，各任务之间能很容易地切换，也可方便地交换信息，这对实时性要求较高的过程控制尤为适用，VB 为程序开发者提供了建立应用程序的新方法。同时它成功地简化了界面的开发，配套工具丰富，调试方便。

（6）图形控件

温度、压力曲线图使用了世纪飞扬的控件。经过深入研究及对比后发现，该控件使用方便，功能强大，可编辑性强，使用一个组件可以创建出多种多样的数据图形，全面采用 Win32API 编程，真正的 32 位程序，画面自然流畅，无闪烁。支持打印、语音及数据绑定功能，技术处于较高水平，并在多方面得到应用。特别是曲线控件，支持曲线的无级数放大、缩小，支持鼠标右键拖动图像等功能。虽然也存在某些缺陷，给数据的显示带来一定困难，但这可以通过添加函数加以解决。

烧工艺美术陶瓷用梭式窑的控制系统如图 6-22 所示。

6.3.2　操作流程

本控制系统的操作流程如图 6-23 所示。

6.3.3　软件特点

由于本软件不是组态软件，所以有很强的灵活性和扩展性，可以方便地添加用户需要的功能，因而具有很多突出的特点。

（1）工艺与控制相组合

由于本系统是应用于烧美术陶瓷用的梭式窑中，所以经常要更改各种参数和温度、压力控制曲线等。故本系统提供了修改温度、压力曲线和窑炉控制参数窗体供用户调整，并可使用相对时间、绝对时间、时间点顺序三种方式修改曲线。同时，系统在烧窑时记录了各种参数，供下次使用，还可以查看这些参数，对系统作进一步优化。如图 6-24 所示。

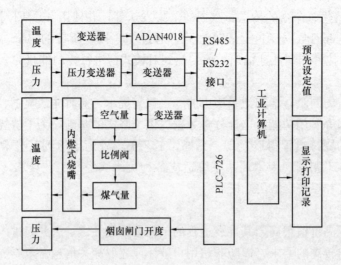

图 6-22　烧工艺美术陶瓷用梭式窑的控制系统框图

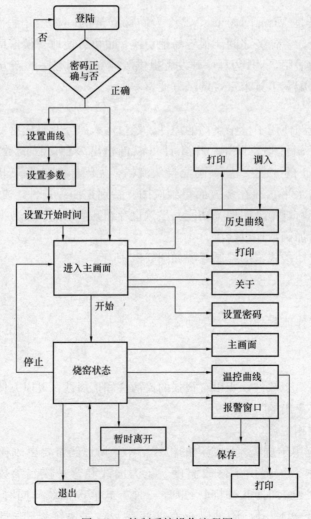

图 6-23　控制系统操作流程图

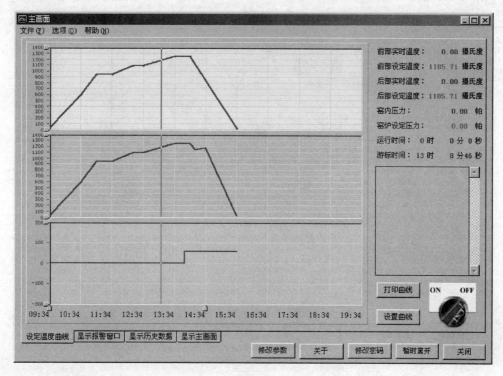

图 6-24 "设定温度曲线"选卡

（2）"个性化"设计

为了方便用户的使用，用户对系统的设置，如温度、压力控制曲线，系统参数，历史温度曲线的选择等，都会自动地记录在注册表中，下次运行本系统时，也会自动加载，可以实现用户操作的"个性化"。

（3）系统保密

设计中采用了两重保密措施，并加入干扰因素，提高破解难度，确保正当用户的权利，有效地防止非法用户的侵入。在取得系统的控制权后，可以随时更改密码，进一步保障系统安全。另外，采用活动硬盘，使保存的数据与系统随时分离，不使用时可以把活动硬盘带走，达到保存数据及密码的目的。在自动控制期间，为避免非技术人员的干扰，控制人员只要按"暂时离开"按钮，就会弹出"关于"窗口，而不能对系统作任何操作及观看。若要返回操作状态，需要输入正确密码，才可进入系统。

（4）界面设计

参数报警、实时温度、实时压力、设定温度、运行时间等参数同屏且精简地显示；又可单击各选卡查看参数的详细内容，直观形象；可以在任何时刻在曲线图上单击，软件将会捕获该点显示其对应的相对时间、绝对时间、设定温度、设定压力、实时温度、实时压力、实时气氛，为控制和监测提供极大便利。系统主界面如图 6-25 所示。

（5）分析方便

在数据储存方面，舍弃了编程方便的数据库形式，采用顺序文件。用户可以脱离本系统，把数据带到其他地方分析研究。文件的打开可以使用记事本或写字板等工具。警告文本、温控曲线、参数设置、历史曲线等都采用此种形式。其中历史曲线保存文件以运行时间

225

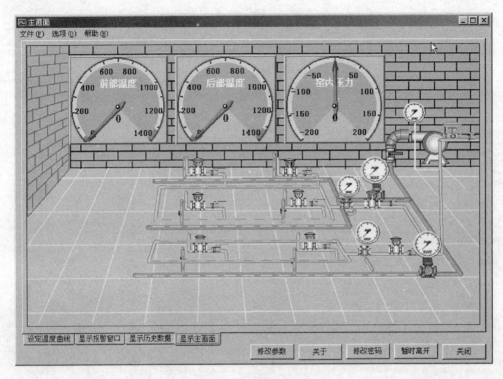

图 6-25　系统主界面

命名，可轻易辨别各历史曲线。每次运行时自动记录，以后随时调出历史曲线以便观察、优化。

（6）安装简易

本系统的安装程序是使用 VB 打包程序压缩而成，安装简易，在多台计算机上测试通过，适用于多种存储介质，如光盘、软盘等。

（7）扩展方便

使用 VB 编程，内核可任意修改、扩展，例如添加专家系统、人工神经网络控制系统、远程控制、双机备份等功能，增加了程序的潜力和生命。

6.4　陶瓷烧成过程中的气氛模糊控制技术

窑炉气氛对陶瓷烧成的影响，普遍认为：一般陶瓷坯体在还原气氛中烧成，坯体中的 Fe_2O_3 被还原成 FeO，FeO 是一种比较强烈的熔剂，可以降低熔质相的黏度，较易与 SiO_2 反应形成低熔点的硅酸盐玻璃，这种低铁硅酸盐玻璃不仅可以改善陶瓷制品的色调，而且能促进坯体的烧结，使坯体的烧成温度有所降低，收缩率增大。在一定的烧成温度下，还原气氛中烧成的陶瓷，具有较好的烧结性，其强度及有关性能略高于氧化气氛烧成的陶瓷。

还原气氛烧成在热工上和工艺上都存在着一些不足，其中最重要的是降低热效率，烟气中如果还存在 1%CO，燃料损耗将增加 4%，等于使气体丧失上升 90℃ 的热量；另外还增加了自动控制的困难；对窑炉中黏土质材料的使用、釉的质量等方面都有较大的影响。

6.4.1　被控对象的特点及控制任务

陶瓷辊道窑是一种快速烧成窑炉,烧成周期短。对于烧还原气氛的辊道窑来说,在高温段必须保持稳定的还原气氛,这对保证产品的质量至关重要。辊道窑的燃烧系统由若干烧嘴群组成。其温度通过调节烧嘴群组的燃气量来控制。在还原段,还需同时按比例调节这组烧嘴的空气量以保证还原气氛的稳定。但空气量究竟该调节多少,也就是说空燃比该确定为多大才能满足工艺要求? 本控制模型的控制任务就是通过控制空燃比来调节空气量的输出,以使气氛控制在 3%～5% 之间。

由于窑炉具有动态特性,其空燃比受到燃气成分波动等因素的影响,难以保持定值。又考虑到空燃比之间难以建立精确的数学模型,它们之间的关系又是非线性的;而且气氛与空气量之间又具有惯性大、纯滞后的特点,所以采用前馈模糊控制的方案。

6.4.2　气氛模糊控制模型的建立

6.4.2.1　输入变量与输出变量的确定

通过研究表明燃气成分变化可以通过燃气热值的变化反映出来,而燃气成分的变化将影响窑内气氛的稳定。因此可通过燃气热值的变化对陶瓷窑炉还原段内的一组烧嘴的空气量与燃料量的比值(简称空燃比)进行调整,来保证窑内气氛的稳定。根据模糊控制器的设计原理,一般取系统误差作为输入变量,控制量输出为输出变量。所以本模型取相邻两时刻热值的偏差 e 为输入变量,即式(6-4)。

$$e = Q_{DW}(t) - Q_{DW}(t-1) \tag{6-4}$$

式中　$Q_{DW}(t)$——t 时刻的热值。

$$Q_{DW} = 126CO + 108H_2 + 358CH_4 + 590C_2H_4 + 637C_2H_6 + 806C_3H_6$$
$$+ 912C_3H_8 + 1080C_4H_8 + 1187C_4H_{10} + 1460C_2H_{12} + 232H_2S \tag{6-5}$$

(各气体分子式表示气体燃料中各可燃成分的百分含量)

取空燃比的变化量 u 为输出变量,它可以通过空气流量与燃气流量观测到。

6.4.2.2　输入语言变量赋值表的确定

利用式(6-5)得到 1000 个与成分变化相对应的热值 $Q_{DW}[i]$ 序列,此热值序列即认为是实际控制中的采样时间序列,所以相邻两组热值的偏差即为输入变量。对相邻两组热值的差值 e 进行观察和计算,求得差值 e 的变化范围在 $[-400, 400]$ 之间。

借鉴以往的模糊控制器的设计经验,选取输入变量 e 的量化论域为 $[-6, +6]$,则根据量化因子的定义可得输入语言变量的量化因子为式(6-6):

$$k_e = \frac{n}{e} = \frac{6}{400} = 0.015 \tag{6-6}$$

再根据式(6-7):
$$y = k_e \cdot e \tag{6-7}$$

式中　y——量化后的连续量;

e——可观测到的偏差。

把可测得的热值偏差 e 量化为量化论域 $[-6, +6]$ 之间变化的连续量,即为输入语言变量 E,将其分成 7 档,选取 7 个语言值表示:PB(正大)、PM(正中)、PS(正小)、0(零)、NS(负小)、NM(负中)、NB(负大)。写成模糊集为:

$$E = \{PB, PM, PS, 0, NS, NM, NB\}$$

按习惯：PB 多数取 $+6$ 附近；PM 多数取 $+4$ 附近；PS 多数取 $+2$ 附近；0 多数取 0 附近；NS 多数取 -2 附近；NM 多数取 -4 附近；NB 多数取 -6 附近。

相应地把量化论域 $[-6, 6]$ 规定为 13 个等级：

$$E = \{+6, +5, +4, +3, +2, +1, 0, -1, -2, -3, -4, -5, -6\}$$

由量化因子 $k_e = 0.015$，采取等范围量化，则可得到与量化论域上各等级数相对应的偏差 e 的范围，见表 6-2。

表 6-2　e 的基本论域

量化等级	偏差 e（kJ/m³）	量化等级	偏差 e（kJ/m³）
+6	$e \geqslant 367$	-1	$-34 \geqslant e > -100$
+5	$367 > e \geqslant 300$	-2	$-100 \geqslant e > -167$
+4	$300 > e \geqslant 234$	-3	$-167 \geqslant e \geqslant -234$
+3	$234 > e \geqslant 167$	-4	$-234 \geqslant e > -300$
+2	$167 > e \geqslant 100$	-5	$-300 \geqslant e > -367$
+1	$100 > e \geqslant 34$	-6	$-367 \geqslant e$
0	$34 > e > -34$		

量化论域中的各等级数对于各模糊子集的隶属度是由隶属函数来确定的。隶属函数可以通过总结操作者的操作经验以及采用模糊统计的方法来确定。又根据人们对事物的判断沿用正态分布的思维特点，常采用正态型隶属函数来确定论域上各元素属于各模糊子集的隶属度。从模糊控制角度讲，确定语言变量的模糊子集的隶属函数 $\mu(x)$ 时，应遵循下列原则：

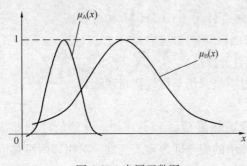

图 6-26　隶属函数图

（1）隶属函数 $\mu(x)$ 的形状，对控制效果影响较大。窄型隶属函数，如图 6-26 中的 μ_A (x)，反映模糊集合 A 具有高分辨率特性。如果系统误差 e 采用高分辨率模糊集合 A，则误差控制的灵敏度就高。宽型隶属函数，如图 6-26 中的 μ_B (x)，反映模糊集合 B 具有低分辨率。当采用低分辨率模糊集合时，控制的灵敏度低，控制特性比较平缓。因此，一般在系统误差较大的范围内，采用具有低分辨率隶属函数的模糊集合，而在系统误差较小，或接近零时，宜采用具有高分辨率隶属函数的模糊集合。

（2）在定义某一语言变量，如误差、控制量的变化的全部模糊集合，如 PB，…，NB 时，要考虑它们对论域 $[-n, +n]$ 的覆盖程度，应使论域中的任何一对这些模糊集合的隶属度的最大值都不能太小，否则在这样的点上会再现"空档"，从而引起失控。为此，语言变量的全部模糊集合所包含的非零隶属度对应的论域元素个数，应当是模糊集合总数的 3～4 倍。

（3）各模糊集合间的相互影响，可用这些模糊集合当中任意两个模糊集合的交集中的最大隶属度的最大值 μ 来衡量。μ 值小，反映控制灵敏度高；μ 值大的模糊控制器对于被控制过程的参数变化适应性强，即鲁棒性好，一般取 $\mu=0.4\sim0.7$。μ 值不宜取得过大，否则对两个语言变量值很难加以区分。

根据以上原则，本模型的输入语言变量各模糊子集 PB、PM、PS、0、NS、NM、NB 的隶属函数采用正态分布的特点，按式 $\mu(x)=e^{-\left(\frac{x-a}{b}\right)^2}$ 来确定。其中参数 a，对于模糊集合 PB、PM、PS、0、NS、NM、NB 分别取 6、4、2、0、-2、-4、-6；参数 b 取 2，即每条正态曲线覆盖 5 个量化

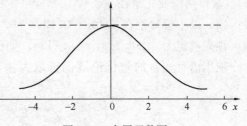

图 6-27　隶属函数图

论域中的元素，如图 6-27 所示。由此隶属函数算得量化论域中各元素对各模糊子集的隶属度，并建立输入语言变量 E 的赋值表，见表 6-3。其中空格处隶属度为 0。

表 6-3　输入语言变量 E 的赋值表

$\mu(x)$ ＼ E 语言值	−6	−5	−4	−3	−2	−1	0	1	2	3	4	5	6
PB	—	—	—	—	—	—	—	—	—	—	0.2	0.7	1
PM	—	—	—	—	—	—	—	0.2	0.7	1	0.7	0.2	—
PS	—	—	—	—	—	—	0.1	0.7	1	0.7	0.1	—	—
0	—	—	—	0.1	0.7	1	0.7	0.1	—	—	—	—	—
NS	—	—	0.1	0.7	1	0.7	0.1	—	—	—	—	—	—
NM	0.2	0.7	1	0.7	0.2	—	—	—	—	—	—	—	—
NB	1	0.7	0.2	—	—	—	—	—	—	—	—	—	—

6.4.2.3　输出语言变量赋值表的确定

空燃比与理论空气量之间具有如式（6-8）所示的关系。

$$V_a = aV_a^0 \tag{6-8}$$

式中　V_a——空燃比（实际空气量），m^3 空气/m^3 燃气；

　　　a——空气过剩系数；

　　　V_a^0——理论空气量。

$$V_a^0 = 0.0238(CO+H_2)+0.0952CH_4+0.0476\left(m+\frac{n}{4}\right)C_mH_n+0.0714H_2S-0.047O_2 \tag{6-9}$$

计算机模拟时理论空气量可通过燃气组成由式（6-9）求得，对于模拟控制模型来说，如确定出理论空气量的变化规律，也就确定了空燃比的变化规律。而且也可以通过热值变化先确定理论空气量的变化值，然后乘以空气过剩系数即可得到空燃比的变化量，这样处理在模拟控制模型的设计中是可行的。因此可先以理论空气量的变化量作为输出语言变量来研究输出变量的比例因子和赋值表。但如果设计一个具体控制对象的模糊控制器时，由于成分变化的不确定性，理论空气量不可能通过理论计算出来，因此需直接对空燃比的变化规律进行观察、总结。

成分采取上述相同的变化规律，由式（6-9）得到与上述 1000 个热值数据对应的理论空气量的真实值 $V_a^o[i]$。这样就可得到与相邻两组热值偏差 e 相应的理论空气量的变化量 $\Delta V_a^o[i]$。观察热值变化量在 $[-400,+400]$ 之间时相应的理论空气量变化量的取值范围，其最大值、最小值分别在 $0.105 \sim 0.12$、$-0.12 \sim -0.105$ 之间变化，则输出变量 u 的基本论域可预先确定为 $[-0.113,+0.113]$，如在实际控制中达不到控制要求则需进行调整。

输出语言变量的量化论域仍选取为 $[-6,+6]$，则得到控制量的比例因子为式（6-10）：

$$k_u = \frac{u}{n} = \frac{0.113}{6} = 0.019 \tag{6-10}$$

同样为输出语言变量 U 选取 7 个语言值：PB、PM、PS、0、NS、NM、NB。相应的量化论域的量化等级仍取 13 个等级，即：$U = \{-6, -5, -4, -3, -2, -1, 0, 1, 2, 3, 4, 5, 6\}$。采取输入语言变量各模糊子集上同样的隶属函数，可得到输出语言变量 U 的赋值表，见表 6-4。空格处的隶属度为 0。

表 6-4　输出语言变量 U 赋值表

$\mu(x)$ ＼ E ＼ 语言值	-6	-5	-4	-3	-2	-1	0	1	2	3	4	5	6
PB	—	—	—	—	—	—	—	—	0.2	0.7	1		
PM	—	—	—	—	—	—	—	0.2	0.8	1	0.8	0.2	
PS	—	—	—	—	—	0.1	0.8	1	0.8	0.1	—	—	
0	—	—	—	—	—	0.5	1	0.5	—	—	—	—	
NS	—	0.1	0.8	1	0.8	0.1							
NM	0.2	0.8	1	0.8	0.2								
NB	1	0.7	0.2										

6.4.2.4　模糊控制规则的确定

当燃气热值增大时，空燃比也将增大；反之，则空燃比减小，这样才能保持窑内气氛的稳定。同样可得到这样的结论，如燃气热值的变化量大时，则空燃比的变化量也将增大，燃气热值的变化量减小时，则空燃比的变化量也减小，这与理论分析也是相符的。因此总结这些变化的规律可以得出作用组由 7 条模糊条件语句构成的控制规则：

> if $E=PB$　then　$U=PB$
> or　if $E=PM$　then　$U=PM$
> or　if $E=PS$　then　$U=PS$
> or　if $E=0$　　then　$U=0$
> or　if $E=NS$　then　$U=NS$
> or　if $E=NM$　then　$U=NM$
> or　if $E=NB$　then　$U=NB$

由这些条件语句构成的控制状态表，见表 6-5。

表 6-5　模糊控制器的控制状态表

E	PB	PM	PS	0	NS	NM	NB
U	PE	PM	PS	0	NS	NM	NB

6.4.2.5　模糊控制器查询表的建立

模糊控制器的控制规则确定后，可根据推理合成规则，针对输入语言变量的量化论域中的各个元素 $E=\{-6，-5，-4，-3，-2，-1，0，1，2，3，4，5，6\}$，经过离线计算机可以求取相应的输出语言变量控制量变化 U 的模糊集合，并应用最大隶属度法对模糊集合进行模糊判决，得到了一个用输出语言变量论域 $U=\{-6，-5，-4，-3，-2，-1，0，1，2，3，4，5，6\}$ 上的元素表示的控制量变化值 u。由此可建立模糊控制器的查询表。

（1）模糊关系

每条模糊控制条件语句都决定着一个模糊关系，分别根据下列各式：

$$R_1=(PB)_E^T\times(PB)_U$$
$$R_2=(PM)_E^T\times(PM)_U$$
$$R_3=(PS)_E^T\times(PS)_U$$
$$R_4=(0)_E^T\times(0)_U$$
$$R_5=(NS)_E^T\times(NS)_U$$
$$R_6=(NM)_E^T\times(NM)_U$$
$$R_7=(NB)_E^T\times(NB)_U$$

其中 T 表示矩阵的转置，进行计算，可求得 7 条各样的模糊关系。具体的计算过程如下：

由表 6-3 查得 $(PB)_E$ 的模糊集合为：

$$(PB)_E=\frac{0}{-6}+\frac{0}{-5}+\frac{0}{-4}+\frac{0}{-3}+\frac{0}{-2}+\frac{0}{-1}+\frac{0}{0}+\frac{0}{1}+\frac{0}{2}+\frac{0}{3}+\frac{0.2}{4}+\frac{0.7}{5}+\frac{1}{6}$$

表示成矩阵形式为：

$$(PB)_E=\begin{bmatrix}0 & 0 & 0 & 0 & 0 & 0 & 0 & 0 & 0 & 0 & 0.2 & 0.7 & 1\end{bmatrix}$$

由表 6-4 查得 $(PB)_U$ 的模糊集合为：

$$(PB)_U=\frac{0}{-6}+\frac{0}{-5}+\frac{0}{-4}+\frac{0}{-3}+\frac{0}{-2}+\frac{0}{-1}+\frac{0}{0}+\frac{0}{1}+\frac{0}{2}+\frac{0}{3}+\frac{0.2}{4}+\frac{0.7}{5}+\frac{1}{6}$$

表示成矩阵形式为：

$$(PB)_U=\begin{bmatrix}0 & 0 & 0 & 0 & 0 & 0 & 0 & 0 & 0 & 0 & 0.2 & 0.7 & 1\end{bmatrix}$$

则：

$$R_1=\begin{bmatrix}0 & 0 & 0 & 0 & 0 & 0 & 0 & 0 & 0 & 0 & 0.2 & 0.7 & 1\end{bmatrix}^T\wedge$$
$$\begin{bmatrix}0 & 0 & 0 & 0 & 0 & 0 & 0 & 0 & 0 & 0 & 0.2 & 0.7 & 1\end{bmatrix}$$
$$=\begin{bmatrix}0(10,10) & & 0(10,3) & \\ & 0.2 & 0.2 & 0.2 \\ 0(3,10) & 0.2 & 0.7 & 0.7 \\ & 0.2 & 0.7 & 1\end{bmatrix}$$

仿照同样的步骤可以求得：

$$R_2 = \begin{bmatrix} 0(8,8) & & & 0(8,5) & & \\ & 0.2 & 0.2 & 0.2 & 0.2 & 0.2 \\ & 0.2 & 0.7 & 0.7 & 0.7 & 0.2 \\ 0(5,8) & 0.2 & 0.8 & 1 & 0.8 & 0.2 \\ & 0.2 & 0.7 & 0.7 & 0.7 & 0.2 \\ & 0.2 & 0.2 & 0.2 & 0.2 & 0.2 \end{bmatrix}$$

$$R_3 = \begin{bmatrix} 0(6,6) & & & 0(6,5) & & & 0(6,2) \\ & 0.1 & 0.1 & 0.1 & 0.1 & 0.1 & \\ & 0.1 & 0.7 & 0.7 & 0.7 & 0.1 & \\ 0(5,6) & 0.1 & 0.8 & 1 & 0.8 & 0.1 & 0(5,2) \\ & 0.1 & 0.7 & 0.7 & 0.7 & 0.1 & \\ & 0.1 & 0.1 & 0.1 & 0.1 & 0.1 & \\ 0(2,6) & & & 0(2,5) & & & 0(2,2) \end{bmatrix}$$

$$R_4 = \begin{bmatrix} 0(4,5) & & 0(4,3) & & 0(4,5) \\ & 0.1 & 0.1 & 0.1 & \\ & 0.5 & 0.7 & 0.5 & \\ 0(5,5) & 0.5 & 1 & 0.5 & 0(5,5) \\ & 0.5 & 0.7 & 0.5 & \\ & 0.1 & 0.1 & 0.1 & \\ 0(4,5) & & 0(4,3) & & 0(4,5) \end{bmatrix}$$

$$R_5 = \begin{bmatrix} 0(2,2) & & & 0(2,5) & & & 0(2,6) \\ & 0.1 & 0.1 & 0.1 & 0.1 & 0.1 & \\ & 0.1 & 0.7 & 0.7 & 0.7 & 0.1 & \\ 0(5,6) & 0.1 & 0.8 & 1 & 0.8 & 0.1 & 0(5,6) \\ & 0.1 & 0.7 & 0.7 & 0.7 & 0.1 & \\ & 0.1 & 0.1 & 0.1 & 0.1 & 0.1 & \\ 0(6,2) & & & 0(6,5) & & & 0(6,6) \end{bmatrix}$$

$$R_6 = \begin{bmatrix} 0.2 & 0.2 & 0.2 & 0.2 & 0.2 & \\ 0.2 & 0.7 & 0.7 & 0.7 & 0.2 & \\ 0.2 & 0.8 & 1 & 0.8 & 0.2 & 0(5,8) \\ 0.2 & 0.7 & 0.7 & 0.7 & 0.2 & \\ 0.2 & 0.2 & 0.2 & 0.2 & 0.2 & \\ & & 0(8,5) & & & 0(8,8) \end{bmatrix}, R_7 = \begin{bmatrix} 1 & 0.7 & 0.2 & \\ 0.7 & 0.7 & 0.2 & 0(3,10) \\ 0.2 & 0.2 & 0.2 & \\ & 0(10,3) & & 0(10,10) \end{bmatrix}$$

总的模糊关系为：（空格处为 0）

$$R=\bigcup_{i=1}^{7} R_i=\begin{bmatrix} 1 & 0.7 & 0.2 & 0.2 & 0.2 & & & & & & & \\ 0.7 & 0.7 & 0.7 & 0.7 & 0.2 & & & & & & & \\ 0.2 & 0.8 & 1 & 0.8 & 0.2 & 1 & 0.1 & & & & & \\ 0.2 & 0.7 & 0.7 & 0.7 & 0.7 & 0.7 & 0.1 & & & & & \\ 0.2 & 0.2 & 0.2 & 0.8 & 1 & 0.8 & 0.1 & 0.1 & & & & \\ & & 0.1 & 0.7 & 0.7 & 0.7 & 0.7 & 0.5 & & & & \\ & & 0.1 & 0.1 & 0.1 & 0.5 & 1 & 0.5 & 0.1 & 0.1 & 0.1 & \\ & & & & 0.5 & 0.7 & 0.7 & 0.7 & 0.7 & 0.1 & & \\ & & & & 0.1 & 0.1 & 0.8 & 1 & 0.8 & 0.7 & 0.7 & 0.2 \\ & & & & & 0.1 & 0.7 & 0.7 & 0.7 & 0.7 & 0.7 & 0.2 \\ & & & & & 0.1 & 0.1 & 0.2 & 0.8 & 1 & 0.8 & 0.2 \\ & & & & & & & 0.2 & 0.7 & 0.7 & 0.7 & 0.7 \\ & & & & & & & 0.2 & 0.2 & 0.2 & 0.7 & 1 \end{bmatrix}$$

（2）控制量的确定

确定数模糊化的方法是首先根据确定数 e 及量化因子 k_e，由式（6-7）求取 e 在基本论域上的量化等级 y，再查找语言变量 E 的赋值表，找出在元素 y 上与最大隶属度对应的语言值所决定的模糊集合。该模糊集合便代表确定数的模糊化。

取量化论域中的一个元素 $n_e=6$，将其模糊化，即：

$$E_6=\begin{bmatrix} 0 & 0 & 0 & 0 & 0 & 0 & 0 & 0 & 0 & 0 & 0 & 0 & 1 \end{bmatrix}$$

根据推理合成原则，由式 $U=E_6 \cdot R$ 可推算出控制量的模糊集合，利用最大隶属度法求取控制量的等级数。具体计算过程如下：

$$U=\begin{bmatrix} 0 & 0 & 0 & 0 & 0 & 0 & 0 & 0 & 0 & 0 & 0 & 0 & 1 \end{bmatrix} \cdot R$$

$$=\begin{bmatrix} 0 & 0 & 0 & 0 & 0 & 0 & 0 & 0 & 0 & 0.2 & 0.2 & 0.7 & 1 \end{bmatrix}$$

用 Zadeh 法表示这个模糊集合为：

$$U=\frac{0}{-6}+\frac{0}{-5}+\frac{0}{-4}+\frac{0}{-3}+\frac{0}{-2}+\frac{0}{-1}+\frac{0}{0}+\frac{0}{1}+\frac{0.2}{2}+\frac{0.2}{3}+\frac{0.2}{4}+\frac{0.7}{5}+\frac{1}{6}$$

其中上式中的每一个元素是这样计算的，以第一个元素为例：

$(0\wedge 1)\ \vee\ (0\wedge 0.7)\ \vee\ (0\wedge 0.2)\ \vee\ (0\wedge 0.2)\ \vee\ (0\wedge 0.2)\ \vee\ (0\wedge 0)\ \vee\ (0\wedge 0)$
$\vee\ (0\wedge 0)\ \vee\ (0\wedge 0)\ \vee\ (0\wedge 0)\ \vee\ (0\wedge 0)\ \vee\ (0\wedge 0)\ \vee\ (1\wedge 0)\ \vee =0$

从模糊集合中观察，最大隶属度为 1，相对应的控制量等级为 6，所以当输入语言变量的等级数 $n_e=6$ 时，输出语言变量的等级数 $n_u=6$。按照相同的步骤，分别求出与输入语言变量等级数相对应的输出语言变量的等级数：

$n_e=6\rightarrow n_u=6$；$n_e=5\rightarrow n_u=5$；$n_e=4\rightarrow n_u=4$；$n_e=3\rightarrow n_u=3$；

$n_e=2\rightarrow n_u=2$；$n_e=1\rightarrow n_u=1$；$n_e=0\rightarrow n_u=0$；$n_e=-1\rightarrow n_u=-1$；

$n_e=-2\rightarrow n_u=-2$；$n_e=-3\rightarrow n_u=-3$；$n_e=-4\rightarrow n_u=-4$；

$n_e=-5\rightarrow n_u=-5$；$n_e=-6\rightarrow n_u=-6$。

根据此结果可建立模糊控制器查询表，见表 6-6。

表 6-6　模糊控制器查询表

E	-6	-5	-4	-3	-2	-1	0	1	2	3	4	5	6
U	-6	-5	-4	-3	-2	-1	0	1	2	3	4	5	6

6.4.2.6　查询表的验证

根据式（6-10），可求得与输出语言变量的等级数相对应的实际控制量的变化量，见表 6-7。再根据表 6-2，可得到与热值偏差范围相对应的空燃比变化量的变化范围，见表 6-8。

表 6-7　控制量（空燃比）变化量的赋值表

输入变量 量化等级 E	输出变量 量化等级 U	控制量的 变化量 u	输入变量 量化等级 E	输出变量 量化等级 U	控制量的 变化量 u
6	6	0.114	-1	-1	-0.019
5	5	0.095	-2	-2	-0.038
4	4	0.076	-3	-3	-0.057
3	3	0.057	-4	-4	-0.076
2	2	0.038	-5	-5	-0.095
1	1	0.019	-6	-6	-0.114
0	0	0	—	—	—

表 6-8　空燃比变化量的变化范围

量化 等级	偏差 e（kJ/m³）	空燃比变化量 V（m³/m³）	量化 等级	偏差 e（kJ/m³）	空燃比变化量 V（m³/m³）
6	$[367, +\infty)$	$[0.105, +\infty)$	-1	$(-100, -34]$	$(-0.035, -0.015]$
5	$[300, 367)$	$[0.085, 0.105)$	-2	$(-167, -100]$	$(-0.045, -0.035]$
4	$[234, 300)$	$[0.065, 0.085)$	-3	$(-234, -167]$	$(-0.065, -0.045]$
3	$[167, 234)$	$[0.045, 0.065)$	-4	$(-300, -234]$	$(-0.085, -0.065]$
2	$[100, 167)$	$[0.035, 0.045)$	-5	$(-367, -300]$	$(-0.105, -0.085]$
1	$[34, 100)$	$[0.015, 0.035)$	-6	$(-\infty, -367]$	$(-\infty, -0.105]$
0	$(-34, 34)$	$(-0.015, 0.015)$	—	—	—

对照表 6-7、表 6-8 可以看出，通过查询表求得的控制量的变化量基本都落在了相应的调节范围内，说明输入变量与输出变量的量化论域及其等级数的选取是比较合理的。如果控制量的变化量未落在相应的范围内，可能会造成超调和调节量不足，这还需在模拟控制中和实际控制中进行验证。

根据所得的模糊控制器的查询表，可建立控制气氛的模糊控制模型，如图 6-28 所示。

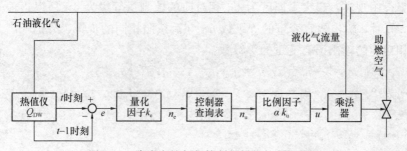

图 6-28　陶瓷窑炉气氛控制的模糊控制器模型

工作原理是通过热值仪测得燃气的热值，然后求取热值的差值 e，由式 $n_e = k_e e$ 对热值差值 e 进行量化处理，根据控制器的查询表找到相应的控制量的变化量的调节等级 n_u，由式 $u = k_u n_u$ 可得到控制量的变化量。此控制量的变化量只是理论空气量的变化量，所以还需乘以空气过剩系数 0.905 才是实际的控制输出。

图 6-29　模拟程序框图

6.4.3　模糊控制模型的计算机模拟

模糊控制查询表 6-6 是气氛控制系统模糊算法总表，把它放到计算机的存储器中，并编制一个查询表的子程序。实际控制中，只要在每个控制周期中，将采集到的热值偏差，经量化处理后，查找表中相对应的元素就可以了，图 6-29 为此模糊控制模型的计算机模拟的程序框图。

6.4.4　应用 MATLAB 进行模糊控制系统的仿真方法

控制系统计算机仿真是应用现代科学手段对控制系统进行科学研究的十分重要的手段。长期以来，仿真领域的研究重点放在仿真模型建立这一环节上，由于对模型建立和仿真试验研究较少，因此，建模通常需要很长一段时间，同时仿真结果的分析也必须依赖有关专家，而对决策者缺乏直接的领导，这样就极大阻碍了仿真技术的推广应用。而 MATLAB 提供的动态系统仿真工具 Simulink，则是众多仿真软件中功能最强大、最优秀、最容易使用的一种，它有效地解决了上述仿真技术中的问题。在 Simulink 中，对系统进行建模将变得非常简单，而且仿真过程是交互的，因此可以很随意地改变仿真参数，并且立即可以得到修改后的仿真结果。

陶瓷窑炉是一个非线性对象，干扰因素又多，难以获得准确的数学模型。模糊控制是基于模糊语言推理的控制方法，它不需要知道过程的数学模型，且鲁棒性强。本节采用 MATLAB 的 Simulink 建立陶瓷窑炉的模糊控制系统结构，并进行仿真。

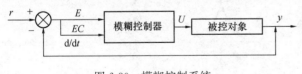

图 6-30　模糊控制系统

6.4.4.1　模糊控制器的建立

陶瓷窑炉的模糊控制系统如图 6-30 所示。

（1）模糊工具箱

模糊控制系统的结构与常规反馈控制系统的结构完全类似，仅仅是将常规的 PID 控制器改为模糊控制器。模糊控制器是一非线性控制器，它的规则数目决定其结构的复杂程度，因而对模糊控制系统进行设计和仿真比对一般的线性控制系统要复杂得多。MathWorks 公司聘请澳大利亚 Queensland 大学的 A. Lot 教授开发了基于 MATLAB 环境下的模糊推理系统工具箱（Fuzzy Inference Systems Toolbox for MATLAB）。该工具箱集成度高，内容丰富，基本包括了模糊集合理论的各个方面，其功能强大和方便易用的特点得到了用户的广泛欢迎。

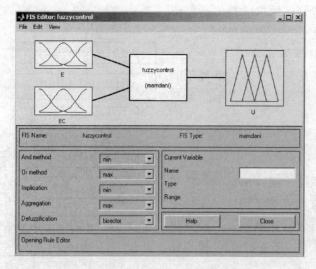

图 6-31　模糊推理系统编辑器的图形界面

基本模糊推理系统编辑器提供了利用图形界面（GUI）对模糊系统的高层属性的编辑、修改功能，这些属性包括输入、输出语言变量的个数和模糊化方法等。用户在基本模糊编辑器中可以通过菜单选择激活其他几个图形界面编辑器，如模糊规则编辑器、隶属度函数编辑器等。在 MATLAB 命令窗口执行 Fuzzy 命令即可激活基本模糊推理系统编辑器，其图形界面如图 6-31 所示。

从图 6-31 中可以看到，在窗口上半部以图形框的形式列出了模糊推理系统的基本组成部分，即输入模糊变量、模糊规则和输出模糊变量。通过鼠标双点上述图形，能够激活隶属度函数编辑器和模糊规则编辑器等相应的编辑窗口。在窗口的下半部分的左侧列出了模糊推理系统的名称、类型和一些基本属性，包括"与"运算方法、"或"运算方法、蕴含运算、模糊规则的综合运算以及模糊化方法等。用户只需用鼠标即可设置相应的属性。

（2）模糊控制器的编辑

在 MATLAB 命令窗口运行 Fuzzy 函数来建立一个 FIS 文件，选择模糊控制器的类型为 Mamdani 型，根据图 6-31 系统的要求确定其输入为 E 和 EC，输出为 U，分别给出它们的隶属函数如图 6-32、图 6-33 和图 6-34 所示。

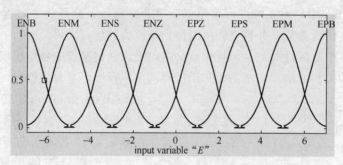

图 6-32　E 的隶属函数曲线

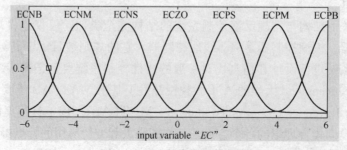

图 6-33　EC 的隶属函数曲线

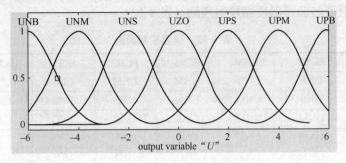

图 6-34　U 的隶属函数曲线

各输入变量、输出变量在各自量化论域上的赋值表见表 6-9、表 6-10 和表 6-11。

表 6-9　E 的赋值表

项目	−7	−6	−5	−4	−3	−2	−1	0	1	2	3	4	5	6	7
ENB	1														
ENM			1												
ENS					1										
ENZ						1									
EPZ							1								
EPS									1						
EPM													1		
EPB															1

表 6-10　EC 的赋值表

项目	−6	−5	−4	−3	−2	−1	0	1	2	3	4	5	6
ECNB	1												
ECNM			1										
ECNS					1								
ECZO							1						
ECPS									1				
ECPM											1		
ECPB													1

表 6-11　U 的赋值表

项目	−6	−5	−4	−3	−2	−1	0	1	2	3	4	5	6
UNB	1												
UNM			1										
UNS					1								
UZO							1						
UPS									1				
UPM											1		
UPB													1

根据隶属函数及经验写出模糊控制规则（表 6-12）。

表 6-12　模糊控制规则

项目	ECNB	ECNM	ECNS	ECZO	ECPS	ECPM	ECPB
ENB	UNB	UNB	UNM	UNM	UNS	UNS	UNS
ENM	UNB	UNM	UNM	UNS	UNS	UZO	UZO
ENS	UNM	UNM	UNS	UNS	UZO	UZO	UPS
ENZ	UNM	UNS	UNS	UZO	UZO	UPS	UPM
EPZ	UNM	UNS	UZO	UZO	UPS	UPS	UPM
EPS	UNS	UZO	UZO	UPS	UPS	UPM	UPM
EPM	UNS	UZO	UPS	UPS	UPM	UPM	UPB
EPB	UZO	UPS	UPS	UPM	UPM	UPB	UPB

根据表 6-12 将此规则改写成 FIS 系统的规则语句，如对于第一条，可以写成：

If E is TNB and EC is NB then U is FB；

其他的依此类推，共 56 条规则语句，如图 6-35 所示。其输出曲面如图 6-36 所示。

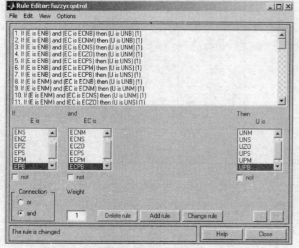

图 6-35　规则语句界面　　　　　　　　　　图 6-36　输出曲面

在图 6-31 中，模糊推理系统的基本属性设定为："And"方法为 min，"or"方法为 max，"Implication"方法为 min，"Aggregation"方法为 max，"Defuzzification"方法为 bisector。这样就建立了一个 FIS 系统的文件，取其文件名为 fuzzycontrol. fis。

6.4.4.2　模糊控制系统的设计

（1）一般模糊控制系统

一般模糊控制系统如图 6-37 所示。图中量化因子 Ke、Kec 后的限幅器 1（Saturation 1）、限幅器 2（Saturation 2）的限幅范围分别是 [−7，7] 和 [−6，6]，其作用是把控制系统的误差 E 及误差变化率 EC 由其基本论域变换到量化论域。

（2）带积分作用的模糊控制系统

带积分作用的模糊控制系统如图 6-38 所示。设系统中被控对象均为 $G(s) = e^{-20s}/(100s+1)$。仿真时，首先要将模糊推理系统编辑器 fuzzycontrol. fis 保存到 Workspace，

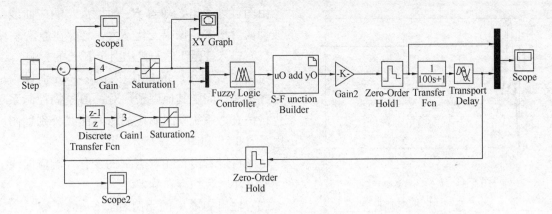

图 6-37　一般模糊控制系统

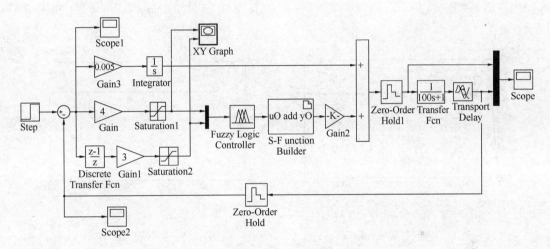

图 6-38　带积分作用的模糊控制系统

Workspace 变量名取为"fuzzycontrol"。

6.4.4.3　系统的仿真研究

（1）输入变量 E 的量化因子 Ke 的影响

将输入变量 E 的量化因子 Ke 分别设为 4、5、6，固定其他因子，对一般模糊控制系统进行仿真。系统阶跃响应的仿真曲线分别如图 6-39、图 6-40 和图 6-41 所示。

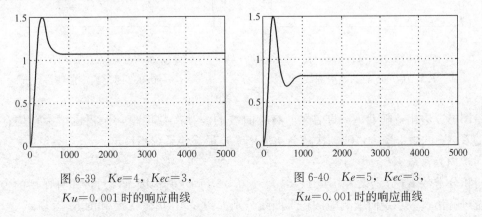

图 6-39　$Ke=4$，$Kec=3$，
$Ku=0.001$ 时的响应曲线

图 6-40　$Ke=5$，$Kec=3$，
$Ku=0.001$ 时的响应曲线

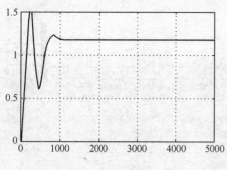

图 6-41 $Ke=6$，$Kec=3$，
$Ku=0.001$ 时的响应曲线

由图可以看出，随着 Ke 的增大，响应曲线的波动次数增多，振幅变化不大，均存在静差。

（2）输入变量 EC 的量化因子 Kec 的影响

将输入变量 EC 的量化因子 Kec 分别设为 0.3、3、30，固定其他因子，对一般模糊控制系统进行仿真。系统阶跃响应的仿真曲线分别如图 6-42、图 6-39 和图 6-43 所示。

由图可以看出，随着 Kec 的变化，响应曲线变化非常小，且均存在静差。

（3）输出变量 U 的比例因子 Ku 的影响

将输出变量 U 的比例因子 Ku 分别设为 0.0005、0.001、0.002，固定其他因子，对一般模糊控制系统进行仿真。系统阶跃响应的仿真曲线分别如图 6-44、图 6-39 和图 6-45 所示。

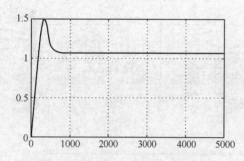

图 6-42 $Ke=4$，$Kec=0.3$，
$Ku=0.001$ 时的响应曲线

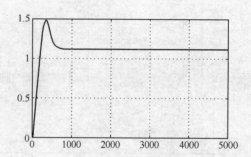

图 6-43 $Ke=4$，$Kec=30$，
$Ku=0.001$ 时的响应曲线

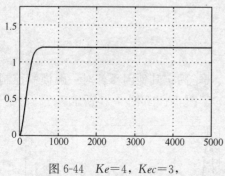

图 6-44 $Ke=4$，$Kec=3$，
$Ku=0.0005$ 时的响应曲线

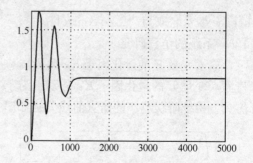

图 6-45 $Ke=4$，$Kec=3$，
$Ku=0.002$ 时的响应曲线

由图可以看出，随着 Ku 的增大，响应曲线的波动次数增多，振幅也增大，均存在静差。随着 Ku 的微小增大，波动次数会明显增多，最终使系统不稳定。

（4）积分常数 Ki 的影响

将积分常数 Ki 分别设为 0.001、0.005、0.01，固定其他因子，对带积分作用的模糊控制系统进行仿真。系统阶跃响应的仿真曲线分别如图 6-46、图 6-47 和图 6-48 所示。

由图可以看出，随着 Ki 的增大，响应曲线的波动次数逐渐增多，振幅也逐渐增大，且消除了静差。当 Ki 很小的时候，静差消除比较缓慢，当 Ki 适当时，系统可较快地消除静差，且波动不是很大。

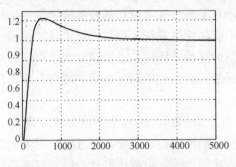

图 6-46　$Ke=4$，$Kec=3$，$Ku=0.0005$，$Ki=0.001$ 时的响应曲线

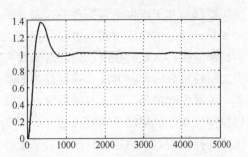

图 6-47　$Ke=4$，$Kec=3$，$Ku=0.0005$，$Ki=0.005$ 时的响应曲线

6.4.4.4　结论

通过仿真研究可以看出，一般模糊控制系统相当于非线性的 PD 控制系统，无积分作用，存在静差。当将积分器与模糊控制器并联后，可克服一般模糊控制系统存在静差的缺点。现将结论归纳如下：

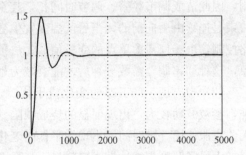

图 6-48　$Ke=4$，$Kec=3$，$Ku=0.0005$，$Ki=0.01$ 时的响应曲线

（1）一般模糊控制系统无积分作用，存在静差；带积分作用的模糊控制系统可消除静差。

（2）随着输入变量 E（误差）的量化因子 Ke 的增大，响应曲线的波动次数增多，振幅变化不大。

（3）随着输入变量 EC（误差变化率）的量化因子 Kec 的增大，响应曲线变化非常小。

（4）随着输出变量 U（控制量）的比例因子 Ku 的微小增大，响应曲线的波动次数明显增多，振幅也增大，最终使系统不稳定。

（5）随着积分常数 Ki 的增大，响应曲线的波动次数逐渐增多，振幅也逐渐增大；当 Ki 很小时，静差消除比较缓慢；当 Ki 适当时，系统可较快地消除静差，且波动不是很大。

6.5　陶瓷窑炉多变量模糊控制技术

在现代的陶瓷生产中，窑炉是生产工艺中的关键，关系着陶瓷产品质量的好坏。由于陶瓷窑炉在烧成过程具有非线性、纯滞后、随机干扰且与窑具有关等特性，对于不同烧成区域，有不同温度制度、压力制度、气氛制度的要求，而温度、压力、气氛等多种变量又相互耦合，要建立其最优控制数学模型是相当困难的，故到目前为止，所有的控制对象的控制精度都不是很理想。多年来，科技工作者试图通过大量的热工测定、理论计算、计算机模拟来建立比较精确的数学模型，然而这些努力的效果甚微。目前国内在陶瓷行业的控制技术相对落后，有自动控制装置，其中绝大部分采用 PID 仪表或 PLC 控制，20 世纪 90 年代后期引进的小部分窑炉也有采用计算机控制的，均以 PID 控制为主，也有小部分尝试采用模糊控制的，但这些控制方式均为单回路控制。

6.5.1　单点模糊控制

模糊控制是基于模糊语言推理的控制方法，它不需要知道过程的精确数学模型，具有较小的超调量，较短的稳定时间，鲁棒性强。由于模糊控制系统无论被控对象是线性的还是非线性的，都能执行有效的控制，因此对于陶瓷窑炉这种非线性、难以建立数学模型的控制对象不失为一种良好的控制方法。模糊控制的缺点是控制精度不高、自适应能力有限、存在稳态误差、可能引起振荡、缺乏有效的学习机制。

将模糊控制系统应用于陶瓷工业中的研究也十分活跃，而且呈现出多种控制方法相结合、优势互补的特点，但这些方法都是基于单变量的模糊控制系统，而且控制对象通常仅是炉温。另外，由于陶瓷烧成过程中受窑炉控制特性的影响，造成所设计的模糊控制系统规则不适合或不完整而影响其控制效果，具体主要有以下几个因素：

（1）单回路控制虽然使用方便，但利用的是单点信息，无法保证各参数的协调优化控制，因此造成调节频繁、调节时间长，甚至造成各参数的失控。例如辊道窑和隧道窑内的气流束是连续由后向前的，当后区温度发生变化时，经若干时间后必然影响到前区，采取单回路控制，由于仅考虑单点的变量值，无法预计变量变化的趋势，调节时必然出现"超调"现象，这种"超调"需数分钟后才能衰减为理想值，必然对产品质量造成影响。

（2）当出现生产工况的变化或干扰时，相邻参数变化无法实现预调，造成控制反应迟钝，参数波动较大，出现明显的烧成缺陷。例如部分采用风油比调节方式的仪表控制系统，无法克服使用一定时间后出现的平衡阀老化引起的非线性问题，常导致控制失调现象，如指令加大风门开度拟线性加大燃料量，却反而导致窑内温度降低的现象，严重时明显影响产品烧成质量。

（3）在烧成制度中，压力和气氛对产品的烧成很重要。例如压力的波动常常伴随着温度的波动，氧化性气氛的强弱对产品的颜色起着直接的影响等。而目前绝大多数窑炉都缺乏有效的压力、气氛控制手段。

6.5.2　多变量模糊控制

工业生产往往需要同时对多个变量进行控制，如果单纯利用单变量模糊控制进行叠加，不仅各控制不能协调进行，而且计算量会呈几何级数增长，在生产中应用并不理想。多变量模糊控制针对工业生产中，需要控制的对象往往具有多样、随机、连续、高度不确定等特性，这些特性达到了多层次、多目标的综合效果。

一个多变量模糊控制器有多个输入变量的输出变量（MIMO）。若直接建立多变量模糊控制器的控制规则，将会面对许多困难。因为控制规则的维数很高，而人们对某一具体事物的逻辑思维通常不超过三维，难以满足要求。从另一角度讲，一个 MIMO 系统，模糊规则的条数是系统变量数的指数函数，当维数较大时，要构造基于规则的模糊控制器是非常困难的。而且，由于规则维数高，模糊关系的维数也很高，因而模糊关系矩阵会包含很多的元素，占据大量计算机内存空间和计算时间。因此，多变量模糊控制系统的设计采取了多种简化处理的方法，并融合了其他控制方法的优点。如采用分层多规则集结构设计思想而成的分层多变量模糊控制器、具有自学习能力的自学习模糊控制器以及使用神经网络、模糊解耦合基于模型等多种多变量模糊控制方法。

其中基于模糊穴的多变量模糊滑模控制器由于模糊规则数远远少于常用的模糊控制器，且引入模糊穴的概念，从而使此控制器不论有多少控制参数和控制输出量，总可以通过一个二维模糊穴映射关系矩阵来表征，使计算机运算时间大为减少。在模糊控制相空间中引入模糊滑动曲面，可使此控制器像典型的滑模控制器一样对被控对象的不确定性和外界干扰具有很强的鲁棒性。以下着重介绍以多变量模糊滑模为核心的软嵌入式无模型自学习多变量模糊控制器的实际应用情况。

6.5.3　实际应用

某陶瓷厂的隧道窑，窑总长 88.4m。由于检测和调节手段的缺陷以及窑炉本体结构的特性，导致窑炉极易受到进出车速度、进车装坯量、抽热量、排烟量和烧成气氛的影响，出现明显的温度波动、上下温差较大，压力分布不合理以及气氛难以控制，这些都是传统的 PID 控制仪表难以解决的问题。为了解决主要的控制问题，对这条窑炉提出如下几项改进措施：

（1）控制策略的改进。这是最关键的。采用自学习多变量模糊控制技术和前馈、输出补偿等复杂控制结构，充分利用现场操作经验和实时信息，发挥智能技术和计算机技术的优势，无须窑炉精确数学模型，即可动态处理相互耦合的多回路和预调整，从而实现窑炉燃烧过程中温度、压力、气氛等多变量之间的协调控制，保证优化、稳定及合理的温度、压力和气氛制度。

（2）系统平台的改变。采用工业控制计算机和现场智能控制站模块，并在工控软件开发平台上遵循模块化、结构化的思想开发应用系统；实现硬件和软件的冗余，系统的可靠性高、维护方便、扩展能力强。

（3）系统功能的扩展。采用计算机实时记录各种工艺参数、状态参数，达到对生产过程的追踪管理；提供历史数据记录、打印和统计分析功能，为生产管理的决策和调度提供决策支持手段；基于局域网和 INTERNET 的远程存取技术实现了各级管理部门对现场信息的远程监控功能；为现场操作人员提供多种灵活的操作手段；全自动、计算机手动和仪表控制操作方式，可适用于现场不同的生产状况。

该系统的技术核心是软嵌入式无模型自学习多变量模糊控制器，下面举例说明该控制器在烧成带的应用。为了克服以往单点 PID 控制的局限性，将烧成带划分为几个控制区，显然相邻分区的温度控制是相互影响的，为了克服分区中的互相干扰，对于每个分区采用多变量模糊控制技术，实现具有自学习能力的高效协调智能控制，如图 6-49 所示，保证在各种工况条件下烧成带温度的稳定性和自适应能力。

从图 6-49 中可以看出，此多变量模糊控制器的基本输入是此控制分区的工艺监测点温度，如 T_{25}、T_{23}、T_{21}、T_{22}、T_{20}，输出为此分区内各个调节阀的开度如助燃风、气压调节阀、燃料油调节阀和雾化风阀等。对于某个可控点的输出，不但与对应此位置上的工艺监测温度有关，而且由于此分区内的温度变化过程的时滞不明显，故选取当时时刻的温度偏差作为反馈信号和训练指导信号。

此模糊控制系统可以等价为二输入—二输出多变量系统，系统中不但采用自学习多变量模糊控制技术和前馈、输出补偿等复杂控制结构，充分利用现场操作经验和实时信息发挥智

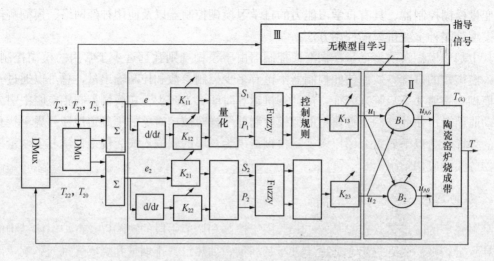

图 6-49　某控制分区的多变量模糊控制器

能技术和计算机技术优势，无需窑炉精确数学模型，即可动态处理相互耦合的多回路和预调整，从而实现窑炉燃烧过程中温度、压力、气氛等多变量之间的协调控制。传统的仪表控制或单参数 PID 控制无法对这三者实施协调控制，往往造成这三种烧成制度相互影响最终引起温度的波动。通过对烧成带气氛的监测和控制保证了产品烧成所需的气氛环境和燃烧效率，通过对不同烧成区温度相互影响的耦合处理和控制灵敏度的提高，提高了烧成区温度分布的均匀性，加快了控制响应的速度，降低了不同推车速度和不同产品时温度波动的幅度，显著地改善了窑炉烧成过程闭环控制系统的整体性能。该系统适应对象参数慢时变的特性，针对两个单回路之间存在的严重耦合，可以对耦合补偿网络中的权系数进行在线自适应调整。为了适应因产品规格、原材料、执行机构特性和窑体的变化而引起对象参数明显改变的情况，对规一化参数预留人工调整的手段。因此该无模型自学习多变量模糊控制系统可轻易地移植到其他控制分区。

为了保证此算法的合理性和有效性，基于 MATLAB 仿真环境设计了多变量模糊控制器，并利用已有的窑炉实际操作历史数据通过广义模糊基函数序列模型对控制区进行建模并对其进行实验室验证。

经过实际运行，系统操作方便、灵活，自控功能完善，温度控制稳定，性能好，数据管理功能强，为现场操作工人的操作起到了较好的指导作用，同时为生产车间的管理提供了科学的手段，大大加强了车间生产管理水平，取得了显著的经济效益。该系统不论在控制功能还是管理功能上都比现有的仪表控制系统性能更为优越，技术更为先进且可靠，具有良好的市场推广前景。

使用该系统后，降低能源消耗 2.43%，原材料消耗每年节约 620t。一级产品提高 1.09%，合格品率提高 2.43%，产品质量稳定而且逐步提高。每年可直接创造的经济效益约 100 万元。

参考文献

[1]　王琳. 浅谈温度传感器特点及其应用[J]. 黑龙江科技信息，2011，21.

[2]　王毅. 过程装备控制技术及应用[M]. 北京：化学工业出版社，2001.

［3］　孙承亮. 浅谈毕托巴差压式流量计在工业煤气流量测量中的应用［J］. 科技风，2015，110.

［4］　杨邦朝，简家文，段建华，等. 氧传感器的原理与进展［J］. 传感器世界，2002：1-8.

［5］　曾令可，叶卫平. 计算机在材料科学与工程中的应用［M］. 武汉：武汉理工大学出版社，2004.

［6］　曾令可，李萍，刘艳春. 陶瓷窑炉实用技术［M］. 北京：中国建材工业出版社，2010.

［7］　李萍，曾令可，阎常峰，等. 陶瓷辊道窑热平衡测定与计算方法的若干问题探讨［J］. 陶瓷，2012（1）：31-33.

［8］　李萍，曾令可，谭映山，等. 陶瓷辊道窑智能控制系统［J］. 景德镇：中国陶瓷工业，2015，22（5）：17-21.

［9］　刘贵山，胡国林，马铁成，等. 气烧陶瓷窑炉气氛动态特性及 Fuzzy 控制的研究［J］. 中国陶瓷，2001，37（4）.

［10］　胡国林，张智文，章义来，等. 气烧辊道窑气氛温度模糊解耦控制的计算机仿真［J］. 陶瓷学报，2003，24（1）：1-7.

［11］　李萍，曾令可，阎常峰. 带积分作用的模糊控制系统的仿真研究［C］.“建材工业电子信息及仪控技术研讨会”论文与报告，2012.

第 7 章　陶瓷窑炉的系统优化

7.1　陶瓷窑炉热平衡计算分析系统设计

7.1.1　陶瓷窑炉热平衡计算分析系统总体构架

根据国家标准 GB/T 23459—2009《陶瓷工业窑炉热平衡、热效率测定与计算方法》，笔者编制了陶瓷窑炉热平衡计算分析系统。该系统除了能够自动计算能量收支热平衡、物料平衡和碳平衡分析，同时还具有燃气计算分析、墙体温度场计算分析和外壁温度场计算分析等功能。该系统总体构架如图 7-1 所示。

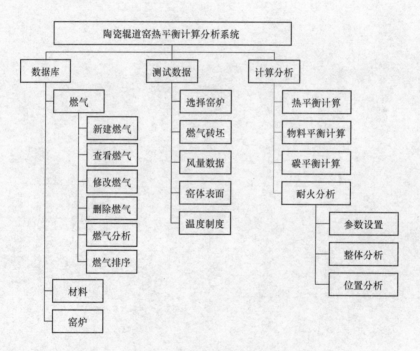

图 7-1　陶瓷窑炉热平衡计算分析系统总体构架

7.1.2　陶瓷窑炉热平衡计算分析系统主要功能块

7.1.2.1　燃气燃烧计算分析功能块

该功能块包括新建燃气、查看燃气、修改燃气、删除燃气、燃气分析和燃气排序六个模块。系统可以新建以 C、H、O、N 四个元素组成的任何燃气，燃气成分可以事先定义在数据库中，其属性包括分子式、分子量、298.15K 时的焓、0～1000℃时的比热容等。经过计算，系统将得到以 kJ/m³ 和 kJ/kg 为单位的低位热值、理论空气量、理论烟气量、标况密度、价格、单位热值价格、单位热值所需空气量、单位热值产生烟气量、单位热值所需空气量或单位热值产生烟气量随空气过剩系数变化的速率等。在此，笔者提出了单位热值价格、单位热值所需空气量、单位热值产生烟气量这三个概念，在既要保持经济发展又要节能减排的时代是非常有意义的。笔者还提出了单位热值所需空气量或单位热值产生烟气量随空气过剩系数变化的速率的概念，它表示单位热值所需空气量和单位热值产生烟气量随空气过剩系数的增大而增大的速度，该值越大，则增加相同的空气过剩系数，燃料需消耗更多的能源。

功能块结构如图 7-2 所示。

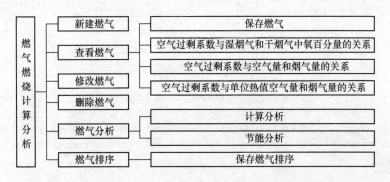

图 7-2　燃气燃烧计算分析系统功能块

图 7-3 为新建燃气的界面，在新建燃气时可以定义以元/m³或元/kg 为单位的燃气价格，并规定空气中的氧气含量，当氧气含量变化时，其理论空气量和烟气量也会随之变化。图 7-4 为查看燃气的界面，在查看燃气时同时可以查看空气过剩系数与湿烟气和干烟气中的氧百分量的关系（图 7-5）、空气过剩系数与空气量和烟气量的关系（图 7-6）、空气过剩系数与单位热值空气量和烟气量的关系（图 7-7），并可以将计算的全部结果保存为 excel 文档，方便数据的后处理。图 7-8 为燃气分析的界面，用户可以通过湿烟气或干烟气中的氧百分量计算空气过剩系数，也可以通过空气过剩系数计算湿烟气或干烟气中的氧百分量，用户还可以设定前后烟气温度，分析空气过剩系数，或湿烟气氧百分量，或干烟气氧百分量从某个值变为另一个值后，其节能率的大小。图 7-9 为燃气排序的界面，可以按燃气单位热值价格、单位热值所需空气量、单位热值产生烟气量、单位热值所需空气量或单位热值产生烟气量随

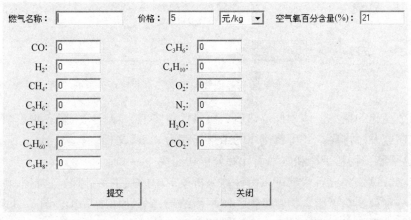

图 7-3　新建燃气界面

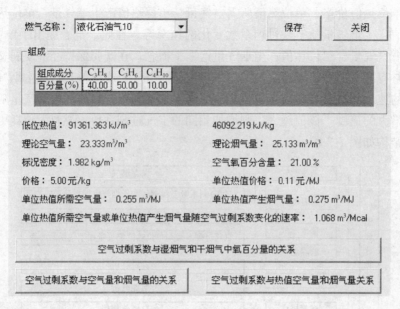

图 7-4　查看燃气界面

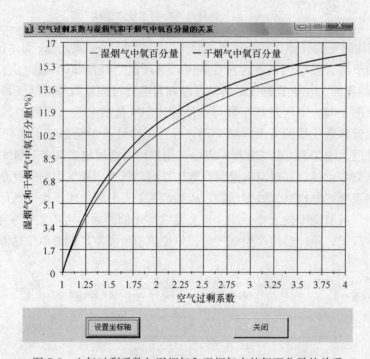

图 7-5　空气过剩系数与湿烟气和干烟气中的氧百分量的关系

空气过剩系数变化的速率、体积低位热值、质量低位热值、理论空气量、理论烟气量、标况密度进行降序或升序排序，并可将排序的结果保存为 excel 文档。

7.1.2.2　热平衡、物料平衡和碳平衡计算分析功能块

将所有参数设置完成后，就可以由计算分析菜单中的热平衡计算、物料平衡计算、碳平衡分析模块分别得到热平衡、物料平衡、碳平衡结果，分别如图 7-10、图 7-11 和图 7-12 所示。一般很难一次就得到合理结果，要经过几次调整抽湿风和抽热风的静压，使热平衡和碳

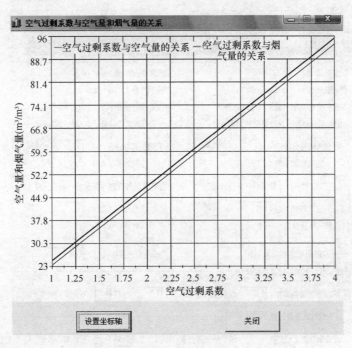

图 7-6   空气过剩系数与空气量和烟气量的关系

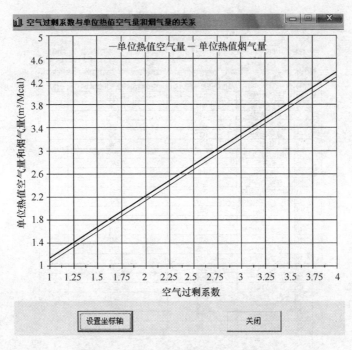

图 7-7   空气过剩系数与单位热值空气量和烟气量的关系

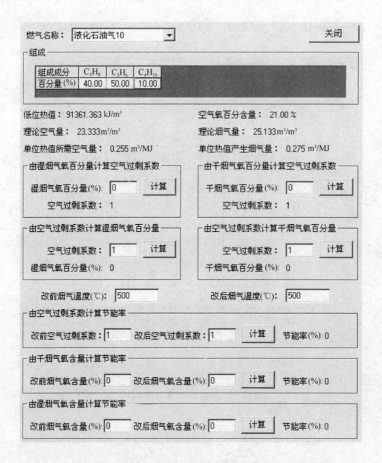

图 7-8　燃气分析界面

序号	燃气名称	单位热值价格(元/MJ)	单位热值所需空气量(m³/MJ)	单位热
1	天然气8000	0.11	0.266	
2	纯天然气	0.11	0.266	
3	纯天然气1	0.10	0.266	
4	凝析气田气	0.11	0.262	
5	液化石油气	0.11	0.256	
6	液化气	0.11	0.255	
7	液化石油气10	0.11	0.255	
8	矿井气	0.27	0.248	
9	焦炉气	0.13	0.245	
10	立箱炉煤气	0.16	0.242	
11	油蓄热催化裂解气	0.20	0.240	
12	德式直立炭化炉煤	0.17	0.237	
13	二甲醚	0.17	0.234	
14	二甲醚新	0.12	0.234	
15	论文发生炉煤气	0.92	0.210	
16	水煤气	0.34	0.208	
17	发生炉煤气	0.09	0.206	
18	清蒙水煤气	0.83	0.205	
19	广蒙水煤气2	0.08	0.205	
20	广蒙水煤气	0.86	0.205	
21	广蒙水煤气1	0.86	0.205	
22	东鹏测试水煤气	0.83	0.205	
23	煤制气	0.90	0.204	
24	东鹏水煤气	0.85	0.204	
25	高炉煤气	1.64	0.193	

图 7-9　燃气排序

图 7-10 热平衡计算

图 7-11 物料平衡计算

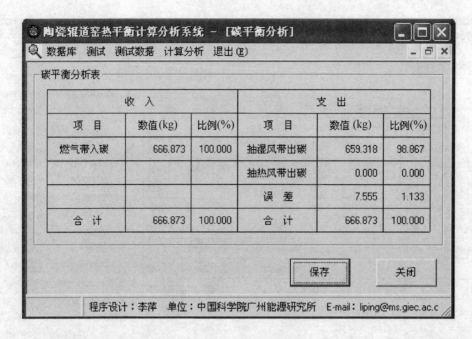

图 7-12　碳平衡计算

平衡结果中的其他热损失和误差都小于 5% 并大于 0%。调整到合理结果后，就可以将结果保存，然后在 excel 文档中整理结果。

7.1.2.3　耐火分析功能块

该功能块可对窑炉进行整体窑壁温度场分析或对窑炉某具体位置窑墙内部温度场分析，在进行耐火分析前，先将耐火分析的参数设置好，包括厚度方向的步长、每窑炉分段节点数、计算残差，如图 7-13 所示；整体分析如图 7-14 所示，在分析过程中，如果计算的温度

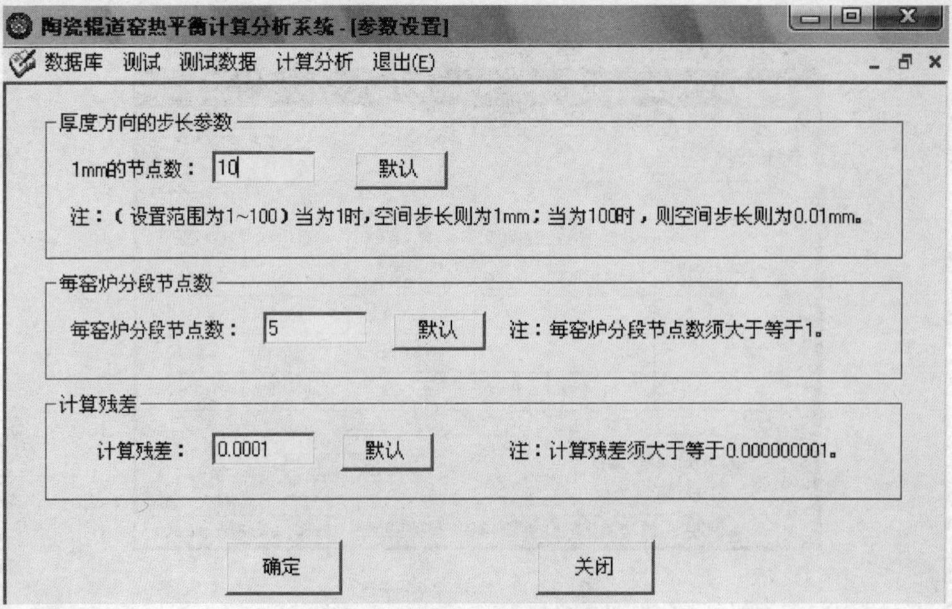

图 7-13　耐火分析参数设置

高于当前处的耐火温度时，系统将弹出报警提示框，如图 7-15 所示；位置分析如图 7-16 所示。

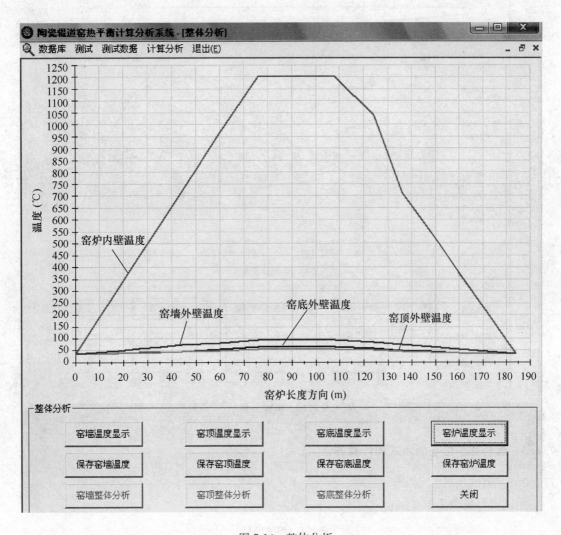

图 7-14　整体分析

图 7-15　耐火分析报警

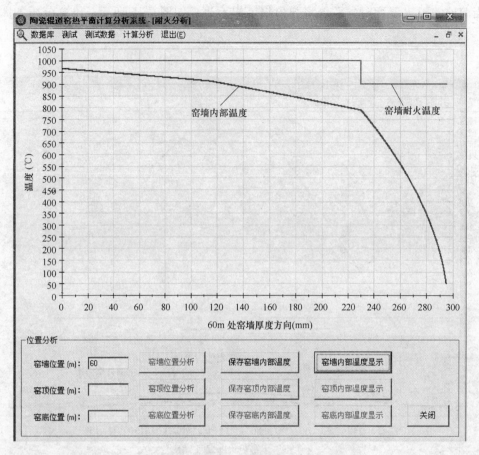

图 7-16　位置分析

7.1.3　陶瓷窑炉热平衡测试和计算方法

7.1.3.1　测试项目

测试项目见表 7-1。

表 7-1　测试项目

项目		符号	单位	数据	备注
测试周期		T	T	1	一个烧成周期
外界条件	环境温度	t	℃	—	作为基准温度
	大气压	p	kPa	—	—
	空气的相对湿度	ξ	—	—	—
气体燃料	各气体成分的体积分数	φ_i	%	—	—
	应用基时燃料的低位发热值	Q_{DW}^{y}	kJ/m³	—	—
	测试周期内的燃料消耗量	m_r	m³/T	—	—
	燃料的入窑温度	t_r	℃	—	—
	燃料的比热容	c_r	kJ/（m³·℃）	—	计算
	各气体成分的比热容	c_i	kJ/（m³·℃）	—	查附录

续表

	项目	符号	单位	数据	备注
生坯	1kg 成品的生坯质量	m_{sp}	kg/kg 成品	—	—
	入窑温度	t_{sp}	℃	—	—
	平均比热容	c_{sp}	kJ/（kg・℃）	—	查附录
	1kg 成品入窑生坯中所含吸附水量	m_x	kg/kg 成品	—	—
	1kg 成品入窑生坯中所含结晶水量	m_j	kg/kg 成品	—	—
	在 0℃时，1kg 水蒸气汽化所需潜热	q_q	kJ/kg	2490	—
	在烟气离窑温度范围内水蒸气的平均比热容	c_s	kJ/（kg・℃）	1.93	—
	1kg 成品入窑生坯中所含黏土量	m_t	kg/kg 成品	—	—
	分解 1kg 黏土所需热	q_f	kJ/kg	1088	—
助燃风	助燃风进口处流速	v_{zr}	m/s	—	—
	助燃风进口处截面积	s_{zr}	m²	—	—
	助燃风入窑温度	t_{zr}	℃	—	—
	t_{zr} 下助燃风的比热容	c_{zr}	kJ/（m³・℃）	—	查附录
成品	测试周期内的成品产量	m_c	kg 成品/T	—	—
	成品出窑温度	t_c	℃	—	刚出窑的温度
	t_c 下成品平均比热容	c_c	kJ/（kg・℃）	—	查附录
	产品的最高烧成温度	t_{zg}	℃	—	
烟气	第 i 个烟气出口处各气体成分的体积分数	φ_{yi}	%	—	
	第 i 个烟气出口处流速	v_{yi}	m/s	—	
	第 i 个烟气出口处内截面积	s_{yi}	m²	—	烟气出口有几处
	第 i 个出口干烟气离窑温度	t_{gi}	℃	—	就需要测几处
	第 i 个出口干烟气的比热容	c_{gi}	kJ/（m³・℃）	—	
	一氧化碳的反应热	q_{co}	kJ/m³	12750	
	第 i 个出口同温同压下饱和水蒸气分压	p_{si}	kPa	—	查附录
抽热风	抽热风出口处流速	v_{cr}	m/s	—	—
	抽热风出口处截面积	s_{cr}	m²	—	—
	抽热风离窑温度	t_{cr}	℃	—	—
	t_{cr} 下抽热风的比热容	c_{cr}	kJ/（m³・℃）	—	查附录
窑体表面	窑顶外表面温度	t_{di}	℃	—	分段测试
	窑墙外表面温度	t_{qi}	℃	—	—
	周围环境温度	t_{fi}	℃	—	—
	窑顶散热面积	F_{di}	m²	—	—
	窑墙散热面积	F_{qi}	m²	—	—
	窑顶位置系数	$A_{d\omega}$	3.26	—	—
	窑墙位置系数	$A_{q\omega}$	2.56	—	—

7.1.3.2 热平衡项目及热平衡表

热平衡项目及热平衡表见表 7-2。

表 7-2　热平衡项目及热平衡

热量收入 Q			热量支出 Q'		
项　目	热量（kJ）	%	项　目	热量（kJ）	%
燃料燃烧热 Q_1			成品带出显热 Q'_1		
燃料显热 Q_2			坯体水分蒸发和加热水蒸发耗热 Q'_2		
生坯带入显热 Q_3			坯体烧成过程分解黏土耗热 Q'_3		
助燃风带入显热 Q_4			烟气带出显热 Q'_4		
			化学不完全燃烧损失 Q'_5		
			窑体表面散热损失 Q'_6		
			冷却带抽出热风带出显热 Q'_7		
			其他热损失 Q'_q		
合　计		100	合　计		100

注：以环境温度为基准，助燃空气、急冷风、窑尾冷风、不严密处漏入空气、车下渗入冷风等热收入项目为零，表
　　中未列出。

7.1.3.3 热平衡计算方法

1. 热收入

（1）燃料燃烧热 Q_1 可由式（7-1）计算：

$$Q_1 = m_r \times Q_{DW}^y \tag{7-1}$$

（2）燃料显热 Q_2 可由式（7-2）计算：

$$Q_2 = m_r \times c_r \times (t_r - t) \tag{7-2}$$

其中：

$$c_r = 0.01 \Sigma (\varphi_i \times c_i) \tag{7-3}$$

（3）生坯带入显热 Q_3 可由式（7-4）计算：

$$Q_3 = m_{sp} \times c_{sp} \times (t_{sp} - t) \tag{7-4}$$

（4）助燃风带入显热 Q_4 可由式（7-5）计算：

$$Q_4 = T \times v_{zr} \times s_{zr} \times c_{zr} \times (t_{zr} - t) \tag{7-5}$$

式中　T——测试周期，转换为以秒为单位的时间，s。

2. 热支出

（1）成品带出显热 Q'_1 可由式（7-6）计算：

$$Q'_1 = m_c \times c_c \times (t_c - t) \tag{7-6}$$

（2）坯体水分蒸发和加热水蒸发耗热 Q'_2 可由式（7-7）计算：

$$Q'_2 = m_c \times (m_x + m_j) \times [2490 + 1.93 \times (t_y - t)] \tag{7-7}$$

（3）坯体烧成过程分解黏土耗热 Q'_3 可由式（7-8）计算：

$$Q'_3 = m_c \times m_t \times q_f \tag{7-8}$$

（4）烟气带出显热 Q'_4 可由式（7-9）计算：

$$Q'_4 = Q'_g + Q'_s \tag{7-9}$$

式中　Q'_g——干烟气带出显热，kJ；

　　　Q'_s——烟气中水蒸气带出显热，kJ。

① 干烟气带出显热 Q'_g 可由式（7-9）计算：

$$Q'_g = \Sigma[k_i \times m_r \times V_{gi} \times c_{gi} \times (t_{gi} - t)] \tag{7-9-1}$$

其中　k_i——第 i 个烟气出口处燃气产物所占比例；

$$k_i = \frac{\varphi_{yi}^{CO_2} \times v_{yi} \times s_{yi}}{\Sigma(\varphi_{yi}^{CO_2} \times v_{yi} \times s_{yi})} \tag{7-9-2}$$

　　　V_{gi}——第 i 个烟气出口处燃烧 $1m^3$ 燃气后实际生成的干烟气量，m^3。

$$V_{gi} = V_y^0 + (\alpha_i - 1)V_k^0 - \left(\varphi_{H_2}^s + 2\varphi_{CH_4}^s + \frac{n}{2}\varphi_{C_m H_n}^s + \varphi_{H_2 S}^s + \varphi_{H_2 O}^s\right)\frac{1}{100} \tag{7-9-3}$$

$$V_y^0 = \left[\varphi_{CO}^s + \varphi_{H_2}^s + 3\varphi_{CH_4}^s + \left(m + \frac{n}{2}\right)\varphi_{C_m H_n}^s + \varphi_{N_2}^s + \varphi_{CO_2}^s + 2\varphi_{H_2 S}^s + \varphi_{SO_2}^s + \varphi_{H_2 O}^s\right] \times \frac{1}{100} + 0.79V_k^0 \tag{7-9-4}$$

$$V_k^0 = 0.0238(\varphi_{CO}^s + \varphi_{H_2}^s) + 0.0952\varphi_{CH_4}^s + 0.0476\left(m + \frac{n}{4}\right)\varphi_{C_m H_H}^s + 0.0714\varphi_{H_2 S}^s - 0.0476\varphi_{O_2}^s \tag{7-9-5}$$

$$\alpha_i = \frac{21}{21 - \dfrac{79 \times (\varphi_{yi}^{O_2} - 0.5\varphi_{yi}^{CO} - 0.5\varphi_{yi}^{H_2} - 2\varphi_{yi}^{CH_4})}{100 - (\varphi_{yi}^{RO_2} + \varphi_{yi}^{O_2} + \varphi_{yi}^{CO} + \varphi_{yi}^{CH_4}) - \varphi_{yi}^{N_2^g}}} \tag{7-9-6}$$

　　　V_y^0——气体燃料燃烧理论烟气量，m^3/m^3；

　　　V_k^0——气体燃料燃烧理论空气量，m^3/m^3；

　　　φ_i^s——气体燃料中以干成分表示的氧气容积分数，%；

　　　$\varphi_{yi}^{N_2^g}$——气体燃料中以干成分表示的氮气容积分数，%。

② 烟气中水蒸气带出显热 Q'_s 可由式（7-9-7）计算：

$$Q'_s = \Sigma[k_i \times m_r \times s_{si} \times c_s \times (t_{gi} - t)] \tag{7-9-7}$$

式中　s_{si}——第 i 个烟气出口处燃烧 $1m^3$ 燃气产生的烟气中的水蒸气量，kg。

$$s_{si} = 1.293 \times V_{ki} \times X + \frac{18}{22.4} \times \left(\varphi_{H_2} + 2\varphi_{CH_4} + \frac{n}{2}\varphi_{C_m H_n} + \varphi_{H_2 S} + \varphi_{H_2 O}\right) \times \frac{1}{100} \tag{7-9-8}$$

　　　V_{ki}——第 i 个烟气出口处实际空气量，m^3。

$$V_{ki} = \alpha_i V_k^0 \tag{7-9-9}$$

（5）化学不完全燃烧损失 Q'_5 可由式（7-10）计算：

$$Q'_5 = \Sigma(k_i \times m_r \times V_{gi} \times \varphi_{yi}^{CO} \times 12750) \tag{7-10}$$

（6）窑体表面散热损失 Q'_6 可由式（7-11）计算：

$$Q'_6 = \Sigma\left[T \times \left[A_{qw} \times \sqrt[4]{t_{qwi} - t_{qfi}} + 4.54 \times \frac{\left(\dfrac{273 + t_{qwi}}{100}\right)^4 - \left(\dfrac{273 + t_{qfi}}{100}\right)^4}{t_{qwi} - t_{qfi}}\right] \times (t_{qwi} - t_{qfi}) \times F_{qi}\right] +$$

$$\Sigma\left[T \times \left[A_{dw} \times \sqrt[4]{t_{dwi} - t_{dfi}} + 4.54 \times \frac{\left(\dfrac{273 + t_{dwi}}{100}\right)^4 - \left(\dfrac{273 + t_{dfi}}{100}\right)^4}{t_{dwi} - t_{dfi}}\right] \times (t_{dwi} - t_{dfi}) \times F_{di}\right] \tag{7-11}$$

（7）冷却带抽出热风带出显热 Q_7' 可由式（7-12）计算：

$$Q_7' = T \times v_{cr} \times s_{cr} \times c_{cr} \times (t_{cr} - t) \tag{7-12}$$

（8）其他热损失 Q_q' 可由式（7-13）计算：

$$Q_q' = (Q_1 + Q_2 + Q_3 + Q_4) - (Q_1' + Q_2' + Q_3' + Q_4' + Q_5' + Q_6' + Q_7') \tag{7-13}$$

7.1.3.4 热效率计算方法

1. 烧成产品的有效热 Q_{yx}

$$Q_{yx} = Q_2'' + Q_3'' + Q_4'' \tag{7-14}$$

式中 Q_2''——坯体吸附水、结晶水分的蒸发及水蒸气加热所需的热量，kJ；

$$Q_2'' = m_c \times m_x \times \left[(100 - t_{sp}) \times 4.18 + 2260 + (125 - 100) \times 1.93 \right]$$
$$+ m_c \times m_j \times \left[(100 - t_{sp}) \times 4.18 + 2260 + (550 - 100) \times 1.93 \right] \tag{7-14-1}$$

Q_4''——焙烧至最高烧成温度时耗热，kJ。

$$Q_4'' = m_c \times c_c \times (t_{zg} - t_{sp}) \tag{7-14-2}$$

2. 烧成产品的窑炉热效率 η（%）

$$\eta = \frac{Q_{yx}}{Q_1} \times 100 \tag{7-15}$$

7.2 从热平衡看陶瓷窑炉的节能减排技术和途径

图 7-17 为笔者开发的陶瓷窑炉热平衡计算分析系统生成的一个典型陶瓷辊道窑的热平衡表。

能量收支热平衡表

收　入			支　出		
项　目	数值(kJ)	比例(%)	项　目	数值(kJ)	比例(%)
燃气燃烧热	21588324.402	98.565	产品带出显热	1081875.573	4.939
燃气带入显热	36089.455	0.165	坯体水分蒸发和加热水蒸气耗热	2239087.724	10.223
生坯带入显热	218233.860	0.996	坯体烧成过程分解黏土耗热	4860484.813	22.191
助燃风带入显热	15221.091	0.069	抽湿风带出显热	8187973.876	37.383
缓冷风带入显热	12798.220	0.058	抽热风带出显热	4278900.556	19.536
冷却风带入显热	23210.656	0.106	化学不完全燃烧热损失	289.747	0.001
急冷风带入显热	8788.947	0.040	窑体表面散热	938243.086	4.284
			其他热损失	315811.255	1.442
合　计	21902666.631	100.000	合　计	21902666.631	100.000

图 7-17　典型陶瓷辊道窑的热平衡表

辊道窑的节能就是在保证产量和质量的前提下减少燃料燃烧热。下面就从热平衡表谈谈陶瓷辊道窑的节能减排技术和途径。

7.2.1　燃料燃烧热

1. 提高燃料的燃烧效率

（1）采用清洁燃料，既有利于提高燃烧效率，又有利于减少有害气体排放。

（2）根据不同的燃料种类，采用先进高效的燃烧装置。

（3）合理设计窑炉烧嘴砖的结构。

2. 提高燃烧热的传热效率

（1）优化设计窑炉的结构，特别是窑炉的窑顶结构。

（2）采用多功能涂层材料，将其涂在窑壁耐火材料上，提高材料的辐射率，在增加窑炉内传热效率的同时，还可提高陶瓷纤维抗粉化能力。

7.2.2　入窑物质带入显热

入窑物质包括燃料、助燃风、生坯、急冷风、缓冷风、冷却风。它们带入的显热所占比例很小。要增加这部分热收入，有以下途径：

（1）提高助燃风的温度。以回收的烟气带出显热和抽热风带出显热作为热源。

（2）提高燃料的温度。以回收的烟气带出显热和抽热风带出显热作为热源。

（3）提高生坯的入窑温度。生坯在入窑前要进行干燥，应当尽可能减少从干燥窑到烧成窑途中的热量散失。

7.2.3　产品带出显热

产品从冷却带出来后，温度都比环境温度高，带出的这部分显热将散热到环境中，所以，应尽可能降低产品出窑温度来减少产品带出的显热。以免产品出窑温度过高，影响车间操作环境，造成热污染。

7.2.4　坯体水分蒸发和加热水蒸气耗热

该项热支出是由入窑生坯的含水量和入窑温度决定的。

（1）降低生坯的含水量。

（2）提高生坯的入窑温度。

7.2.5　坯体烧成过程分解黏土耗热

这项热支出是由坯体的原料、配方及工艺条件来决定的，在工艺配方确定的情况下，这项热支出是不变的。

（1）采用超低温配方烧成，实现低温快烧。据文献，若烧成温度降低 100℃，则单位产品热耗可降低 10% 以上，烧成时间缩短 10%，产量增加 10%，节约生产成本。

（2）采用瓷砖薄型化技术，可大大降低产品单位面积热耗，同时省下大量的矿物原料。

7.2.6　抽湿风带出显热

抽湿风主要是燃料和助燃风在窑炉内发生燃烧反应后被排除的风，比较脏，是废气处理的主要对象。主要从两个方面考虑：

1. 减少抽湿风带出显热

（1）选择单位热值产生烟气量较少的燃料。

（2）设计高效燃烧装置，利用智能控制系统，合理控制空气系数，使燃料完全燃烧。对于不同的燃料和不同的陶瓷产品烧成，其空气系数有所不同。如果空气系数过大，过多的空气不但增加烟气量，还降低窑内烟气温度，不利于烧成；空气系数过小又造成燃料不完全燃烧，降低燃烧温度，生成的炭粒和 CO 会污染制品。

（3）采用富氧燃烧技术，减少助燃风中的无用气体。一般空气中含有约 79% 体积的非燃烧反应气体 N_2，使得烟气中的一大部分被排出。

2. 回收抽湿风带出显热

（1）采用热交换器，将抽湿风大部分显热交换出来给空气加热，作为窑炉的助燃风或用于干燥坯体等。因为抽湿风含氧量不高，含有水分和一些有机杂质，所以，通过热交换器来换热。

（2）采用热交换器，将显热交换出来给其他安全工质，作为其他能源之用。

（3）通过保温管道送到喷雾干燥塔的热风炉，用于补充热量以满足喷雾干燥塔所需温度，制备坯体粉料。

（4）采用余热发电技术回收利用。

7.2.7　抽热风带出显热

抽热风主要是急冷风和冷却风吸收热后被排除的风，比较干净，是很好的余热利用资源。也从两个方面考虑：

1. 减少抽热风带出显热

在烧成制度不变的情况下，产品由烧成区出来后，产品带出的显热是不变的，这部分显热将转换为抽热风带出显热、冷却带的窑体表面散热和产品带出显热。如果冷却带的窑体保温性能不变，则抽热风带出显热和产品带出显热的总和是不变的。所以，在这种情况下，要同时减少抽热风带出显热和产品带出显热是不可能的。因此，最好的方法是尽可能减少产品带出显热，适当增加抽热风带出显热，然后回收利用抽热风带出显热。

2. 回收抽热风带出显热

（1）直接利用，作为窑炉的助燃风或用于干燥坯体等。因为抽热风含氧量很高，比较干净。

（2）在窑炉的助燃风和干燥坯体都用不完这部分显热的情况下，可以考虑将剩余的抽热风与抽湿风混合送入喷雾干燥塔的热风炉，用于制备坯体粉料。

（3）采用余热发电技术回收利用。

（4）由于陶瓷的烧成制度比较严格，在回收利用抽湿风带出显热和抽热风显热的时候，不能影响窑炉的烧成制度，以致影响产品的质量和产量。因此，要采用智能控制系统来回收利用这部分显热。

7.2.8　化学不完全燃烧热损失

（1）采用清洁燃料，既有利于提高燃烧效率，又有利于减少有害气体排放。

（2）根据不同的燃料种类，采用先进高效的燃烧装置。

（3）合理设计窑炉烧嘴砖的结构。

7.2.9　窑体表面散热

（1）优化窑炉结构。

（2）合理地选用低蓄热、体积密度小、强度高、隔热性能好的耐火材料作为窑体的砌筑材料。

（3）在窑内壁喷涂新型热辐射涂料。

（4）当窑体表面温度较高时，可以采用低温余热发电技术将这部分散热回收利用。

7.3　能源管理系统设计

7.3.1　建立能源管理系统的必要性

1. 能源管理的目的

能源管理系统（Energy Management System，简称 EMS）是企业管理体系的一个重要组成部分，实现能源的自动化、数字化与系统化管理，为管理者提供系统化的能源管理工具，实现节能减排。能源管理系统在线监测企业的生产能耗动态信息，使用户实时了解生产环节和重点耗能设备的单位能效及变化趋势，并生成各种能耗与能效曲线、报表，如单位能耗、班耗、重点设备能耗等，为实施节能考核、能耗统计、能效评估等提供准确、可靠的数据，使企业准确合理地分析、评价自身的能源利用状况，是实现对能源消耗情况及监督管理的有效手段，从而降低单位产品的能源消耗，提高能源的利用效率，降低生产成本，提高经济效益。同时，依靠技术进步、制度创新、管理水平的提高来推动企业节能管理工作。

2. 能源管理的目标

（1）通过对能源的综合管理，提高能源利用效率，实现节能减排目标。

（2）掌握企业耗能状况：能源消耗的数量与构成、分布与流向。

（3）了解企业用能水平：能量利用和损失情况、能源利用率、综合能耗。

（4）找出企业耗能问题：管理、设备、工艺操作中的能源浪费问题。

（5）查清企业节能潜力：余能回收的数量、品种、参数、性质。

（6）核算企业节能效果：技术改进、设备更新、工艺改革等的经济效益、节能量。

（7）明确企业节能方向：工艺节能改造、产品节能改造，制定技改方案、措施等。

3. 能源管理系统的特点

（1）建立规范统一的能源信息管理与服务平台软件。

（2）建立综合能源监测数据库，实现能源数据的共享、交互和高效利用。

（3）能够对同类企业、不同类企业的能耗进行对比分析。

（4）增强企业对用能设备的能耗监控力度，为进一步节能降耗提供依据。

（5）增强能源管理各部门间的协调能力，加强管理，优化业务流程，协助领导层作出正确决策，提升决策反应速度与执行效率。

（6）制定能源管理服务信息数据的采集、传输、存储规范，形成能源数据管理和维护模式。

（7）通过能管系统促进用能单位同节能专家、节能企业、节能产品的沟通和交互，培育和建立、拓展现有的节能市场，推进节能产业的发展。

7.3.2　能源管理系统的总体思路

1. 系统网络结构

系统网络就是要把数据保存到数据服务器中供各种能源管理模块使用。这样就需要把获取到的数据传输到数据服务器中。根据以上方案，所有获取到的数据都是通过通信的方式传输到服务器，这样就大大简化了整体的结构。总体的规划是在中心构建一个环网作为中心数据传输的主干网络，采用千兆或者百兆以太网作为数据网络，把从现场获得的数据全部转换为以太网信号接入主干网络进行通信。系统网络结构如图 7-18 所示。

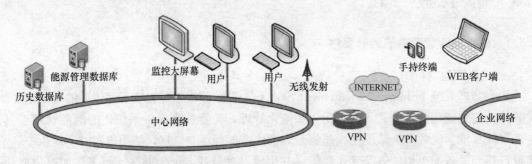

图 7-18　系统网络结构

数据库平台选择使用微软的 SQL Server 2008 数据库。Microsoft SQL Server 2008 是一个全面的数据库平台，使用集成的商业智能（BI）工具提供企业级的数据管理。Microsoft SQL Server 2008 数据库引擎为关系型数据和结构化数据提供了更安全可靠的存储功能，可以构建和管理用于业务的高可用和高性能的数据应用程序。此外 Microsoft SQL Server 2008 结合了分析、报表、集成和通知功能，可以提供可靠的关系数据库平台。

关于数据的安全访问，主要基于两点考虑：一是病毒对网络中电脑的破坏，对于这种问题，通过封闭能源管理的局域网络，限制客户端的介质接入，安装病毒防火墙构成，对于外界的访问，统一经过硬件防火墙过滤后接入网络；二是未经授权的数据访问，对于这一点，数据库提供了相应的用户验证机制，防止未经授权的客户访问数据获取相应的信息。

2. 数据采集

数据包括电、煤、煤气、蒸汽等能源数据。

建立能源管理系统，要求企业提供数据接口，能源管理系统直接从企业能源管理系统数据库中读取企业各车间能耗数据。根据调查发现，目前大部分企业内部并没有建立完善的能源管理系统，由此现状，数据来源可以考虑通过以下方式获取：

（1）对于已经建立能源管理系统的企业，能耗数据可直接通过现场采集控制系统进行采集，存储在企业能源管理中心数据库里，然后通过网络传输到能源管理中心数据库。

（2）对于未建立能源管理系统的企业，目前允许其通过手动录入报表，将能耗数据存储到实时数据库中，然后通过网络传输到能源管理中心数据库。

3. 能耗动态监测

监测企业某一时间段能源使用情况，可通过软件画面，对各企业的能耗情况进行直观显示。采用彩色仿真画面，利用图库中或自定义的各种图符元素，将企业能耗数据显示为棒状图、饼形图、曲线等图形。

4. 报表显示

以报表形式直观显示企业某一个时间段的能耗情况。

5. 用能监管

对于企业，设置某一类型的能源一个时段的用量上限，可判断企业用能情况，当企业用量超出设置值时，触发报警和异常诊断，及时提醒管理人员。

6. 能耗分析

可利用科学方法对企业进行能耗分析，如进行企业长期运行的热平衡、电平衡、气平衡，收集大量数据，进行耗能分析并找出节能方向，制定有效可行的节能方案，指导企业进行能源使用优化工作。

7.3.3　系统软件方案

系统软件包括若干功能模块，主要模块如图 7-19 所示。

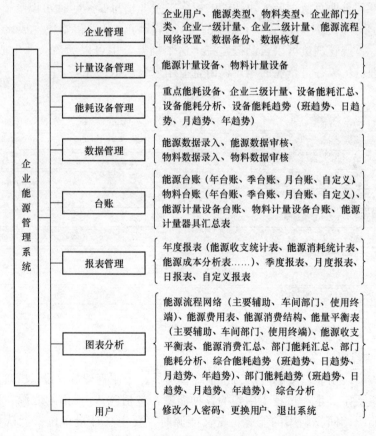

图 7-19　企业能源管理系统

1. 系统用户管理模块

系统用户分为系统管理员、企业管理员、设备管理员、数据录入员、数据审核员。界面如图 7-20 所示。

图 7-20　用户管理界面

其中系统管理员具有最高权限，能够创建各个层级的用户名和初始密码，并可以查看每个企业的内部能耗数据等。

企业管理员可以创建和管理各自企业的设备管理员、数据录入员和数据审核员，同时管理各自企业的部门分类，并可以查看各自企业的内部能耗数据等。

设备管理员可以管理各自企业的能源计量设备和物料计量设备，同时管理各自企业的能源类型和物料类型，并管理各自企业的能源流程网络设置（即企业一级计量和企业二级计量的设置）。

数据录入员仅负责对各自企业的能源计量设备和物料计量设备的数据录入。

数据审核员负责对录入数据的审核，只有审核完成的数据才能被分析。

2. 用能企业管理模块

只有系统管理员拥有使用该模块功能的权限，企业信息必须包括可以唯一识别的企业名称，如图 7-21 所示。一旦新建了一个用能企业，系统将会自动初始化生成该企业的数据结构或企业框架。系统管理员可以自己搭建完善这个框架，也可以为该企业生成企业管理员，然后由企业管理员生成各自企业的用户，由企业用户自己搭建完善。

企业信息

企业名称	某有限公司		
企业简称	陶瓷公司	机构代码	000011101
企业地址	广州市天河区五山路		
营业执照	010101	成立时间	1949-10-1
企业类型		经济性质	
注册资本（万元）	10000	法人代表	
邮政编码	510640	联系电话	020-87110000
传真	020-87110001	电子信箱	
企业网址			
备注	55555555555222		

图 7-21　企业信息

3. 能源类型管理模块

拥有使用该模块功能权限的用户为：系统管理员、企业管理员、设备管理员。界面如图 7-22 所示。这里要定义生产过程中用到的各种能源，包括购入/售出的能源、在加工转换工序产出的二次能源、回收利用的能源。定义能源时，要定义计量单位、默认单价、折标系数、是否库存和购入/转换属性。对该能源的计量方式根据是否库存的属性而有所不同。

4. 物料类型管理模块

拥有使用该模块功能权限的用户为：系统管理员、企业管理员、设备管理员。界面如图 7-23 所示。这里要定义生产过程中用到的各种物料，包括购入的原料、生产加工过程中的中间产物、售出的成品。定义物料时，要定义计量单位、默认单价、是否库存、是否成品和

图 7-22 能源类型

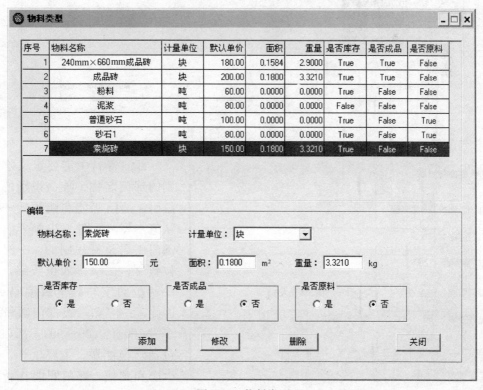

图 7-23 物料类型

是否原料属性。其中，计量单位可以选择"块""件""吨"，当计量单位为"块"时，就还需要输入面积和重量，当计量单位为"件"时，就只需要输入重量，当计量单位为"吨"时，就不需要输入面积和重量。

5. 企业部门管理模块

拥有使用该模块功能权限的用户为：系统管理员、企业管理员。界面如图 7-24 所示。该模块主要是根据企业各个生产部门或生产车间进行部门分类，一个部门下面可以包括一个或多个用能设备，如果部门下面没有添加用能设备，则该部门就是一个使用终端，即该部门就是一个用能设备。

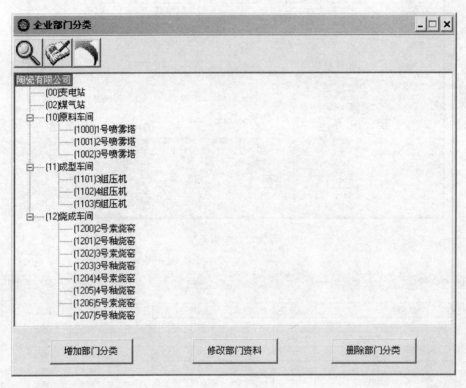

图 7-24　企业部门分类

图 7-25　部门资料

部门资料中需要定义唯一识别的部门名称、唯一识别的部门编码、部门职能和能源效率（默认值）等，如图 7-25 所示。其中部门编码是有规则的，一级是两位数字，二级是四位数字，并且头两位数字与其上级编码一致，因此，一级和二级部门数量都最多为 100 个（00～99）。部门职能包括转换能源、主要生产、辅助生产和其他，部门职能在新建部门时要定义好，因为一旦新建完成就无法修改部门职能，并且能源流程网络将会根据部门职能自动将其安排在对应的环节（加工转换和最终使用）。

6. 能源计量设备管理模块

拥有使用该模块功能权限的用户为：系统管理员、企业管理员、设备管理员。界面如图7-26 所示。定义能源计量设备时需要定义唯一识别的设备编号、唯一识别的设备名称、计量能源中的能源类型、计量级别和是否在线等。其中计量级别可以为 1 级或 2 级，当计量级别为 1 级时，计量对象只能选择企业；当计量级别为 2 级时，计量对象将变为计量部门，复选框将列出所有使用终端。如果可以确定该计量设备计量某使用终端（即部门分类中的终端），用户可以在此选择某个使用终端。如果不能确定计量设备计量哪个使用终端，用户可以选择空白项。

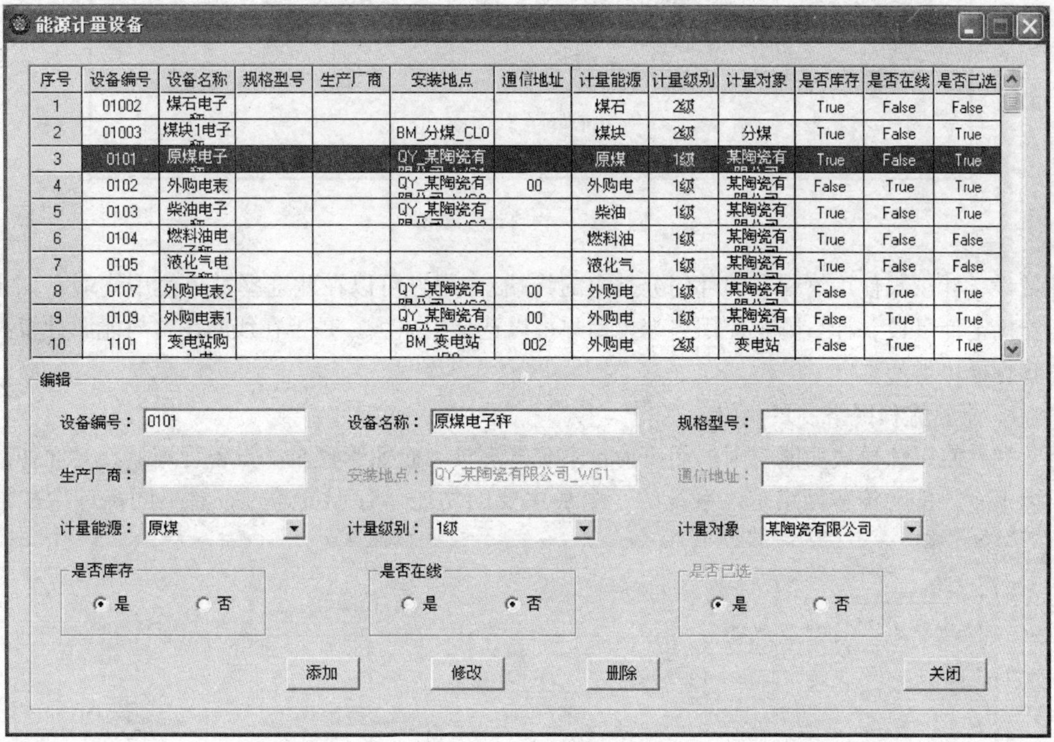

图 7-26　能源计量设备

特别说明，在企业具有能源管理中心的条件下，即企业建立了能源管理系统的数据服务器，如果能源管理中心具有该能源计量设备的数据库，则可将是否在线属性设置为是，并填写规定格式的通信地址。通信地址包含了企业服务器的地址、服务器类型、服务器名称、数据库名称、表名称等信息，系统将会按班次定期从企业的数据服务器读取该能源计量设备的计量信息，从而减少数据录入员的工作量。

7. 物料计量设备管理模块

拥有使用该模块功能权限的用户为：系统管理员、企业管理员、设备管理员。界面如图7-27 所示。定义物料计量设备时需要定义唯一识别的设备编号、唯一识别的设备名称、计量物料中的物料类型、计量级别和是否在线等。其中计量级别只需要 2 级。如果可以确定该

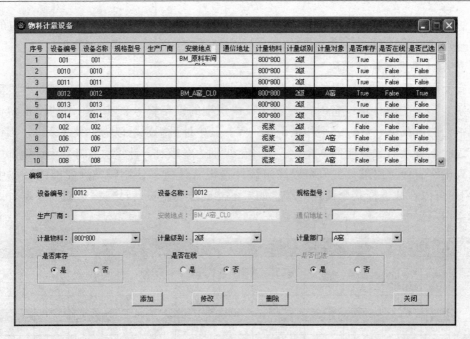

图 7-27　物料计量设备

计量设备计量某使用终端（即部门分类中的终端），用户可以在此选择某个使用终端。如果不能确定计量设备计量哪个使用终端，用户可以选择空白项。是否在线的设置与能源计量设备管理模块类似。

8. 能源流程网络设置模块

拥有使用该模块功能权限的用户为：系统管理员、企业管理员、设备管理员。界面如图7-28 所示。能源流程网络是该系统的一个最主要的功能，管理员通过查看不同统计期的能

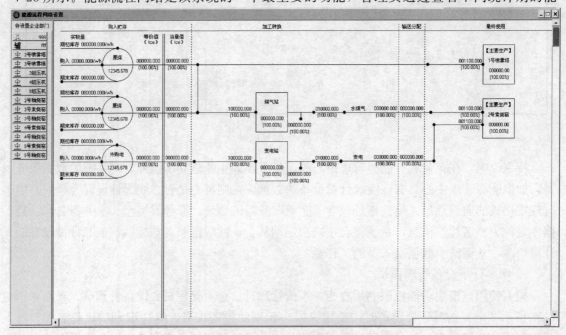

图 7-28　能源流程网络设置

源流程网络，可以非常直观、详细地了解各种能源的流向、各个部门或各个使用终端（用能设备）的能源消耗状况。在使用能源流程网络功能之前，必须先设置好能源流程网络。首先建立完整的企业部门构架，然后建立进出各个使用终端的能源计量设备（2 级计量设备），建立进出整个企业的能源计量设备（1 级计量设备），再进入企业一级计量（图 7-29）和企业二级计量（图 7-30）进行设置（注意，进出企业或各个使用终端的能源数量最多为 10 个），最后进入能源流程网络设置模块进行设置（进入前，企业一级计量必须设置完整，否则无法进入）。在设置模块中，用户可以浏览整个网络的布局和待设置企业部门（即有待设置企业二级计量的使用终端）。能源流程网络主要根据国家标准 GB/T 28749—2012《企业能量平衡网络图绘制方法》来进行设计，整个网络分为四个环节，即购入贮存、加工转换、输送分配和最终使用。企业一级计量的外购能源将在购入贮存环节自动显示，并以圆圈表示；企业一级计量的售出能源将在对应能源计量数据的下方自动显示，并以绿色或红色作为背景色；加工转换的企业部门将在加工转换环节自动显示，并以方块表示；主要生产、辅助生产和其他的企业部门将在最终使用环节自动显示，也以方块表示，并标识出各自的部门职能。只要企业一级计量和企业二级计量都设置完整，系统将自动形成能源流程网络，用户只需调整各个单元的位置以及美观网络画面。

图 7-29　企业一级计量

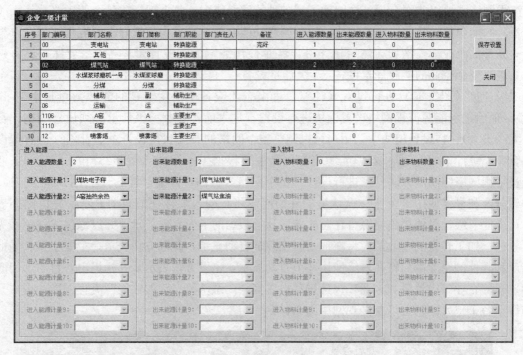

图 7-30　企业二级计量

9. 能源计量器具汇总模块

拥有使用该模块功能权限的用户为：系统管理员、企业管理员、设备管理员。界面如图 7-31 所示。该模块将自动统计企业各级的能源计量设备并生成表格，用户可保存表格为 excel 文档（图 7-32）。

序号	能源计量类别	1级				2级				3级			
		应装数	安装数	配备率	完好率	应装数	安装数	配备率	完好率	应装数	安装数	配备率	完好率
		台	台	%	%	台	台	%	%	台	台	%	%
1	柴油	1	1	100	100	2	2	100	100				
2	外购电	3	3	100	100	1	1	100	100				
3	原煤	1	1	100	100	3	3	100	100				
4	A窑抽热余热					2	2	100	100				
5	B窑抽湿余热					2	2	100	100				
6	变电	1	1	100	100	3	3	100	100				
7	焦油	1	1	100	100	1	1	100	100				
8	煤块					2	2	100	100				
9	水煤浆					2	2	100	100				
10	水煤气					3	3	100	100				
11	合计	7	7	100	100	21	21	100	100				

图 7-31　能源计量器具汇总表

序号	能源计量类别	1级				2级				3级			
		应装数	安装数	配备率	完好率	应装数	安装数	配备率	完好率	应装数	安装数	配备率	完好率
		台	台	%	%	台	台	%	%	台	台	%	%
1	柴油	1	1	100	100	2	2	100	100				
2	外购电	3	3	100	100	1	1	100	100				
3	原煤	1	1	100	100	3	3	100	100				
4	A窑抽热余热					2	2	100	100				
5	B窑抽湿余热					2	2	100	100				
6	变电	1	1	100	100	3	3	100	100				
7	焦油	1	1	100	100	1	1						
8	煤块					2	2	100	100				
9	水煤浆					2	2	100	100				
10	水煤气					3	3	100	100				
11	合计	7	7	100	100	21	21	100	100				

图 7-32　能源计量器具汇总表（excel 文档）

10. 能源数据录入模块

拥有使用该模块功能权限的用户为：系统管理员、企业管理员、数据录入员、数据审核员。界面如图 7-33 所示。在该模块中，用户可以按班次每个班次录入一条记录，也可以隔若干个班次录入一条记录。根据一般企业班次安排，每天安排 3 个班（早、中、晚），系统为了方便数据统计，将早、中、晚分别对应为 A、B、C。如果用户只想每天录入一条记录，

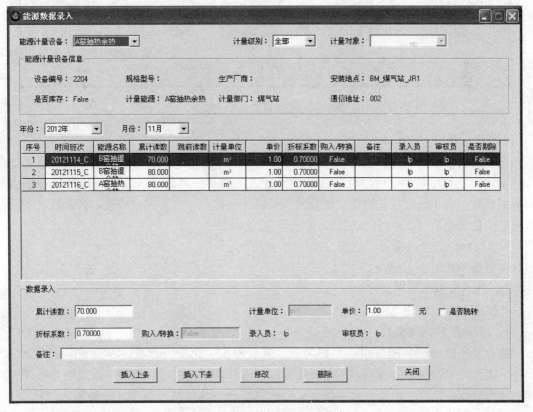

图 7-33　能源数据录入（非库存）

271

则每天录入 C 班的记录即可。

当能源计量设备的是否库存属性为"是"时，用户需录入进入量和期末库存（图7-34）；当能源计量设备的是否库存属性为"否"时，用户需录入累计读数，并设置是否跳转属性，如果勾选了是否跳转，则还需录入跳前读数（图 7-34）。当能源价格或低位热值发生变化时，用户可以录入对应时间的单价或折标系数。

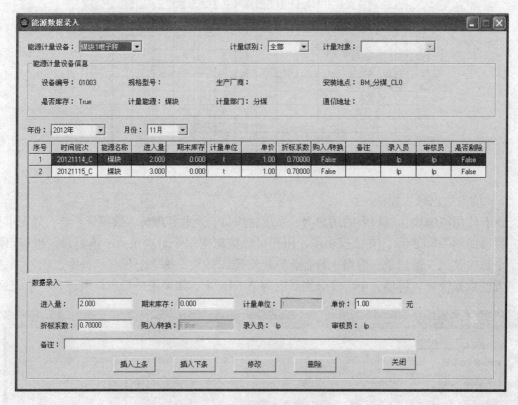

图 7-34　能源数据录入（库存）

11. 能源数据审核模块

拥有使用该模块功能权限的用户为：系统管理员、企业管理员、数据审核员。界面如图 7-35 所示。在该模块中，用户可以对某一计量设备的某一月的录入数据进行批量审核或批量退回修改。对于已审核的数据，数据录入员将无法修改，如果需要修改，必须通过审核员退回修改后再修改。

12. 物料数据录入模块

类似能源数据录入模块。

13. 物料数据审核模块

类似能源数据审核模块。

14. 能源流程网络模块

拥有使用该模块功能权限的用户为：系统管理员、企业管理员。界面如图 7-36 所示。当各个能源计量设备在统计期内的能源数据都录入并审核完成后，用户只需设置开始日期班次和结束日期班次，点击统计，系统将自动计算统计，并将结果显示在能源流程网络图中。能源流程网络除了按照国家标准 GB/T 28749—2012《企业能量平衡网络图绘制方法》设计

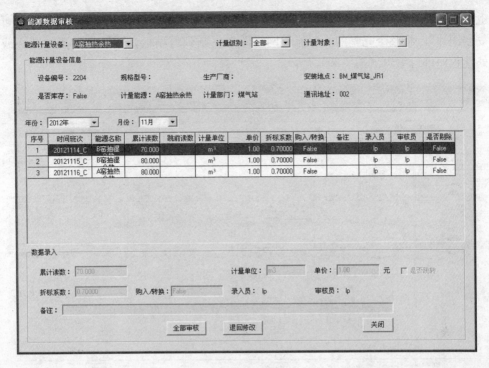

图 7-35　能源数据审核

外，还在其基础上考虑了售出能源、回收利用能源，并将能源损失细分为贮存损失、转换损失、输送损失、回收损失和最终损失。在国家标准 GB/T 28749—2012 中，最终使用环节中只是按主要生产、辅助生产、其他等来分类，而未细分到使用终端或车间部门。在本系统中，用户则可以根据自己的需求分别选择三种不同方式（三种方式分别为使用终端、主要辅助、车间部门，分别如图 7-36、图 7-37、图 7-38 所示）来显示能源流程网络。在该模块中，

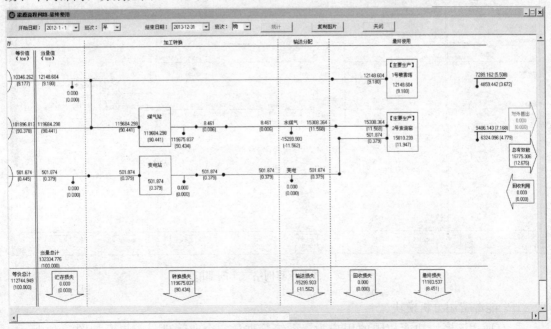

图 7-36　能源流程网络（使用终端）

用户也可以调整各个单元的位置以及美观网络画面。能源流程网络统计完成后，用户可以点击"复制图片"，将整个完整的能源流程网络图片复制到剪贴板，然后粘贴至画图板或其他图片处理程序进行编辑（图 7-39）。

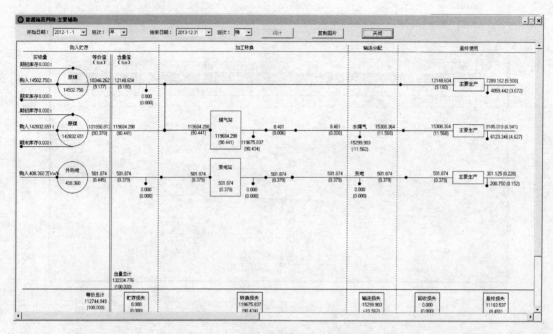

图 7-37　能源流程网络（主要辅助）

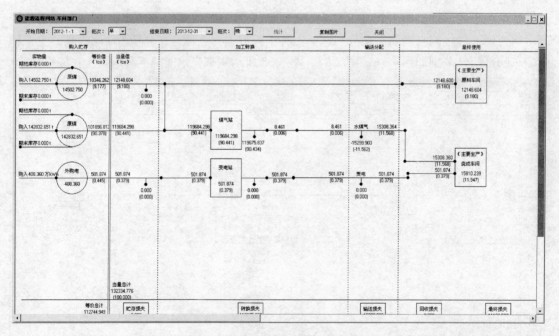

图 7-38　能源流程网络（车间部门）

15. 能源费用分析模块

拥有使用该模块功能权限的用户为：系统管理员、企业管理员。界面如图 7-40 所示。

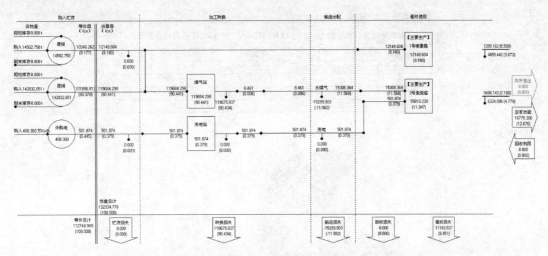

图 7-39　能源流程网络图片

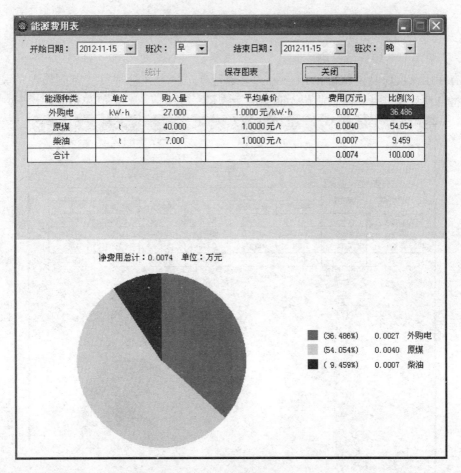

图 7-40　能源费用表

该模块将自动计算统计期内企业购入能源的购入量、平均单价、费用和比例并生成图表，用户可保存图表为 excel 文档（图 7-41）。

275

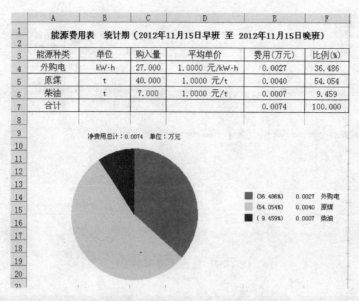

图 7-41 能源费用表（excel 文档）

16. 能源消费结构分析模块

拥有使用该模块功能权限的用户为：系统管理员、企业管理员。界面如图 7-42 所示。该模块将自动计算统计期内企业购入能源的实物量、等价值、当量值和相应的比例并生成图

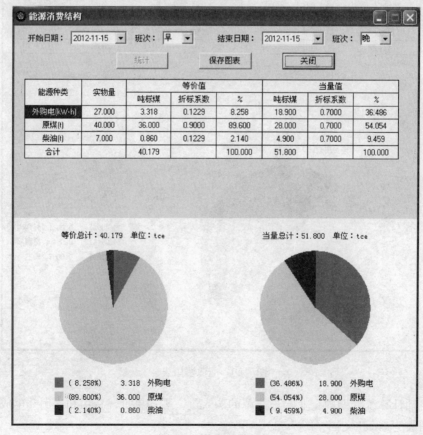

图 7-42 能源消费结构

表，可保存图表为 excel 文档（图 7-43）。

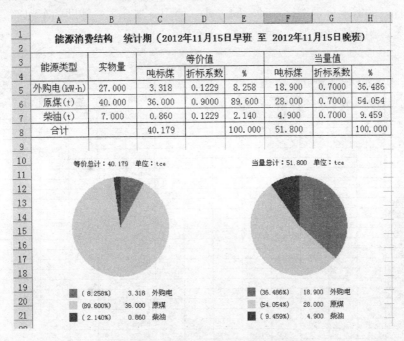

图 7-43　能源消费结构（excel 文档）

17. 能量平衡分析模块

拥有使用该模块功能权限的用户为：系统管理员、企业管理员。界面如图 7-44 所示。该模块主要根据国家标准 GB/T 28749—2012《企业能量平衡网络图绘制方法》进行设计，它将自动计算统计期内各种能源分别在购入贮存、加工转换、输送分配和最终使用四个环节

项目	购入贮存			加工转换					输送分配	最终使用		
能源名称	实物量	等价值	当量值	变电站	煤气站	水煤浆球磨	分煤	小计		辅助	运输	A窑
	1	2	3	4	5	6	7	8		10	11	12
供入能量 水煤浆									14.000			
煤块					1.400			1.400	2.100			
A窑抽热余					7.000			7.000	1.400			
B窑抽湿余									3.500			
小计		40.178	51.800	2.100	8.400	21.000	3.500	35.000	106.400	28.000	3.500	35.000
有效能量 外购电		7.000							7.000			
原煤		52.500							52.500	14.000		
柴油		3.500							3.500		3.115	
变电				1.400				1.400	25.900			1.050
水煤气					14.000			14.000	18.200			0.700
焦油					7.000			7.000	4.200			
水煤浆						14.000		14.000	0.000			
煤块							2.100	2.100	1.400			
A窑抽热余									7.000			
B窑抽湿余									0.700			
小计		63.000	1.400	21.000	14.000	2.100	38.500	120.400	14.000	3.115	1.750
回收利用												1.400
损失能量		-11.200	0.700	-12.600	7.000	1.400	-3.500	-14.000	14.000	0.385	31.850
合计		51.800	2.100	8.400	21.000	3.500	35.000	106.400	28.000	3.500	35.000
能量利用率		121.622	66.667	250.000	66.667	60.000	110.000	113.158	50.000	89.000	5.000

企业能量利用率：37.338 %

图 7-44　能量平衡表

中的供入能量和有效能量，并得到整个企业的能量利用率。与能源流程网络模块类似，用户也可以根据自己的需求分别选择三种不同方式（使用终端、主要辅助、车间部门）来显示能源平衡分析表。用户同样可保存表格为 excel 文档（图 7-45）。

	A	B	C	D	E	F	G	H	I	J	K	L	M	N	O	P	Q
1	企业能量平衡表																
2	统计期：2012年11月15日早班 至 2012年11月15日晚班															单位：tce	
3	项目 能源名称		购入贮存			加工转换					输送分配	最终使用					
4			实物量	等价值	当量值	变电站	煤气站	浆球磨机	分煤	小计		辅助	运输	A窑	B窑	喷雾塔	小计
5			1	2	3	4	5	6	7	8	9	10	11	12	13	14	15
6	供入能量	外购电	27 kWh	3.318	18.900	2.100				2.100	7.000						
7		原煤	40 t	36.000	28.000			21.000	3.500	24.500	52.500	28.000					28.000
8		柴油	7 t	0.860	4.900						3.500		3.500				3.500
9		变电									1.400			21.000	2.800		23.800
10		水煤气									14.000			14.000	4.200		18.200
11		焦油									7.000						
12		水煤浆									14.000						
13		煤块					1.400			1.400	2.100						
14		A窑抽热余热					7.000			7.000	1.400						
15		B窑抽湿余热									3.500					0.700	0.700
16		小计		40.178	51.800	2.100	8.400	21.000	3.500	35.000	106.400	28.000	3.500	35.000	7.000	0.700	74.200
17	有效能量	外购电			7.000						7.000						
18		原煤			52.500						52.500	14.000					14.000
19		柴油			3.500						3.500		3.115				3.115
20		变电				1.400				1.400	25.900			1.050	0.168		1.218
21		水煤气					14.000			14.000	18.200			0.700	0.252		0.952
22		焦油					7.000			7.000	4.200						
23		水煤浆						14.000		14.000	0.000						
24		煤块							2.100	2.100	1.400						
25		A窑抽热余热									7.000						
26		B窑抽湿余热									0.700					0.056	0.056
27		小计			63.000	1.400	21.000	14.000	2.100	38.500	120.400	14.000	3.115	1.750	0.420	0.056	19.341
28	回收利用													1.400	3.500		4.900
29	损失能量				-11.200	0.700	-12.600	7.000	1.400	-3.500	-14.000	14.000	0.385	31.850	3.080	0.644	49.959
30	合计				51.800	2.100	8.400	21.000	3.500	35.000	106.400	28.000	3.500	35.000	7.000	0.700	74.200
31	能量利用率				121.622	66.667	250.000	66.667	60.000	110.000	113.158	50.000	89.000	5.000	6.000	8.000	26.066
32	企业能量利用率：37.338 %																

图 7-45 能量平衡表（excel 文档）

18. 能源收支平衡分析模块

拥有使用该模块功能权限的用户为：系统管理员、企业管理员。界面如图 7-46 所示。

能源收支平衡表

开始日期：2012-11-15 班次：早 结束日期：2012-11-15 班次：晚 统计 保存表格 关闭

能源名称	单位	折标系数	期初库存量	期末库存量	收入			支出			盈亏量
					库存变化量	购入消费量	自产量	转换消耗量	直接消耗量	外销量	
外购电	kW·h	0.7000				27.000		3.000	20.000	7.000	
	tce					18.900		2.100	14.000	4.900	
原煤	t	0.7000	0.000	0.000	0.000	40.000		35.000	40.000		
	tce		0.000	0.000	0.000	28.000		24.500	28.000		
柴油	t	0.7000	0.000	0.000	0.000	7.000			7.000		
	tce		0.000	0.000	0.000	4.900			4.900		
变电	kW·h	0.1229					17.087				
	tce						2.100				
水煤气	m^3	0.2182					25.665				
	tce						5.600				
焦油	t	0.1229					22.783				
	tce						2.800				
水煤浆	m^3	0.2182					96.242				
	tce						21.000				
煤块	t	713.4000					0.005	0.002			
	tce						3.500	1.400			
A窑抽热余热	m^3	0.2182						32.081			
	tce							7.000			
B窑抽湿余热	m^3	0.2182									
	tce										
小计	tce					51.800	(35.000)	(35.000)	46.900	4.900	
合计	tce					51.800			51.800		

注：自产二次能源等于用于该二次能源所需的能源标准煤量

图 7-46 能源收支平衡表

该模块主要根据国家标准 GB/T 3484—2009《企业能量平衡通则》进行设计，它将自动计算统计期内各种能源的期初库存量、期末库存量、库存变化量、购入消费量、自产量、转换消耗量、直接消耗量、外销量和盈亏量并生成表格，用户可保存表格为 excel 文档(图 7-47)。

企业能源收支平衡表

统计期：2012年11月15日早班 至 2012年11月15日晚班

能源名称	单位	折标系数	期初库存量	期末库存量	收入			支出			盈亏量
					库存变化量	购入消费量	自产量	转换消耗量	直接消耗量	外销量	
外购电	kW·h	0.7000				27.000		3.000	20.000	7.000	
	tce					18.900		2.100	14.000	4.900	
原煤	t	0.7000	0.000	0.000	0.000	40.000		35.000	40.000		
	tce		0.000	0.000	0.000	28.000		24.500	28.000		
柴油	t	0.7000	0.000	0.000	0.000	7.000			7.000		
	tce		0.000	0.000	0.000	4.900			4.900		
变电	kW·h	0.1229					17.087				
	tce						2.100				
水煤气	m³	0.2182					25.665				
	tce						5.600				
焦油	t	0.1229					22.783				
	tce						2.800				
水煤浆	m³	0.2182					96.242				
	tce						21.000				
煤块	t	713.4000					0.005	0.002			
	tce						3.500	1.400			
A窑抽热余热	m³	0.2182						32.081			
	tce							7.000			
B窑抽湿余热	m³	0.2182									
	tce										
小计	tce					51.800	(35.000)	(35.000)	46.900	4.900	
合计	tce					51.800			51.800		

注：自产二次能源等于用于该二次能源所需的能源标准煤量

图 7-47　能源收支平衡表（excel 文档）

19. 能源消费汇总模块

拥有使用该模块功能权限的用户为：系统管理员、企业管理员。界面如图 7-48 所示。

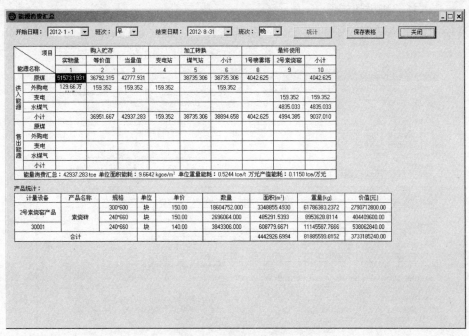

图 7-48　能源消费汇总

该模块将自动计算统计期内各种能源分别在购入贮存、加工转换和最终使用三个环节中的供入能源和售出能源，同时也计算统计各种产品规格的数量、面积、质量和价值，并得到整个企业的能量消费汇总、单位面积能耗、单位质量能耗、万元产值能耗，用户可保存表格为 excel 文档。

20. 部门能耗汇总模块

拥有使用该模块功能权限的用户为：系统管理员、企业管理员。界面如图 7-49 所示。该模块将自动计算统计期内选定部门进入能源和出来能源的各能源计量设备所涉及能源的实物量、当量值和价值，用户可保存表格为 excel 文档。

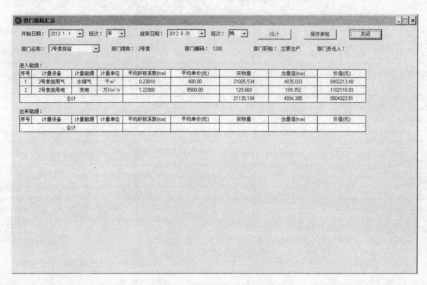

图 7-49　部门能耗汇总

21. 部门能耗分析模块

拥有使用该模块功能权限的用户为：系统管理员、企业管理员。界面如图 7-50 所示。

图 7-50　部门能耗分析

该模块除了部门能耗汇总，还将自动计算统计期内选定部门进入物料和出来物料的各物料计量设备所涉及物料的数量、面积、质量和价值，并得到该部门的单位面积能耗、单位质量能耗、单位产值能耗，用户可保存表格为 excel 文档。

22. 综合能耗趋势模块

拥有使用该模块功能权限的用户为：系统管理员、企业管理员。该模块包括整个企业能耗的班趋势、日趋势、月趋势（图 7-51）和年趋势。用户可根据自己的需求选择不同的方式，并可以复制图片（图 7-52）进行编辑，图中包括整个企业的能源趋势、产品质量趋势、产品面积趋势、产品价值趋势、产品质量单耗趋势、产品面积单耗趋势和万元产值能耗趋势。

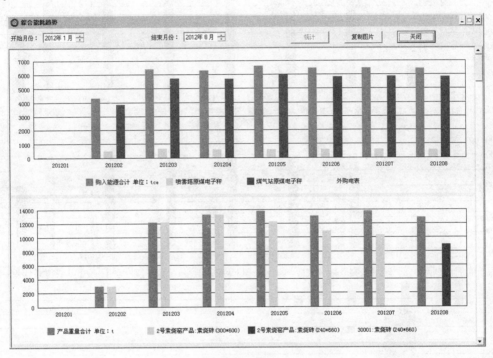

图 7-51　综合能耗趋势（月趋势）

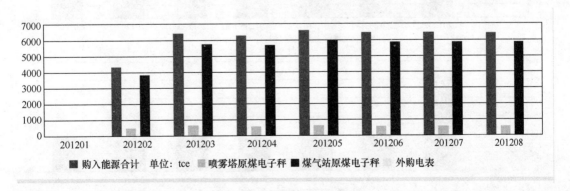

图 7-52　综合能耗趋势（图片）（一）

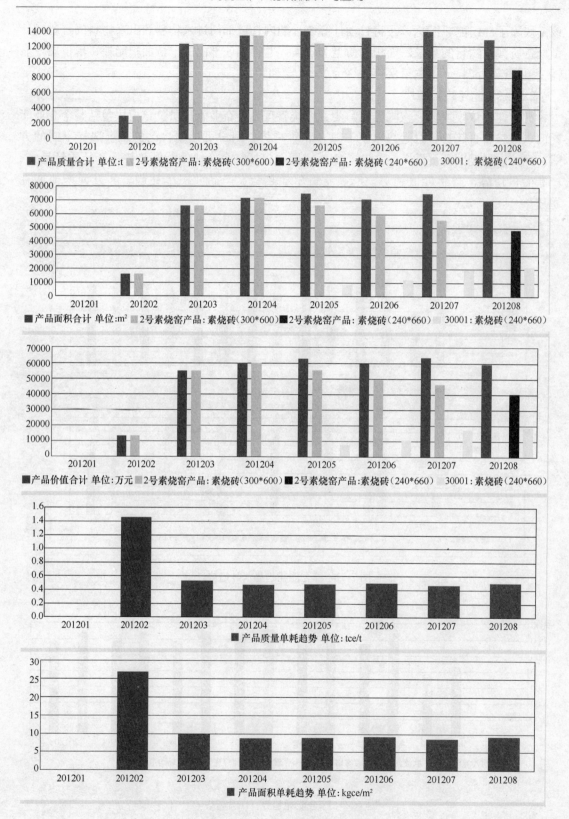

图 7-52 综合能耗趋势（图片）（二）

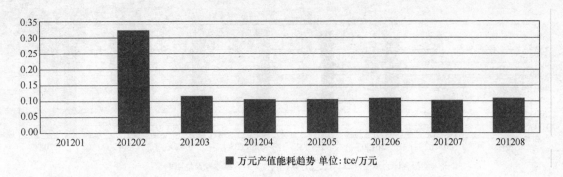

图 7-52　综合能耗趋势（图片）（三）

23. 部门能耗趋势模块

拥有使用该模块功能权限的用户为：系统管理员、企业管理员。该模块包括选定部门能耗的班趋势、日趋势、月趋势（图 7-53）和年趋势。用户可根据自己的需求选择不同的方式，并可以复制图片（图 7-54）进行编辑，图中包括选定部门的能源趋势、产品质量趋势、产品面积趋势、产品价值趋势、产品质量单耗趋势、产品面积单耗趋势和万元产值能耗趋势。

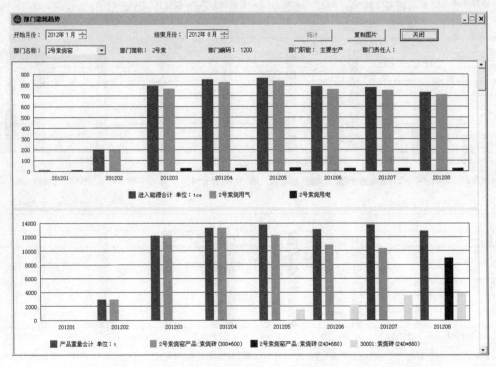

图 7-53　部门能耗趋势（月趋势）

24. 综合分析模块

拥有使用该模块功能权限的用户为：系统管理员、企业管理员。该模块包括数值显示、柱图显示、饼图显示、堆积图表和比较图表等强大的图表分析功能。用户可根据自己的需求选择不同的分析方式，并可以导出 excel 文档。图 7-55 为综合分析的主界面。

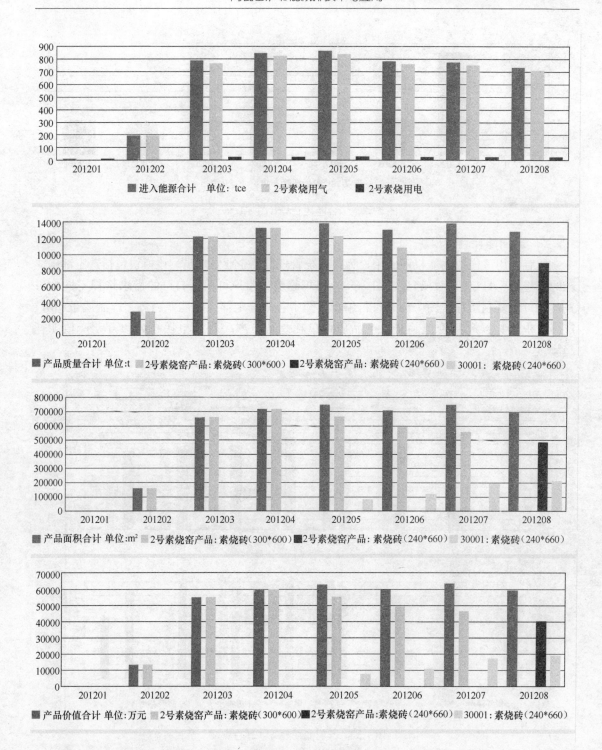

图 7-54　部门能耗趋势（图片）（一）

图 7-56 是数值显示的结果，可以按条件 1 设定的统计期和部门、能耗设备、能耗和物料类型、计量设备，按年、月、日或班次计算所涉及的所有的项目的进入能源、出来能源、进入物料和出来物料的合计并汇总。

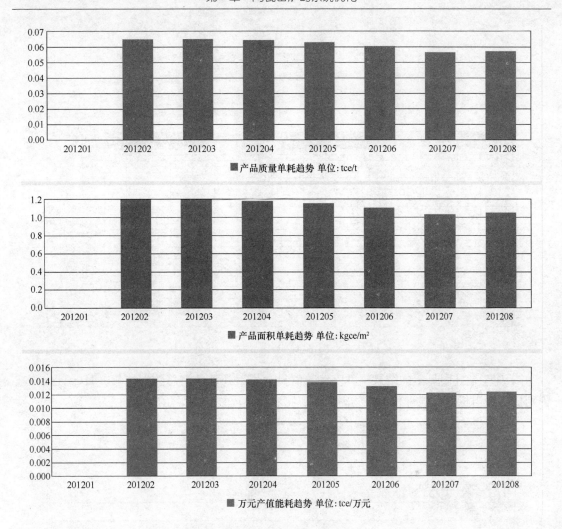

图 7-54   部门能耗趋势（图片）（二）

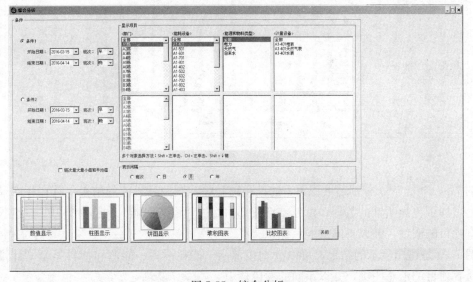

图 7-55   综合分析

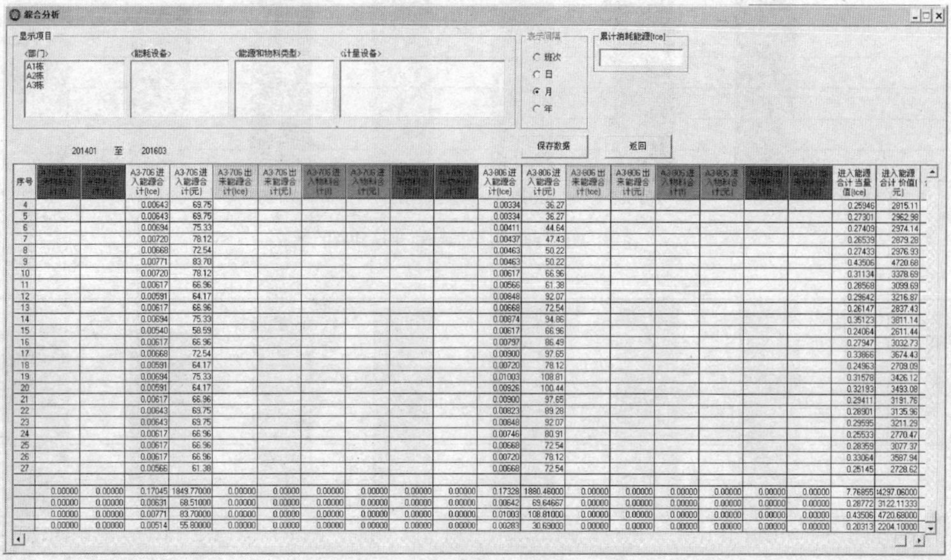

图 7-56　数值显示

图 7-57 是柱图显示的结果，可以将数值显示最后处理的汇总数据按年、月、日或班次分别按能源当量值、能源价值、物料质量、物料价值以柱状图显示出来。

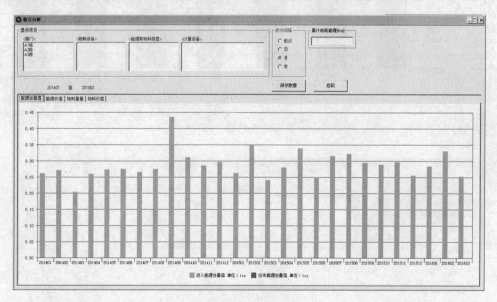

图 7-57　柱图显示

图 7-58 和图 7-59 分别是堆积图表的堆积图和柱状图两种方式的结果，其在柱图显示的基础上增加了更加明细的数据，可以分别按部门、能耗设备、能源和物料类型、计量设备列出所有项目的明细，并以不同的颜色标识。

图 7-60 是饼图显示的结果，可以分别按部门、能耗设备、能源和物料类型、计量设备列出所有项目的汇总明细，并以不同的颜色标识。

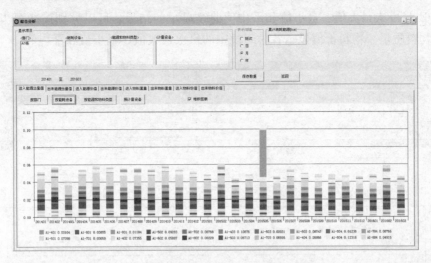

图 7-58 堆积图表（堆积）

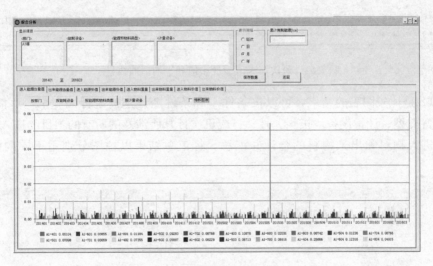

图 7-59 堆积图表（柱图）

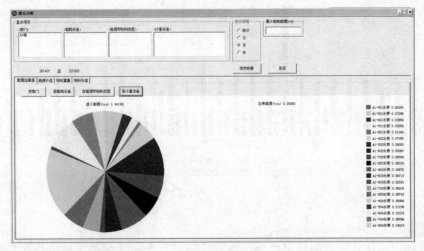

图 7-60 饼图显示

图 7-61 是班次最大值、最小值和平均值曲线显示的结果，可以分别按能源当量值、能源价值、物料质量、物料价值显示各时间段中的班次最大值、最小值和平均值。

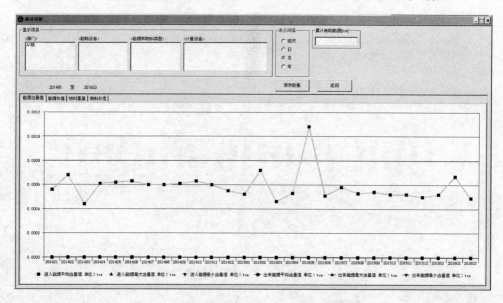

图 7-61　班次最大值、最小值和平均值曲线显示

图 7-62 是比较图表的结果，可以按条件 1 和条件 2 设定的统计期和部门、能耗设备、能耗和物料类型、计量设备，按年、月、日或班次计算所涉及的所有的项目的进入能源、出来能源、进入物料和出来物料的合计并汇总，将汇总结果以柱图分别用不同的颜色标识出来。

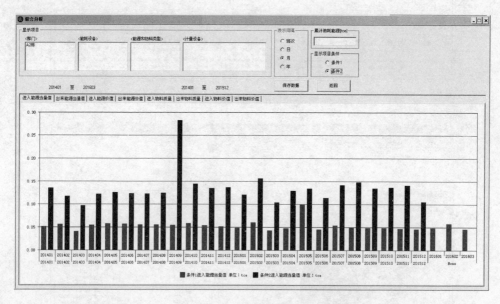

图 7-62　比较图表

25. 报表管理模块

拥有使用该模块功能权限的用户为：系统管理员、企业管理员。该模块包括年度报表、

季度报表、月度报表、日报表和自定义报表。用户可根据自己的需求选择不同的报表方式，并可以导出 excel 文档（图 7-64）。图 7-63 为能源收支统计表，其他形式的报表可以根据用户的要求定制。

图 7-63　能源收支统计表

序号	能源种类	平均折标系数 (tce)	计量单位	平均单价 (元)	期初库存	本期 购入量	本期 库管输送损失	本期 实消	期末库存	备注
	能源收支统计表								单位: tce	
	统计期: 2012年1月1日早班 至 2012年8月31日晚班									
1	原煤	0.82946	t	457.45	0.000	51573.193	0.000	51573.193	0.000	
2	外购电	1.22900	万kW·h	8500.00	0.000	129.660	0.000	129.660	0.000	

图 7-64　能源收支统计表（excel 文档）

26. 能源台账管理模块

拥有使用该模块功能权限的用户为：系统管理员、企业管理员、数据录入员和数据审核员。该模块包括年台账、季台账、月台账和自定义（即实际计量的原始数据）。用户可根据自己的需求选择不同的方式输出对应的能源台账（图 7-65），并可以导出 excel 文档（图7-66）。

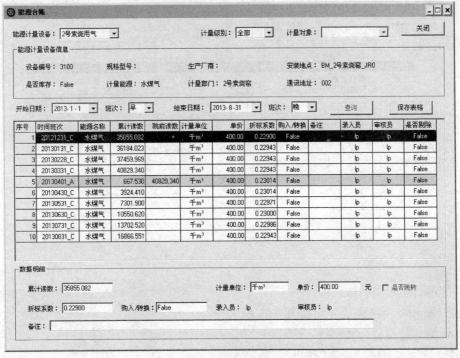

图 7-65　能源台账

		2号素烧用气的能源计量台账											
序号	时间班次	能源名称	累计读数	跳前读数	计量单位	单价	折标系数	购入/转换	备注	录入员	审核员	是否剔除	是否跳转
1	20121231_C	水煤气	35855.082		千m³	400.00	0.22900	FALSE		1p	1p	FALSE	FALSE
2	20130131_C	水煤气	36184.023		千m³	400.00	0.22943	FALSE		1p	1p	FALSE	FALSE
3	20130228_C	水煤气	37459.969		千m³	400.00	0.22943	FALSE		1p	1p	FALSE	FALSE
4	20130331_C	水煤气	40829.340		千m³	400.00	0.22943	FALSE		1p	1p	FALSE	FALSE
5	20130401_A	水煤气	667.530	40829.340	千m³	400.00	0.23014	FALSE		1p	1p	FALSE	TRUE
6	20130430_C	水煤气	3924.410		千m³	400.00	0.23014	FALSE		1p	1p	FALSE	FALSE
7	20130531_C	水煤气	7301.900		千m³	400.00	0.22971	FALSE		1p	1p	FALSE	FALSE
8	20130630_C	水煤气	10550.620		千m³	400.00	0.23000	FALSE		1p	1p	FALSE	FALSE
9	20130731_C	水煤气	13702.520		千m³	400.00	0.22986	FALSE		1p	1p	FALSE	FALSE
10	20130831_C	水煤气	16866.551		千m³	400.00	0.22943	FALSE		1p	1p	FALSE	FALSE

时段：2013年1月1日早班 至 2013年8月31日晚班
设备编号：3100 规格型号： 生产厂商： 安装地点：BM_2号烧窑_JR0
是否库存：False 计量能源：水煤气 计量对象：2号素烧窑 通讯地址：002

图 7-66 能源台账（excel 文档）

27. 物料台账管理模块

拥有使用该模块功能权限的用户为：系统管理员、企业管理员、数据录入员和数据审核员。该模块包括年台账、季台账、月台账和自定义（即实际计量的原始数据）。用户可根据自己的需求选择不同的方式输出对应的物料台账（图 7-67），并可以导出 excel 文档（图7-68）。

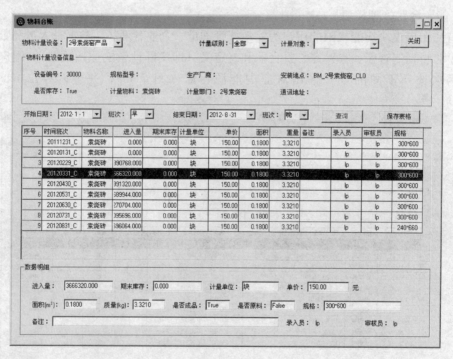

图 7-67 物料台账

28. 能源计量设备台账模块

能源计量设备台账模块界面如图 7-69 所示。

29. 物料计量设备台账模块

物料计量设备台账模块界面如图 7-70 所示。

	A	B	C	D	E	F	G	H	I	J	K	L	M	N	O	P
1	2号素烧窑产品的物料计量台账														
2	时段：2012年1月1日早班 至 2012年8月31日晚班														
3	设备编号：30000 规格型号：　生产厂商：　安装地点：BM_2号素烧窑_CL0														
4	是否库存：True 计量能源：素烧砖 计量对象：2号素烧窑 通讯地址：														
5	序号	时间班次	物料名称	进入量	期末库存	计量单位	单价	面积	重量	是否成	是否原	备注	录入员	审核员	是否删除	规格
6	1	20111231_C	素烧砖	0.000	0.000	块	150.00	0.18000	3.321	TRUE	FALSE		lp	lp	FALSE	300*600
7	2	20120131_C	素烧砖	0.000	0.000	块	150.00	0.18000	3.321	TRUE	FALSE		lp	lp	FALSE	300*600
8	3	20120229_C	素烧砖	890768.000	0.000	块	150.00	0.18000	3.321	TRUE	FALSE		lp	lp	FALSE	300*600
9	4	20120331_C	素烧砖	3666320.000	0.000	块	150.00	0.18000	3.321	TRUE	FALSE		lp	lp	FALSE	300*600
10	5	20120430_C	素烧砖	3991320.000	0.000	块	150.00	0.18000	3.321	TRUE	FALSE		lp	lp	FALSE	300*600
11	6	20120531_C	素烧砖	3689944.000	0.000	块	150.00	0.18000	3.321	TRUE	FALSE		lp	lp	FALSE	300*600
12	7	20120630_C	素烧砖	3270704.000	0.000	块	150.00	0.18000	3.321	TRUE	FALSE		lp	lp	FALSE	300*600
13	8	20120731_C	素烧砖	3095696.000	0.000	块	150.00	0.18000	3.321	TRUE	FALSE		lp	lp	FALSE	300*600
14	9	20120831_C	素烧砖	2696064.000	0.000	块	150.00	0.18000	3.321	TRUE	FALSE		lp	lp	FALSE	240*660

图 7-68　物料台账（excel 文档）

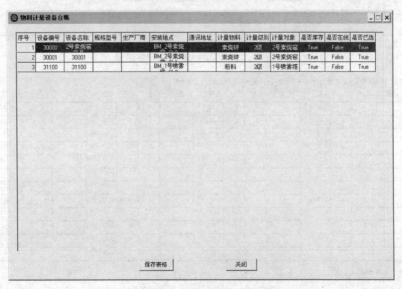

图 7-69　能源计量设备台账

图 7-70　物料计量设备台账

30. 数据维护管理模块

拥有使用该模块功能权限的用户为：系统管理员。该模块包括数据备份、数据恢复、数据初始化等功能。

31. 重点能耗设备管理模块

拥有使用该模块功能权限的用户为：系统管理员。该模块包括重点能耗设备的基本信息（图7-71）、48点控制温度（图7-72）、48点监测温度（图7-73）、24点控制压力（图7-74）、16点监测压力（图7-75）、32点其他mA（图7-76）、48点风机电机（图7-77）、8点消耗燃气、4点耗电表、8点产品计数等（图7-78）信号信息，并且可以进入重点能耗设备的监控系统。在基本信息中设备编号和设备名称是唯一识别的，并可以任意设置监控系统主画面的背景图片。

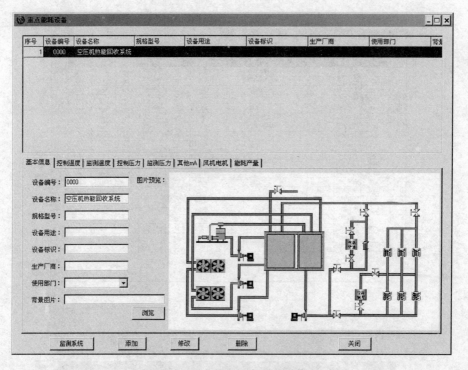

图 7-71　重点能耗设备的基本信息

图 7-72　重点能耗设备的48点控制温度

	基本信息	控制温度	监测温度	控制压力	监测压力	其他mA	风机电机	能耗产量		

基本信息 | 控制温度 | **监测温度** | 控制压力 | 监测压力 | 其他mA | 风机电机 | 能耗产量

	名称	Left	Top		名称	Left	Top		名称	Left	Top		名称	Left	Top
1	冷侧温度	6382	4178	2	热侧温度	8212	4148	3	回水温度	10252	1178	4	空压回水	4012	3488
5		0	0	6		0	0	7		0	0	8		0	0
9		0	0	10		0	0	11		0	0	12		0	0
13		0	0	14		0	0	15		0	0	16		0	0
17		0	0	18		0	0	19		0	0	20		0	0
21		0	0	22		0	0	23		0	0	24		0	0
25		0	0	26		0	0	27		0	0	28		0	0
29		0	0	30		0	0	31		0	0	32		0	0
33		0	0	34		0	0	35		0	0	36		0	0
37		0	0	38		0	0	39		0	0	40		0	0
41		0	0	42		0	0	43		0	0	44		0	0
45		0	0	46		0	0	47		0	0	48		0	0

监测系统　　添加　　修改　　删除　　关闭

图 7-73　重点能耗设备的 48 点监测温度

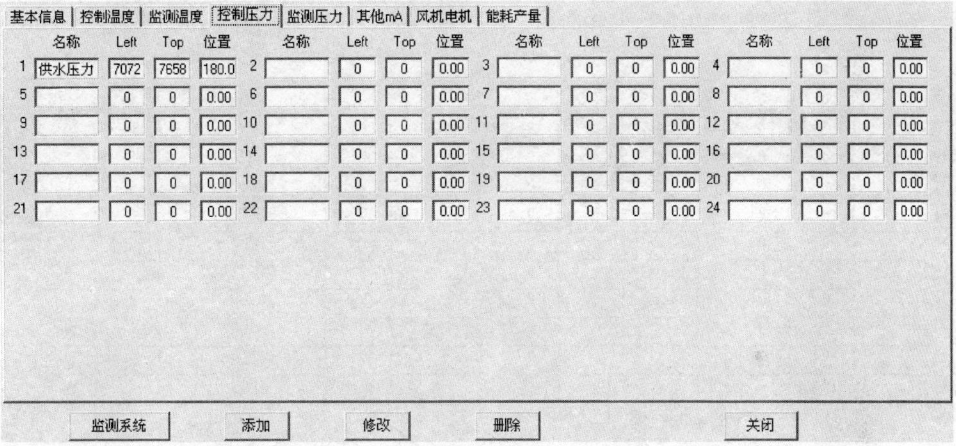

基本信息 | 控制温度 | 监测温度 | **控制压力** | 监测压力 | 其他mA | 风机电机 | 能耗产量

	名称	Left	Top	位置		名称	Left	Top	位置		名称	Left	Top	位置		名称	Left	Top	位置
1	供水压力	7072	7658	180.0	2		0	0	0.00	3		0	0	0.00	4		0	0	0.00
5		0	0	0.00	6		0	0	0.00	7		0	0	0.00	8		0	0	0.00
9		0	0	0.00	10		0	0	0.00	11		0	0	0.00	12		0	0	0.00
13		0	0	0.00	14		0	0	0.00	15		0	0	0.00	16		0	0	0.00
17		0	0	0.00	18		0	0	0.00	19		0	0	0.00	20		0	0	0.00
21		0	0	0.00	22		0	0	0.00	23		0	0	0.00	24		0	0	0.00

监测系统　　添加　　修改　　删除　　关闭

图 7-74　重点能耗设备的 24 点控制压力

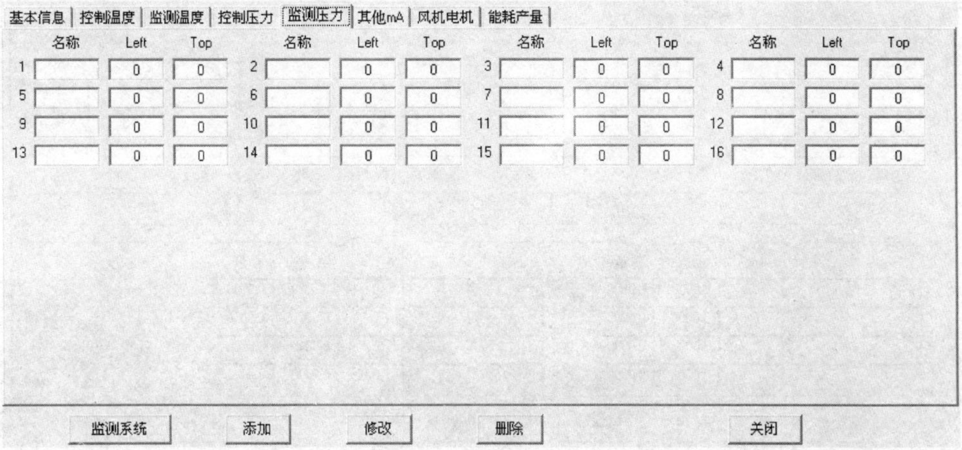

基本信息 | 控制温度 | 监测温度 | 控制压力 | **监测压力** | 其他mA | 风机电机 | 能耗产量

	名称	Left	Top		名称	Left	Top		名称	Left	Top		名称	Left	Top
1		0	0	2		0	0	3		0	0	4		0	0
5		0	0	6		0	0	7		0	0	8		0	0
9		0	0	10		0	0	11		0	0	12		0	0
13		0	0	14		0	0	15		0	0	16		0	0

监测系统　　添加　　修改　　删除　　关闭

图 7-75　重点能耗设备的 16 点监测压力

基本信息 | 控制温度 | 监测温度 | 控制压力 | 监测压力 | 其他mA | 风机电机 | 能耗产量

	名称	Left	Top	单位		名称	Left	Top	单位		名称	Left	Top	单位
1	液位	6382	5138	%	2		0	0		3		0	0	
4		0	0		5		0	0		6		0	0	
7		0	0		8		0	0		9		0	0	
10		0	0		11		0	0		12		0	0	
13		0	0		14		0	0		15		0	0	
16		0	0		17		0	0		18		0	0	
19		0	0		20		0	0		21		0	0	
22		0	0		23		0	0		24		0	0	
25		0	0		26		0	0		27		0	0	
28		0	0		29		0	0		30		0	0	
31		0	0		32		0	0						

监测系统　　添加　　修改　　删除　　关闭

图 7-76　重点能耗设备的 32 点其他 mA

基本信息 | 控制温度 | 监测温度 | 控制压力 | 监测压力 | 其他mA | 风机电机 | 能耗产量

	名称	Left	Top		名称	Left	Top		名称	Left	Top		名称	Left	Top
1		0	0	2		0	0	3		0	0	4		0	0
5		0	0	6		0	0	7		0	0	8		0	0
9		0	0	10		0	0	11		0	0	12		0	0
13		0	0	14		0	0	15		0	0	16		0	0
17		0	0	18		0	0	19		0	0	20		0	0
21		0	0	22		0	0	23		0	0	24		0	0
25		0	0	26		0	0	27		0	0	28		0	0
29		0	0	30		0	0	31		0	0	32		0	0
33		0	0	34		0	0	35		0	0	36		0	0
37		0	0	38		0	0	39		0	0	40		0	0
41		0	0	42		0	0	43		0	0	44		0	0
45		0	0	46		0	0	47		0	0	48		0	0

监测系统　　添加　　修改　　删除　　关闭

图 7-77　重点能耗设备的 48 点风机电机

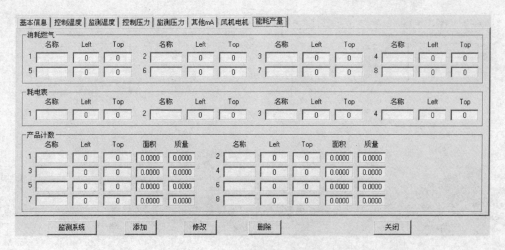

图 7-78　重点能耗设备的能耗产量

32. 重点能耗设备监测系统模块

拥有使用该模块功能权限的用户为: 系统管理员、企业管理员。该模块包括主画面 (图 7-79)、趋势曲线 (图 7-80)、温度压力曲线 (图 7-81 和图 7-82)、历史数据 (图 7-83 和图 7-84) 等信息。该监测系统会实时读取由现场监控系统传送到数据库的实时数据,并显示实时数据的实际监测时间,如果实时数据不存在或读取失败,数据将会以 "???" 表示。另外,系统管理员可以用鼠标任意调整虚拟仪表 (数据显示框) 的位置,使画面更加漂亮美观。

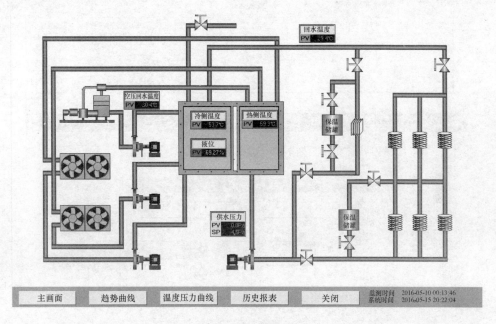

图 7-79 主画面

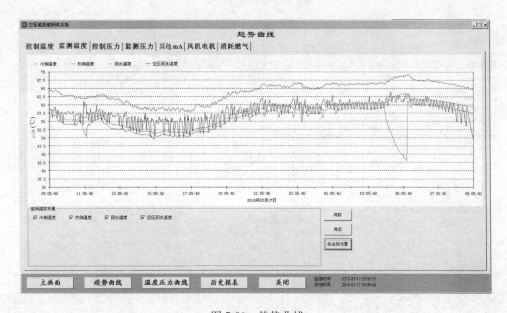

图 7-80 趋势曲线

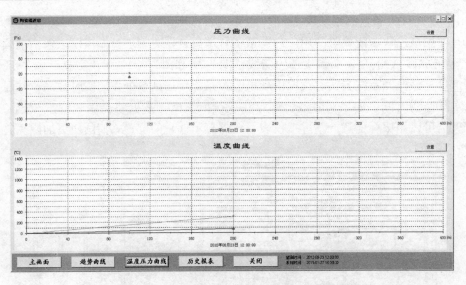

图 7-81　温度压力曲线

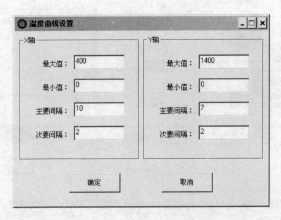

图 7-82　温度曲线设置

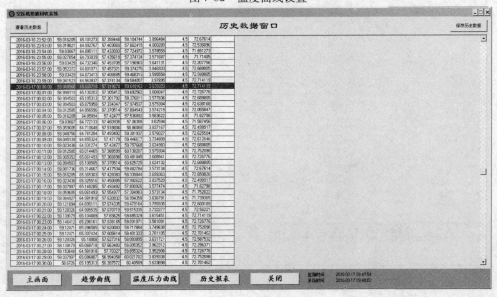

图 7-83　历史数据窗口

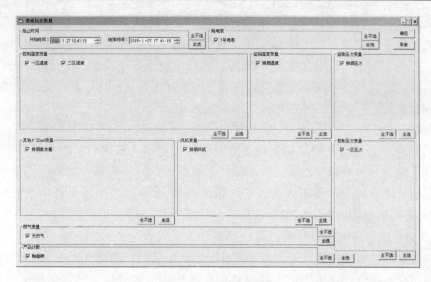

图 7-84　查看历史数据

33. 数据自动采集模块

数据自动采集程序(图 7-85)只允许在一台联网的电脑上(一般是数据库服务器)运行,程序会根据能源计量设备和物料计量设备中的在线采集设备定义的通讯地址,自动从不同的设备或地址读取相应的数据保存到能源台账和物料台账中。例如:当通讯地址的格式为"MSSQL‖[重点能耗设备编号]‖[重点能耗设备监测的字段名(如:消耗燃气累计 1)]‖[倍率]",程序将自动从该重点能耗设备的历史数据中读取对应班次的记录数据,并保存到能源台账和物料台账中,管理员并不需要录入数据,而只需要审核数据就可以。

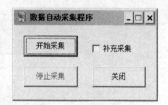

图 7-85　数据自动采集模块

34. 现场监控系统

系统主画面如图 7-86 所示,系统功能模块包括两条生产线的窑炉主画面、窑炉温度棒

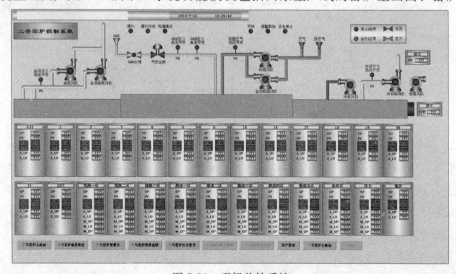

图 7-86　现场监控系统

图、窑炉报警页、窑炉趋势曲线、窑炉历史报表、窑炉配方管理、窑炉参数设置、用户登录、退出等。该系统监控了燃气管道系统、排烟系统、助燃系统、各区温度、关键位置压力、关键位置氧含量等，采用智能 PID 算法，实现对整个窑炉的集中监测和精确控制。该系统可以实时传输监测信号到企业能源管理系统的数据库，这样用户就可以随时随地通过互联网监测到设备的运行状态。

35. 能源监控管理云平台

能源监控管理云平台主要是供管理员可以全局浏览纳入该平台的所有设备运行状态信息，并具有系统管理和分析等功能。管理员登录系统后，将进入平台首页（图 7-87），管理员可以浏览平台用户的分布和能效状态等。图 7-88 是设备总览中各平台用户的设备列表。图 7-89 为设备的监测主画面，与能源管理系统中重点能耗设备管理模块的功能是一一对应的。图 7-90 为系统管理的用户管理，用户类型分为系统管理员、自定义用户、集团用户和地区用户，其中系统管理员拥有最高的管理权限，自定义用户能够管理由系统管理员指定的企业，集团用户能够管理该集团的下属企业，地区用户能够管理该地区的所有企业。图 7-91 为系统管理的企业管理，当添加一个企业时，系统将在平台生成该企业能源管理系统所涉及的数据结构和框架。图 7-92 为系统管理的企业地图，系统管理员可以在地图上设置企业的位置。

图 7-87　平台首页

36. 手机 APP 监测系统

手机 APP 监测系统，可在安卓 4.0 以上配置下运行，系统登录画面、菜单、重点耗能设备、信号选择、监测信号、历史数据、趋势曲线如图 7-93 所示，该系统与能源管理系统中重点能耗设备管理模块的功能是一一对应的，这样用户就可以随时随地通过互联网利用手机设备监测到设备的运行状态。

37. IE 浏览器监测系统

IE 浏览器监测系统，在个人电脑或手机上利用普通的 IE 浏览器即可运行，不需要安装

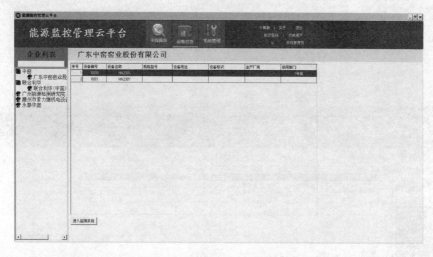

图 7-88 设备总览——设备列表

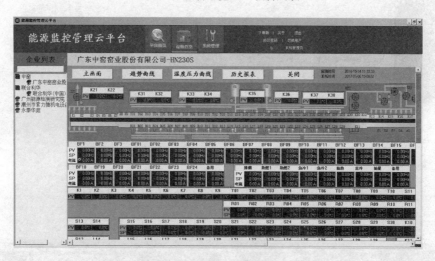

图 7-89 设备总览——监测主画面

图 7-90 系统管理——用户管理

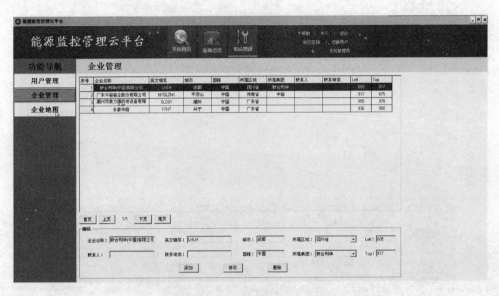

图 7-91　系统管理——企业管理

图 7-92　系统管理——企业地图

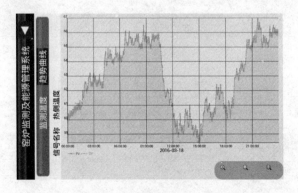

图 7-93　手机 APP 监测系统

任何插件。系统登录界面、企业列表、主菜单、设备监测的企业列表、监测系统分别如图7-94～图7-98，图7-99为手机IE浏览器中的监测系统，利用手机可以局部放大功能，可以非常清晰地浏览各个设备仪表的实时数据。该系统与能源管理系统中重点能耗设备管理模块的功能是一一对应的，这样用户就可以随时随地通过互联网利用个人电脑或手机设备监测到设备的运行状态，非常便捷。

图7-94　登录界面

能源监控管理云平台系统 —— 企业列表

当前用户：lipi | 身份类型：自定义 | 修改个人密码 | 更换用户 | 退出 | 2017年5月6日

记录 1 到 5（总共 5 个企业）

企业名称	城市	国籍	所属区域	所属集团	联系人	联系电话
广州能源检测研究院	广州	中国	广东省			
联合利华(中国)有限公司	成都	中国	四川省	联合利华		
广东中窑窑业股份有限公司	平顶山	中国	河南省	中窑		
潮州市索力德机电设备有限公司	潮州	中国	广东省			
永泰华庭	兴宁	中国	广东省			

第一页 | 前一页 | 下一页 | 最后一页

能源监控管理云平台系统©版权所有

图7-95　企业列表

图7-96　主菜单

广东中窑窑业股份有限公司 —— 设备监测

当前用户：lipi| 身份类型：自定义 | 修改个人密码 | 更换用户 | 退出 | 2017年5月6日

记录 1 到 2（总共 2 个设备）

设备编号	设备名称	规格型号	设备用途	设备标识	生产厂商	使用部门
0000	HN230S					1号窑
0001	HN230Y					

第一页 | 前一页 | 下一页 | 最后一页

能源监控管理云平台系统©版权所有

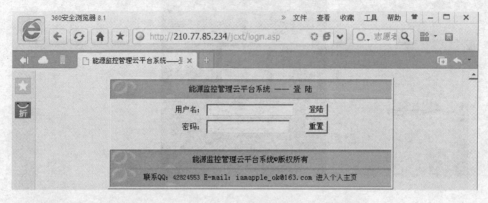

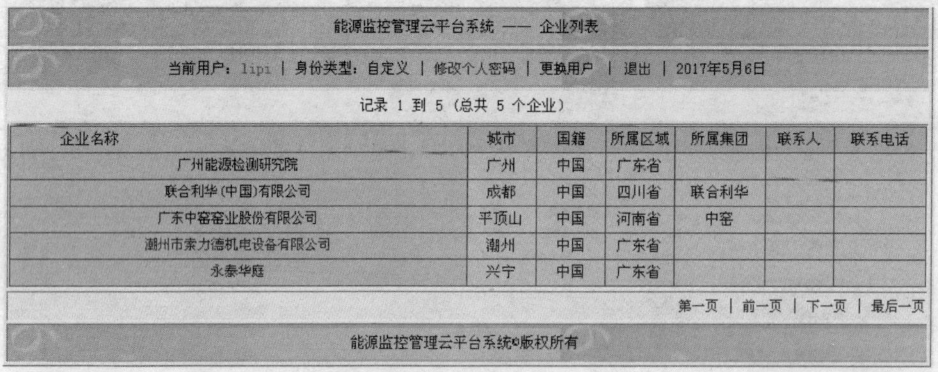

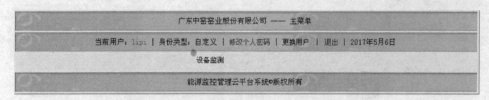

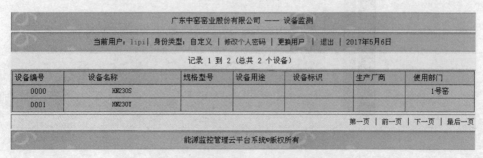

图7-97　设备监测——设备列表

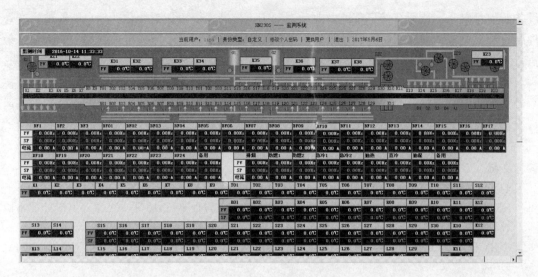

图 7-98　监测系统

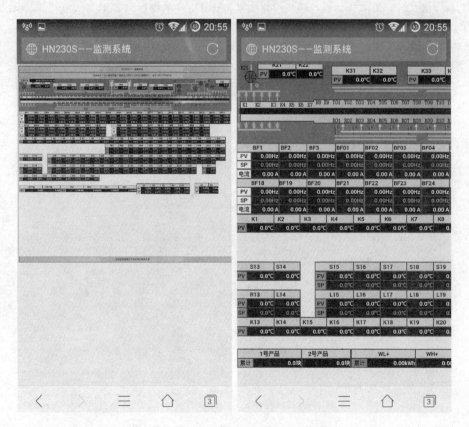

图 7-99　手机 IE 浏览器中的监测系统画面

7.3.4　小结

陶瓷窑炉的系统优化，是陶瓷生产线的整线系统优化的重要环节，对节能降耗、稳定工艺操作和提高烧成质量，有着重要的意义。为了实现系统优化，首先要实现的是生产线所有设备的信息串通，让所有信息都能及时反馈到中央控制系统，让系统化的信息能够被生产管理层直观形象地掌握和了解，系统根据汇总的反馈信息，通过专家系统或管理层的决策，来执行下一步操作，以达到最优化运行，提升整个生产线的工作效率。

　　能源管理系统就是以能源和物料为主线，贯穿整个陶瓷生产线，通过无线远程通讯技术，与生产中所有重点能耗设备信息互通，可实现能源管理、绩效分析、生产调度、设备运行维护、故障分析、设备监控、系统优化运行等全面功能。

参考文献

[1]　赵新力. 陶瓷辊道窑热平衡计算探讨[J]. 陶瓷研究，1993, 8(2): 81-88.

[2]　GB/T 23459—2009 陶瓷工业窑炉热平衡、热效率测定与计算方法[S]. 北京：中国标准出版社，2009.

[3]　李萍，曾令可，阎常峰，等. 陶瓷辊道窑热平衡测定与计算方法的若干问题探讨[J]. 陶瓷，2012(1): 31-33.

[4]　伊赫桑·巴伦编，程乃良，牛四通，等译. 纯物质热化学数据手册[M]. 第一版. 科学出版社，2003.

[5]　张兴春，曾志军，朱绍芬. 丙烯腈反应器碳平衡计算方法的探讨[J]. 炼油与化工，2004, 15(2): 14-16.

[6]　于丽达，陈庆本. 陶瓷设备热平衡计算[M]. 北京：轻工业出版社，1990.

HONGXING
宏星热能机械有限公司

佛山市宏星热能机械有限公司是一家专业从事窑炉成套燃烧控制设备研发、生产和销售的公司，主要生产燃烧烧嘴、控制器、燃控执行器、燃控阀门、热风炉干燥器等产品。公司拥有自己的技术开发团队，还拥有多名高级工程师和具有专业技术资质的工程师，并配套设有研究院和生产厂房。公司多年来一直致力于解决窑炉燃烧技术难题，并比同类产品更加节能和稳定，产品和服务得到各方专家和窑炉公司的好评认可。

主营产品 — Main product

烧嘴及零配件

燃控配件

燃控系统

工程案例 — Project case

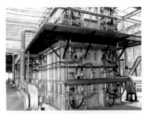

佛山市宏星热能机械有限公司
地址：广东省佛山市禅城区张槎一路117号生命科学园首层
电话：0757-83268512
传真：0757-83370984
网址：www.fshongxing.cn
邮箱：fshongxing.cn@163.com

FOSHAN HONGXING ENERGY SAVING MACHINERY CO.,LTD
ADD : Life Science Park the first floor,No.117,Zhangcha Yi Rd,
Chancheng District, Foshan, Guangdong Province,China
TEL : +86-757-83268512
FAX : +86-757-83370984
http://www.fshongxing.cn
E-mail:fshongxing.cn@163.com

中国建材工业出版社
China Building Materials Press

我们提供

图书出版、广告宣传、企业/个人定向出版、图文设计、编辑印刷、创意写作、会议培训，其他文化宣传服务。

发展出版传媒　　服务经济建设

传播科技进步　　满足社会需求

编辑部	出版咨询	市场销售	门市销售
010--88385207	010-68343948	010-68001605	010-88386906

邮箱：jccbs-zbs@163.com　　网址：www.jccbs.com